国家卫生健康委员会"十四五"规划教材
全国高等职业教育药品类专业第四轮规划教材

供药学类、食品类、药品与医疗器械类相关专业用

有机化学

第 4 版

主 编 梁大伟

副主编 盛文文 丁亚明

编 者（以姓氏笔画为序）

丁亚明（无锡卫生高等职业技术学校）　　周水清（山东医学高等专科学校）

王　丹（四川护理职业学院）　　　　　　钟　嫄（江苏卫生健康职业学院）

王　静（赣南卫生健康职业学院）　　　　袁静静（湖北中医药高等专科学校）

吕　佳（长春医学高等专科学校）　　　　盛文文（皖西卫生职业学院）

刘艳艳（菏泽医学专科学校）　　　　　　梁大伟（雅安职业技术学院）

刘德智（上海健康医学院）　　　　　　　彭　颖（北京卫生职业学院）

许宗娟（烟台卫生健康职业学院）

人民卫生出版社
·北 京·

图书在版编目（CIP）数据

有机化学 / 梁大伟主编 . -- 4 版 . -- 北京 ： 人民卫生出版社，2025. 7（2025. 10重印）. --（全国高等职业教育药品类专业第四轮规划教材）. -- ISBN 978-7-117-37922-9

Ⅰ. O62

中国国家版本馆 CIP 数据核字第 20259BW224 号

| 人卫智网 | www.ipmph.com | 医学教育、学术、考试、健康，购书智慧智能综合服务平台 |
| 人卫官网 | www.pmph.com | 人卫官方资讯发布平台 |

有 机 化 学
Youji Huaxue
第 4 版

主　　编：梁大伟

出版发行：人民卫生出版社（中继线 010-59780011）

地　　址：北京市朝阳区潘家园南里 19 号

邮　　编：100021

E - mail：pmph @ pmph.com

购书热线：010-59787592　010-59787584　010-65264830

印　　刷：人卫印务（北京）有限公司

经　　销：新华书店

开　　本：850×1168　1/16　印张：21

字　　数：494 千字

版　　次：2009 年 1 月第 1 版　2025 年 7 月第 4 版

印　　次：2025 年 10 月第 2 次印刷

标准书号：ISBN 978-7-117-37922-9

定　　价：68.00 元

打击盗版举报电话：010-59787491　E-mail：WQ @ pmph.com

质量问题联系电话：010-59787234　E-mail：zhiliang @ pmph.com

数字融合服务电话：4001118166　E-mail：zengzhi @ pmph.com

出版说明

近年来,我国职业教育在国家的高度重视和大力推动下已经进入高质量发展新阶段。从党的十八大报告强调"加快发展现代职业教育",到党的十九大报告强调"完善职业教育和培训体系,深化产教融合、校企合作",再到党的二十大报告强调"统筹职业教育、高等教育、继续教育协同创新,推进职普融通、产教融合、科教融汇,优化职业教育类型定位",这一系列重要论述不仅是对职业教育发展路径的精准把握,更是对构建中国特色现代职业教育体系、服务国家发展战略、促进经济社会高质量发展的全面部署,也为我们指明了新时代职业教育改革发展的方向和路径。

为全面贯彻国家教育方针,将现代职业教育发展理念融入教材建设全过程,人民卫生出版社经过广泛调研论证,启动了全国高等职业教育药品类专业第四轮规划教材的修订出版工作。

本套规划教材首版于 2009 年,分别于 2013 年、2017 年修订出版了第二轮、第三轮规划教材。本套教材在建设之初,根据行业标准和教育目标,制定了统一的指导性教学计划和教学大纲,规范了药品类专业的教学内容。这套规划教材不仅为高等职业教育药品类专业的学生提供了系统的理论知识,还帮助他们建立了扎实的专业技能基础。这套教材的不断修订完善,是我国职业教育体系不断完善和进步的一个缩影,对于我国高素质药品类专业技术技能型人才的培养起到了重要的推动作用。同时,本套教材也取得了诸多成绩,其中《基础化学》(第 3 版)、《天然药物学》(第 3 版)、《中药制剂技术》(第 3 版)等多本教材入选了"十四五"职业教育国家规划教材,《药物制剂技术》(第 3 版)荣获了首届全国教材建设奖一等奖,《药物分析》(第 3 版)荣获了首届全国教材建设奖二等奖。

第四轮规划教材主要依据教育部相关文件精神和职业教育教学实际需求,调整充实了教材品种,涵盖了药品类相关专业群的主要课程。全套教材为国家卫生健康委员会"十四五"规划教材,是"十四五"时期人民卫生出版社重点教材建设项目。本轮教材继续秉承"大力培养大国工匠、能工巧匠、高技能人才"的职教理念,结合国内药学类专业领域教育教学发展趋势,科学合理推进规划教材体系改革,重点突出如下特点:

1. 坚持立德树人,融入课程思政 高职院校人才培养事关大国工匠养成,事关实体经济发展,事关制造强国建设,要确保党的事业后继有人,必须把立德树人作为中心环节。本轮教材修订注重深入挖掘各门课程中蕴含的课程思政元素,通过实践案例、知识链接等内容,润物细无声地将思想政治工作贯穿教育教学全过程,使学生在掌握专业知识与技能的同时,树立起正确的世界观、人生观、价值观,增强社会责任感,坚定服务人民健康事业的理想信念。

2. 对接岗位需求,优化教材内容 根据各专业对应从业岗位的任职标准,优化教材内容,避免重要知识点的遗漏和不必要的交叉重复,保证教学内容的设计与职业标准精准对接,学校的人才培养与企业的岗位需求精准对接。根据岗位技能要求设计教学内容,增加实践教学内容的比重,设计贴近企业实际生产、管理、服务流程的实验、实训项目,提高学生的实践能力和解决问题的能力;部分教材采用基于工作过程的模块化结构,模拟真实工作场景,让学生在实践中学习和运用知识,提高实际操作能力。

3. **知识技能并重,实现课证融通** 本轮教材在编写队伍组建上,特别邀请了一大批具有丰富实践经验的行业专家,与从全国高职院校中遴选出的优秀师资共同合作编写,使教材内容紧密围绕岗位所需的知识、技能和素养要求展开。在教材内容设计方面,充分考虑职业资格证书的考试内容和要求,将相关知识点和技能点融入教材中,使学生在学习过程中能够掌握与岗位实际紧密相关的知识和技能,帮助学生在完成学业的同时获得相应的职业资格证书,使教材既可作为学历教育的教科书,又能作为岗位证书的培训用书。

4. **完善教材体系,优化编写模式** 本轮教材通过搭建主干知识、实验实训、数字资源的"教学立交桥",充分体现了现代高等职业教育的发展理念。强化"理实一体"的编写方式,并多配图表,让知识更加形象直观,便于教师讲授与学生理解。并通过丰富的栏目确保学生能够循序渐进地理解和掌握知识,如用"导学情景"引入概念,用"案例分析"结合实践,用"课堂活动"启发思考,用"知识链接"开阔视野,用"点滴积累"巩固考点,大大增加了教材的可读性。

5. **推进纸数融合,打造新形态精品教材** 为了适应新的教学模式的需要,通过在纸质教材中添加二维码的方式,融合多媒体元素,构建数字化平台,注重教材更新与迭代,将"线上""线下"教学有机融合,使学生能够随时随地进行扫码学习、在线测试、观看实验演示等,增强学习的互动性和趣味性,使抽象知识直观化、生动化,提高可理解性和学习效率。通过建设多元化学习路径,不断提升教材的质量和教学效果,为培养高素质技能型人才提供有力支持。

本套教材的编写过程中,全体编者以高度负责、严谨认真的态度为教材的编写工作付出了诸多心血,各参编院校为编写工作的顺利开展给予了大力支持,从而使本套教材得以高质量如期出版,在此对相关单位和各位专家表示诚挚的感谢!教材出版后,各位教师、学生在使用过程中,如发现问题请反馈给我们(发消息给"人卫药学"公众号),以便及时更正和修订完善。

人民卫生出版社

2024 年 11 月

前　言

　　有机化学是高等职业教育药学及相关专业的专业基础课程,属于专业必修课。本课程主要内容包括各类有机化合物的结构、命名和重要的理化性质,及其与药学和化学制药的关系。通过对本课程的学习,学生可以掌握有机化学的基础理论知识和实训基本操作技能,为学习药物化学、天然药物化学、药物分析等后续专业课程奠定基础。同时,通过对本课程的学习,学生可提升综合素养,为增强适应职业变化的继续学习能力打下坚实基础。本次改版在充分调研现代医药产业相关岗位能力需求所对接本课程内容的基础上,结合现行版《中华人民共和国药典》(简称《中国药典》)及相关职业技能等级证书,保留了前版的基本框架及编写形式,积极融入了医药产业发展最新案例,优化了部分章节内容和实训项目等,注重思想性,启发性更强、难度更适宜、联系工作岗位更紧密。

　　本版教材进一步理顺知识体系,按照官能团体系讲授各类化合物的名称、结构、性质及与医药有关的重要有机化合物,强化各类有机化合物的结构特征和结构与性质的关系。每章开头增加了"学习目标",明确了基本知识、基本理论和基本技能要求。在"导学情景"栏,为了自然地导入学习内容,删除了专业性较强、结构较复杂的药物案例,选取了日常生活常见案例。在具体章节内容的选取上,将"生物碱"融入"杂环化合物",不单独成节;删除"药用高分子材料"章节内容,以相关案例融入烯烃、羧酸衍生物、糖类等章节,内容上体现"实用为主,够用为度"的特点。在章节编排上,按照知识的连贯性和由易到难的顺序,将"羧酸及取代羧酸"与"羧酸衍生物"章节以连续形式进行编排,"对映异构"章节调整至"杂环化合物"与"糖类"之间。在实训项目编写上,坚持"理实一体"的原则,优化并重构实训内容,按"有机化合物性质实训—简单有机化合物的合成及常用设备操作—综合实训"的梯度设计,使理论知识与实训技能更匹配,融入了显微熔点仪测定熔点等新知识,强化了有机化学实训室安全事故预防与处理,从而系统提高学生的操作技能并提升其综合素养。为了满足数字化教学的需要,充分利用数字化和信息化技术赋能教学,本次改版优化了部分有机化合物的立体结构、有机反应过程和化学实训操作的信息化教学资源,同时制作了各章教学课件和课后习题等数字资源,读者可以通过扫描教材中的二维码获取。

　　本教材由雅安职业技术学院梁大伟教授主编并统稿,参加编写的有(按章节顺序排列):雅安职业技术学院梁大伟(第一章、第十一章、第十五章)、菏泽医学专科学校刘艳艳(第二章)、江苏卫生健康职业学院钟嫄(第三章)、长春医学高等专科学校吕佳(第四章)、无锡卫生高等职业技术学校丁亚明(第五章)、上海健康医学院刘德智(第六章)、烟台卫生健康职业学院许宗娟(第七章)、四川护理职业学院王丹(第八章)、湖北中医药高等专科学校袁静静(第九章)、皖西卫生职业学院盛文文(第十章)、北京卫生职业学院彭颖(第十二章)、赣南卫生健康职业学院王静(第十三章)、山东医学高等专科学校周水清(第十四章),参编教师完成对应章节课件和对应数字资源制作。雅安职业技术学院肖强老师与沈阳药科大学研究生马远东参与教材的统稿工作。

　　本教材的文字叙述简明扼要、突出重点、联系生活、浅显易懂，避免冗长的论述和案例。为了适应现代高等职业教育的发展需要，我们在本教材的编写和编排上做了一些尝试，坚持职业教育特色、融合课程思政、结合岗位实际、丰富数字内容的原则。但鉴于编者对职业教育的理解及学术水平有限，加之编写时间仓促，难免有不当和谬误之处，敬请广大读者批评指正。

编　者

2025 年 6 月

目　录

第一章　绪论

学习目标

1. **掌握**　有机化合物的组成、定义，有机化学研究内容，有机化合物的特性、分类。
2. **熟悉**　有机化合物的表示方法、反应类型。
3. **了解**　有机化合物的同分异构现象，碳原子的成键特性。

导学情景

情景描述：

世界是由物质组成的，而物质世界中99%以上的物种是有机化合物（简称有机物）。有机化合物与我们的生活息息相关，人体组织主要由有机化合物组成；作为人类主要营养成分的糖类、脂肪和蛋白质在人体内的代谢过程都是有机化学反应。

学前导语：

作为治疗疾病的药物，不管是中药还是西药，其有效成分大多是有机化合物。本章我们将学习有机化学的起源与发展，碳原子的成键特性，有机化合物的特性、分类、表示方法、反应类型及有机化学与药物。

第一节　有机化学基本知识

一、有机化学的起源与发展

人们对物质的认识是逐步发展的。当化学作为一门学科刚刚问世时，人们对于客观存在的大量物质了解得很少。1807年瑞典化学家伯齐利厄斯首先提出将物质划分为两大类，即将砂、泥土、盐、金、银、铁、黄铜等从矿物中分离及提炼出的物质称为无机物，而将橄榄油、糖、淀粉、胶、丝、橡胶等从动植物体中获取的物质称为有机物。让化学家们感到困惑的是，有机化合物中只含有碳、氢、氧、氮、硫、磷、卤素等少量的几种元素，其组成的元素种类远远少于无机化合物，但有机化合物的种类却远多于无机化合物；有机化合物的性质因元素的组成不同而不同，即使元素组成相同，它们也有可能呈现不同的性质。

当时，有机物被认为是"有生命功能"的神秘物质，生命力的存在是产生或转化有机物质的必要条件,只能在"生命力"的作用下才能生成有机物。这种"生命力"学说曾牢固地统治着有机化学界,使人们放弃了人工合成有机物的想法。随着科学的发展,科学家们在实验室中由无机化合物成功地合成了有机化合物。1828年德国的一位28岁的年轻化学家维勒(F. Wöhler,1800—1882)在实验室中用典型的无机化合物——氰酸钾与氯化铵,成功地合成出当时只能从动物排泄物尿中才能获得的有机化合物——尿素。继尿素之后,又有一些通过简单的无机化合物合成了乙酸和油脂等有机化合物的报道。此后人们又陆续地合成了成千上万的有机化合物。在大量的实验事实面前,化学家们摆脱了"生命力"学说的束缚,加强了有机化合物的人工合成,促进了有机化学的发展。如今,许多蛋白质、核酸和激素等大分子的生命物质也都可以通过人工合成的方法而得到。

知识链接

结晶牛胰岛素的人工合成

1965年9月17日,我国科研人员在世界上首次成功合成了具有生物活性的蛋白质——结晶牛胰岛素,开辟了人工合成蛋白质的时代,并为我国的多肽合成制药工业打下了牢固的基础。

现在虽然"有机化合物"和"有机化学"这些名词仍被沿用,可是它们的含义已发生了变化,失去了其原有的意义。现在已清楚地知道,有机化合物的主要特征是它们都含有碳元素,绝大多数还含有氢元素,有的还含有氧、氮、卤素、硫、磷等元素。所以根据有机化合物的组成,有机化合物通常是指"含碳化合物"。但有些含碳元素的化合物,如一氧化碳(CO)、二氧化碳(CO_2)、碳酸盐(Na_2CO_3、$NaHCO_3$)、碳化钙(CaC_2)、氰化氢(HCN)等均具有典型的无机化合物的成键方式和化学性质,而且与其他无机化合物的关系密切,所以仍归为无机化合物。因多数有机化合物除含碳元素外还含有氢元素,也可将由碳和氢两种元素组成的化合物看作是有机化合物的母体,其他有机化合物可以看作母体中的氢原子被其他原子或基团取代而衍生的化合物。因此,有机化合物的定义为碳氢化合物及其衍生物。但这种定义同样也有一定的局限性,例如含有碳和氢元素的碳酸氢钠($NaHCO_3$)、氰化氢(HCN)仍属于无机化合物,而不含有氢元素的四氯化碳(CCl_4)、二氯卡宾(也称为二氯碳烯,CCl_2)为有机化合物。

有机化学是化学的一个重要分支,是研究有机化合物的结构、性质、合成方法、应用以及它们之间的相互转变和内在联系的科学。

二、碳原子的成键特性

(一)碳原子的化合价

碳元素位于元素周期表中第二周期第ⅣA族,处在金属元素和非金属元素的交界线上。由于碳原子最外层有4个电子,电子排布式为$1s^22s^22p^2$,因此在化学反应中既不容易失去电子,也不易获得电子。它往往通过共用4对电子来与其他原子相结合,因而显示4价。因此,在有机化合物中的化学键主要是共价键。

(二) 共价键的种类

由于原子轨道重叠的方式不同,共价键可分为σ键和π键两种类型。成键的两个原子沿着键轴的方向发生原子轨道的相互重叠,电子云以键轴为轴呈圆柱形对称分布,在原子核间电子云密度最大,这样的共价键称为σ键。s轨道和s轨道之间、s轨道和p轨道之间、p轨道和p轨道之间均可以形成σ键(图 1-1)。

ER 1-2

σ 键的形成

图 1-1 σ 键的形成

若由两个相互平行的p轨道从侧面相互重叠,其重叠部分不呈圆柱形对称分布,而是具有一个对称面,由键轴的上下两部分组成,这样的共价键称为π键(图 1-2)。

由于σ键和π键的成键方式不同,两者之间存在许多差异。σ键和π键的一些特点见表 1-1。

图 1-2 π 键的形成

ER 1-3

π 键的形成

表 1-1 σ 键和 π 键的一些特点

键的类型	特点比较					
	形成方式	轨道重叠程度	存在形式	对称性	稳定性	键的极化
σ键	成键轨道沿键轴方向重叠	较大	可以单独存在	轴对称,可以沿键轴旋转	键能较大,较稳定	键的极化度较小
π键	成键轨道平行重叠	较小	不能单独存在,只能与σ键共存	面对称,不能沿键轴旋转	键能较小,不稳定	键的极化度较大

(三) 碳原子的成键方式

碳原子不仅能与氢、氧、氮等原子形成共价键,而且也能通过共享一对或几对电子与另一碳原子结合成碳碳单键、碳碳双键或碳碳三键。例如:

C—C   C=C   C≡C

碳碳单键   碳碳双键   碳碳三键

(四) 碳原子的连接形式

由碳原子相互结合后构成的有机化合物基本碳链骨架称为碳架。碳架可分为链状和环状两类。

碳原子之间连接成一条或长或短的、首尾不相连的碳链称为链状碳链。例如:

C—C—C—C

碳原子之间首尾相连形成环状的碳链称为环状碳链。例如：

共价键的键参数

共价键的键参数是指键长、键角、键能和键的极性等。共价键的键参数是阐述有机化合物结构和性质的依据,对于研究有机化合物具有十分重要的意义。

1. **键长**　键长是指成键的 2 个原子的原子核间的距离,单位通常用 pm 表示。键长主要取决于成键原子间电子云的重叠程度,重叠程度越大,键长越短。键长还与碳原子的杂化方式及成键类型有关。键长受与其相连的其他原子或基团的影响较小。键长是判断共价键稳定性的参数之一,一般共价键键长越长,共价键的稳定性越差。

2. **键角**　分子中的 1 个原子与另外 2 个原子形成的两个共价键在空间的夹角称为键角。键角是决定有机化合物分子空间结构和性质的主要因素。在有机分子中饱和碳的 4 个键的键角为 109.5°,或接近 109.5° 才稳定。在分子内,键角可受其他原子影响而变化,若改变过大或过小就会影响分子的稳定性。

3. **键能**　以共价键结合的双原子分子裂解成原子时所吸收的能量称为该种共价键的键能,又称为离解能。也就是说双原子分子的键能等于其离解能。然而,对于多原子分子,键能不同于其离解能。离解能是裂解分子中的某一个共价键时所需的能量,而键能则是指分子中同种类型的共价键离解能的平均值。从键能的大小可以判断共价键的稳定性,键能越大,键越稳定。也可通过键能计算化学反应的能量变化。

4. **元素的电负性与共价键的极性**　元素的电负性是指该元素原子在分子中吸引电子的能力。2 个相同原子形成的共价键,电子云对称地分布在 2 个原子核之间,这样的共价键没有极性。但不相同的原子形成的共价键,由于成键原子的电负性不同,电子云靠近电负性较大的原子一端,使分子中电负性较大的原子一端带有部分负电荷(一般用 δ^- 表示),电负性较小的原子一端带部分正电荷(一般用 δ^+ 表示),这样使该共价键具有极性,例如 $CH_3^{\delta+}—Cl^{\delta-}$。

共价键的极性取决于成键的两个原子的电负性之差,差值越大,键的极性就越大,反应活性越强。共价键的极性大小用偶极矩 (μ) 表示。分子的偶极矩是分子中各个极性共价键偶极矩的矢量和,双原子分子的偶极矩就是分子的偶极矩。偶极矩是表示整个分子极性的重要数据,对研究有机化学反应机制和有机化合物性质具有重要意义。

三、有机化合物的特性

碳原子最外层有 4 个电子,不容易失去或得到 4 个电子而形成离子键;而往往是通过共用电子对形成共价键,与其他元素的原子结合形成化合物。碳是组成有机化合物的基本元素,由于碳原子的成键特性使有机化合物的结构和性质具有很多特殊性。与无机化合物比较,大多数有机化合物具有以下特性。

(一) 容易燃烧

由于有机化合物都含有碳元素,大多数有机化合物在空气中能燃烧,燃烧时主要生成二氧化碳和水。例如乙醇、甲烷、石油等。

(二) 熔点和沸点较低

固态有机化合物是结构单元为分子的分子晶体,分子间的相互作用力是相对微弱的范德华力。破坏这种晶体所需的能量较少,所以有机化合物的熔点较低,一般低于 $400\ ℃$。由于同样的原因,有机化合物的沸点也较低。而无机化合物分子中的化学键多为离子键,正、负离子间通过较强的静电相互作用形成离子晶体,要破坏离子晶体所需的能量较高,因此无机化合物的熔点和沸点较高。如乙酸的熔点为 $16.6\ ℃$,沸点为 $118\ ℃$;而氯化钠的熔点为 $801\ ℃$,沸点为 $1\ 413\ ℃$。

(三) 一般难溶于水而易溶于有机溶剂

有机化合物分子大多是非极性或极性很弱的分子。根据相似相溶原则,它们难溶于极性溶剂,而易溶于非极性或弱极性的有机溶剂。例如,石蜡和汽油都是以共价键相连的非极性化合物;水是极性很强的溶剂。因此,石蜡溶于汽油而不溶于水;氯化钠是离子型化合物,极性很强,所以氯化钠溶于水而不溶于汽油。

(四) 一般不导电,是非电解质

有机化合物中的化学键基本是非极性或弱极性的共价键,在水溶液中或熔化状态下难以电离成离子,所以有机化合物一般为非电解质,在水溶液中或熔化状态下不导电。

(五) 反应速度慢,反应复杂,常常有副反应发生

无机物之间的反应通常是离子间的反应,因此反应非常迅速,而有机化合物分子中的共价键在进行反应时不像无机化合物分子中的离子键那样容易离解,因此反应速度慢,常需加热或使用催化剂。一般有机化合物进行反应时,由于键的断裂可以发生在不同的位置上,有机化合物可能不止一个部位参加反应,因此有机化合物的反应复杂,常常伴有副反应发生,反应产物为多种生成物的混合物。

(六) 结构复杂,种类繁多

由于碳原子之间的相互结合力很强,结合的方式很多。碳原子与碳原子之间由于成键方式、连接方式、连接顺序的不同,使得有些有机化合物虽然分子组成相同,但分子结构不同,性质也就不同。而无机化合物往往分子组成与其分子结构是一一对应的,即一个化学式只代表一种物质。因此,虽然参与形成有机化合物的元素种类比无机化合物的元素种类少得多,但有机化合物的数目却比无机化合物的数目多得多。

上述有机化合物的特点只是一般情况,不能绝对化,有许多例外的情况。例如四氯化碳不但不燃烧,反而能够灭火,可用作灭火剂;乙醇在水中可无限混溶;梯恩梯(TNT)加热到 $240\ ℃$ 发生爆炸,反应瞬时发生,它是一种重要的烈性炸药。所以,在认识有机化合物的共性时,也要考虑它们的个性。

你已经知道了有机化合物和无机化合物在性质上的差异,在生活中接触到的物质中哪些体现了这些差异?请举出几个具体的实例并利用以前所学的化学知识解释产生这种差异的原因。

四、有机化合物的分类

有机化合物种类和数目众多,需要一个完整的分类系统来阐明有机化合物的结构、性质以及它们之间的相互联系。有机化合物的结构和性质是密切相关的,分子结构上的某些微小变化就会导致该物质性质的变化。有机化合物的分子结构包括分子的原子组成及原子间的连接顺序、连接方式和它们的空间位置,以及分子中电子的分布状态等。一般的化学结构式虽不能完全表达分子结构的全部内容,但在一定程度上可反映分子结构的基本特点。有机化合物一般的分类方法有两种,一种是根据碳原子的连接方式(碳的骨架)分类,另一种是按照官能团分类。

(一) 按照碳原子的连接方式(碳的骨架)分类

有机化合物按碳原子的连接方式的不同,分为以下三大类。

1. 开链化合物　这类有机物的特点是分子中的碳架呈开链状结构,化合物中的碳架形成一条或长或短的链,碳链可以是直链,也可以带有支链。例如:

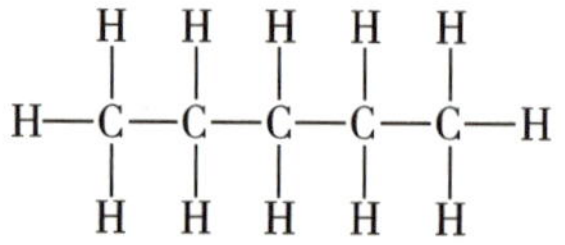

正戊烷

简写为:$CH_3-CH_2-CH_2-CH_2-CH_3$

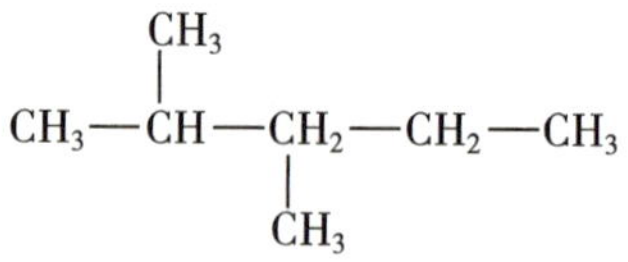

2,3-二甲基戊烷

简写为:$CH_3-CH-CH_2-CH_2-CH_3$ 其中含两个 CH_3 取代基

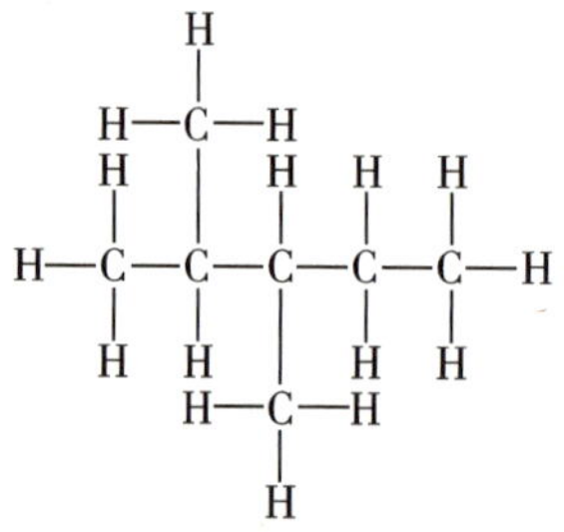

由于油脂中含有这种开链结构,所以开链化合物又称为脂肪族化合物。

2. 碳环化合物　全部由碳原子组成的一个或多个碳环的化合物称为碳环化合物。按照环中碳原子间的成键方式不同,又可分为脂环化合物和芳香化合物两类。

(1)脂环化合物:从结构上可看作是开链化合物碳链首尾相接,闭链成环。由于性质与脂肪族化合物相似,所以称为脂环化合物。例如:

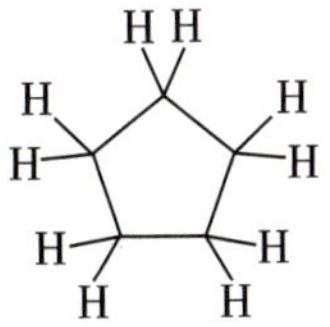

环戊烷 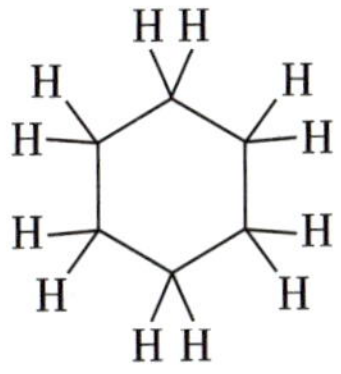 简写为：

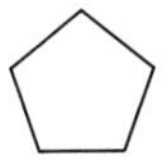

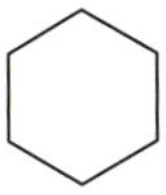

环己烷 简写为：

(2)芳香化合物：这类化合物具有由碳原子连接而成的特殊环状结构，使它们具有一些与脂环化合物有较大区别的特殊性质。因最初从某些带有芳香气味的物质中获得，因此称为芳香化合物。例如：

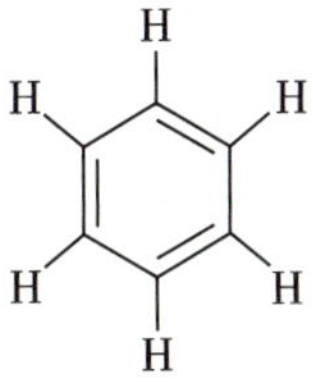

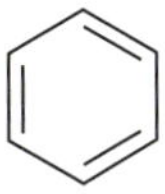

苯 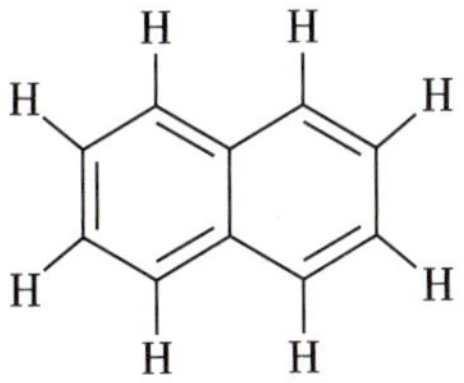 简写为：

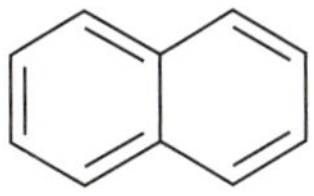

萘 简写为：

3. 杂环化合物 这类化合物也是环状结构，但环是由碳原子和其他元素的原子(称为杂原子)组成的，所以称为杂环化合物。杂原子通常是氧、硫、氮等原子。例如：

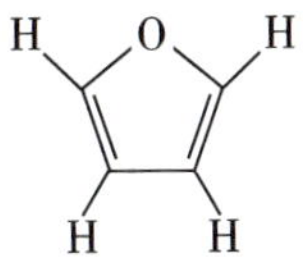

呋喃 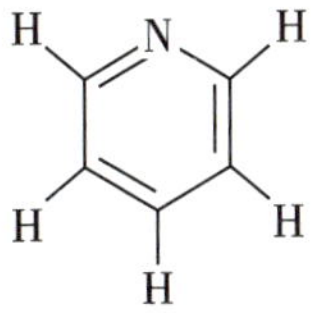 简写为：

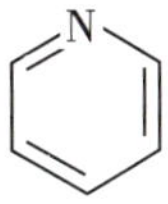

吡啶 简写为：

（二）按照官能团分类

绝大多数有机化合物分子中均含有容易发生某些特征反应的原子、原子团以及特征的化学结构,例如乙醇中的—OH(羟基)、乙酸中的—COOH(羧基)、乙烯中的双键。这些原子、原子团以及特征的化学结构决定了化合物的性质,称为官能团。含有相同官能团的有机物往往具有相似的化学性质,所以按官能团分类更便于对有机化合物的研究和学习。按分子中所含官能团的不同,可以将有机化合物进行分类。常见的官能团及化合物类别见表 1-2。

本书以下各章将主要按官能团分类对各类化合物进行讨论。

表 1-2　常见的官能团及化合物类别

官能团		化合物类别	官能团		化合物类别
结构	名称		结构	名称	
$\diagup C{=}C\diagdown$	碳碳双键	烯	$\diagup C{=}O$	酮基	酮
—C≡C—	碳碳三键	炔	—COOH	羧基	羧酸
—X	卤原子	卤代烃	—CONH$_2$	酰胺	酰胺
—OH	羟基	醇	—NH$_2$	氨基	胺
—SH	巯基	硫醇	—CN	氰基	腈
R—O—R	醚	醚	—NO$_2$	硝基	硝基化合物
—CHO	醛基	醛	—SO$_3$H	磺酸基	磺酸

五、有机化合物的表示方法和同分异构现象

（一）有机化合物的表示方法

由于在有机化合物中普遍存在同分异构现象,一个相同的分子组成可能同时具有多种不同的分子结构,它们的物理性质或化学性质也存在某些差异。所以不能用只表示分子组成的分子式来表示有机化合物,必须使用既可以表示分子组成又可以表示分子结构的结构式、结构简式和键线式。

结构式中将原子与原子用短线相连代表键,一个短线代表一个共价键。当原子与原子之间以双键或三键相连时,则用两或三个短线相连。结构式非常完整地表示了组成一个有机化合物分子的原子种类和数目,以及分子内各个原子的连接顺序和连接方式,但写起来较烦琐。在结构式的基础上,不再写出碳或其他原子与氢原子之间的短线,并将多个氢原子合并,这种式子称为结构简式。结构简式也可以反映有机化合物的分子组成、原子间的连接顺序及方式,而且较结构式简单,所以一般采用结构简式表示有机化合物的分子结构。除此之外,还可以使用短线以近似的键角相连,表示碳原子之间的共价键,只写出碳碳键和除与碳原子相连的氢原子外的其他原子如 O、N、S 等,这种表示法称为键线式。有机分子的结构式、结构简式和键线式示例见表 1-3。

表1-3 结构式、结构简式和键线式示例

分子式	结构式	结构简式	键线式
C_4H_{10}	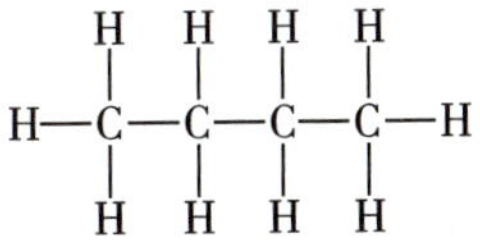	$CH_3CH_2CH_2CH_3$	
C_4H_8	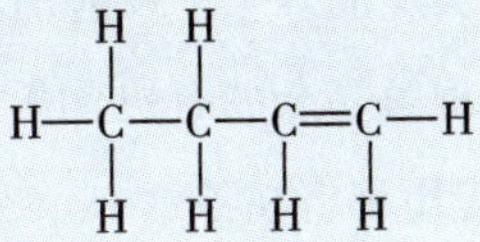	$CH_3CH_2CH=CH_2$	
$C_4H_{10}O$	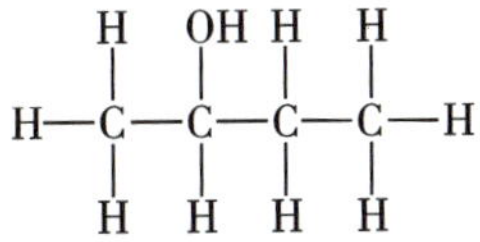	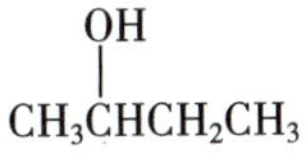 $CH_3CHCH_2CH_3$ (上方 OH)	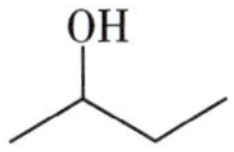
C_6H_{12}	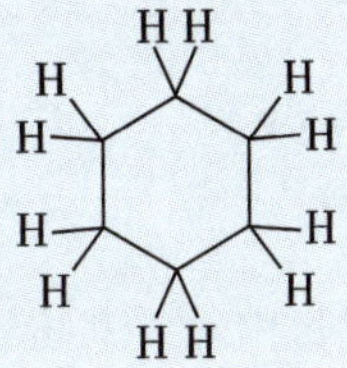	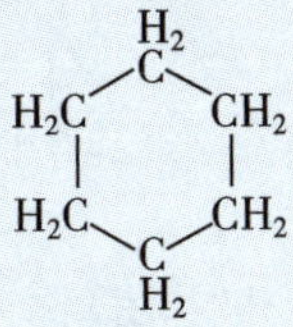	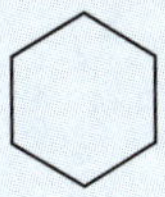

(二) 同分异构现象

由有限的几种原子可以组成数目巨大的有机化合物,究其原因,一方面是由于有机物中含有的碳原子数目不同,另一方面是由于有机物中原子的连接顺序或成键方式不同。例如分子式为 C_4H_{10} 的有机化合物可以写出两种不同的结构式:

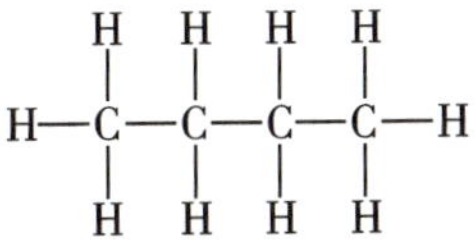

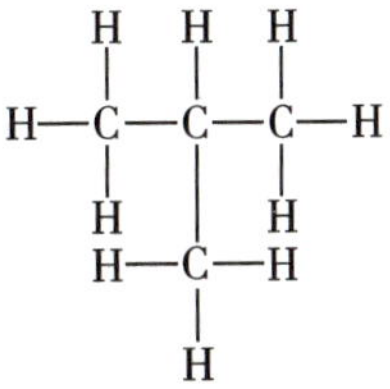

这种碳原子的不同的连接方式会随着碳原子数目的增大而迅速地增加。又如分子式为 C_2H_6O 的有机化合物存在如下两种不同的结构:

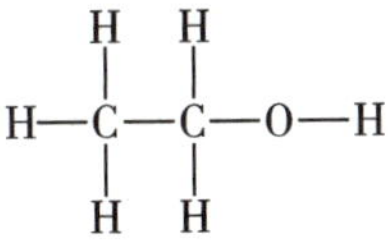

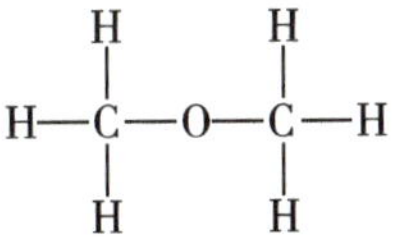

以上分子式相同而结构不同的现象称为同分异构现象。这种具有相同分子式,但结构和性质却不相同的化合物互称为同分异构体。

课 堂 活 动

盐酸普鲁卡因是临床上经常使用的局部麻醉药,其化学结构如下:

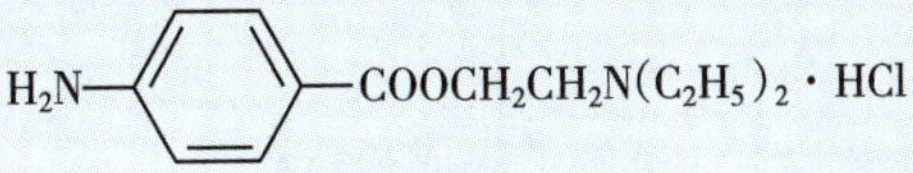

请你分析一下:该化合物含有什么基团?属于哪类化合物?普鲁卡因的极性如何?临床上使用时为何要用盐酸普鲁卡因?

六、有机化合物的反应类型

(一) 按反应历程分类

有机化合物的特点之一是反应复杂,常伴有副反应的发生。反应历程就是对某个化学反应逐步变化过程的详细描述,对反应历程的了解有助于理解复杂的有机化学反应。这里只简单介绍共价键在有机反应中断裂的主要方式,具体反应的反应历程将在各章中介绍。

有机反应涉及反应物旧键的断裂和新键的形成。键的断裂主要有两种方式:均裂和异裂。

1. 均裂与游离基反应　均裂是指在有机反应中共价键均等地分裂成两个中性碎片的过程。原来成键的两个原子均裂之后各带有一个未配对的电子。如下式所示:

$$C \overset{\cdot}{\underset{\cdot}{|}} B \longrightarrow C \cdot + \cdot B$$
碳游离基

带有单电子的原子或原子团(基团)称为游离基或自由基。共价键的均裂可以产生游离基,凡有游离基参加的反应称为游离基反应,也称自由基反应。游离基只在反应中作为活泼中间体出现,它只能在瞬间存在。游离基反应一般在光、热或过氧化物存在下进行,多为链式反应,反应一旦发生,将迅速进行,直到反应结束。

2. 异裂与离子型反应　异裂是指在有机反应中共价键非均等地分裂成两个带相反电荷的碎片的过程。即原来成键的两个原子异裂之后,成键电子对集中在一个原子或原子团上,一个碎片带正电荷,另一个碎片带负电荷。

$$C \overset{\cdot}{\underset{\cdot}{|}} B \longrightarrow C^+ + :B^-$$
碳正离子

$$C \overset{\cdot}{\underset{\cdot}{:}} B \longrightarrow C:^- + B^+$$
碳负离子

这种异裂后生成带正电荷和负电荷的原子或基团所进行的反应称为离子型反应。带正电荷的碳原子称为碳正离子,带负电荷的碳原子称为碳负离子。无论是碳正离子还是碳负离子都是非常不稳定的中间体,只能在瞬间存在,但它可以引发反应,对反应的发生起着重要的作用。有机化学中的离子型反应一般发生在极性分子之间。根据反应试剂的类型不同,离子型反应的分类如下:

$$离子型反应\begin{cases}亲电反应\begin{cases}亲电取代反应\\亲电加成反应\end{cases}\\亲核反应\begin{cases}亲核取代反应\\亲核加成反应\end{cases}\end{cases}$$

> **课堂活动**
> 在无机化学中我们学习了离子反应,你认为有机化学中的离子型反应与无机化学中的离子反应有区别吗?

(二) 按反应形式分类

有机化学反应也常根据反应物和生成物的组成和结构的变化进行分类。

1. 取代反应　有机化合物分子中的原子或原子团被其他原子或原子团所替代的反应称为取代反应。例如甲烷分子中的氢原子被卤素原子取代的反应。

$$CH_4 + Cl_2 \xrightarrow{\text{紫外线}} CH_3Cl + HCl$$

2. 加成反应　有机化合物与另一物质作用生成一种产物的反应称为加成反应。加成反应是不饱和化合物的特性反应。例如乙烯与氯化氢的反应。

$$CH_2{=}CH_2 + HCl \longrightarrow CH_2ClCH_3$$

3. 聚合反应　由低分子结合成高分子(或较大分子)的反应称为聚合反应。例如乙烯在一定条件下聚合成聚乙烯的反应。

$$n\,CH_2{=}CH_2 \xrightarrow[100℃]{TiCl_4} {-\!\!\!-}CH_2{-}CH_2{-\!\!\!\!]}_n$$

4. 消除反应　从一个有机化合物分子中消去一个简单分子(如 H_2O、HX 等)而生成不饱和化合物的反应称为消除反应。例如从一溴乙烷分子中脱去 HBr 而生成烯烃的反应。

$$\begin{array}{c} CH_2{-}CH_2 \\ \;\;|\quad\;\; | \\ \;\;H\quad\; Br \end{array} + NaOH \xrightarrow{C_2H_5OH} CH_2{=}CH_2 + HBr$$

5. 重排反应　重排反应指有机化合物由于自身的稳定性较差,在常温、常压下或在其他试剂、加热或外界因素的影响下,分子中的某些基团发生转移或分子中的碳原子骨架发生改变的反应。例如乙炔在硫酸和硫酸汞的催化下与水的加成反应,产物是乙醛(CH_3CHO)而不是预期的乙烯醇,就是因为乙烯醇不稳定而在反应过程中自动发生了重排反应。

$$CH{\equiv}CH + H_2O \xrightarrow[H_2SO_4]{HgSO_4} \begin{bmatrix} CH{=}CH_2 \\ | \\ OH \end{bmatrix} \xrightarrow{\text{重排}} CH_3CHO$$

乙烯醇(不稳定)

点滴积累

1. 有机化合物是碳氢化合物及其衍生物,有机化学是研究有机化合物的结构、性质、合成方法、应用以及它们之间的相互转变和内在联系的科学。
2. 有机化合物由于结构上的特殊性,使其具有可燃性、熔点低、难溶于水、不导电、反应慢、产物复杂、分子结构复杂、同分异构体多等特点。
3. 决定有机化合物性质的原子、原子团以及特征的化学结构称为官能团。根据官能团的不同可以将有机化合物分为不同的类别。
4. 有机化合物绝大多数以共价键形式结合而成。碳原子可以形成碳碳单键、双键、三键,碳原子之间相连可以形成链状或环状化合物。
5. 由于有机化合物中普遍存在同分异构现象,有机化合物须用结构式、结构简式和键线式来表示。
6. 有机化学反应从反应形式上可分为取代反应、加成反应、聚合反应、消除反应和重排反应。

第二节　有机化学与药物

药物是用于治疗、预防和诊断疾病的物质。目前使用的药物按来源可分为三大类：①天然来源的植物药、矿物药及来源于动物组织的药物；②生物药物；③化学合成的药物。药物中绝大多数是化学合成的药物；有些来源于天然物或微生物的药物现在也可以用化学合成的方法制得；有些还可以天然产物中的成分为主要原料经化学合成制得，即所谓的"半合成"药物。尽管有些药物的有效成分还不清楚或化学结构尚未阐明，但它们均属于化学物质，所以说"药物是特殊的化学品"。

19世纪以后随着自然科学技术的发展，化学在药物科学中的应用得到了广泛的发展。当时，主要是利用化学方法提取天然药物中的有效成分，许多药物开始涌现，如吗啡、可卡因、奎宁、阿托品等。通过对天然药物有效成分的研究，不仅可以更准确地进行药理实验和临床应用，而且还能更精确地测定其理化性质和化学结构，从而为以后的大量化学合成制备化学药物奠定基础。随着化学的发展，开始出现一些人工合成的新物质供治疗疾病使用，如乙醚和三氯甲烷等用作麻醉剂、苯酚用作消毒药物等，并可以从染料和染料中间体中寻找可以用于治疗疾病的化合物。随着化学科学和化学工业的发展，人们可以合成一些复杂的化合物，药物的来源又拓宽了。

在药物中，有机化合物所占的比例很大，而且大多是结构复杂的有机化合物，对它们的认识离不开有机化学的基本知识。例如对一种中草药有效成分的研究，要经过提取、纯化、结构测定、人工合成等步骤，所有这些程序都需要有机化学的知识。药品合成路线的选择更是离不开有机化合物的反应，只有熟悉了有机化学反应的特点，经过相互比较，才能选择出合理的合成路线。此外，开展药物鉴定、药物储存、药物剂型加工等工作都必须通晓药物的理化性质。

现代化学尤其是有机化学的发展，打破了过去药物研究中主要凭"经验"和"祖传秘方"的神秘色彩，为药物的研究开辟了一个崭新的天地。依靠有机化学理论和实验方法可以研究药物的组成、结构和性质，从本质上认识药物，因而可以在实验室中合成药物，进而在药物合成工厂内进行生产。现今全球上市药品中，大部分来自化学合成，可以说，没有有机化学的发展就没有新药开发的快速发展。

化学的发展在推动药学发展的同时，自身也得到了迅速的发展。化学家及药物化学家们在分离、提纯、改性及合成天然药物的过程中，不断完善有机化学的理论和实验方法，在合成药物以及活性物质筛选的过程中发明了许多新的有机合成反应及方法，特别是近十几年来在药物合成和筛选的过程中逐渐发展出化学的一个新的分支——组合化学。

组合化学概念的提出是对传统有机合成以及活性物质筛选观念的挑战。设计和合成对某种疾病有效的药物往往需要经过漫长的过程，首先要根据已有的药物结构与活性关系的知识，设计药物分子；然后根据有机化学的知识合成所设计的药物分子及其相似物或衍生物；最后对合成的诸多化合物进行药效的初步筛选，并进行动物实验、生理毒理实验、临床试验。长期以来，化学家们一直采用逐一合成、逐一纯化、逐一鉴定、逐一测定其生物活性的方法。这种方法效率低、速度慢，使得新药开发成本越来越高、周期越来越长。组合化学合成方法可以利用有限的反应,同时合成大量带有表现其特性的化学附加物,整个一组化合物可以根据某些生物靶来进行同步筛选,挑选其中的有效化合物加以鉴定。再以这些有效化合物的化学结构为起点,合成新的相关化合物用于实验。在以前的随机筛选中,任何一种新化合物表现出生物活性的机会是很小的,但是采用组合化学的方法进行同步制造和筛选后找到一种有价值的药物的机会就大大增加。有人做过这样的统计:1个化学家用组合化学方法 2~6 周的工作量,就需要 10 个化学家用传统化学方法花费 1 年的时间来完成。由此可见,组合化学不但是药物合成化学的一次革新,同时也对很多领域的化学合成方法带来了冲击。组合化学的出现是近年来药物研究领域的最显著的进步之一。

点滴积累

1. 药物是特殊的化学品,是用于治疗、预防和诊断疾病的物质。药物按来源分为天然药物、微生物药物和化学合成药物。
2. 化学学科的发展,特别是有机化学的发展促进了药学的发展,大量的化学合成药物被应用于疾病的预防、诊断和治疗。
3. 药学的发展同样也带动了化学的发展,在药物合成和筛选的过程中逐渐发展出化学的一个新的分支——组合化学。

复习导图

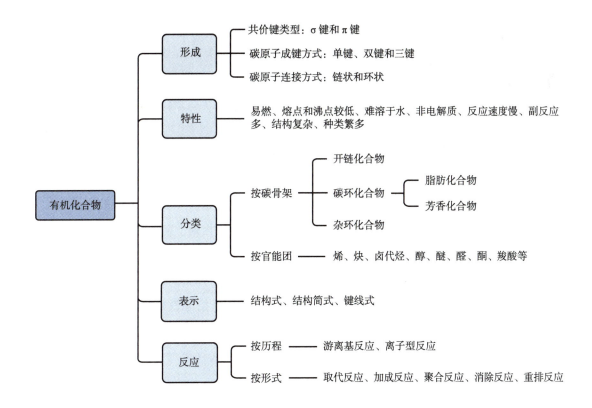

目标检测

习题

简答题

1. 请列举生活中常见的有机化合物。
2. 查阅生活中常见药物说明书上的结构式,分析它们包括什么官能团,组成官能团的原子是如何成键的,是 σ 键还是 π 键。

（梁大伟）

实训一　有机化学实训基本知识

有机化学实训是有机化学教学的重要组成部分,通过实训可以帮助学生理解和巩固课堂讲授的基本理论知识,掌握有机化学实训的基本操作技能;培养学生观察、分析、解决问题的能力,培养理论联系实际、严谨求实的科学态度,以及创新意识,使其养成爱护公物、遵守纪律和团结协作的良好习惯,为将来形成良好的工作作风奠定基础。

为了保证有机化学实训教学的正常进行,学生必须严格遵守实训室规则和安全知识。

一、有机化学实训室规则

1. 实训前应认真预习有关实训的全部内容,明确实训的目的要求、基本原理及实训内容和有关操作技术,并简要地写出预习报告。

2. 在实训室内要听从教师指导,遵守秩序,保持安静;实训时做到操作规范,注意力集中,积极思考,认真、仔细地观察,如实地做好实训记录。

3. 公用仪器、原料、试剂等应在指定的地点使用,用后放回原处;药品应按照规定用量取用,注意节约水、电、酒精;破损仪器应及时报损补充,并按规定赔偿;实训室的物品不得携带出室外。

4. 实训台面、地面、水槽等应经常保持清洁;污物、残渣等应扔到指定的地点;废酸、废碱等腐蚀性溶液不能倒进水槽,应倒入指定的废液缸中。

5. 合理安排时间,应在规定时间内完成实训,中途不得擅自离开实训室;实训完毕应将所用仪器洗涤干净,放置整齐;将实训原始记录或实训报告交给指导教师,经检查、认可后方可离开。

6. 轮流值日的学生应将实训室内外进行清扫,倾倒废液,将有关器材、药品整理就绪,关好水、电、门、窗,经老师检查合格后方可离开。

二、有机化学实训室安全知识

有机化学实训所用药品多数是易燃、易爆、有毒、有腐蚀性的试剂,所用仪器大部分是易破、易碎的玻璃制品,稍有不慎,就容易发生割伤、烧伤、中毒甚至爆炸等意外事故。所以应该采取必要的安全和防护措施,以保证实训的顺利进行。

(一) 实训室安全规则

1. 实训开始前应检查仪器是否完整无损、装置是否稳妥。

2. 实训进行中不得随便离开,应经常注意反应进行的情况和装置有无漏气、破裂等现象。

3. 在进行有可能发生危险的实训时,要根据具体情况采取必要的安全措施,如戴防护眼镜、面罩、手套或其他防护设备。

4. 量取酒精、乙醚等易燃液体时,必须远离火源。如果酒精灯或酒精喷灯在使用过程中需要添加酒精,必须先熄灭火焰,然后通过漏斗加入酒精;严禁向正在燃烧的酒精灯中添加酒精。另外,点燃酒精灯时应用火柴引火,不可用另一酒精灯的火焰直接引火。

5. 熟悉安全用具如灭火器、沙箱(桶)以及急救箱的放置地点和使用方法。

6. 称取和使用有毒、恶臭和强烈刺激性物质时,应在通风橱中操作;对反应产生的有害气体应按规定处理、排放,以免污染环境,影响身体健康;接触有毒物质后,应立即洗净双手,以免中毒。严禁在实训室内吸烟或吃任何食物。

7. 蒸馏或回流易燃有机物时,应采取热浴间接加热,严禁直接明火加热,并且要注意装置不能漏气,如发现漏气,应立即停止加热。勿将低沸点、易燃溶剂放在大口容器(如烧杯)内加热。

8. 使用电器时应防止触电,不能用湿手接触电插头,以免发生危险。

(二) 实训室事故的处理

1. 试剂灼伤的处理

(1) 如果试剂不慎溅入眼中,应立即用生理盐水冲洗;若是酸性试剂,可用稀碳酸氢钠溶液冲洗;若是碱性试剂,则用硼酸溶液或1%乙酸溶液冲洗;若无上述溶液,则用大量蒸馏水或自来水冲洗,然后送医务室处理。

(2) 皮肤灼伤应根据情况分别处理,强酸、强碱触及皮肤时,应先用干布抹去酸碱,再用大量自来水冲洗,然后视腐蚀液的酸碱性,采用饱和碳酸氢钠或硼酸溶液洗涤;皮肤被溴灼伤,立即用2%硫代硫酸钠溶液冲洗至伤处呈白色,也可用酒精冲洗,然后涂上甘油;皮肤被苯酚灼伤,先用大量水冲洗,再用乙醇(70%)和三氯化铁(4:1)的混合液洗涤。

2. 烫伤的处理 如果伤势较轻,涂上苦味酸或烫伤软膏即可;若伤势较重,不能涂烫伤软膏等油脂类药物,可撒纯净的碳酸氢钠,然后立即送医务室治疗。

3. 玻璃割伤的处理 受伤后要仔细检查伤口有无玻璃碎片,若有应先取出玻璃碎片,用医用过氧化氢溶液洗净伤口,涂上碘酊后包扎好;如伤势较严重,应先做止血处理,然后送医务室进一步治疗。

4. 着火事故的处理　实训室如果发生了着火事故,不要惊慌失措,应沉着冷静,及时采取措施,控制事态扩大。首先移开未着火的易燃物,然后根据起火原因和火势采取不同的方法扑灭。①地面或实训台面着火,若火势不大,可用湿抹布来灭火;②反应器皿内着火,可用石棉板盖住瓶口,火即熄灭;③油类物质着火,要用沙或使用适宜的灭火器灭火;④电器着火,应切断电源,用适宜的灭火器灭火。

三、有机化学实训常用仪器简介

表 1-4 列出了有机化学实训中常用的玻璃仪器。有些仪器如试管、烧杯、滴管、量筒、表面皿、蒸发皿、酒精灯等在无机化学实训中已使用,这里不再介绍。

表 1-4　有机化学实训常用普通玻璃仪器

仪器	主要用途	使用注意事项
 圆底烧瓶 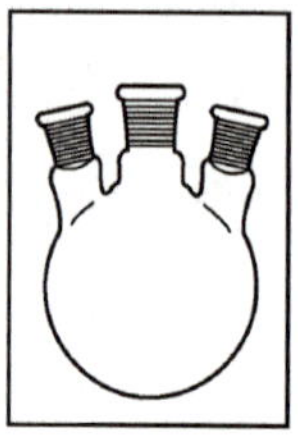　三口烧瓶	1. 圆底烧瓶可作为蒸馏瓶,也可用于试剂量较大的加热反应及作为装配气体发生装置。 2. 三口烧瓶主要用于有机化合物的制备	1. 蒸馏装置中的被蒸馏液体一般不超过蒸馏瓶容积的 2/3,也不少于 1/3。 2. 加热时需垫石棉网,并固定在铁架台上。 3. 防止骤冷,以免容器破裂。 4. 三口烧瓶的三个口根据需要可方便插入温度计、滴液漏斗、与蒸馏头或冷凝管等连接用于常压蒸馏。上口接温度计,斜口连接直形冷凝管
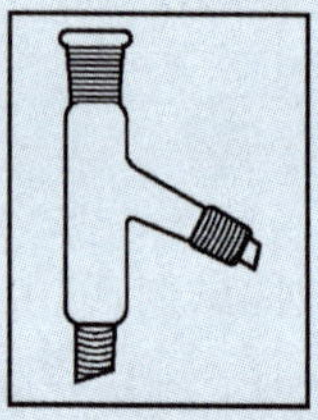 蒸馏头	用于常压蒸馏	上口接温度计,斜口连接直形冷凝管
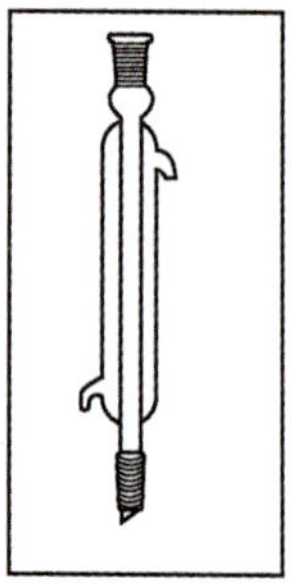 直形冷凝管 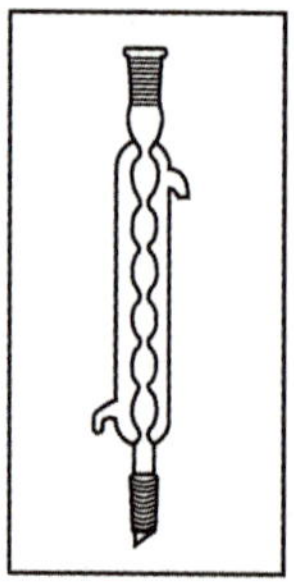　球形冷凝管	1. 主要用于冷却被蒸馏物的蒸气。 2. 蒸馏沸点低于 130℃ 的液体时,选用直形冷凝管。 3. 球形冷凝管一般用于回流 4. 也可用于有机化合物的制备	1. 用万能夹固定于铁架台上。 2. 使用冷凝管时(除空气冷凝管外),冷凝水从下口进入、上口流出,上端的出水口应向上,以保证套管中充满水。 3. 在加热之前,应先通冷凝水

仪器	主要用途	使用注意事项
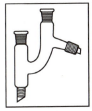 蛇形冷凝管　空气冷凝管　刺形冷凝管	1. 蒸馏沸点很低的液体时,选用蛇形冷凝管。 2. 蒸馏沸点高于130℃的液体时,选用空气冷凝管。 3. 主要用于分离沸点相差不大的液体(相差25℃左右)。	1. 全部装置安装好后,先开冷却水源,然后进行加热蒸馏。 2. 冷凝管下端连接接收瓶,通常用弯形接管连接接收瓶,可使蒸馏液垂直流出。 3. 使用后需及时清理残留物质,避免长期堵塞影响冷凝效率
 接液管　　真空接液管	1. 接液管和三角烧瓶一起作为常压蒸馏时的接收器,接收经冷凝管冷却后的液体。 2. 真空接液管用于减压蒸馏	1. 接液管的小嘴与大气相通,避免造成封闭体系,必要时也可通过干燥塔与大气相通。 2. 真空接液管的小嘴用于抽真空,但需要通过保护瓶与真空泵连接
分馏头　　真空三叉接液管	1. 分馏头用于减压蒸馏。 2. 真空三叉接液管用于具有多种馏分的减压蒸馏	1. 分馏头的 2 个上口分别接毛细管和温度计,斜口连接直形冷凝管。 2. 真空三叉接液管连接 3 个接收瓶,小嘴用于抽真空,但需要通过保护瓶与真空泵连接
T形连接管	1. 用于水蒸气蒸馏,在装置中主要起连接作用,同时便于除去冷凝下来的水。 2. 如果蒸馏系统发生阻塞,可及时放气,以免发生危险	当水蒸气蒸馏完毕时,应先打开T形连接管
 熔点测定管	用于测定熔点	1. 熔点测定管应固定在铁架台上。 2. 加入的传温液要淹没测定管的上侧管口。 3. 应在测定管的侧管末端进行加热

仪器	主要用途	使用注意事项
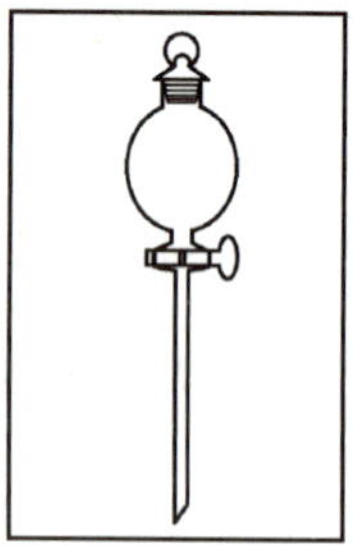 分液漏斗(球形) 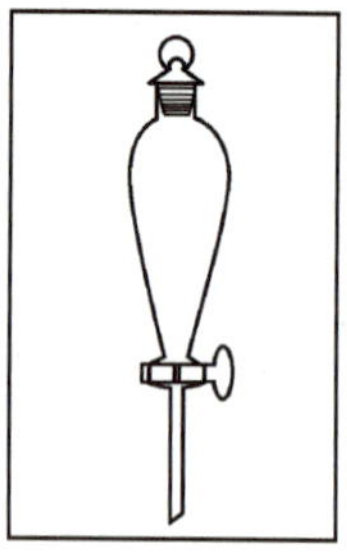　分液漏斗(梨形) 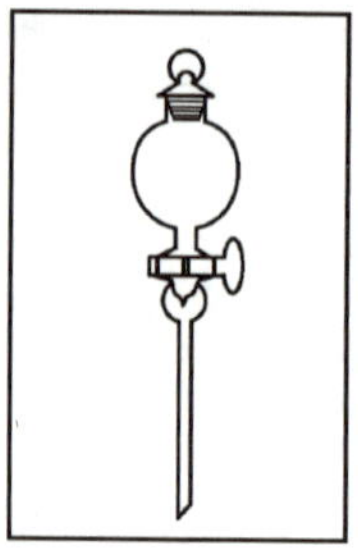　滴液漏斗	1. 分液漏斗主要应用于以下情况：①分离两种互不相溶的物质；②萃取；③洗涤某液体物质。 2. 滴液漏斗可用于滴加液体试剂	1. 使用前要检查活塞是否漏水，如果漏水，则需将活塞擦干，均匀地涂上薄薄的一层凡士林(活塞的小孔处不能涂抹)。 2. 所盛放的液体总量不能超过漏斗容积的3/4。 3. 分液漏斗要固定于铁架台的铁圈上。 4. 分液漏斗中的下层液体通过活塞放出，上层液体从漏斗口倒出。 5. 用毕洗净后，在磨口处应垫小纸片，以防黏结
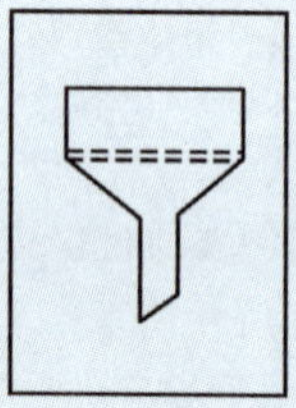 布氏漏斗 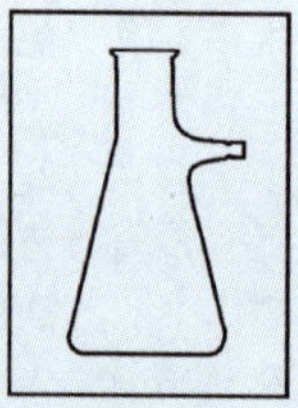　抽滤瓶	用于常量分离晶体和母液时的抽气过滤	1. 布氏漏斗以橡皮塞固定在抽滤瓶上，布氏漏斗下端的缺口对着抽滤瓶的侧管。 2. 滤纸应小于布氏漏斗的底面，但须盖住其小孔，用溶剂润湿滤纸，使其紧贴在布氏漏斗的底面上
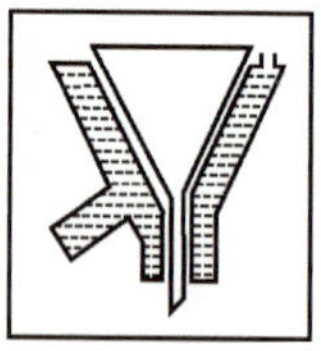 保温漏斗	用于溶解度随温度变化较大物质的趁热过滤	1. 保温漏斗中的水温视所用溶剂而定，一般应低于溶剂的沸点，以避免溶剂沸腾蒸发而析出晶体。 2. 如果需过滤液体的量较大，且溶剂非易燃物，可加热保温漏斗的侧管

四、有机化学实训报告的书写

为了使实训能够达到预期的效果，在实训之前要做好充分的准备工作，反复阅读实训的全部内容，明确实训目的和要求，领会基本原理和操作技术的要点等，并简明扼要地写出预习报告。

(一) 预习报告的书写

对于基本操作实训，预习报告的内容包括实训目的、装置简图、实训步骤(最好用流程图表示)及注意事项。

对于性质实训，预习报告的内容包括简要的实训步骤，并能解释将观察到的现象(最好用表格的形式)。尽量用简短的语句和化学语言如分子式、反应式等来表示。

对于制备有机化合物的实训，预习报告的内容包括实训目的、实训原理(写出反应式、装置简图、原料和主产物的重要物理常数，如熔点、沸点、溶解度等)、实训步骤(最好用流程图表示)及注意事项。

(二) 实训记录的书写

在实训中，学生除要认真操作、仔细观察、积极思考外，还应将观察到的现象、测得的各种数据如实地记录下来。

(三) 实训报告的书写

实训完毕,将预习报告和实训记录加以整理,写出本次实训的实训报告。报告一般用表格的形式,现举两例供参考。

例1:

实训八　醛和酮的性质

专业＿＿＿＿＿＿班级＿＿＿＿＿＿姓名＿＿＿＿＿＿　　　　　　年　　月　　日

一、实训目的

1. 验证醛和酮的主要化学性质。

2. 掌握醛和酮的鉴别方法。

二、实训内容、现象及解释(表1-5)

表1-5　实训八的实训记录

项目	操作步骤	实训现象	解释或结论
与2,4二硝基苯肼反应	1# HCHO 2# CH_3CHO 3# CH_3COCH_3 4# C_6H_5CHO ⎱+10滴2,4二硝基苯肼	有橙色沉淀生成 有橙色沉淀生成 有橙色沉淀生成 有橙色沉淀生成	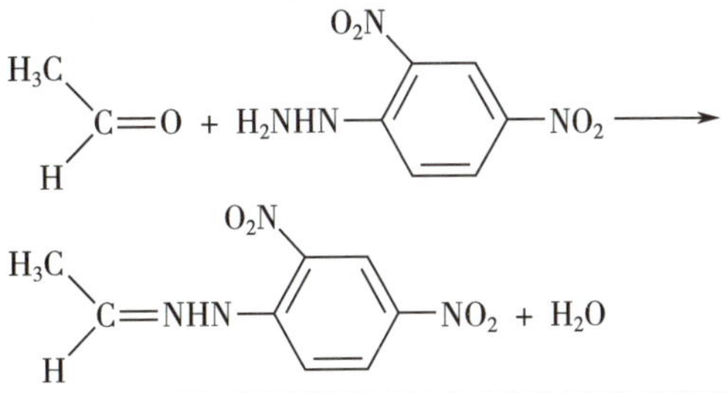
……	……	……	……

三、分析与讨论

例2:

实训十一　乙酸乙酯的制备

专业＿＿＿＿＿＿班级＿＿＿＿＿＿姓名＿＿＿＿＿＿　　　　　　年　　月　　日

一、实训目的

1. 掌握蒸馏、萃取、洗涤、干燥等基本操作。

2. 学会酯化反应制备乙酸乙酯的方法。

二、实训原理(略)

三、实训装置图(略)

四、实训操作步骤

1. 按操作规范安装实训仪器。

2. ……

3. ……

五、实训记录(表1-6)

表1-6　实训十一的实训记录

原料	产物外观	产物质量/g	产物熔点/℃	产率

六、分析与讨论

(梁大伟)

第二章　饱和烃

ER 2-1
第二章
饱和烃
（课件）

学习目标

1. **掌握**　烷烃及单环烷烃的结构、命名和理化性质。
2. **熟悉**　烷烃的构象异构，以及乙烷、丁烷、环己烷等烷烃的构象。
3. **了解**　螺环烃和桥环烃的命名，以及烷烃在医药领域中的应用。

导学情景

情景描述：

　　烃类广泛存在于自然界中，来源于石油、天然气及动植物体内。在医药领域中，烷烃可作为药物的原料或辅料，例如用作缓泻剂的液体石蜡及可作为软膏基质的凡士林都是烷烃的混合物。此外，烷烃在能源、化工等其他领域也都发挥着重要作用，我国是全球第一个在海域可燃冰试开采中获得连续稳定产气的国家。

学前导语：

　　天然气包含挥发性较大的烷烃，主要是甲烷，还有少许乙烷、丙烷等。本章主要介绍烷烃和环烷烃的结构、命名及性质，了解重要的烷烃在医药领域中的应用。

　　烃是由碳和氢两种元素组成的有机物的简称，是其他各类有机物的母体。根据结构特征，烃分为饱和烃及不饱和烃两种。饱和烃包括烷烃、环烷烃，不饱和烃包括烯烃、炔烃和二烯烃。

第一节　烷烃

一、烷烃的通式、同系列和同系物

　　烷烃是指碳原子之间以单键相连成链状，其余的价键均与氢原子相连的化合物。在烷烃分子中，碳原子数与氢原子数的比例达到最高值，故又称饱和烃。根据烷烃的定义，可以写出一些简单烷烃的结构式，见表 2-1。

　　比较上述烷烃的组成，可以看出，从甲烷开始每增加 1 个碳原子，就相应增加 2 个氢原子，如果将碳原子数定为 n，则氢原子数就是 $2n+2$，所以烷烃的组成可用 $C_nH_{2n+2}(n \geq 1)$ 来表示，这个表达式也称为烷烃的通式。这种结构相似，具有同一通式，且在组成上相差 1 个或多个 CH_2 基团的一系列化合物称为<u>同系列</u>。同系列中的各化合物之间互称<u>同系物</u>，CH_2称为<u>系差</u>。同系物具有相似的化学性质，掌握了同系物中典型的、具有代表性的化合物的性质，便可推知其他同系物的一般性质，也为学习和研究有机化合物提供了方便。

表 2-1　一些简单烷烃的结构式

结构式	名称	分子式	结构简式
H | H—C—H | H	甲烷	CH_4	CH_4
H　H |　| H—C—C—H |　| H　H	乙烷	C_2H_6	CH_3CH_3
H　H　H |　|　| H—C—C—C—H |　|　| H　H　H	丙烷	C_3H_8	$CH_3CH_2CH_3$
H　H　H　H |　|　|　| H—C—C—C—C—H |　|　|　| H　H　H　H	正丁烷	C_4H_{10}	$CH_3CH_2CH_2CH_3$

二、烷烃的结构

(一) 甲烷的分子结构

　　甲烷是烷烃中最简单的分子。实验证明，它的分子式为CH_4，结构式如表 2-1 所列，在这里结构式只能说明甲烷分子中碳原子和氢原子之间的连接方式及次序，并不能反映甲烷分子的空间形状。现代物理方法研究表明，甲烷分子的空间形状是正四面体，碳原子处于正四面体的中心，4 个氢原子占据正四面体的 4 个顶点，4 个碳氢键的键长及键能完全相等，所有的键角均为 109.5°，如图 2-1（a）所示。甲烷分子的分子结构可用分子模型表示，见图 2-1（b）、（c）。

ER 2-2

甲烷分子的
模型

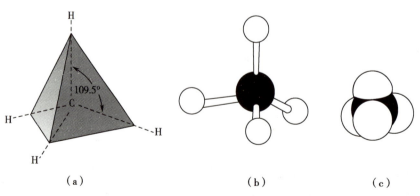

（a）　　　　　　　　　　（b）　　　　　　　　　（c）

图 2-1　甲烷分子的模型

注：(a)甲烷的正四面体模型；(b)球棍模型（凯库勒模型）；(c)比例模型（斯陶特模型）。

(二) 烷烃中碳原子的成键方式

碳原子的原子核外有 6 个电子,其外层电子排布式为 $2s^2 2p^2$。按照经典的结构理论,碳原子只可以形成 2 个共价键,键角应为 90°,与现代物理方法研究的结果不符。这是因为烷烃中的碳原子不是以 2p 轨道成键,而是以 sp^3 杂化轨道成键的。

课 堂 活 动

试着画出碳原子的电子排布式和轨道表示式;按照共价键形成的一般规律,它可以形成几个共价键?

知识链接

碳原子的 sp^3 杂化

碳原子的 sp^3 杂化

现代价键理论认为,甲烷分子中的碳原子并不是以 s 轨道和 p 轨道参与成键的,而是采用杂化轨道成键的。碳原子在成键时,2s 轨道上的 1 个电子吸收能量受到激发,跃迁到 2p 的空轨道中,形成 $2s^1 2p^3$ 的电子排布。然后 1 个 2s 轨道和 3 个 2p 轨道混合,重新组合成 4 个具有相同能量的新轨道,称为 sp^3 杂化轨道,4 个电子以相同的自旋排布在 4 个 sp^3 杂化轨道上。其杂化过程见图 2-2。

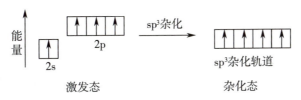

图 2-2　碳原子的 sp^3 杂化过程

这 4 个 sp^3 杂化轨道在碳原子核周围对称分布,2 个相邻轨道的对称轴间夹角为 109.5°,相当于由正四面体的中心伸向 4 个顶点(图 2-3)。

sp^3 杂化轨道的空间形状可以使 4 个轨道之间相距最远,电子间的相互斥力最小,因而体系最稳定。同时轨道的电子云形状由原来的 s 球形对称和 p 纺锤形对称变为一头大、一头小的形状(图 2-4)。这样可增加与其他原子轨道重叠成键的能力,使轨道成键时重叠程度增大,形成的共价键更加稳固。

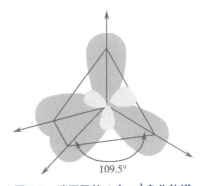

图 2-3　碳原子的 4 个 sp^3 杂化轨道

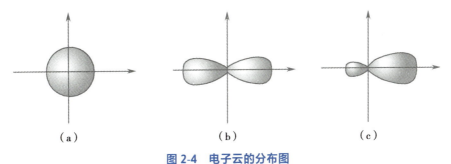

图 2-4　电子云的分布图

注:(a) s 轨道;(b) p 轨道;(c) sp^3 轨道。

甲烷分子中,碳原子的 4 个 sp^3 杂化轨道分别与氢原子的 1s 轨道沿对称轴方向"头碰头"以最大程度重叠,形成 4 个相同的 C—H σ 键,它们之间的夹角为 109.5°,所以甲烷分子具有正四面体结构,见图 2-5(a)。

乙烷和其他烷烃分子中的碳原子也均为 sp^3 杂化。两个碳原子的 sp^3 杂化轨道沿对称轴方向重叠形成 C—C σ 键,而其他 sp^3 杂化轨道则与氢原子形成 C—H σ 键,见图 2-5(b)。

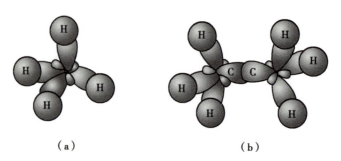

（a） （b）

图 2-5　烷烃的结构

注:(a)甲烷分子的形成;(b)乙烷分子的形成。

(三) 烷烃的同分异构现象

课 堂 活 动

甲烷的空间结构是正四面体,随着碳原子数的增加,空间结构更为复杂,试用球棍模型拼出乙烷、丙烷的结构。

在烷烃系列中,从 C_4H_{10} 开始每个分子式都可以写出若干个不同的结构式,即碳原子的连接次序和排列方式可以有所不同。例如 C_4H_{10} 中的 4 个碳原子可以有 2 种连接方式,形成两种不同的丁烷。

$$CH_3CH_2CH_2CH_3 \qquad \begin{array}{c} CH_3CHCH_3 \\ | \\ CH_3 \end{array}$$

像这种具有相同的分子组成,只是由于碳链结构不同而产生的同分异构现象称为碳链异构。在烷烃分子中,除甲烷、乙烷、丙烷没有碳链异构体外,其他的烷烃都存在不同数目的碳链异构体。例如戊烷有 3 种碳链异构体。

$$CH_3CH_2CH_2CH_2CH_3 \qquad \begin{array}{c} CH_3CHCH_2CH_3 \\ | \\ CH_3 \end{array} \qquad \begin{array}{c} CH_3 \\ | \\ H_3C-C-CH_3 \\ | \\ CH_3 \end{array}$$

随着烷烃分子中碳原子数目的增多,碳原子之间会形成多种连接方式,因而碳链异构体的数目也随之增加。己烷(C_6H_{14})有 5 个异构体,癸烷($C_{10}H_{22}$)理论上有 75 个异构体,二十烷则有 366 319 个异构体。

(四) 烷烃分子中碳原子的类型

课 堂 活 动

庚烷(C_7H_{16})共有几个同分异构体? 请同学们试着分别写出各异构体的结构式。

观察碳链异构体的结构式可以发现,碳原子在碳链中所处的位置不尽相同,它们所连接的碳原子和氢原子的数目也不相同。为了加以识别,可以将碳原子分为 4 类:只与 1 个碳原子直接相连的碳原子称为伯碳原子(一级或 1°);

与 2 个碳原子直接相连的碳原子称为**仲碳原子**(二级或 2°);与 3 个碳原子直接相连的碳原子称为**叔碳原子**(三级或 3°);与 4 个碳原子直接相连的碳原子称为**季碳原子**(四级或 4°)。例如:

$$\underset{1°}{H_3C}-\underset{\substack{CH_3 \\ | \\ 4°}}{\overset{CH_3}{C}}-\underset{2°}{CH_2}-\underset{3°}{\overset{CH_3}{\underset{|}{CH}}}\underset{2°}{CH_2}\underset{1°}{CH_3}$$

与此相对应,连接在伯、仲、叔碳原子上的氢原子分别称为伯氢原子(1° H)、仲氢原子(2° H)和叔氢原子(3° H)。由于 4 种碳原子和 3 种氢原子所处的位置不同,受其他原子的影响也不相同,因而它们在反应活性上会表现出差异性。

三、烷烃的命名

有机化合物种类繁多、数量庞大、结构复杂,如何正确而简便地对有机化合物进行命名,是学习有机化学的重要内容之一。烷烃的命名是其他各类有机化合物命名的基础,尤其重要。

烷烃的命名法有两种,即普通命名法和系统命名法。

(一) 普通命名法

普通命名法亦称习惯命名法,只适用于结构比较简单的烷烃,根据我国汉字的特点,规定基本原则如下。

1. 根据分子中碳原子的数目称 "某烷",碳原子数在 10 以下(包括 10)的分别用甲、乙、丙、丁、戊、己、庚、辛、壬、癸表示;碳原子数在 10 以上的用中文数字十一、十二……表示。例如:

CH_4	$C_{10}H_{22}$	$C_{12}H_{26}$	$C_{25}H_{52}$
甲烷	癸烷	十二烷	二十五烷

2. 为了区别异构体,常将直链烷烃称为 "正" 某烷,带支链的称为 "异" 或 "新" 某烷。"异" 代表只在碳链一端第 2 位碳原子上具有 1 个甲基的烷烃,"新" 代表只在碳链一端第 2 位碳原子上连有 2 个甲基的烷烃。例如:

$$CH_3CH_2CH_2CH_2CH_3 \qquad \underset{\substack{| \\ CH_3}}{CH_3CHCH_2CH_3} \qquad H_3C-\underset{\substack{CH_3 \\ | \\ | \\ CH_3}}{\overset{CH_3}{C}}-CH_3$$

正戊烷 异戊烷 新戊烷

随着烷烃碳链异构体数目的增加,普通命名法难以准确地进行命名,因而适用范围有限。结构较为复杂的烷烃只能用系统命名法来命名。

(二) 系统命名法

系统命名法是根据国际纯粹与应用化学联合会(International Union of Pure and Applied Chemistry,IUPAC)制定的有机化合物的命名原则对有机化合物进行命名,是被广泛使用的命名方法。在此基础上,结合我国汉字的特点,1983 年科学出版社出版了《有机化学命名原则》,2018 年科学出版社出版了由中国化学会有机化合物命名审定委员会编写的《有机化合物命名原则》,对有机化合物的命名方法进行了进一步明确和更新。本教材的系统命名方法遵从 2018 年出版的《有机化合物命名原则》。用系统命名法命名的化合物,名称与结构式是一一对应的,也可以从化合物的系统名称写出它的结构式。

1. 烷基的命名　烷基是指烷烃分子中去掉 1 个氢原子后所剩余的原子团。通式为 C_nH_{2n+1}—,用 R—表示。表 2-2 列出了一些常见的烷基。

表 2-2　常见的烷基

烷基	烷基名称	烷基	烷基名称
CH_3—	甲基	$CH_3CH_2CH_2CH_2$—	正丁基
CH_3CH_2—	乙基	$(CH_3)_2CHCH_2$— 或 CH_3CHCH_2—（CH_3）	异丁基
$CH_3CH_2CH_2$—	正丙基	CH_3CH_2CH—（CH_3）	仲丁基
$(CH_3)_2CH$— 或 CH_3CH—（CH_3）	异丙基	$(CH_3)_3C$— 或 H_3C—C（CH_3）（CH_3）—	叔丁基

2. 烷烃的命名　系统命名法对于无支链的烷烃,省略“正”字,称为“某烷”。对于结构复杂的烷烃按以下步骤进行命名。

(1)选主链:选取最长的连续碳链为主链,根据其所含的碳原子数目称为某烷,并以它作为母体,其他支链看作取代基。如有等长碳链时,应选择含取代基最多的碳链为主链。例如:

(2)编号:从距离支链最近的一端开始,将主链碳原子用阿拉伯数字依次编号,使支链(取代基)编号的位次最小(通称“最低位次原则”)。如果碳链两端等距离处有 2 个不同的取代基时,应按取代基的英文命名首字母顺序,给排列在前的取代基较小的编号。例如:

(3)命名:将取代基的名称写在母体名称前面,并逐一标明取代基的位次,表示各位次的数字间用逗号隔开。如果有几个相同的取代基,则在取代基前加上二、三、四等字样,取代基的位次与名称之间加半字线;如果有几个不同的取代基,则依次按照取代基的英文命名首字母顺序排列,其中英文名称中表示二、三、四的 *di-*, *tri-*, *tetra-*,以及斜体字母部分不参与排列,如叔丁基(*tert*-butyl)从字母 b 开始排序。例如:

$$\underset{1}{CH_3}-\underset{2}{CH_2}-\underset{3}{CH}-\underset{4}{CH_2}-\underset{5}{CH}-\underset{6}{CH_2}-\underset{7}{CH_3}$$

（左结构：主链含 CH_3 支链在3号位的 CH_2CH_3，5号位的 CH_3）

3-乙基-5-甲基庚烷
3-ethyl-5-methylheptane

$$\underset{1}{CH_3}-\underset{2}{CH}-\underset{3}{CH}-\underset{4}{CH}-\underset{5}{CH_2}-\underset{6}{CH}-\underset{7}{CH_3}$$

（右结构：4号位支链 $CH_2CH_2CH_3$，2、3号位 CH_3、CH_3，6号位 CH_3）

2,3,6-三甲基-4-丙基庚烷
2,3,6-trimethyl-4-propylheptane

课 堂 活 动

给以下烷烃命名时,从左、右两个方向分别给主链编号,可以得到两种表示甲基位次的数字,这种情况如何处理?

$$CH_3-CH-\underset{\underset{CH_3}{|}}{\overset{\overset{CH_3}{|}}{C}}-CH_2-\underset{\underset{CH_3}{|}}{CH}-CH_3$$

ER 2-4

课堂活动
解析

四、烷烃的性质

在有机化合物中,结构是决定性质的内在因素。在烷烃系列中,物理常数常随相对分子质量的增减而有规律地变化。在室温下,直链烷烃中的前四个化合物是气体,从戊烷开始是液体,十八烷以上是固体。直链烷烃的沸点随着分子量的增大而升高;相对密度也随着碳原子数的增加而增大,但增加值很小,所有烷烃的密度都小于 $1g/cm^3$,比水轻。

烷烃是非极性或弱极性分子,因此不溶于水和其他极性溶剂,而溶解于非极性或弱极性的有机溶剂,如四氯化碳和苯等。

烷烃分子中,原子之间是以比较牢固的 C—C σ键和 C—H σ键结合的,相对于其他有机物来说,在常温下有比较稳定的化学性质,不与强酸、强碱、强氧化剂反应。但是,烷烃的稳定性是相对的,在一定条件下,如在光照、加热、催化剂的作用下,烷烃也能与一些试剂发生化学反应。

(一) 取代反应

有机化合物中的原子或原子团被其他原子或原子团取代的反应称为取代反应。被卤原子取代的反应称为卤代反应或卤化反应。

1. 卤代反应 甲烷与氯气在紫外线作用下或加热到250℃以上时可发生反应,甲烷中的4个氢原子可逐步被氯原子取代。

$$CH_4 + Cl_2 \xrightarrow{\text{光照}} CH_3Cl + HCl$$

$$CH_3Cl + Cl_2 \xrightarrow{\text{光照}} CH_2Cl_2 + HCl$$

$$CH_2Cl_2 + Cl_2 \xrightarrow{\text{光照}} CHCl_3 + HCl$$

$$CHCl_3 + Cl_2 \xrightarrow{\text{光照}} CCl_4 + HCl$$

反应最终得到的是含有上述 4 种卤代烃的混合物。由于分离这些产物较困难,通常不经分离就将混合物直接作溶剂使用。

2. 卤代反应的活性 除甲烷氯代反应外,其他卤素也能与烷烃进行类似的反应,但各种卤素的反应活性不同。它们与烷烃的相对反应活性是 $F_2 > Cl_2 > Br_2 > I_2$。由于氟代反应非常剧烈,难以控制,而碘代反应非常缓慢以至于难以进行,因此卤代反应通常是指氯代反应和溴代反应。

在同一烷烃分子中,存在伯、仲、叔 3 种不同类型的氢原子,它们被卤原子取代的难易程度也不同。大量的实验结果表明,不同的氢原子被卤原子取代时,由易到难的次序是 $3°H > 2°H > 1°H$。

知识链接

ER 2-5

烷烃的卤代
反应历程

烷烃的卤代反应历程

烷烃的卤代反应一般需在光照或高温时才能发生,若在黑暗中或室温时一般不发生,这与卤代反应的反应历程有关。

甲烷的氯代反应,一旦反应被引发,就会像一个链锁,一环扣一环地连续进行下去,故称为链式反应。它的反应实质是共价键均裂引起的自由基链式反应。通过对反应物进行光照或加热,使氯分子吸收能量,发生共价键的均裂,产生带单电子的氯原子(氯自由基)。氯自由基具有较高的能量和较强的反应活性,并由此引发反应的进行。因此,自由基的产生是链式反应的第一个阶段,称为链的引发。

$$Cl \div Cl \xrightarrow{\text{光照}} 2Cl\cdot$$

活泼的氯自由基立即夺取甲烷分子中的氢原子,产生甲基自由基。甲基自由基同样非常活泼,可以进攻另一氯气分子,生成一氯甲烷和 1 个新的氯自由基。新的氯自由基可以重复上述反应,也可以与刚生成的一氯甲烷反应,生成二氯甲烷。此后的反应如此循环,则会得到三氯甲烷及四氯化碳。

甲烷的氯代反应每一步都会消耗 1 个自由基,同时又为下一步的反应产生另一个自由基,从而使反应连续地进行下去,这样周而复始、反复不断地反应,这是链式反应的第二个阶段,称为链的增长。

$$Cl\cdot + H-CH_3 \longrightarrow CH_3\cdot + HCl$$

$$CH_3\cdot + Cl-Cl \longrightarrow CH_3Cl + Cl\cdot$$

$$Cl\cdot + H-CH_2Cl \longrightarrow \cdot CH_2Cl + HCl$$

$$\cdot CH_2Cl + Cl-Cl \longrightarrow CH_2Cl_2 + Cl\cdot$$

随着反应的不断进行,甲烷被迅速消耗,自由基的浓度不断在增加,因此自由基之间碰撞结合成分子的机会逐步增加,当自由基减少直至消失时,取代反应便逐渐终止。这个阶段称为链终止。

$$Cl\cdot + \cdot CH_3 \longrightarrow CH_3Cl$$

$$Cl\cdot + Cl\cdot \longrightarrow Cl_2$$

$$\cdot CH_3 + \cdot CH_3 \longrightarrow CH_3CH_3$$

链式反应需经历链的引发、链的增长和链终止 3 个阶段,才能完成反应。所以烷烃的卤代反应一旦发生,就很难停留在某一步,必须连续进行下去,直至终结为止。因此,甲烷和氯气的反应产物中就会包含 4 种卤代烃。

试着写出下列烷烃在光照条件下的反应式。

(1)甲烷与溴。

(2)乙烷与氯。

(二) 氧化反应

烷烃在室温下不与氧化剂反应,但可以在空气中燃烧,如果氧气充足,可完全氧化生成二氧化碳和水,同时放出大量的热量。

$$CH_4 + 2O_2 \xrightarrow{\text{点燃}} CO_2 + 2H_2O + Q$$

汽油、柴油的主要成分是烷烃的混合物,燃烧时放出大量的热量,它们都是重要的燃料。烷烃的不完全燃烧会放出一氧化碳,使空气受到严重污染。

知识链接

重要的烷烃

石油醚是低相对分子质量烃类(主要是戊烷和己烷)的混合物,是一种易燃、易挥发的无色透明的液体,可溶解大多数有机物质但不溶于水,主要用作高效有机溶剂、医药萃取剂、色谱分析溶剂、精细化工合成助剂等。

石蜡的主要成分也是烷烃的混合物,是一种无臭无味、不溶于水、无刺激性的物质,具有化学性质稳定、不会酸败、可与多种药物配伍的特点,因在体内不易被吸收,医药中常作为肠道润滑的缓泻剂或滴鼻剂的溶剂及软膏剂中药物的载体(基质),固体石蜡还可用于蜡疗,以及作为中成药的密封材料和药丸的包衣材料等。

可燃冰的学名为天然气水合物,是天然气与水在高压低温条件下形成的类冰状结晶物质,因其外观像冰一样且遇火可燃,而被称作"可燃冰""固体瓦斯""气冰",一般存在于不超过2 000m水深的海底表层0至200多米沉积层中,这里的压力和温度条件能使天然气水合物处于稳定的固态,开采难度极大。可燃冰储量巨大,仅我国海域预测远景资源量就达到800亿吨油当量,世界资源量约为2 100万亿立方,可供人类使用1 000年,是一种高效清洁的新能源。2017年5月18日,国土资源部中国地质调查局宣布,我国在南海北部神狐海域进行的可燃冰试采获得成功,这标志着我国成为全球第一个实现在海域可燃冰试开采中获得连续稳定产气的国家。

凡士林的学名为石油脂,最早是由发明家罗伯特切森堡在1859年从石油中提炼出来的副产品,一般为黄色,经漂白后为白色,以软膏状的半固体存在,为液体石蜡与固体石蜡的混合物。凡士林易溶于乙醚和石油醚,但不溶于水,化学性质比较稳定,涂抹在皮肤上可以保持皮肤湿润,使伤口部位的皮肤组织保持最佳状态,加速皮肤自身的修复能力,同时可以阻挡空气中的细菌与皮肤接触,从而降低发生感染的可能性,医药上常作为软膏基质。

点滴积累

1. 甲烷为正四面体结构,烷烃分子中的碳原子为 sp^3 杂化,碳碳键、碳氢键均为 σ 键。
2. 烷烃的通式为 $C_nH_{2n+2}(n \geq 1)$;烷烃的同分异构现象为碳链异构,异构体的数目随碳原子数目的增加而增多。
3. 烷烃的命名主要采用系统命名法,按 3 个步骤进行,即选主链、编号、命名。
4. 常温下,烷烃的化学性质稳定,在紫外线或加热条件下能与氯或溴发生取代反应。

第二节　环烷烃

烷烃碳链首尾两端的两个碳原子连接在一起形成 C—C 单键,成为具有环状结构的烷烃即环烷烃,属于脂环化合物。一般而言,环烷烃的性质与烷烃相似,也属于饱和烃。

一、环烷烃的分类、命名与结构

(一) 环烷烃的分类

环烷烃可根据分子中碳环的数目,分为单环烷烃和多环烷烃。单环烷烃比相应的开链烷烃少 2 个氢原子,通式为 $C_nH_{2n}(n \geq 3)$。在多环烷烃中,根据环间的连接方式不同,主要分为螺环烃和桥环烃两类。

(二) 单环烷烃的命名与结构

单环烷烃的命名与烷烃是相似的,只需在相同数目碳原子的烷烃名称之前加一冠词"环",称为环某烷。例如:

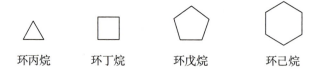

环丙烷　　　环丁烷　　　环戊烷　　　环己烷

带有简单取代基的环烷烃命名时以环为母体,并将环上的碳原子编号,其编号的原则与烷烃相同。

课堂活动

你能试着写出下面化合物的系统名称吗?

(1) 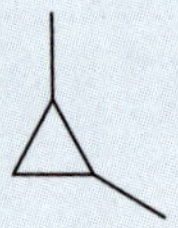 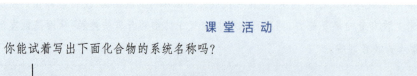 (2)

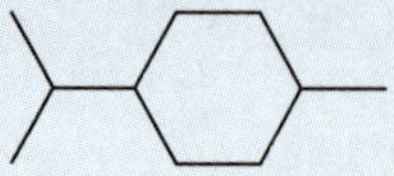

案例：下列的侧链上有复杂取代基的环烷烃，很难用环烷烃作为母体进行命名。

$$CH_3CH_2CH_2\overset{\displaystyle CH_3}{\overset{\displaystyle |}{CH}}CHCH_3$$

分析：该分子中含有环烷基，但环上的取代基比较复杂，不能按环烷烃命名。可将环烷基作为取代基，按烷烃来命名。编号从右向左开始，使环戊基位次最小，取代基的排列顺序基于英文字母顺序。所以它的系统名称为 2- 环戊基 -3- 甲基己烷。

在环烷烃分子中，由于 C—C σ 键受环的限制不能自由旋转，所以在二取代或多取代的环烷烃分子中，环上的取代基可以形成不同的空间排列形式，从而产生异构体。如 1,2- 二甲基环丙烷分子中，环上的 2 个甲基分布在环平面的同侧时称为<u>顺式异构体</u>，分布在环平面的异侧时为<u>反式异构体</u>。

顺-1, 2-二甲基环丙烷

反-1, 2-二甲基环丙烷

这种由于 C—C σ 键不能自由旋转，导致分子中的原子或原子团在空间的排列形式不同而引起的异构现象称为顺反异构。顺反异构体属于立体异构体。从结构上看，上述 2 个异构体之间的原子或原子团的连接次序及结合方式是相同的，但空间的排列形式不同。分子中的原子或原子团在空间的排列形式称为构型，顺反异构体的构型不同。

螺环烃和桥环烃的命名与结构

螺环烃是由两个碳环以共用 1 个碳原子的方式相互连接而成的，共用的碳原子称为螺原子，含 1 个螺原子的称为单螺环烷烃。

单螺环烷烃是根据成环碳原子的总数命名为螺某烷。在螺字后加一方括号，内中用阿拉伯数字标明每个环上的碳原子数（螺原子除外），并按由少到多的顺序排列，数字间用下角圆点隔开。

螺环的编号从螺原子的邻位碳开始，先编小环，经螺原子后再编大环，并在此基础上使环上的双键或取代基位次尽可能小。例如：

螺 [2.4] 庚烷

2,7-二甲基螺 [4.5] 癸烷

桥环烃是由两个或多个碳环共用2个及2个以上的碳原子形成的,共用的碳原子称为"桥头"碳原子,连接在桥头碳原子之间的碳链则称为"桥路"。例如十氢化萘中的2个六元环共用两个碳原子,樟脑的2个环共用3个碳原子。

十氢化萘

樟脑

在桥环烃中最重要的是二环桥环烃。命名时,以"二环"为词头,在方括号内用阿拉伯数字标出各桥路除桥头碳原子以外所含的碳原子数,并按由大到小的顺序排列,数字间用下角圆点隔开。再根据桥环烃中的碳原子总数称为某烷。编号时,从一个桥头碳原子开始,沿最长的桥路到另一个桥头碳原子,再沿次长的桥路回到第1个桥头碳原子,最后编最短桥并使取代基位次较小。例如:

二环〔4.4.0〕癸烷

2,7,7-三甲基二环〔2.2.1〕庚烷

二、单环烷烃的性质

一般来说,环烷烃与开链烷烃的化学性质相似,尤其是由5或6个碳原子组成的环烷烃。由于环烷烃具有环状结构,因此还具有与开链烷烃不同的特殊化学性质。

(一) 取代反应

环烷烃较稳定,与强酸(如硫酸)、强碱(如氢氧化钠)、强氧化剂(如高锰酸钾)等试剂都不发生反应,在高温或光照下能发生自由基取代反应。例如:

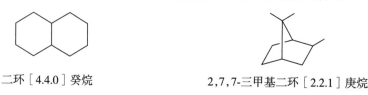

$$+ \ Br_2 \ \xrightarrow{300℃} \ \text{(产物)} \ + \ HBr$$

(二) 开环加成

由3或4个碳原子组成的小环环烷烃不稳定,在一定条件下易开环发生加成反应。反应时环被打开,两端的环碳原子上各加上1个原子或原子团,转变为开链烃或其衍生物。

1. 加氢 在催化剂的作用下,环烷烃可进行催化加氢反应,环烷烃开环,碳链两端的碳原子与氢原子结合生成烷烃。例如:

$$\triangle + \ H_2 \ \xrightarrow[80℃]{Ni} \ CH_3CH_2CH_3$$

> **课堂活动**
> 你能说出下列化合物的名称吗?
>
>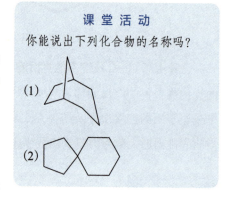
>
> (1)
>
> (2)

$$\square + H_2 \xrightarrow[200℃]{Ni} CH_3CH_2CH_2CH_3$$

$$\pentagon + H_2 \xrightarrow[300℃]{Ni} CH_3CH_2CH_2CH_2CH_3$$

从上面的实验结果可以看出,环烷烃分子中的环碳原子数目不同,它们反应的难易程度也不同。其活性大小顺序为环丙烷 > 环丁烷 > 环戊烷,含碳数较多的环烷烃很难发生催化加氢反应。

2. 加卤素 在室温下,环丙烷可以与卤素分子发生加成反应。例如环丙烷与溴反应,生成1,3- 二溴丙烷。

$$\triangle + Br_2 \xrightarrow{室温} \underset{\underset{Br}{|}\qquad\underset{Br}{|}}{CH_2CH_2CH_2}$$

环丁烷需要在加热的条件下才能与卤素反应。例如环丁烷与溴加成生成1,4- 二溴丁烷。

$$\square + Br_2 \xrightarrow{\triangle} \underset{\underset{Br}{|}\qquad\qquad\underset{Br}{|}}{CH_2CH_2CH_2CH_2}$$

5 个碳原子以上的环烷烃很难与卤素发生加成反应,而是随着温度升高发生自由基取代反应。通过以上的开环反应可以看出,环丙烷和环丁烷容易开环,而环戊烷和环己烷很稳定,不易开环。

知识链接

环烷烃的稳定性

为了解释环烷烃的稳定性,1885 年拜尔(J. Baeyer,1835—1917)提出了张力学说。根据杂化轨道理论采取 sp^3 杂化的碳原子与其他原子成键时的键角应为 109.5°,而环丙烷的键角为 60°、环丁烷的键角为90°。因此成环时需压缩正常键角以适应环的几何形状,压缩产生角张力,使环不稳定,易开环。拜尔从结构上对小环化合物性质的解释是正确的,但角张力的概念现在已有了新的解释。

现代技术研究发现,环丙烷分子中的电子云呈弯曲状重叠,形成一种弯曲的键,C—C 键角约为105°,C—H 键角为 114°,C—C 键长为 0.152nm,比正常的单键键长 0.154nm 略短。

现代理论认为,这是由于在环丙烷分子中碳原子为 sp^3 杂化,当 2 个共价键之间的夹角达到 109.5° 时,2 个碳原子的 sp^3 杂化轨道才能达到最大程度的重叠,但环丙烷分子的几何形状要求价键之间的夹角为 60°,这时 sp^3 杂化轨道不能沿键轴进行最大程度的重叠,只能以弯曲的方向进行部分重叠,形成 1 个弯曲的键(图 2-6),此键比正常形成的σ 键弱,有断裂并恢复原有键角的趋势,因此使整个分子具有张力,此张力即为拜尔所说的角张力。这是造成环丙烷在化学性质上最不稳定的主要原因。

随着环的增大,环的稳定性受其几何形状影响逐渐减小,电子云重叠程度逐步增加,键的稳定性亦随之增大,所以环丁烷的稳定性大于环丙烷,而环戊烷比环丁烷更稳定。

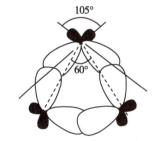

环丙烷的
价键结构

图 2-6 环丙烷的价键结构

点滴积累

1. 单环烷烃的命名原则与烷烃相似，母体称为环某烷。
2. 单环烷烃的化学性质表现为三元、四元的环烷烃易发生开环加成反应；五元、六元的环烷烃在一定条件下也可发生取代反应。

第三节　构象

任何有机物分子都有一定的空间形状，烷烃分子也不例外。如甲烷分子为正四面体，而乙烷可看作是 2 个甲基通过 1 个 C—C σ 单键连接而成的，见图 2-5(b)。

一、乙烷的构象

烷烃分子中的 σ 键的特点之一就是成键的原子之间可沿键轴任意旋转。如果将乙烷球棍模型中的一个甲基固定不动，而使另一个甲基绕 C—C 键轴旋转，可以看到 2 个碳原子上的 6 个氢原子的相对位置在不断改变，从而产生多种不同的空间排列方式，使乙烷分子具有许多不同的空间形状。这种由于 C—C 单键的旋转导致分子中的原子或原子团在空间的不同排列方式称为构象。由 C—C 单键旋转而产生的异构体称为构象异构体，构象异构体属于立体异构体的一种。构象异构体之间的区别只是原子或原子团在三维空间的相对位置或排列方式不同。

乙烷分子中由于 C—C σ 键的旋转，可以产生无数个构象异构体，但从能量上来说，只有一种构象的内能最低，稳定性也最大，这种构象称为优势构象。乙烷的优势构象称为交叉式，而内能最高的构象异构体称为重叠式。它们是乙烷的两种典型构象。常用锯架式和纽曼投影式来表示烷烃的构象。

锯架式：

纽曼投影式：

重叠式　　　　交叉式

乙烷分子的交叉式构象中,2个碳原子上的氢原子之间的距离最远,相互间的排斥力最小,内能最低,分子最稳定。而重叠式构象中,2个碳原子上的氢原子的距离最近,排斥力最大,内能最高,最不稳定。

乙烷分子的重叠式和交叉式构象间的能量差为 12.6kJ/mol,室温下分子所具有的动能已超过此能量,足以使 C—C σ 键"自由"旋转。所以,各种构象在不断地、迅速地相互转化,很难分离出单一构象的乙烷分子。因此室温下的乙烷分子是各种构象的动态平衡混合体系,达到平衡时,稳定的交叉式构象(优势构象)所占的比例较大。

课 堂 活 动
用球棍模型试着拼接乙烷的分子模型,并将碳碳键进行旋转,体会构成乙烷分子的原子在空间的不同排列方式。

二、丁烷的构象

丁烷分子中有 3 个 C—C σ 键,每个 C—C 单键的旋转都可以产生无数个构象异构体。本部分主要讨论围绕 C-2、C-3 σ 单键旋转时所得到的 4 种典型的构象异构体,即对位交叉式、邻位交叉式、部分重叠式及全重叠式。

丁烷的构象

| 对位交叉式 | 邻位交叉式 | 部分重叠式 | 全重叠式 |

在这 4 种典型构象中,对位交叉式因 2 个体积较大的甲基相距最远,排斥力最小,能量最低,也最稳定;其次是邻位交叉式,能量较低,较稳定。而全重叠式因 2 个体积较大的甲基相距最近,排斥力最大,能量最高,最不稳定;其次是部分重叠式能量较高,较不稳定。与乙烷相似,丁烷分子也是许多构象异构体的动态平衡体系,在室温下以对位交叉式构象(优势构象)为主。

三、环己烷的构象

环己烷分子也是许多构象异构体的动态平衡体系,典型构象为椅式构象和船式构象。在这两种构象异构体中,环内所有的 C—C 键角均接近正常的四面体键角,几乎没有角张力。椅式构象的能量更低,是最稳定的一种构象(优势构象)。

透视式:

纽曼投影式:

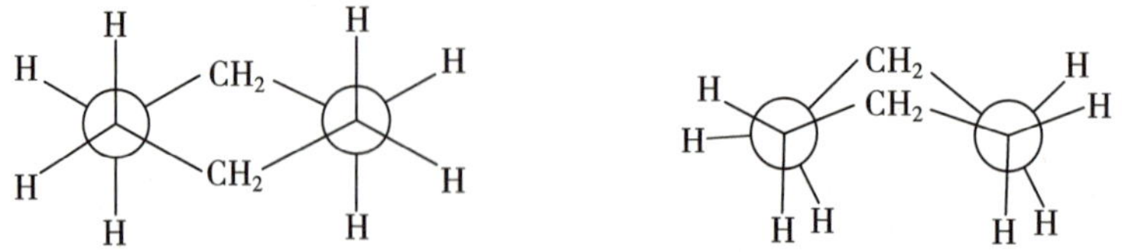

在船式构象中,船底的 4 个碳原子在同一平面上,相邻的碳原子为重叠式构象,2 个船头碳上有伸向环内侧的 2 个氢原子,它们相距 0.183nm,远小于 2 个氢原子的范德华半径之和(0.24nm),因而存在范德华斥力。但在椅式构象中,相邻的碳原子全部是交叉式构象,碳原子上的氢原子相距较远,不产生斥力。所以船式构象的能量比椅式构象的能量高 29.7kJ/mol。

室温下,每 1 000 个环己烷分子中只有 1 个是以船式构象的形式存在的,其余均为椅式构象。由于分子热运动使得船式和椅式两种构象互相转变,因此不能拆分环己烷分子中的任一种构象异构体。

环己烷的椅式构象中,12 个 C—H 键分为 2 种类型,垂直于平面的 6 个 C—H 键称为 a 键(竖键或直立键);另 6 个 C—H 键与此平面呈一定的角度,称为 e 键(横键或平伏键)。

a键   e键

ER 2-8

环己烷的构象(船式、椅式相互转换)

椅式环己烷还可通过环内 C—C 键的转动,从一种椅式构象转变为另一种椅式构象,称为转环作用。在这种构象转变过程中,原来的 a 键转为 e 键,e 键转为 a 键。

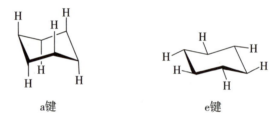

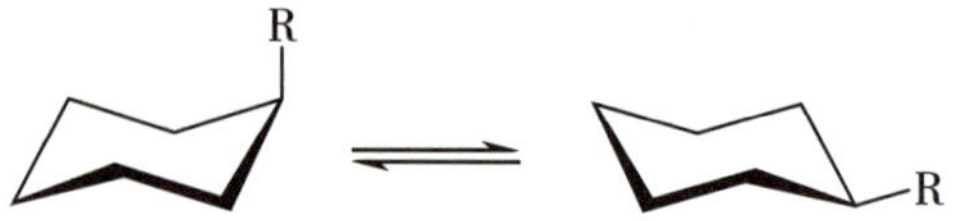

课堂活动
　　请试着用球棍模型拼接组成环己烷的分子模型,观察其空间形状。试着将 C—C 单键转一转,环状结构会破坏吗?你能找到几种环己烷的分子构象?

知识链接

取代环己烷的构象

　　环己烷分子中的 1 个氢原子被其他原子或原子团取代时,取代基可以占据 a 键,也可以占据 e 键,这两个构象异构体可以互相转换,达到动态平衡,不能分离得到。但在平衡体系中,稳定的优势构象是取代基位于 e 键上的构象异构体。例如,甲基环己烷可以有 2 种不同的椅式构象,一种是甲基处于 e 键,另一种是甲基处于 a 键。甲基处于 a 键的构象中,甲基上的氢原子与 C-3、C-5 上的氢原子距离小于其范德华半径之和,斥力较大,能量较高,稳定性差。甲基在 e 键的构象斥力较小,稳定性强。因此,室温下,甲基处在 e 键的甲基环己烷分子占平衡混合物的 95%。

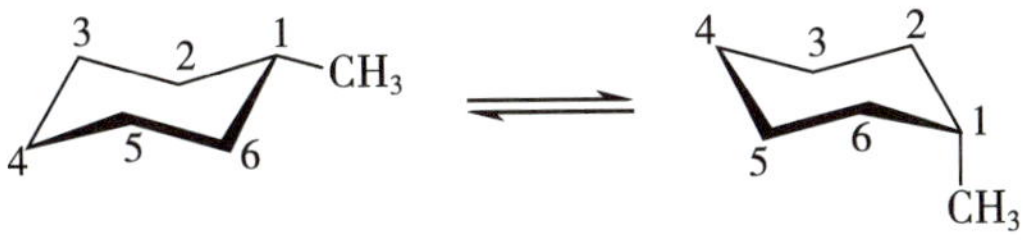

95%　　　　　　　　5%

当取代基的体积增大时,2 种椅式构象的能量差也增大,e 键取代构象所占的比例就更高。如室温下,异丙基环己烷平衡混合物中异丙基处于 e 键的构象约占 97%,叔丁基取代的环己烷几乎完全以一种构象存在。可见,取代环己烷中,大原子团处于 e 键的构象较稳定,为优势构象。

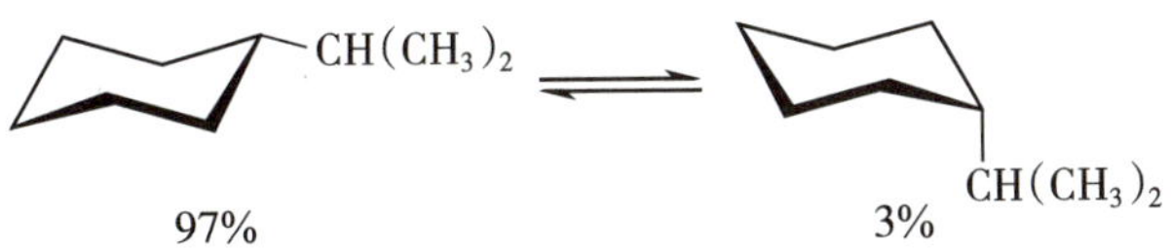

97%　　　　　　　　3%

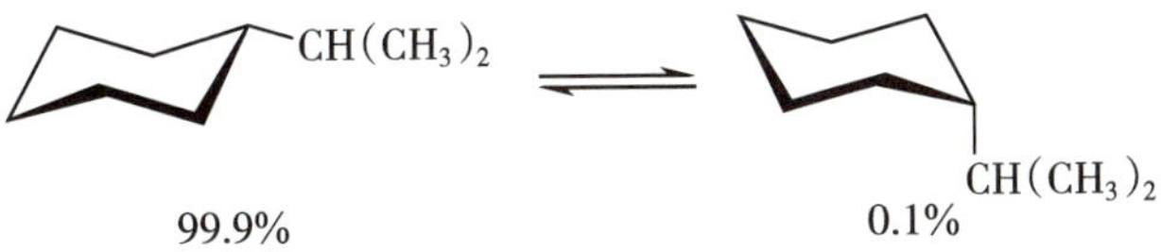

99.9%　　　　　　　　0.1%

当环己烷环上有几个取代基时,其优势构象遵从如下规律:①取代基相同,e 键最多的构象最稳定;②取代基不同,大原子团在 e 键的构象最稳定。

课堂活动

找出下列化合物中的优势构象,用球棍模型拼接 1,2- 二甲基环己烷的船式和椅式结构,并试着对比椅式构象中当甲基分别位于 a 键和 e 键时,与相邻的氢原子之间的距离,看一看能得出什么结论。

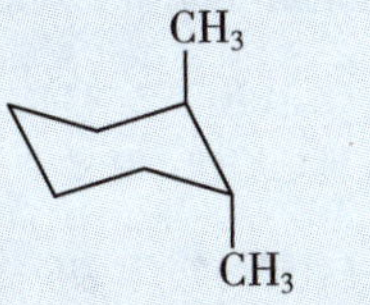

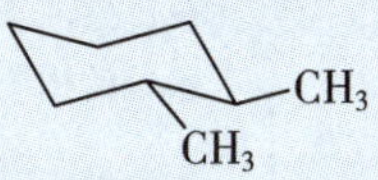

点滴积累

1. 构象异构体是由于 C—C 单键的旋转而导致原子或原子团在空间具有不同的排列方式而产生的。构象异构体常用锯架式或纽曼投影式表示。
2. 乙烷的优势构象是交叉式构象,而环己烷的优势构象是椅式构象。

复习导图

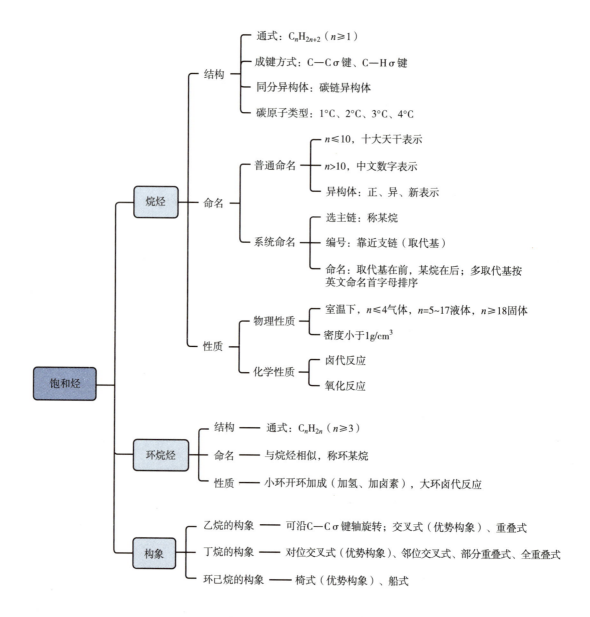

目标检测

一、命名或写出下列化合物的结构式

1. $CH_3CH_2CHCH_2CHCHCH_3$

2. $CH_3CH_2CH_2CHCHCHCH_3$

3.

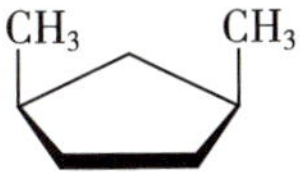

4.

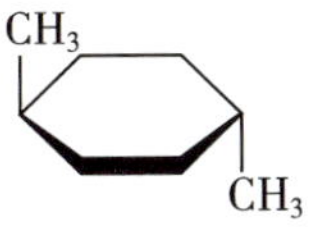

5. 1-溴-1-甲基环己烷

6. 顺-1-氯-3-甲基环己烷

二、写出下列各反应的主要产物

1. $CH_4 + Br_2 \xrightarrow{\text{光照}}$

2.  ⬠ $+ Br_2 \xrightarrow{\text{光照}}$

3.  △ $+ H_2 \xrightarrow[\triangle]{Ni}$

三、用化学方法鉴别下列各组化合物

1. 环丙烷和丙烷

2. 1,2-二甲基环丙烷和环戊烷

四、推测结构

化合物 A 的分子为 C_4H_8,室温下能使溴水褪色,生成化合物 B,分子式为 $C_4H_8Br_2$,但不能使高锰酸钾溶液褪色。A 经催化氢化后生成丁烷。写出 A 和 B 的结构式。

五、简答题

1. 写出分子式为 C_5H_{12},仅含有伯氢原子的烷烃的结构式及系统名称。

2. 写出下列化合物的最稳定的构象。

(1)乙基环己烷

(2)1-氯环己烷

(3)顺-1-乙基-2-甲基环己烷

(4)1-乙基-1-甲基环己烷

(刘艳艳)

习题

实训二 饱和烃的性质

一、实训目的

1. 验证饱和烃的主要化学性质。

2. 理解饱和烃稳定性是相对的。

二、实训仪器和试剂

1. **仪器** 试管、试管夹、试管架、胶头滴管、量筒。
2. **试剂** 0.03mol/L $KMnO_4$ 溶液、3mol/L H_2SO_4 溶液、液体石蜡、饱和溴水、精制石油醚。

三、实训原理

饱和烃具有稳定性。室温时,饱和烃与 $KMnO_4$、溴水等均不发生化学反应。

四、实训内容

1. **氧化反应** 取试管 2 支,加入 0.03mol/L $KMnO_4$ 溶液 1ml 和 3mol/L H_2SO_4 溶液 2 滴,摇匀,再分别加入液体石蜡(高级烷烃的混合物,沸点在 300℃以上)、精制石油醚(低级烷烃的混合物,极易燃烧,操作时应远离火源)各 1ml,振荡,观察有无颜色变化,记录并解释所发生的现象。

2. **加成反应** 取试管 2 支,加入 1ml 饱和溴水,再分别加入液体石蜡、精制石油醚各 1ml,振荡,观察有无颜色变化,记录并解释发生的现象。

五、实训提示

1. 溴蒸气有毒,溴水会灼伤皮肤,使用时应注意安全。取用溴水应在通风橱中进行,需戴防护手套,不可与皮肤接触。若滴在手上应立即用 2% $Na_2S_2O_3$ 溶液或酒精洗去,然后涂上甘油。

2. 硫酸有很强的腐蚀性,使用时应特别小心。若不慎滴到手上,应立即用大量的水冲洗,然后用 5% $NaHCO_3$ 溶液洗涤后,涂上软膏。

六、实训思考

1. 石蜡及石油醚与 $KMnO_4$、溴水是否反应,为什么?
2. 石油醚在光照下能否与溴发生反应,为什么?

(刘艳艳)

第三章　不饱和烃

ER 3-1

第三章
不饱和烃
（课件）

学习目标

1. **掌握**　烯烃、二烯烃、炔烃等不饱和烃类物质的通式、结构与异构、命名、主要理化性质。
2. **熟悉**　烯烃与炔烃的鉴别方法、结构推断、马氏加成规则、诱导效应。
3. **了解**　顺反异构体的命名、二烯烃的性质、重要的烯烃和炔烃的用途。

导学情景

情景描述：

　　不饱和烃及其衍生物是非常重要的有机化合物，有些是人类生命活动不可缺少的物质，如维生素 A、β- 胡萝卜素，人体缺乏维生素 A 将会引起眼干燥症、夜盲症、白内障、皮肤干燥角化等，β- 胡萝卜素在人体内可以转换为维生素 A，是人体维生素 A 的一个安全来源。

学前导语：

　　烯烃和炔烃广泛应用于医药、材料等工业生产和日常生活领域，如乙烯经聚合反应制得聚乙烯塑料袋。本章将学习烯烃、二烯烃及炔烃等不饱和烃类物质的分类、结构、命名和化学性质。

第一节　烯烃

　　烯烃是分子中含有碳碳双键的烃，碳碳双键是烯烃的官能团。根据分子中碳碳双键的数目，可分为单烯烃（含 1 个双键）、二烯烃（含 2 个双键）和多烯烃（含多个双键）。通常烯烃是指单烯烃，通式是 $C_nH_{2n}(n \geqslant 2)$。

一、烯烃的结构和异构现象

　　最简单的烯烃是乙烯（CH_2═CH_2），其结构式为：

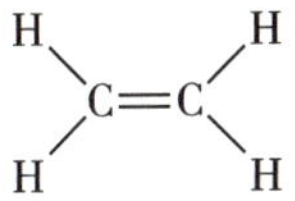

$$\begin{array}{c} H \\ \diagdown \\ C \end{array} = \begin{array}{c} H \\ \diagup \\ C \\ \diagdown \\ H \end{array}$$

　　乙烯分子中的所有原子都在同一平面内，即为平面型分子，碳碳双键的平均键长为 0.134nm，比碳碳单键的键长 0.154nm 短；碳碳双键的平均键能是 610.28kJ/mol，是单键键能的 1.75 倍左右，说明双键并不是单键的简单加和。

（一）烯烃的结构

碳原子在形成双键时，以 sp^2 杂化方式进行轨道杂化，即碳原子以 1 个 2s 轨道和 2 个 2p 轨道进行杂化，形成 3 个能量完全相同的 sp^2 杂化轨道。这一杂化过程称为 sp^2 杂化。

每个 sp^2 杂化轨道含 1/3 的 s 轨道成分和 2/3 的 p 轨道成分，形状是一头大、一头小；3 个 sp^2 杂化轨道的对称轴在同一平面上，彼此间的夹角是 120°，呈平面三角形，未参与杂化的 p 轨道的对称轴与此平面垂直，如图 3-1 所示。

ER 3-2
sp^2 杂化

形成乙烯分子时，2 个碳原子各用 1 个 sp^2 杂化轨道沿着键轴方向"头碰头"重叠，形成 1 个 C—C σ 键。其余 4 个 sp^2 杂化轨道分别与 4 个氢原子的 1s 轨道形成 4 个 C—H σ 键，5 个 σ 键都处于同一平面上，2 个碳原子的未杂化 p 轨道的对称轴都垂直于该平面，彼此互相平行，"肩并肩"互相重叠形成 π 键，于是 2 个碳原子之间形成了碳碳双键（1 个 σ 键和 1 个 π 键）。形成 π 键的 1 对电子叫作 π 电子。π 键垂直于 σ 键所在的平面，所以乙烯为平面型分子。乙烯分子中 π 键的形成如图 3-2 所示。

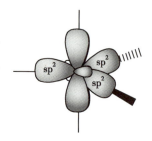

图 3-1　sp^2 杂化碳原子轨道和未杂化的 2p 轨道

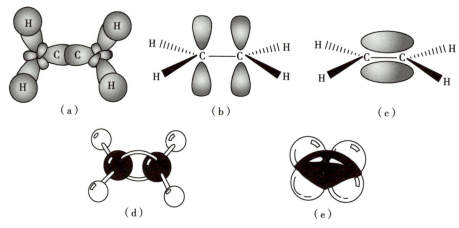

ER 3-3
乙烯分子中的 σ 键和 π 键

图 3-2　乙烯分子中的 σ 键、π 键和分子模型
注：(a)σ 键；(b)p 轨道重叠；(c)π 电子云；(d)球棍模型；(e)比例模型。

sp^2 杂化轨道与 sp^3 杂化轨道相比，s 成分增加，轨道离核较近，成键时形成的碳碳键的键长较短，因此碳碳双键的平均键长比碳碳单键的键长短。π 键是由 2 个未杂化的 p 轨道侧面重叠而形成的，与 σ 键相比较，具有以下特点：①π 键不能单独存在，只能与 σ 键共存。②π 键电子云的重叠程度较小，π 键的键能小。因此 π 键比 σ 键容易断裂，是发生化学反应的主要部位。③π 键相连的两个碳原子不能像 σ 键那样自由旋转。因此碳碳双键上所连接的原子和基团具有固定的空间排列，从而产生顺反异构。

（二）烯烃的异构现象

烯烃的异构现象比烷烃复杂，其异构体的数目也比相同碳原子数目的烷烃多。主要有以下 3 种。

1. 碳链异构　由于碳原子排列顺序不同而引起的异构现象。例如:

$$CH_2\!=\!CHCH_2CH_3$$

丁-1-烯

$$CH_2\!=\!\underset{\underset{CH_3}{|}}{C}\!-\!CH_3$$

2-甲基丙烯

2. 官能团位置异构　由于双键在碳链上的位置不同而引起的异构现象。例如:

$$CH_2\!=\!CHCH_2CH_3 \qquad\qquad CH_3CH\!=\!CHCH_3$$

丁-1-烯　　　　　　　　　　丁-2-烯

3. 顺反异构　在烯烃分子中,由于 π 键的存在限制了碳碳双键的自由旋转,所以与双键碳原子直接相连的原子或原子团在空间的排列方式是固定的,呈现出一定的刚性。当双键两端的碳原子上各连有 2 个不同的原子或原子团时,双键碳上的 4 个原子或原子团在空间就有 2 种不同的排列方式(构型),产生 2 种异构体。如丁 -2- 烯:

$$\underset{H}{\overset{CH_3}{}}\!C\!=\!C\overset{CH_3}{\underset{H}{}} \qquad\qquad \underset{H}{\overset{CH_3}{}}\!C\!=\!C\overset{H}{\underset{CH_3}{}}$$

顺丁-2-烯　　　　　　　　　　反丁-2-烯

熔点: −139.3℃　　　　　　　−105.4℃

沸点: 4℃　　　　　　　　　　1℃

相对密度: 0.621　　　　　　　0.604

像这种由于碳碳双键(或碳环)不能旋转而导致分子中的原子或原子团在空间的排列方式不同所产生的异构现象称为顺反异构,又称几何异构,属于立体异构的一种。

只有每个双键碳上所连的 2 个原子或原子团不同时,烯烃才有顺反异构体。如下列结构式中,由于(1)式的一个碳上连了 2 个相同的原子或原子团,所以无顺反异构体;而(2)、(3)和(4)式的一个碳上均连了 2 个不同的原子或原子团,所以会产生顺反异构体。

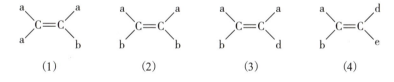

(1)　　　　　(2)　　　　　(3)　　　　　(4)

课 堂 活 动
请写出戊 -2- 烯的顺反异构体结构式,并利用球棍模型进一步体会产生顺反异构现象应具备的两个条件。

二、烯烃的命名

(一) 烯烃的系统命名法

烯烃采用系统命名法,其命名原则如下。

1. 选择分子内最长碳链作为主链,侧链视为取代基。如主链含有双键,则按主链所含碳原子数称为 "某烯",作为母体名称。例如:

$$CH_3CH_2CH_2\!-\!\underset{\underset{CH_2}{\|}}{C}\!-\!CH_2CH_3$$

3-甲亚基己烷

该化合物的母体为己烷,而非戊烯。

2. 将主链上的碳原子按次序规则编号。如主链含双键,则应先给予双键最小编号,再对取代基按次序规则编号。双键的位次用两个碳原子中编号小的位次表示,写在"某烯"的"烯"之前,前后用半字线相连。

3. 取代基的位次、数目、名称写在母体名称前面,其原则和书写格式与烷烃相同。例如:

$$\underset{CH_3}{\underset{|}{CH_3CHCH}}=CHCH_3 \qquad \underset{\underset{CH_3}{\underset{|}{}}{\quad}\underset{CH_3}{\underset{|}{}}}{CH_3C}=CHCH_2CHCH_3$$

4-甲基戊-2-烯   2,5-二甲基己-2-烯

主链碳原子多于 10 个的烯烃用中文数字加"碳烯"。例如:

$$CH_3(CH_2)_3CH=CH(CH_2)_4CH_3$$

十一碳-5-烯

烯烃去掉 1 个氢原子后剩下的基团称为烯基。命名烯基时,其编号从游离价键所在的碳原子开始。常见的烯基有:

$$CH_2=CH— \qquad\qquad CH_3CH=CH— \qquad\qquad CH_2=CHCH_2—$$

乙烯基   丙-1-烯基(俗名:丙烯基)   丙-2-烯基(俗名:烯丙基)

(二)顺反异构体的命名

顺反异构体的命名方法有两种,即 *cis*、*trans* 命名法和 *Z*、*E* 命名法。

1. ***cis*、*trans* 命名法** 双键的 2 个碳原子上连接有相同的原子或原子团,可用词头"*cis*"或"*trans*"表示其构型。当 2 个相同的原子或原子团处于双键同侧时,称为 *cis*;处于双键异侧时,称为 *trans*。例如:

$$\underset{H}{\overset{CH_3}{}}C=C\underset{H}{\overset{CH_2CH_3}{}} \qquad\qquad \underset{CH_3}{\overset{H}{}}C=C\underset{H}{\overset{CH_2CH_3}{}}$$

cis-戊-2-烯   *trans*-戊-2-烯

cis、*trans* 命名法主要用于命名 2 个双键碳原子上连有相同的原子或原子团的 *cis*、*trans* 异构体。如果双键的 2 个碳原子上没有相同的原子(或原子团),则需采用以"次序规则"为基础的 *Z*、*E* 命名法。

2. **次序规则** 次序规则是确定取代基基团优先次序的规则,利用次序规则可以将所有的基团按次序进行排列。次序规则的主要内容可归纳如下。

(1)将与双键碳直接相连的 2 个原子按原子序数由大到小排出次序,原子序数较大者为优先基团。按此规则,一些常见原子的优先次序应为 I>Br>Cl>S>O>N>C>H。

(2)若基团中与双键碳原子直接相连的原子相同时,则比较与该原子相连的其他原子的原子序数,直到比出大小为止。例如—CH_3 和—CH_2CH_3,第 1 个原子都是碳,比较碳原子上所连的原子。在—CH_3 中,和碳原子相连的 3 个原子是 H、H、H;但是—CH_2CH_3 中,和第 1 个碳原子相连的是 C、H、H,其中有 1 个碳原子,碳的原子序数大于氢,所以—CH_2CH_3>—CH_3。同理, —$C(CH_3)_3$>—$CH(CH_3)_2$>—$CH_2CH_2CH_3$>—CH_2CH_3>—CH_3。

(3)若基团中含有不饱和键时,将双键或三键原子看作是以单键和 2 或 3 个原子相连接。例如:

$$\diagup C{=}O \quad 看作 \quad \diagup C \diagdown \substack{O \\ O}$$
$$-C{\equiv}N \quad 看作 \quad -C{\diagup}^{N}_{N}$$

3. Z、E命名法　采用 Z、E 来表示顺反异构体两种不同的构型时,首先应按"次序规则",确定每一个双键碳原子所连的 2 个原子或原子团的优先次序。当 2 个"优先"基团位于双键同侧时,用 Z(德文 zusammen 的字首,意为"共同",指同侧)标记其构型;位于异侧时,用 E(德文 entgegen 的字首,意为"相反",指不同侧)标记其构型。书写时,将 Z 或 E 写在化合物名称前面,并用半字线相隔。例如当 a 优先于 b,d 优先于 e 时:

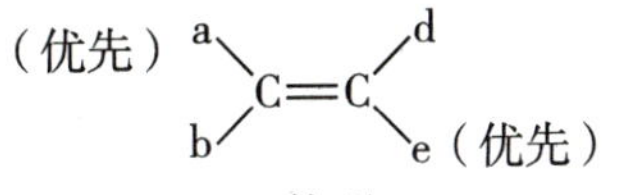

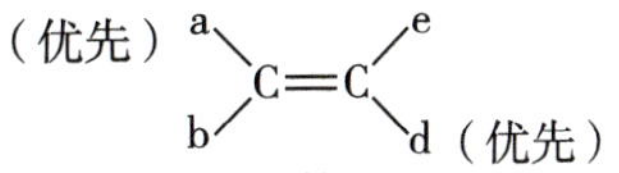

利用 Z、E 构型命名法可以命名所有的顺反异构体。例如:

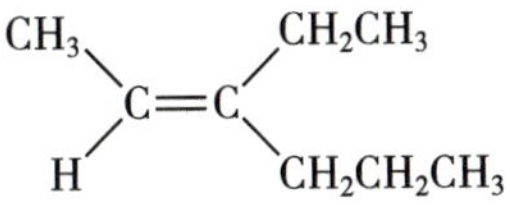

(E)-3-乙基己-2-烯 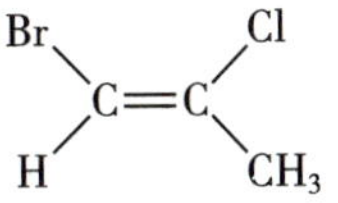　　　　　(Z)-2-氯-1-溴丙烯

课 堂 活 动

试分析下列化合物属于 Z 构型还是 E 构型。

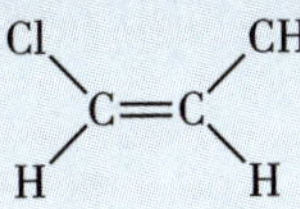

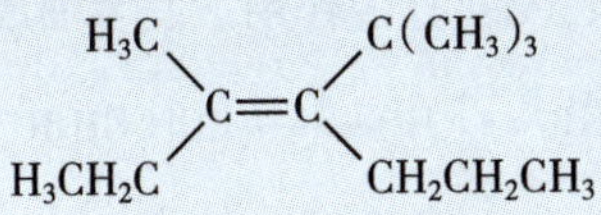

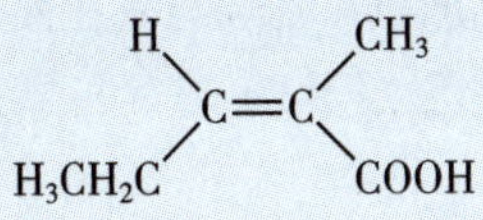

必须注意的是,Z、E 命名法和 *cis*、*trans* 命名法是两种不同的命名体系,两者之间没有必然的联系。例如:

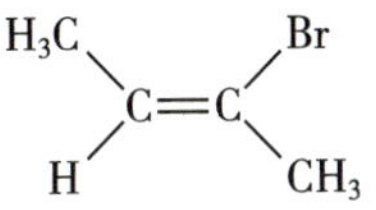

(Z)-2-溴-丁-2-烯或*trans*-2-溴丁-2-烯 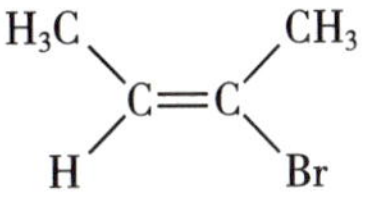　　　　　(E)-2-溴丁-2-烯或*cis*-2-溴丁-2-烯

知识链接

顺反异构体生理活性的差异

　　一些有生理活性的物质常常存在一定的构型。例如己烯雌酚是雌激素,供药用的是反式异构体,生理活性较强,而顺式异构体由于两个羟基间的距离较小,生理活性较弱。

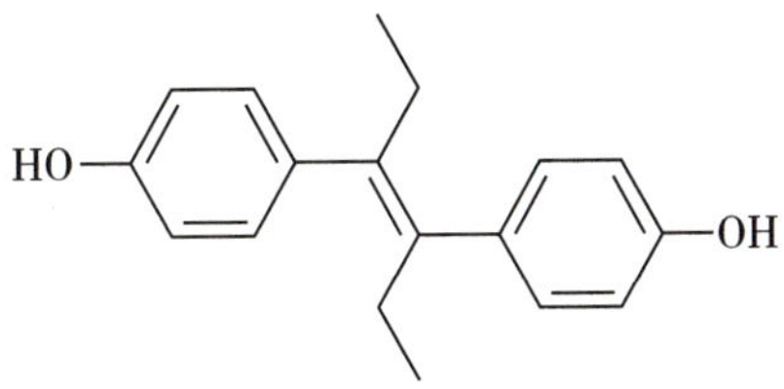

trans-己烯雌酚 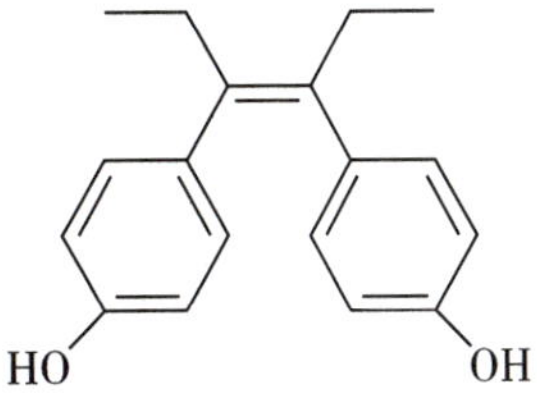　　　　　　　　　　　*cis*-己烯雌酚

顺反异构体性质的差异,主要是由于双键碳原子所连的原子或基团的空间距离不同,原子或基团之间的相互作用力大小也不同,在生物体中则造成药物与受体表面作用的强弱不同,其生理活性出现差别。

三、烯烃的性质

烯烃的物理性质和相应的烷烃相似。在常温常压下,$C_2 \sim C_4$ 的烯烃为气体,$C_5 \sim C_{18}$ 的烯烃为液体,C_{19} 及以上的烯烃为固体。烯烃的熔点、沸点随分子量的增加而升高,相对密度随分子量的增加而增大,烯烃难溶于水而易溶于有机溶剂。

烯烃的化学性质主要表现在官能团碳碳双键上。由于 π 键的键能比 σ 键的键能小,π 键电子受原子核的束缚力较弱,流动性较大,容易受外界电场的影响而发生极化,π 键比 σ 键容易断裂。所以,烯烃的化学性质比烷烃活泼得多,易发生加成、氧化、聚合等反应。

(一) 加成反应

烯烃的加成反应是烯烃分子中的 π 键断裂,双键的 2 个碳原子上各加 1 个原子或原子团,形成 2 个新的 σ 键,使烯烃变成饱和烃。双键碳在加成反应的过程中由 sp^2 杂化转变为 sp^3 杂化。加成反应是烯烃的典型性质。

1. 催化加氢　烯烃与氢在催化剂(Pt、Pd、Ni)的作用下发生加成反应,形成相应的烷烃。

$$RCH = CHR' + H_2 \xrightarrow{Pt} RCH_2CH_2R'$$

此反应只有在催化剂存在下才能进行,也称催化氢化反应。由于反应定量地完成,可以根据反应吸收氢的量来确定分子中所含双键的数目。

> **知识链接**
>
> #### 反式脂肪酸的危害
>
> 反式脂肪酸又称反式脂肪或逆态脂肪酸,是一种不饱和人造植物油。
>
> 对人体有益的植物脂肪含多种不饱和脂肪酸,多为液态,但容易变质。人们为了防止其变质、便于保存和改善口感,采用氢化的方式将多种非饱和植物油从液态变成固态或半固态的油脂,以延长食品的销售期,因此产生了反式脂肪酸。生活中常见的人造奶油、人造黄油都属于反式脂肪酸,如豆油等植物油通过氢化作用变成半固态,形成类似于黄油和奶油口感的反式脂肪酸,可起到起酥的作用,使食物更加酥脆。虽然改变了口感,却将无害的植物油变成了有害的反式脂肪酸。医学研究证实,摄入过多的反式脂肪酸会增加人们罹患冠心病的风险;反式脂肪酸有增加人体血液的黏稠度和凝聚力的作用,更容易导致血栓的形成。

2. 加卤素　烯烃与卤素(Br_2、Cl_2)在四氯化碳或三氯甲烷等溶剂中进行反应,生成邻二卤代烃。

$$RHC = CHR' + X_2 \longrightarrow \underset{\substack{| \quad | \\ X \quad X}}{RHC - CHR'}$$

氟与烯烃的反应十分剧烈,同时发生其他副反应;碘的活性太低,通常不能与烯烃直接发生加成反应。因此,烯烃与卤素的加成反应主要是加氯或加溴的反应。烯烃与溴的加成产物邻二溴代烷烃为无色化合物,其反应现象为溴的四氯化碳溶液的红棕色褪去,因此常用该反应鉴别碳碳双键。但能使溴的四氯化碳溶液褪色的化合物不仅是烯烃,还需用别的方法进一步验证。

烯烃与卤素的亲电加成反应历程

3. 加卤化氢 烯烃与卤化氢发生反应,生成一卤代烷烃。

$$RHC{=}CHR' + HX \longrightarrow RH_2C-\underset{\underset{X}{|}}{C}HR'$$

同一烯烃与不同的卤化氢发生加成反应的活性顺序为 HI>HBr>HCl。HF 与烯烃发生加成反应的同时使烯烃聚合。

烯烃的亲电加成反应通式

当结构不对称的烯烃如丙烯与卤化氢发生加成反应时,可以生成两种不同的加成产物。

$$CH_2{=}CHCH_3 + HX \longrightarrow \begin{cases} \underset{\underset{X}{|}}{C}H_2CH_2CH_3 \quad (1) \\ CH_3\underset{\underset{X}{|}}{C}HCH_3 \quad (2) \end{cases}$$

但实验结果表明,(2)是主要产物。这一反应现象称为区域选择性,即当反应的取向有可能产生几个异构体时,只生成或主要生成一种产物。

俄国化学家马尔科夫尼科夫(V. V. Markovnikov)总结出一个经验规则:当不对称烯烃和不对称试剂(如 HX、H_2SO_4 等)发生加成反应时,不对称试剂中带正电荷的部分总是加到含氢较多的双键碳原子上,而带负电荷的部分则加到含氢较少或不含氢的双键碳原子上,这一规则简称为马氏规则。应用马氏规则,可以预测反应的主要产物。

烯烃的马氏加成规则

在应用马氏规则时要特别注意,当反应条件改变时,可能会出现异常现象。例如,有少量的过氧化物存在时,HBr 与丙烯的主要加成产物是 1- 溴丙烷而不是 2- 溴丙烷。

$$CH_2{=}CHCH_3 + HBr \xrightarrow{\text{过氧化物}} BrCH_2CH_2CH_3$$

这是由于过氧化物的存在改变了加成反应的历程,这种现象称为过氧化物效应。

4. 加硫酸 烯烃与浓硫酸反应生成烷基硫酸氢酯,并溶于硫酸中,此反应是亲电加成,加成的取向亦遵守马氏规则。烷烃不与硫酸反应,利用此反应可以除去混在烷烃中的少量烯烃。

$$RCH{=}CH_2 + HOSO_2OH \longrightarrow RCH-CH_3 \\ \quad\quad\quad\quad\quad\quad\quad\quad\quad | \\ \quad\quad\quad\quad\quad\quad\quad\quad OSO_2OH$$

生成的烷基硫酸氢酯可以水解生成醇,工业上利用这种方法合成醇,称为烯烃的间接水合法。

$$\underset{\underset{OSO_2OH}{|}}{RCH}-CH_3 + H_2O \longrightarrow \underset{\underset{OH}{|}}{RCH}-CH_3 + H_2SO_4$$

一般情况下,烯烃不能直接与水发生加成反应,但如果在硫酸、磷酸等催化下,烯烃与水直接加成制得醇,称为烯烃的直接水合法。例如:

$$CH_2{=}CH_2 + H_2O \xrightarrow[300℃,7MPa]{H_3PO_4} CH_3CH_2OH$$

（二）氧化反应

烯烃的碳碳双键很容易被氧化，π 键首先断开，当反应条件剧烈时 σ 键也可断裂。所以随氧化剂和反应条件的不同，烯烃的氧化产物也不同。

烯烃与碱性（或中性）高锰酸钾的稀溶液反应，π 键断开，双键碳上各引入 1 个羟基，生成邻二醇。

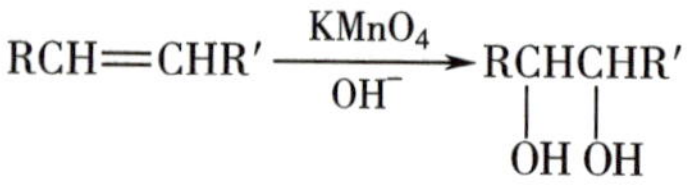
RCH=CHR′
KMnO4
OH⁻
RCHCHR′
OH OH

由于该反应容易进行，高锰酸钾的紫红色很快褪去，生成褐色的二氧化锰沉淀，现象明显，易于观察，可鉴别不饱和烃。

知识链接

氧烯洛尔的鉴别

《中国药典》中 β 受体拮抗剂氧烯洛尔的鉴别是取细粉 0.3g，加乙醇 5ml，振摇，滤过，取滤液加高锰酸钾试液 1ml，振摇数分钟，高锰酸钾颜色消褪，并产生棕色沉淀。

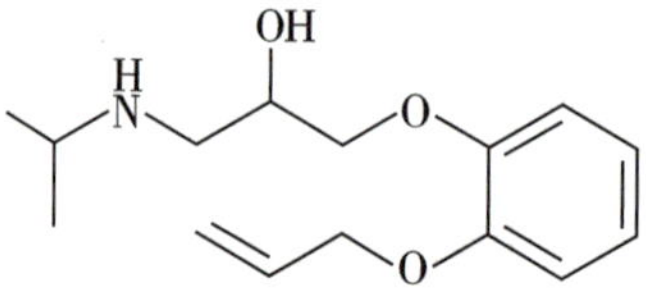
OH
H
N
O
O

由于氧烯洛尔结构中含有碳碳双键，被高锰酸钾氧化，使高锰酸钾褪色，并产生二氧化锰沉淀。

若用酸性高锰酸钾溶液或加热，在比较强烈的反应条件下氧化，则烯烃的碳碳双键发生断裂，最终反应产物为二氧化碳、酮、羧酸或它们的混合物，氧化产物取决于烯烃的结构，反应现象是高锰酸钾溶液褪色。

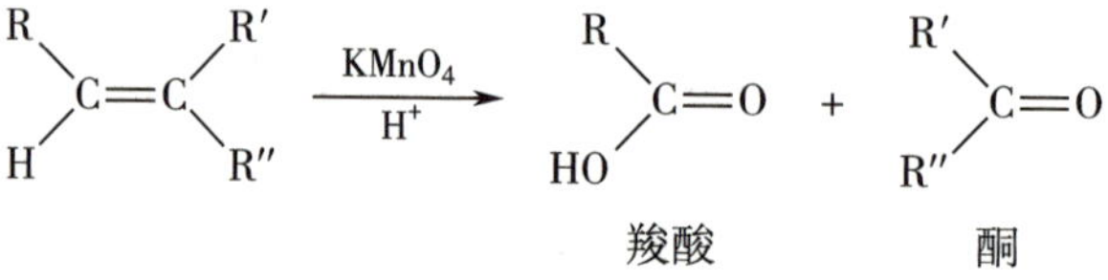
KMnO4
H⁺
羧酸
酮

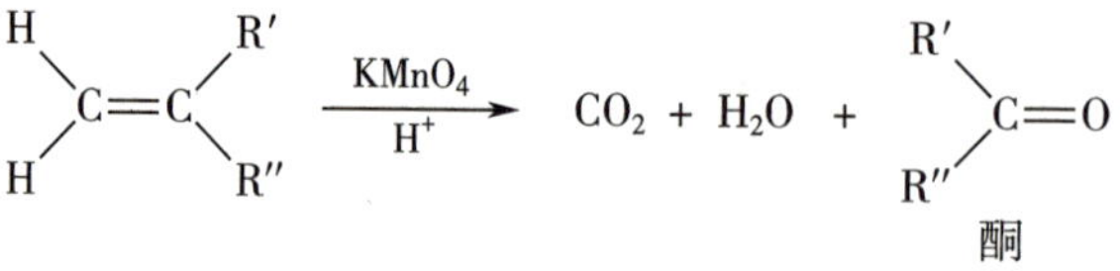
KMnO4
H⁺
CO2 + H2O
酮

因此，可以通过对氧化反应生成物的分析，推断原来烯烃的结构。

> **课 堂 活 动**
>
> 如果烯烃经酸性高锰酸钾氧化后的产物为 CH_3CH_2COOH、CO_2 和 H_2O，你能推断出原来烯烃的结构吗？

（三）聚合反应

烯烃在催化剂或引发剂的作用下 π 键断开，相当数量的分子间自身加成，形成大分子，称为聚合物。这种由低分子结合成大分子的过程称为聚合反应，发生聚合反应的烯烃分子称为单体。例如：

$$n\mathrm{CH_2}\!=\!\mathrm{CH_2} \xrightarrow{\text{催化剂}} \underset{\text{聚乙烯}}{\left[\!\!\mathrm{CH_2}\!-\!\mathrm{CH_2}\!\!\right]_n}$$

n 称为聚合度。聚乙烯是一种无毒、电绝缘性很好的塑料,广泛用于食品袋、塑料杯等日用品的生产,是目前世界上生产量最大的一种塑料。其他的烯烃也可以发生聚合反应。

知识链接

药用合成高分子材料

药用合成高分子材料在片剂、胶囊剂、颗粒剂等药物制剂中常用作辅料,主要是作为黏合剂、稀释剂、崩解剂、润滑剂、胶囊囊壳、胃溶包衣、肠溶包衣和非肠溶包衣等材料来使用。以下是 2 种常见的药用合成高分子材料。

聚乙烯醇(PVA)是由聚乙酸乙烯醇解而制得的,对眼、皮肤无毒,是一种安全的药用辅料,可用作药液的增黏剂,还是一种良好的水溶性成膜材料,可用于制备缓释制剂。例如阿司匹林是传统的解热镇痛抗炎药,近来发现它有抗血小板凝聚作用,对心血管疾病有一定的预防作用,将阿司匹林与聚乙烯醇进行熔融酯化形成高分子化合物药物,可以通过延长药效、减少药物用量和给药次数来降低对胃的刺激性。

$$\left[\!\!\mathrm{CH_2}\!-\!\underset{\underset{\text{聚乙烯醇}}{OH}}{\mathrm{CH}}\!\!\right]_n$$

聚乙烯吡咯烷酮(PVP)又称聚维酮,是 N- 乙烯吡咯烷酮的聚合物,溶于水,安全无毒,对热和酸都较稳定。在液体药剂中,10% 以上的 PVP 有助悬、增稠和胶体保护作用;更高浓度的 PVP 可延缓可的松、青霉素等的吸收。在药物片剂中,PVP 是优良的黏合剂,可作为片剂薄膜包衣材料、着色包衣材料色素的分散剂、胶囊剂和眼用制剂等的辅料。PVP 有极强的亲水性和水溶性,非常适合作为固体分散体载体,促进难溶性药物的溶解,提高生物利用度和制剂的稳定性,也可用于制备骨架型缓释片。交联的聚乙烯吡咯烷酮可作为片剂的崩解剂、填充剂和赋形剂。

聚乙烯吡咯烷酮

四、诱导效应

氯原子取代烷烃分子中的氢原子后,由于氯的电负性较强,使共价键的电子云密度分布发生如下变化:

$$\underset{3}{\overset{\delta\delta\delta^+}{C}} \longrightarrow \underset{2}{\overset{\delta\delta^+}{C}} \longrightarrow \underset{1}{\overset{\delta^+}{C}} \longrightarrow \overset{\delta^-}{Cl}$$

ER 3-7

诱导效应

首先，C—Cl 键的电子云偏向氯原子，产生偶极，直箭头所指的方向是电子云偏移的方向，C-1 带有部分正电荷；C-1 上的正电荷吸引 C-1、C-2 键之间的电子云偏向 C-1，但偏移程度要小些，则 C-2 也带有少许的正电荷，同理 C-3 也带有更少的正电荷。这种由于原子(或原子团)电负性不同，引起分子中的电子云沿着碳链向某一方向移动的现象称为诱导效应，常用符号 I 表示。诱导效应是一种静电作用，是一种永久性的效应。诱导效应随着传递距离的增加迅速减弱，一般传递 3 个 σ 键后可忽略不计。

诱导效应中电子移动的方向是以 C—H 键中的氢作为比较标准，电负性大于氢的原子或原子团称为吸电子基，吸电子基引起的诱导效应称为吸电子诱导效应，用 –I 表示；电负性小于氢的原子或原子团称为给电子基(或斥电子基)，由给电子基引起的诱导效应称为给电子诱导效应，以 +I 表示。

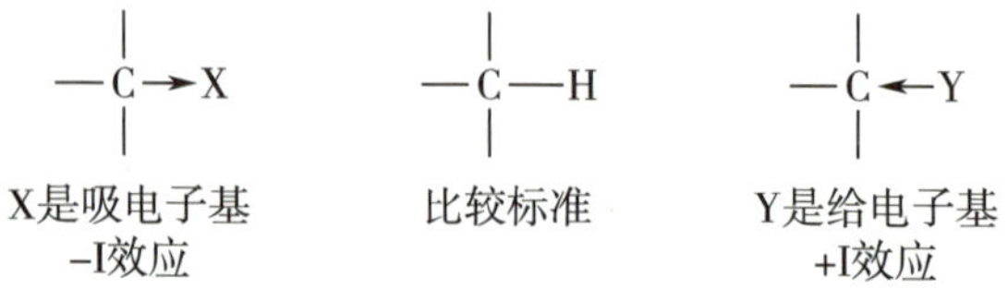

$$
\begin{array}{ccc}
\overset{\displaystyle |}{\underset{\displaystyle |}{-\mathrm{C}}}\!\rightarrow\!\mathrm{X} & \overset{\displaystyle |}{\underset{\displaystyle |}{-\mathrm{C}}}\!-\!\mathrm{H} & \overset{\displaystyle |}{\underset{\displaystyle |}{-\mathrm{C}}}\!\leftarrow\!\mathrm{Y} \\
\text{X是吸电子基} & \text{比较标准} & \text{Y是给电子基} \\
-\text{I效应} & & +\text{I效应}
\end{array}
$$

常见的给电子取代基和吸电子取代基及其强弱次序如下：

给电子基(+I)：$-\mathrm{O}-$ > $-\mathrm{COO}-$ > $-\mathrm{C(CH_3)_3}$ > $-\mathrm{CH(CH_3)_2}$ > $-\mathrm{CH_2CH_3}$ > $-\mathrm{CH_3}$ > $-\mathrm{H}$

吸电子基(–I)：$-\mathrm{NO_2}$ > $-\mathrm{CN}$ > $-\mathrm{COOH}$ > $-\mathrm{F}$ > $-\mathrm{Cl}$ > $-\mathrm{Br}$ > $-\mathrm{I}$ > $-\mathrm{OH}$ > $-\mathrm{C_6H_5}$ > $-\mathrm{CH}\!=\!\mathrm{CH_2}$ > $-\mathrm{H}$

诱导效应可以很好地解释不对称烯烃加成时的马氏规则。例如丙烯和卤化氢的加成，由于丙烯中甲基具有给电子诱导效应，使双键的 π 键电子云偏移，C-1 带有部分负电荷，C-2 带有部分正电荷，当与卤化氢进行反应时，亲电试剂 H+ 首先加到带部分负电荷的双键碳原子上，形成碳正离子中间体，然后卤素负离子加到带正电荷的碳原子上。

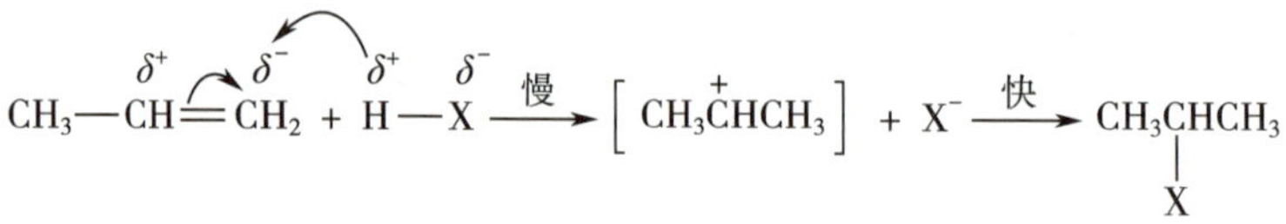

$$
\mathrm{CH_3}\!-\!\overset{\delta^+}{\mathrm{CH}}\!=\!\overset{\delta^-}{\mathrm{CH_2}} + \overset{\delta^+}{\mathrm{H}}\!-\!\overset{\delta^-}{\mathrm{X}} \xrightarrow{\text{慢}} \left[\mathrm{CH_3}\overset{+}{\mathrm{CH}}\mathrm{CH_3} \right] + \mathrm{X}^- \xrightarrow{\text{快}} \underset{\underset{\displaystyle \mathrm{X}}{|}}{\mathrm{CH_3CHCH_3}}
$$

烯烃与溴化氢在过氧化物存在下的加成反应历程是游离基加成，反应过程中没有碳正离子中间体生成，所以最终产物为反马氏规则的产物。

知识链接

乙烯的主要用途

乙烯在常温下为无色稍带甜味的气体，密度为 $0.567\,4\mathrm{g/cm^3}$，易燃，爆炸极限为 3%~36%。几乎不溶于水，溶于乙醇、乙醚等有机溶剂。乙烯有较强的麻醉作用，且麻醉起效迅速，苏醒亦快。长期接触乙烯，有头晕、全身不适、乏力、注意力不能集中的症状。乙烯可用作水果和蔬菜的催熟剂。以乙烯为原料通过多种合成途径可以得到一系列重要的石油化工中间产品和最终产品。乙烯的生产量可衡量一个国家的化工水平的高低。乙烯最大量的用途是生产聚乙烯，聚乙烯是日常生活中最常用的高分子材料之一，广泛用于日常生活用品制造及电气、食品、制药等各个领域。

点滴积累

1. 烯烃是平面型分子,碳原子为 sp^2 杂化,碳碳双键为 σ 键和 π 键。
2. 由于 π 键不能自由旋转,使烯烃具有顺反异构现象。
3. 烯烃的主要化学性质表现在双键上,可发生催化加氢、亲电加成和氧化反应。
4. 诱导效应是由于原子(或原子团)电负性不同而产生的,分为给电子诱导效应和吸电子诱导效应。

第二节　二烯烃

分子中含有 2 个或 2 个以上碳碳双键的不饱和烃为多烯烃,多烯烃中最重要的是二烯烃。二烯烃分子中含有 2 个碳碳双键,通式是 C_nH_{2n-2}($n \geqslant 3$)。

一、二烯烃的分类和命名

二烯烃分子中的 2 个碳碳双键的位置和它们的性质有密切的关系。根据 2 个碳碳双键的相对位置不同,将其分为以下 3 类。

1. 隔离二烯烃(又称孤立二烯烃) 2 个双键被 2 个或 2 个以上的单键隔开,例如戊 -1,4- 二烯。隔离二烯烃分子中的 2 个双键距离较远,相互影响小,其性质与单烯烃相似。

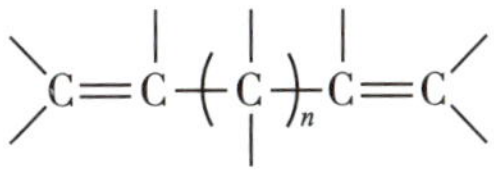

隔离二烯烃（$n \geqslant 1$）

2. 聚集二烯烃(又称累积二烯烃) 2 个双键与同 1 个碳原子相连,例如丙二烯。此类二烯烃的稳定性较差,一般很少见。

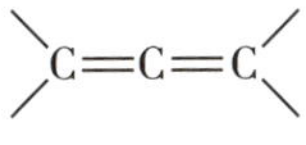

聚集二烯烃

3. 共轭二烯烃 2 个双键中间隔 1 个单键,例如丁 -1,3- 二烯。共轭二烯烃具有特殊的结构和性质。

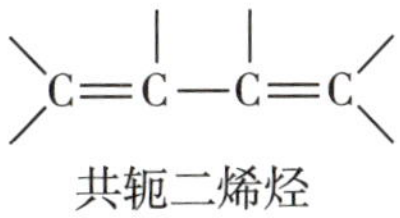

共轭二烯烃

二烯烃的命名与单烯烃相似,首先选择最长碳链作为主链,如果主链含 2 个双键,则称为"某二烯"。将主链上的碳原子按次序规则编号,如主链含 2 个双键,从距离双键最近的一端开始给主链上的碳原子编号。将 2 个双键的位次写在"某二烯"的"二烯"之前,并用逗号隔开,前后用半字线相连。取代基的名称及位次写在母体名称前面。例如:

$$CH_2=C-CH=CH_2$$
$$\quad\quad\quad|$$
$$\quad\quad\quad CH_3$$

2-甲基丁-1,3-二烯

$$CH_2=C-CH-CH=CH_2$$
$$\quad\quad\quad|\quad\quad|$$
$$\quad\quad\quad CH_3\ CH_3$$

2,3-二甲基戊-1,4-二烯

二、共轭二烯烃的结构和共轭效应

最简单的共轭二烯烃是丁-1,3-二烯,为平面型分子,单键与双键键长有平均化的趋势。

$$\underset{H}{\overset{H}{C}}=\underset{H}{\overset{H}{C}}\cdots 0.137nm$$
$$0.147nm\quad C=C$$

丁-1,3-二烯分子中,4个碳原子都是 sp^2 杂化,各以1个或2个 sp^2 杂化轨道相互重叠形成3个碳碳 σ 键,每个碳原子剩余的 sp^2 杂化轨道分别与氢原子的 1s 轨道重叠,形成6个碳氢 σ 键,分子中的所有原子都在同一平面上。每个碳原子的未杂化的 p 轨道垂直于分子所在的平面且互相平行,从侧面相互重叠。不仅 C-1、C-2 及 C-3、C-4 之间重叠形成两个 π 键,由于两个 π 键靠得很近,C-2、C-3 之间亦可发生一定程度的重叠,也具有 π 键的性质。在丁-1,3-二烯分子中,π 电子的运动范围不是局限在成键原子之间,而是在整个分子内的4个碳原子上运动,比普通 π 键中的电子具有更大的运动空间,称为 π 电子的离域,这样形成的 π 键称共轭 π 键。像丁-1,3-二烯分子这样,具有共轭 π 键的特殊结构体系称为共轭体系。在共轭体系中,π 电子的离域使电子云密度平均化,键长趋于平均化,体系能量降低而稳定性增加,这种效应称为共轭效应。当共轭体系的一端受到电场的影响时,由于 π 电子的离域,这种影响会沿着共轭链传递到整个共轭体系,因此共轭效应的影响不会因链的增长而减弱,它的影响是远程的。

像丁-1,3-二烯分子这种单双键交替的共轭体系称为 π-π 共轭(图 3-3),此外还有 p-π 共轭、σ-π 超共轭。

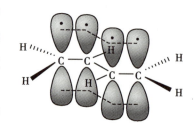

图 3-3　丁-1,3-二烯的共轭 π 键

三、共轭二烯烃的化学性质

共轭二烯烃具有一般单烯烃的化学通性,如能发生加成、氧化、聚合等反应。由于共轭体系的存在,使共轭二烯烃还具有某些特殊的性质。

(一) 1,2-加成与 1,4-加成

共轭二烯烃与1分子卤素、卤化氢等亲电试剂发生加成反应,产物通常有两种。例如丁-1,3-二烯与溴加成,得到 1,2-加成产物和 1,4-加成产物。

$$CH_2=CH-CH=CH_2 + Br_2$$

1,2-加成
$$CH_2-CH-CH=CH_2$$
$$\quad|\quad\quad|$$
$$\quad Br\quad Br$$

1,4-加成
$$CH_2-CH=CH-CH_2$$
$$\quad|\quad\quad\quad\quad\quad|$$
$$\quad Br\quad\quad\quad\quad Br$$

1,4- 加成又称共轭加成,是共轭二烯烃的特殊反应。共轭二烯烃的 1,2- 加成和 1,4- 加成是竞争反应,哪一种加成占优势,取决于反应条件。一般在低温及非极性溶剂中以 1,2- 加成为主,高温及极性溶剂中以 1,4- 加成为主。

(二) 双烯合成反应

共轭二烯烃可与含双键或三键的不饱和化合物发生 1,4- 加成,生成具有六元环状化合物的反应称为双烯合成或第尔斯 - 阿尔德(Diels-Alder)反应。

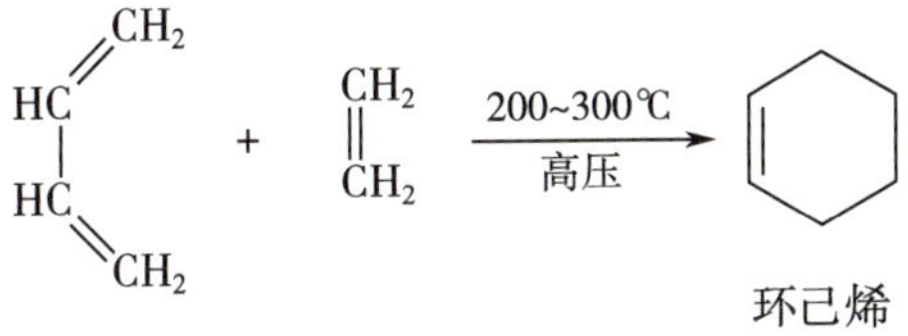

$$\text{HC}\underset{\text{HC}}{\overset{\text{CH}_2}{\big|}}\text{CH}_2 + \underset{\text{CH}_2}{\overset{\text{CH}_2}{\|}} \xrightarrow[\text{高压}]{200\sim300\,℃} \text{环己烯}$$

进行双烯合成需要两种化合物,一类叫双烯体,即共轭二烯类化合物;另一类叫亲双烯体,即不饱和化合物如单烯类或炔类。当亲双烯体双键碳原子上连有吸电子基(如—CHO、—CN、—NO$_2$ 等)时,成环容易进行,收率也高。例如:

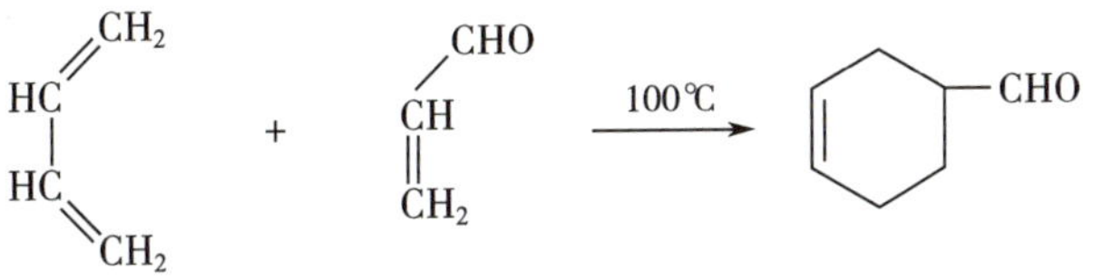

$$\text{丁-1,3-二烯} + \text{丙-2-烯醛} \xrightarrow{100\,℃} \text{环己-3-烯-1-甲醛}$$

双烯合成反应的应用非常广泛,是合成六碳环化合物的一种重要手段。

点滴积累

1. 共轭二烯烃分子中的碳原子为 sp^2 杂化,两个 π 键形成 π-π 共轭体系,共轭效应为离域的 π 电子。
2. 共轭二烯烃的特殊性表现在发生共轭加成反应和第尔斯 - 阿尔德反应。

第三节　炔烃

分子中含有碳碳三键的烃称为炔烃,碳碳三键是炔烃的官能团,炔烃的通式是 C_nH_{2n-2} ($n \geqslant 2$)。

一、炔烃的结构和异构现象

乙炔是最简单的炔烃,乙炔分子中的 4 个原子都在同一直线上,即为线型分子。

$$\text{H—C}\equiv\text{C—H}$$

乙炔分子中,2 个碳原子各以 1 个 sp 杂化轨道沿对称轴重叠,形成 C—C σ 键,每个碳原子的另 1 个 sp 杂化轨道与氢原子的 1s 轨道重叠形成 C—H σ 键,乙炔分子中的 3 个 σ 键轨道对称轴在同一条直线上。分子中 4 个原子处于同一直线上。每个碳原子的 2 个未杂化并且互相垂直的 p 轨道分别从侧面两两相互重叠,形成 2 个互相垂直的 π 键,对称地分布在 σ 键的周围。所以,碳碳三键是由 1 个 σ 键和 2 个 π 键组成的。

由于三键的几何形状为直线型,所以炔烃无顺反异构体。与相同碳原子数的烯烃相比,炔烃的异构体数目较少。例如,丁炔只有 2 个位置异构体。

$$CH \equiv CCH_2CH_3 \qquad\qquad CH_3C \equiv CCH_3$$
$$\text{丁-1-炔} \qquad\qquad\qquad \text{丁-2-炔}$$

二、炔烃的命名

炔烃的系统命名与烯烃相似,只需将 "烯" 改作 "炔" 即可。例如:

$$HC \equiv CCH_2CH_3 \qquad\qquad CH_3CH - C \equiv C - CH_2CH_3$$
$$\qquad\qquad\qquad\qquad\qquad\qquad |$$
$$\qquad\qquad\qquad\qquad\qquad\qquad CH_3$$
$$\text{丁-1-炔} \qquad\qquad\qquad\qquad \text{2-甲基己-3-炔}$$

若不饱和烃分子中同时含有双键、三键时,选择分子内最长碳链为主链。如含有双键和三键在内的最长碳链作为主链,一般称为 "某烯炔",给碳链编号时,应使双键、三键具有尽可能低的位次号,再遵循次序规则,其他与烯烃和炔烃命名法相似。若双键和三键处于对称的位置时,优先给双键以较小编号。例如:

$$CH_2 = CH - CH_2 - C \equiv CH \qquad\qquad CH_3 - CH = CH - C \equiv CH$$
$$\text{戊-1-烯-4-炔} \qquad\qquad\qquad\qquad \text{戊-3-烯-1-炔}$$

三、炔烃的性质

炔烃的物理性质与烷烃、烯烃基本相似。乙炔、丙炔和丁 -1- 炔在常温常压下为气体,丁 -2- 炔及 C_5 以上的低级炔烃为液体,高级炔烃为固体。炔烃的熔点、沸点随分子量增加而升高,相对密度随分子量增加而增大,炔烃难溶于水而易溶于有机溶剂。

炔烃分子中含有 π 键,化学性质与烯烃相似,可发生氧化、加成、聚合等反应。碳碳三键的 p 轨道重叠程度比碳碳双键的 p 轨道重叠程度大,三键 π 电子与碳原子结合得更紧密,不易被极化。所以,碳碳三键的活性不如碳碳双键。此外,端基炔(—C≡C—H)还可发生一些特有的反应。

(一)加成反应

1. 催化加氢 炔烃的催化氢化反应分两步进行,首先加氢生成烯烃,烯烃继续加氢生成烷烃。反应通常不能停留在生成烯烃一步,而是直接生成烷烃。例如:

$$RC \equiv CR' + H_2 \xrightarrow{Pt} RC = CR' \xrightarrow{H_2}{Pt} RCH_2CH_2R'$$
$$\qquad\qquad\qquad\qquad | \quad |$$
$$\qquad\qquad\qquad\qquad H \quad H$$

如果选用活性较低的林德拉(Lindlar)催化剂(Pd-BaSO$_4$/ 喹啉),则可使加氢停留在生成烯烃的

阶段。例如:

$$CH_3C\equiv CH + H_2 \xrightarrow{\text{Lindlar催化剂}} CH_3CH=CH_2$$

2. 加卤素 炔烃与氯或溴的亲电加成反应也是分两步进行的。例如:

$$RC\equiv CR' + Br_2 \longrightarrow \underset{\underset{Br\ \ Br}{|\ \ \ |}}{RC=CR'} \xrightarrow{Br_2} RCBr_2CBr_2R'$$

炔烃与溴加成,使溴的颜色褪去,由于三键的活性不如双键,所以炔烃的加成反应比烯烃慢,炔烃需要几分钟才能使溴的四氯化碳溶液褪色。

课 堂 活 动
烯烃和炔烃都可以与卤素发生加成反应,当分子中既有双键又有三键时,卤素首先加到双键上,为什么?

3. 加卤化氢 炔烃与氯化氢的加成反应在通常条件下较为困难,因为氯化氢在卤化氢中活性较小,必须在催化剂存在下才能进行。若用溴化氢加成,则在暗处即可反应,反应也分两步进行,遵循马氏规则。

$$CH_3C\equiv CH \xrightarrow{HBr} \underset{\underset{Br}{|}}{CH_3C=CH_2} \xrightarrow{HBr} CH_3CBr_2CH_3$$

同烯烃与溴化氢的加成一样,在过氧化物存在下,炔烃与溴化氢的加成也可生成反马氏规则的产物。

4. 加水 炔烃在催化剂(硫酸汞的硫酸溶液)存在下与水加成,生成不稳定的烯醇式中间体,然后立即发生分子内重排。如果炔烃是乙炔,则最终产物是乙醛;其他炔烃的最终产物都是酮。

$$R-C\equiv CH + H_2O \xrightarrow[H_2SO_4]{HgSO_4} \left[\underset{\underset{:OH---}{|}}{R-C}=CH_2 \right] \longrightarrow \underset{\underset{O}{\|}}{R-C}-CH_3$$

(二) 氧化反应

在高锰酸钾等氧化剂作用下,炔烃的三键断裂,生成羧酸、二氧化碳,同时高锰酸钾溶液的紫红色褪去,但高锰酸钾溶液褪色的速度比烯烃慢。

$$RC\equiv CR' \xrightarrow[H^+]{KMnO_4} RCOOH + R'COOH$$

$$RC\equiv CH \xrightarrow[H^+]{KMnO_4} RCOOH + CO_2$$

根据氧化产物的种类和结构,可推断炔烃的结构。

(三) 聚合反应

乙炔也可发生聚合反应,与烯烃不同的是,炔烃一般不聚合成高分子化合物,而是发生二聚或三聚反应。在不同催化剂的作用下,乙炔可以分别聚合成链状或环状化合物。例如:

$$2CH\equiv CH \xrightarrow[NH_4Cl]{Cu_2Cl_2} CH\equiv C-CH=CH_2$$

$$3CH\equiv CH \xrightarrow[\text{高温}]{\text{催化剂}} \bigcirc$$

乙炔的主要用途

　　纯净的乙炔为无色、无臭的气体,但用电石制取的乙炔常带有一种令人极不愉快的恶臭。在常温常压下,乙炔微溶于水而溶于乙醇、丙酮、苯、乙醚等有机溶剂。乙炔比空气轻,能与空气形成爆炸性混合物,极易燃烧和爆炸。乙炔燃烧的火焰可用于照明、金属的焊接和切割及原子吸收光谱。乙炔也是有机合成的重要原料,可合成多种化工产品。

　　在高压下乙炔很不稳定,火花、热力、摩擦均能使乙炔发生爆炸性分解,乙炔气体的安全贮存和运输通常用溶解乙炔的方法。乙炔气瓶是实心的,瓶内充满了多孔性固体填料,孔隙中充入溶剂丙酮,罐装的乙炔溶解在丙酮之中。

(四)端基炔的特性

　　乙炔和 $RC \equiv CH$(端基炔)结构的炔烃均含有直接与三键碳原子相连的氢原子。由于三键碳原子是 sp 杂化,杂化轨道中的 s 成分越多,电子云越靠近碳原子核,所以三键碳原子的电负性较大,使 C—H 键的极性增加,氢的活性增强而显示弱酸性,能被金属取代生成金属炔化物。

　　1. 被碱金属取代　　乙炔和 $RC \equiv CH$ 结构的炔烃与强碱氨基钠反应生成炔化钠。

$$RC \equiv CH \xrightarrow[NH_3]{NaNH_2} RC \equiv CNa$$

　　在有机合成中,炔化钠是非常有用的中间体,它可与卤代烷反应来合成高级炔烃。

$$RC \equiv CNa + R'X \longrightarrow RC \equiv CR' + NaX$$

　　2. 被重金属取代　　乙炔或端基炔烃与硝酸银的氨溶液或氯化亚铜的氨溶液反应,则分别生成白色的炔化银或棕红色的炔化亚铜沉淀。

$$R—C \equiv CH + [Ag(NH_3)_2]^+ \longrightarrow R—C \equiv CAg\downarrow 炔化银(白色)$$

$$R—C \equiv CH + [Cu(NH_3)_2]^+ \longrightarrow R—C \equiv CCu\downarrow 炔化亚铜(棕红色)$$

　　上述反应极为灵敏,常用来鉴定乙炔和端基炔烃。金属炔化物在潮湿及低温时比较稳定,而在干燥时因撞击或受热可发生爆炸。所以实验完毕后,应立即加硝酸将它分解,以免发生危险。

课 堂 活 动

　　现行版《中国药典》中口服避孕药炔诺酮的鉴别方法是取本品约 10mg,加乙醇 1ml 溶解后,加硝酸银试液 5~6 滴,即生成白色沉淀。请你分析一下原因。

炔诺酮

点滴积累

1. 乙炔是直线型分子,碳原子为 sp^3 杂化,碳碳三键为 1 个 σ 键和 2 个 π 键。

2. 炔烃的主要化学性质表现在碳碳三键上,可以发生加成反应和氧化反应。

3. 端基炔具有弱酸性,端基炔上的氢原子可以被金属取代生成金属炔化物。

复习导图

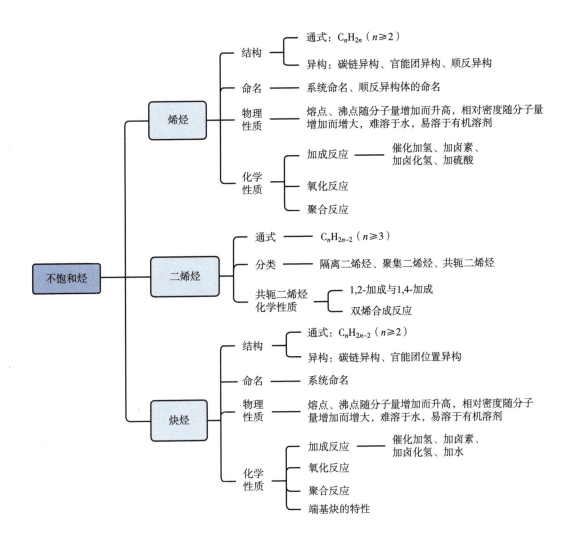

目标检测

一、命名或写出下列化合物的结构式

1. 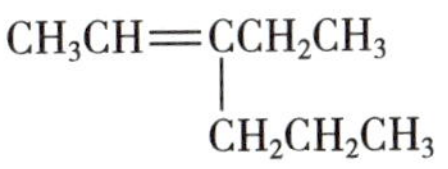 $CH_3CH=CCH_2CH_3$
   |
   $CH_2CH_2CH_3$

2. 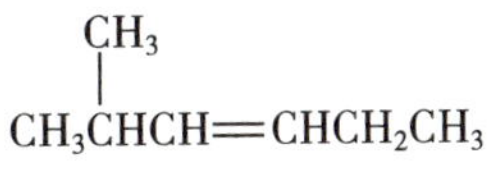 $CH_3\overset{\underset{|}{CH_3}}{CH}CH=CHCH_2CH_3$

3. $CH_2\!=\!CHCHCH_2C\!\equiv\!CH$
 $\quad\quad\quad\quad\overset{|}{CH_3}$

4. $\overset{\displaystyle CH_3}{\overset{|}{CH_3C\!\equiv\!CCHCHCH_3}}$
 $\quad\quad\quad\quad\quad\overset{|}{CH_3}$

5. $\overset{\displaystyle CH_3}{\underset{\displaystyle CH_3CH_2}{}}C\!=\!C\overset{\displaystyle CH_2CH_2CH_3}{\underset{\displaystyle CH_2CH_3}{}}$

6. $\overset{\displaystyle CH_3}{CH_3CHC\!\equiv\!CCH}$
 $\quad\overset{|}{CH_3}\quad\quad\overset{|}{CH_3}$

7. $CH_3C\!=\!CHCH\!=\!CH_2$
 $\quad\quad\overset{|}{CH_3}$

8. (Z)-3-乙基己-2-烯

9. trans-戊-2-烯

10. 4-甲基戊-2-炔

11. 3-甲基己-2-烯-4-炔

12. (E)-3,4-二甲基庚-3-烯

13. 3,5-二甲基庚-1,4-二烯

二、写出下列各反应的主要产物

1. $CH_3CH_2C\!=\!CHCH_3 \xrightarrow[\text{H}^+]{\text{KMnO}_4}$
 $\quad\quad\quad\overset{|}{CH_3}$

2. $CH_3CHCH\!=\!CH_2 + HBr \longrightarrow$
 $\quad\overset{|}{CH_3}$

3. $CH\!\equiv\!CCHCH_3 \xrightarrow[\text{H}^+]{\text{KMnO}_4}$
 $\quad\quad\overset{|}{CH_3}$

4. $CH\!\equiv\!CCH_2CH_3 + H_2O \xrightarrow[\text{H}_2\text{SO}_4]{\text{HgSO}_4}$

5. $\overset{\displaystyle HC\overset{CHCH_3}{\|}}{\underset{\displaystyle HC\underset{CH_2}{\|}}{}}$ + $\overset{\displaystyle CH_2}{\underset{\displaystyle CH_2}{\|}}$ $\xrightarrow[\text{高压}]{\text{高温}}$

6. $\Big\langle$ + $CH_2\!=\!CHCHO \xrightarrow{\Delta}$

7. $\langle\!\!\rangle\!-\!CH_3 \xrightarrow[\text{H}^+]{\text{KMnO}_4}$

8. $CH_3CH_2CH\!=\!CH_2 + HBr \xrightarrow{\text{过氧苯甲酰}}$

9. $\langle\!\!\rangle$ + $Br_2 \longrightarrow$

10. $CH_3CHC\!\equiv\!CH + [Ag(NH_3)_2]^+ \longrightarrow$
 $\quad\overset{|}{CH_3}$

三、用化学方法鉴别下列各组化合物

1. 丁 -1- 炔和丁 -2- 炔

2. 乙烷、乙烯、乙炔

3. 丁 -1,3- 二烯和丁 -1- 炔

四、推测结构

1. 分子式为 C_6H_{12} 的 3 种化合物 A、B 和 C，三者都可使高锰酸钾溶液褪色，经氢化后都生成 3- 甲基戊烷。只有 A 有顺反异构体，A 和 C 与 HBr 加成主要得同一化合物 D。试推测 A、B、C 和 D 的结构式。

2. 一个分子式为 C_3H_4 的链烃，能使高锰酸钾酸性溶液和溴的四氯化碳溶液褪色，与银氨溶液生成白色沉淀，与硫酸汞的稀硫酸溶液反应生成一个含氧化合物，写出该化合物可能的结构式。

习题

3. 具有相同分子式 C_4H_6 的两链烃 A、B，氢化后都生成丁烷，A、B 都可与两分子溴加成；A 可与硝酸银氨溶液作用产生白色沉淀，B 则不能，试推测 A 和 B 的结构。

（钟媛）

实训三 不饱和烃的性质

一、实训目的

1. 验证不饱和烃的主要化学性质。

2. 掌握烯烃、炔烃的鉴别方法。

3. 了解乙炔的制取方法。

二、实训仪器和试剂

1. **仪器** 试管（大、小）、试管夹、带导管的塞子、药匙、量筒、棉花。

2. **试剂** 0.03mol/L $KMnO_4$ 溶液、3mol/L H_2SO_4 溶液、饱和溴水、松节油、0.05mol/L 硝酸银溶液、浓氨水、碳化钙（CaC_2）、饱和食盐水。

三、实训原理

1. 烯烃的化学性质非常活泼。室温时，烯烃与 $KMnO_4$ 等强氧化剂发生氧化反应，但不能被 $Ag(NH_3)_2OH$ 等弱氧化剂氧化；易与 X_2、HX 等发生加成反应。

2. 水与碳化钙反应生成乙炔。炔烃的性质与烯烃相似，非常活泼，与 $KMnO_4$、溴水等在室温时

立即反应；端基炔与 $AgNO_3$/氨溶液发生反应，生成白色炔化银沉淀。

四、实训内容

1. 烯烃的性质

(1) 氧化反应：取试管 1 支，加入 0.03mol/L $KMnO_4$ 溶液 1ml 和 3mol/L H_2SO_4 溶液 2 滴，摇匀，再加入松节油（含环烯烃）1ml，振荡，观察有无颜色变化，记录并解释发生的现象。

(2) 加成反应：取试管 1 支，加入饱和溴水 1ml，再加入松节油 1ml，振荡，观察有无颜色变化，记录并解释发生的现象。

(3) 取代反应：取 0.05mol/L 硝酸银溶液 0.5ml 于试管中，边振荡边滴加稀氨水，直到沉淀恰好溶解为止，再加入松节油 1ml，振荡，观察现象，记录并解释发生的现象。

2. 炔烃的性质

(1) 乙炔的制取：在大试管中加入 3~4ml 饱和食盐水，再加入几小块碳化钙（电石），立即将一团疏松的棉花塞进试管的上部，并塞上带导管的塞子，记录现象并写出化学反应式。

(2) 乙炔的性质：将乙炔气体的导管插入 3 支分别盛有 2ml 0.03mol/L $KMnO_4$ 溶液和 5 滴 3mol/L H_2SO_4 溶液、2ml 饱和溴水、2ml 硝酸银和 6 滴浓氨水溶液的试管中，观察现象，记录、解释发生的变化，并写出有关的反应式。

五、实训提示

1. 溴蒸气有毒，溴水会灼伤皮肤，使用时应注意安全。取用溴水应在通风橱中进行，需戴防护手套，不可与皮肤接触。若滴在手上应立即用 2% $Na_2S_2O_3$ 溶液或酒精洗去，然后涂上甘油。

2. 硫酸都有很强的腐蚀性，使用时应特别小心。若不慎滴到手上，应立即用大量的水冲洗，再用 5% $NaHCO_3$ 溶液洗涤后，涂上软膏。

3. 水与碳化钙反应非常剧烈，用饱和食盐水可有效地减缓反应，平稳地产生乙炔气流；干燥的金属炔化物易爆炸，实验完毕，立即用稀硝酸销毁金属炔化物，不得随便丢弃。

六、实训思考

1. 制取乙炔时为什么用饱和食盐水来代替水与电石反应？
2. 金属炔化物有什么特性？实验后应如何处理？

（钟 嫄）

第四章 芳香烃

第四章
芳香烃
（课件）

学习目标

1. **掌握** 芳香烃的分类,苯的结构,单环芳烃的命名和理化性质。
2. **熟悉** 苯环亲电取代反应的定位规则。
3. **了解** 稠环芳烃结构和化学性质。

导学情景

情景描述：

　　芳香族化合物是有机化学工业最基本的原料,如苯、甲苯、二甲苯等,广泛用于医药、材料等领域。在有机化学发展的初期,从植物中提取到一些具有芳香气味的物质,并发现它们大多含有苯环结构,因此将这类化合物称为芳香族化合物。大多数芳香族化合物并没有香味,只是"芳香"两字沿用至今。

学前导语：

　　芳环在生物活性分子中普遍存在,其中苯环最为普遍,在市售小分子药物结构中出现的比例较高。本章我们将主要学习苯型芳香烃的分类、结构、命名和理化性质。

　　芳香烃分为苯型芳香烃和非苯型芳香烃。含有苯环结构的称为苯型芳香烃,不含苯环结构但化学性质与苯相似的环状烃称为非苯型芳香烃。

　　根据分子中苯环的数量和连接方式的不同,苯型芳香烃又可分为单环芳烃、多环芳烃和稠环芳烃。

　　单环芳烃是分子中只含有 1 个苯环的芳烃。例如:

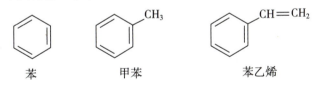

苯　　　　　　　甲苯　　　　　　　苯乙烯

　　多环芳烃是分子中含有 2 个或 2 个以上独立苯环的芳烃。例如:

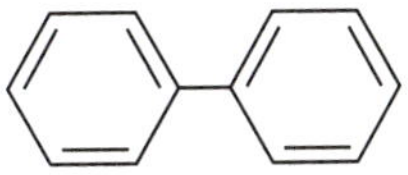

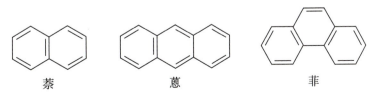

联苯 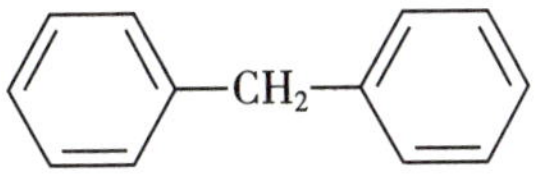　　　　　　　　二苯甲烷

　　稠环芳烃是分子中含有 2 个或 2 个以上苯环,苯环之间共用相邻 2 个碳原子互相结合的芳烃。

萘　　　　　　　　　蒽　　　　　　　　　　菲

第一节 单环芳烃

一、苯的结构

苯是最简单的芳香烃，由碳、氢两种元素组成，其分子式为 C_6H_6。苯分子中碳与氢的比例为 $1:1$，应该是一个高度不饱和的化合物，具有不饱和性的性质。然而苯却是一个比较稳定的化合物，不易与卤素发生加成反应，也很难被高锰酸钾溶液氧化。苯在一定条件下可以与卤素发生取代反应，苯的一元取代物只有一种结构；邻二取代物也只有一种结构。这说明苯一定具有某种特殊的分子结构。

现代杂化轨道理论认为，苯环中的每个碳原子均采取 sp^2 杂化。每个碳原子的 3 个 sp^2 杂化轨道分别与 2 个相邻碳原子的 sp^2 杂化轨道和氢原子的 s 轨道 "头碰头" 正面重叠，形成 2 个 C—C σ 键和 1 个 C—H σ 键，这样 6 个碳原子形成一个对称的正六边形结构，分子中所有的原子都在同一平面上。此外，每个碳原子未参与杂化的 1 个 p 轨道的对称轴均垂直于正六边形平面，6 个 p 轨道彼此相互平行，"肩并肩" 侧面重叠形成 1 个闭合的环状大 π 键，π 电子云对称而均匀地分布在整个正六边形平面的上下，形成闭合的环状共轭（π-π）体系，如图 4-1 所示。在这个共轭体系中，π 电子高度离域，使电子云密度完全平均化，体系内能降低，因而苯分子很稳定。

苯分子的结构

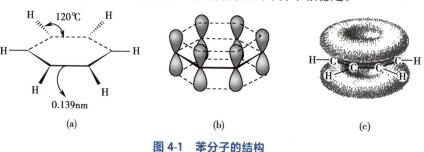

图 4-1　苯分子的结构
注：(a) 键长及键角；(b) 共轭大 π 键的形成；(c) 大 π 键的电子云。

在书写时，一般用 （凯库勒式）表示苯的结构。

知识链接

苯的凯库勒式

1865 年，为了解释苯的性质，德国化学家凯库勒（F. A. Kekulé）提出苯是含有交替单、双键的六碳原子环状化合物。他认为苯实际以两种结构存在，这两种结构的区别仅在于环中单键和双键的排列方式不同，而这两种不同的排列方式在围绕环不断地振荡。凯库勒用这种单键和双键快速振荡的概念来解释苯不能发生加成反应。

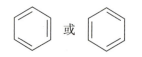
苯的两种共振结构的凯库勒式

二、单环芳烃的命名

1. 一元取代苯 以苯为母体，烷基作为取代基，称为“某基苯”，“基”字常省略。例如：

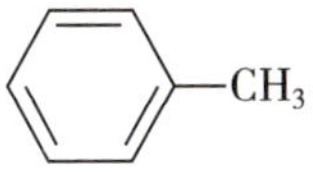

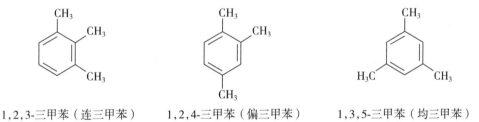

甲苯

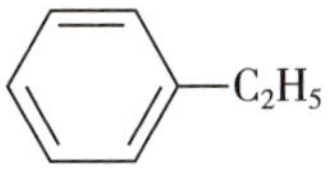

乙苯

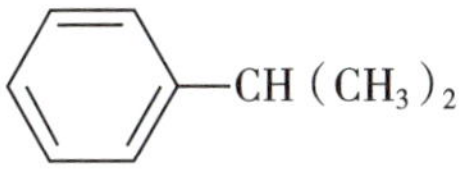

异丙苯

2. 二元取代苯 由于2个取代基的相对位置不同，可产生3种位置异构体。命名时，2个取代基的相对位置可用数字表示，也可用邻或 *o*-(*ortho*-)、间或 *m*-(*meta*-)、对或 *p*-(*para*-) 等词头表示。例如：

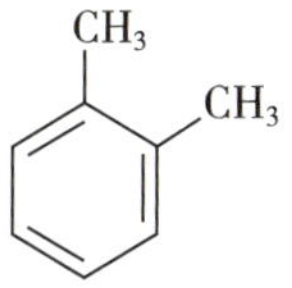

1,2-二甲苯（邻二甲苯）（*o*-二甲苯）

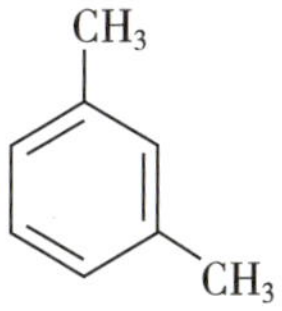

1,3-二甲苯（间二甲苯）（*m*-二甲苯）

1,4-二甲苯（对二甲苯）（*p*-二甲苯）

3. 三元取代苯 根据取代基的相对位置，常用数字编号来区别，如取代基相同，则常用连、偏、均等词头来表示。例如：

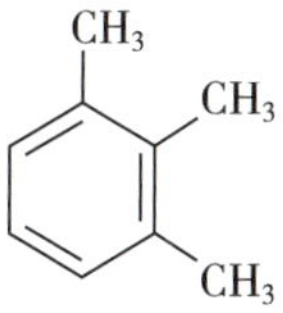

1,2,3-三甲苯（连三甲苯）

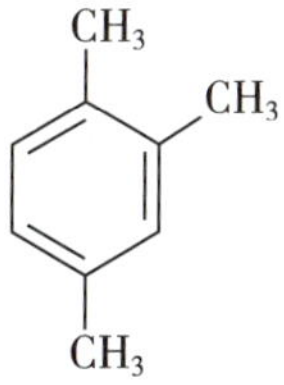

1,2,4-三甲苯（偏三甲苯）

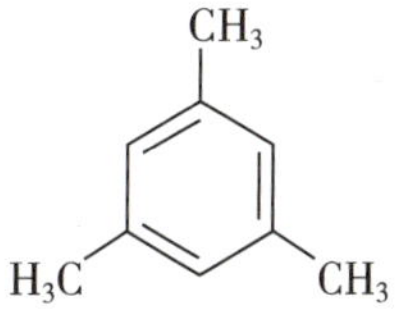

1,3,5-三甲苯（均三甲苯）

4. 当苯环上连有不同的烷基时，其中有一个为甲基，将以甲苯为母体，其他烷基的名称排列按基团优先顺序原则命名。例如：

4-乙基甲苯

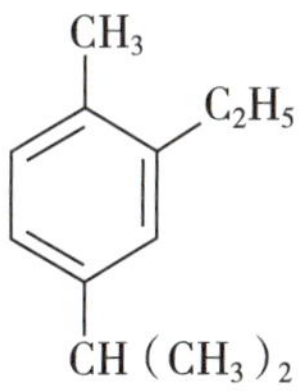

2-乙基-4-异丙基甲苯

5. 当苯环上连有不饱和烃基时，以不饱和烃基作为母体，将苯基作为取代基命名。例如：

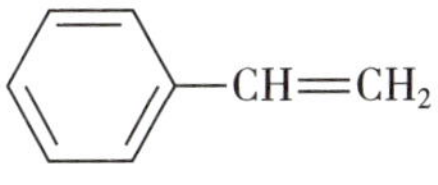

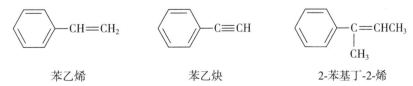

苯乙烯

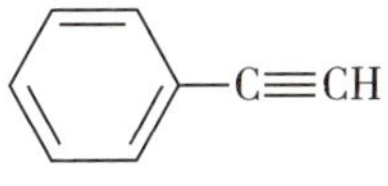

苯乙炔

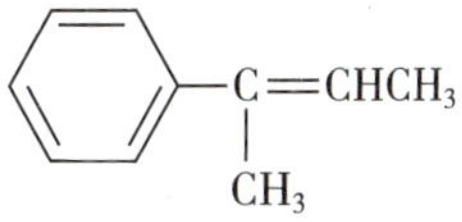

2-苯基丁-2-烯

6. 当分子含有较复杂的烃基或 1 个以上苯环的化合物,则以烃为母体来命名。例如:

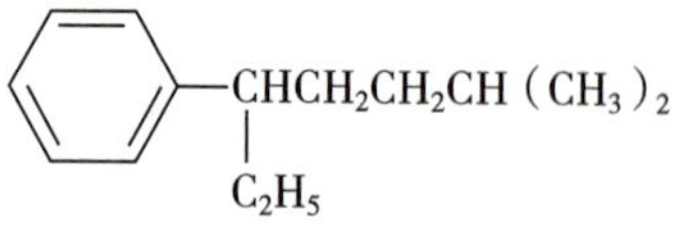

2-甲基-5-苯基庚烷 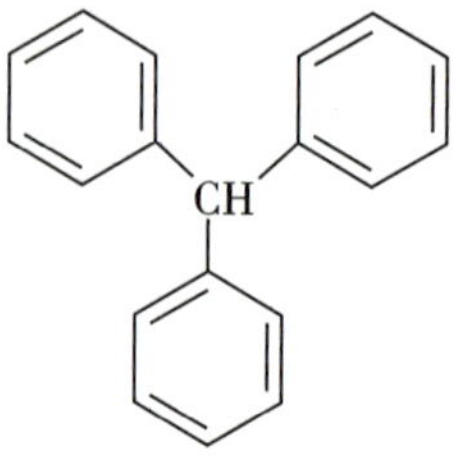   三苯甲烷

7. 芳基的命名   芳烃分子中去掉 1 个氢原子后,剩下的基团称为芳基,可用 Ar—表示。苯去掉 1 个氢原子后剩下的基团 C_6H_5—称为苯基,也可用 Ph—表示。

甲苯分子中苯环上去掉 1 个氢原子后得到的基团称为甲苯基,甲苯的甲基上去掉 1 个氢原子后得到的基团称为苯甲基,又称苄基,可用 Bn—表示。例如:

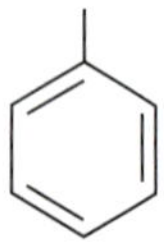

苯基 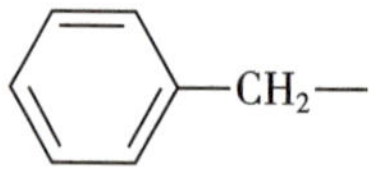   苯甲基(苄基) 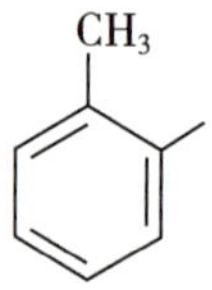   邻甲苯基 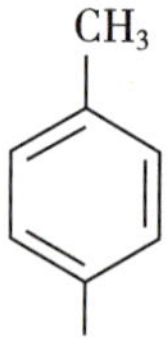   对甲苯基

三、苯及其他单环芳烃的性质

单环芳烃一般为液体,具有特殊的气味,能与醇、醚、丙酮和四氯化碳互溶,微溶或不溶于水。苯具有易挥发、易燃的特点,其蒸气有爆炸性。经常接触苯,皮肤可因脱脂而变得干燥、脱屑,有的出现过敏性湿疹。长期吸入苯能导致再生障碍性贫血。

在苯的同系物中每增加 1 个—CH_2—,沸点增加 20~30℃,含相同碳原子数的异构体沸点相差不大。分子的熔点除与分子量有关外,受分子结构的影响也较大。对称性较好的分子熔点较高,如苯的对称性非常好,它的熔点为 5.5℃;甲苯的对称性较差,它的熔点为 -95℃,比苯低近 100℃。

> **案例分析**
>
> **案例:**身体健康的 18 岁女工小李在一家私营家具厂打工,3 个多月后,逐渐出现头晕、乏力、牙龈出血、高烧不退等症状,虽经送医抢救,仍未能挽回年轻的生命。
>
> **分析:**经医院分析确诊,小李死于重度苯中毒。由于工作环境简陋,又无有效的防护措施,小李每天需长时间直接接触家具胶黏剂,胶黏剂中的苯成为杀死小李的隐形杀手。苯是一种具有特殊芳香气味的无色透明液体,易挥发,易燃,蒸气有爆炸性,短期内吸入较高浓度的苯蒸气会引起急性中毒,甚至危及生命。

单环芳烃的化学性质主要发生在苯环及其附近。主要涉及 C—H 键断裂的取代反应,以及苯环侧链上 α-H 的活性引发的氧化反应、取代反应等。主要表现如下:

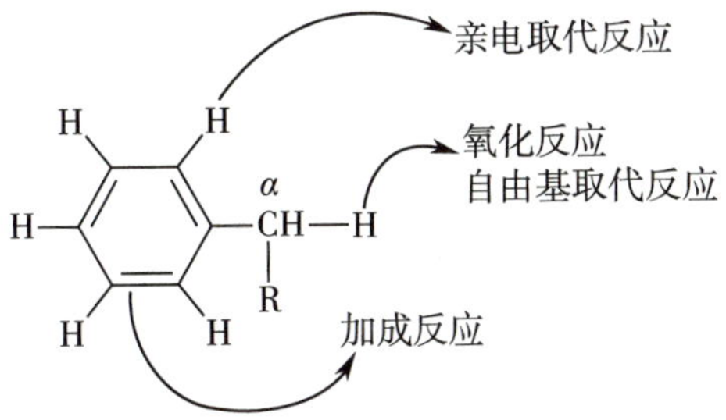

亲电取代反应

氧化反应
自由基取代反应

加成反应

(一) 取代反应

1. 卤代反应   在 FeX_3 或 Fe 粉的催化作用下,苯环上的氢原子被卤素(氯或溴)取代,生成卤苯。例如:

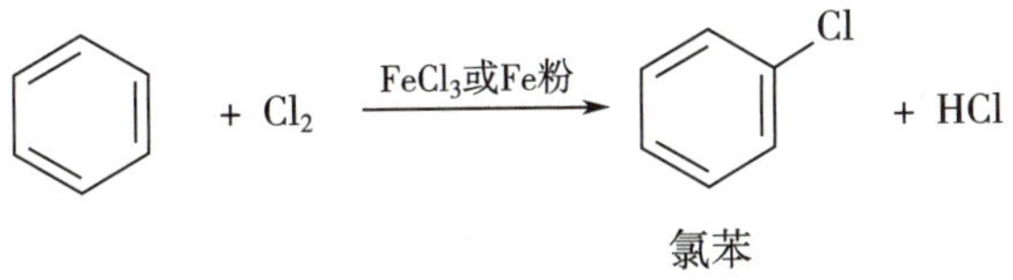

氯苯

氟代反应非常剧烈,不易控制;碘代反应不完全且速度太慢,所以此反应多用于制备氯苯和溴苯。烷基苯的卤代反应比苯容易,主要生成邻位和对位产物。例如:

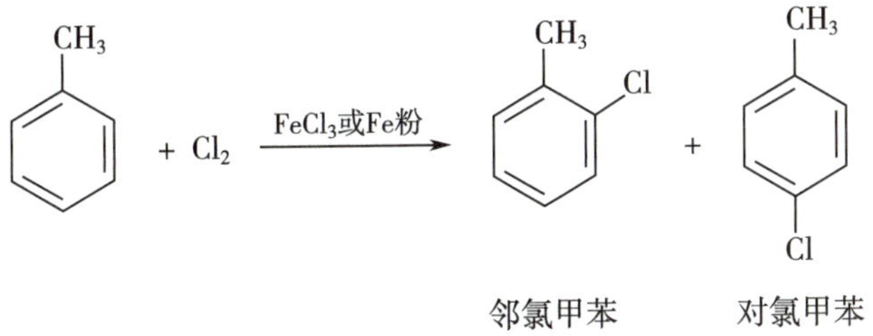

邻氯甲苯   对氯甲苯

> **知识链接**
>
> ### 不同条件下卤原子取代烷基苯氢原子位置
>
> 烷基苯在不同的条件下,卤原子取代氢原子的位置不同,在光照或加热的条件下,卤原子易取代苯环侧链 α- 碳上的氢原子。例如:
>
>
> 氯化苄
>
>
> 1-苯-1-溴乙烷(100%)

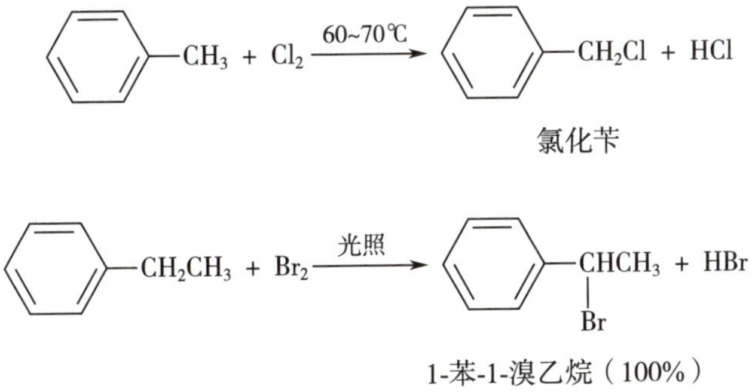

2. 硝化反应   浓硝酸和浓硫酸的混合物(称为混酸)与苯共热,苯环上的氢原子被硝基(—NO_2)取代,生成硝基苯。例如:

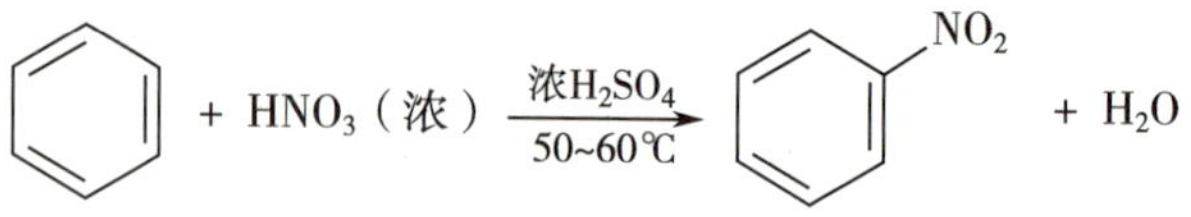

硝基苯

在增加硝酸浓度及提高反应温度的条件下，硝基苯进一步硝化，主要生成间二硝基苯。

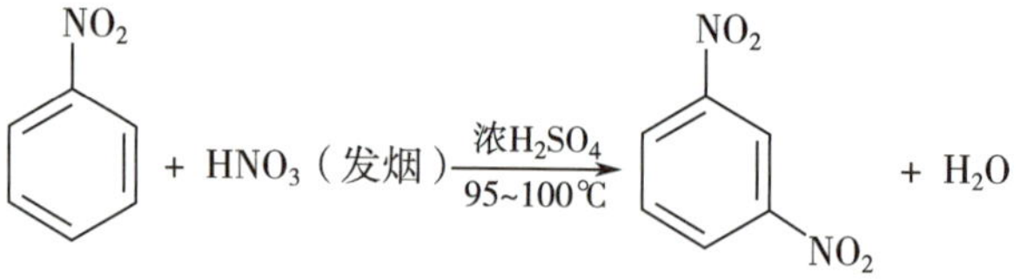

间二硝基苯

烷基苯的硝化比苯容易，主要生成邻位和对位产物。例如：

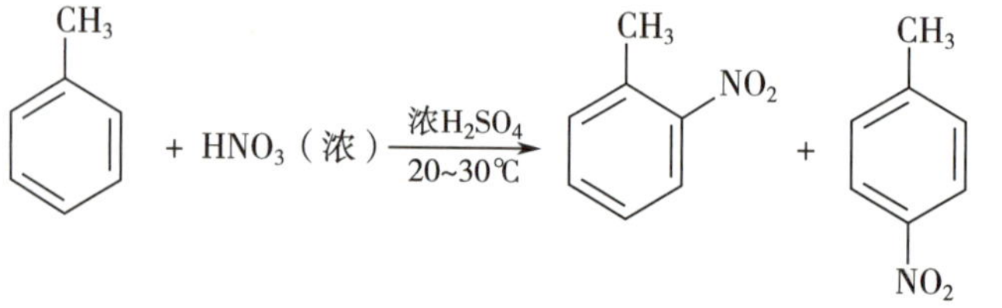

邻硝基甲苯　　对硝基甲苯

知识链接

硝基苯的毒性

硝基苯又名密斑油、苦杏仁油，为无色或微黄色具苦杏仁味的油状液体，密度比水大，难溶于水，易溶于乙醇、乙醚、苯等。毒性较强，当人体吸入大量硝基苯蒸气后，由于硝基苯的氧化作用，使血红蛋白变成高铁血红蛋白，大大阻止了血红蛋白输送氧的作用，从而引发中毒。临床研究表明，高铁血红蛋白达10%~15% 时，患者的黏膜和皮肤开始出现发绀；达 30% 以上时，头晕、耳鸣、手指麻木、全身无力等症状相继出现；升至 50%~70% 时，出现胸闷、恶心、心律失常甚至昏迷。经及时抢救，一般可在 24 小时内意识恢复，脉搏和呼吸逐渐好转，但头昏、头痛等可持续数天。

3. 磺化反应　苯与浓硫酸或发烟硫酸反应，苯环上的氢原子被磺酸基（$—SO_3H$）取代生成苯磺酸，此反应称为磺化反应。磺化反应的试剂一般是 SO_3。发烟硫酸是 SO_3 和硫酸的混合物。例如：

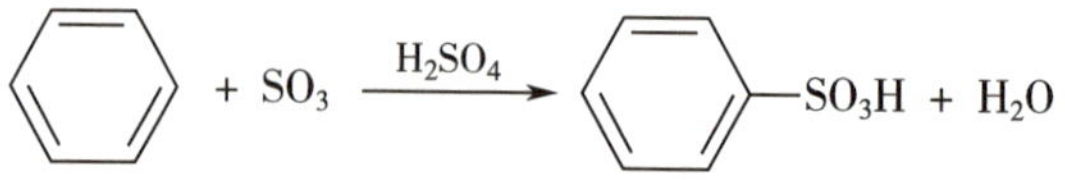

苯磺酸在较剧烈的条件下可进一步反应，主要得间位产物。磺化反应是可逆反应。苯磺酸遇过热水蒸气可以发生水解，生成苯和稀硫酸。

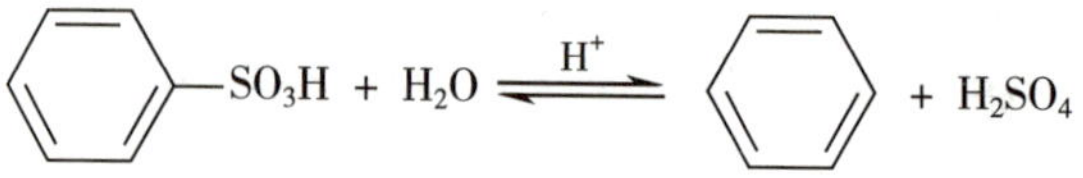

在有机合成中,常利用磺化反应的可逆性,将磺酸基作为临时占位基团,以得到所需的产物。

4. 傅 - 克(Friedel-Crafts)烷基化反应 卤代烷在无水 $AlCl_3$、$SnCl_4$ 等催化剂作用下与苯反应,苯环上的氢原子被烷基取代生成烷基苯,此反应称为傅 - 克烷基化反应。例如:

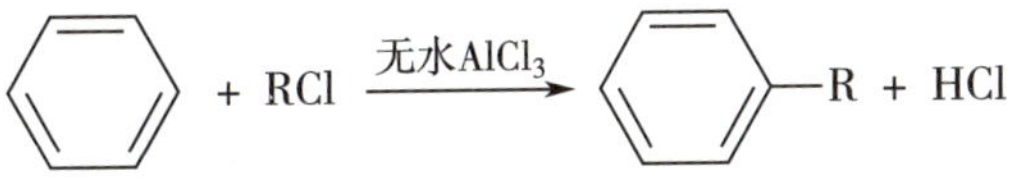

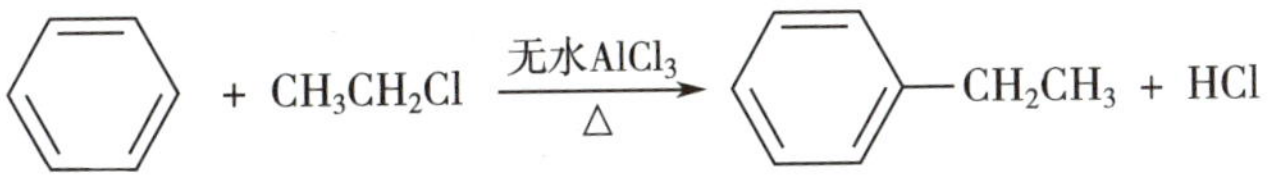

若烷基化试剂含有 3 个或 3 个以上碳原子,反应中常发生烷基的异构化。例如 1- 溴丙烷与苯反应的主要产物是异丙苯。

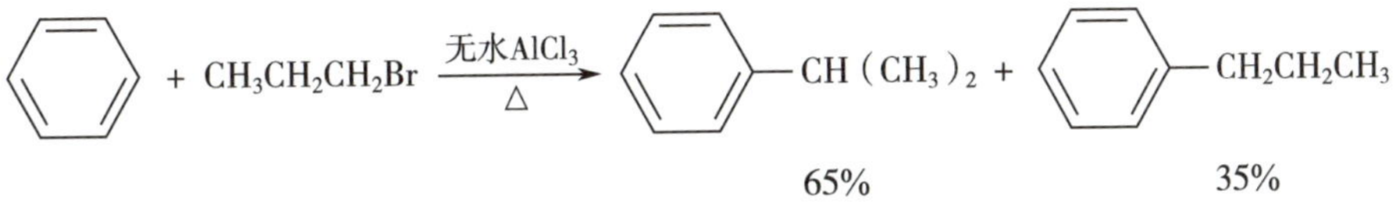

在傅 - 克烷基化反应中,卤代烷、烯烃和醇是常用的烷基化试剂。在工业上采用易得的醇和烯代替价格较昂贵的卤代烷制备烷基苯。

(二)加成反应

与烯烃相比,苯不易发生加成反应。但在高温、高压等特殊条件下也能与氢气、氯气等物质加成,分别生成环己烷、六氯环己烷等。例如:

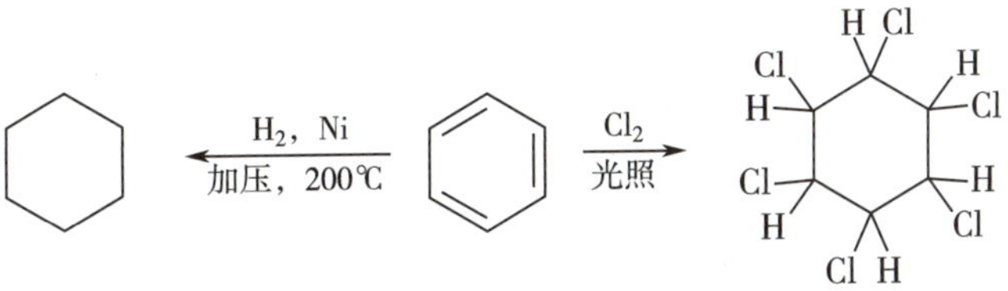

六氯环己烷

六氯环己烷俗称"六六六",曾是一种杀虫剂,由于不易分解、残存毒性大、污染环境,现已禁用。

课 堂 活 动

在 2 支试管中各加入 1ml 苯,其中 1 支试管中加入少量的铁粉和溴的 CCl_4 溶液,另 1 支试管中加入 2 滴 $KMnO_4$ 溶液和稀 H_2SO_4 溶液,振摇后发现,加入溴的试管中红棕色褪去,而后者却无变化,请试着解释其中的原因。

(三)氧化反应

苯不易被氧化,但甲苯等烷基苯在氧化剂如酸性高锰酸钾或重铬酸钾溶液等作用下,苯环上含 α-H 的侧链能被氧化。一般不论碳链长短,最终都保留 1 个碳原子,氧化成苯甲酸。例如:

$$\text{C}_6\text{H}_5-\text{CH}_3 \xrightarrow[\text{H}^+]{\text{KMnO}_4} \text{C}_6\text{H}_5-\text{COOH}$$

$$\text{C}_6\text{H}_5-\text{CH(CH}_3)_2 \xrightarrow[\text{H}^+]{\text{KMnO}_4} \text{C}_6\text{H}_5-\text{COOH}$$

苯甲酸

如果苯环上有 2 个含 α-H 的烷基，则被氧化成二元羧酸。例如：

$$\text{H}_3\text{C}-\text{C}_6\text{H}_4-\text{CH(CH}_3)_2 \xrightarrow[\text{H}^+]{\text{KMnO}_4} \text{HOOC}-\text{C}_6\text{H}_4-\text{COOH}$$

对苯二甲酸

$$\text{H}_3\text{C}-\text{C}_6\text{H}_4-\text{C(CH}_3)_3 \xrightarrow[\text{H}^+]{\text{KMnO}_4} \text{HOOC}-\text{C}_6\text{H}_4-\text{C(CH}_3)_3$$

4-叔丁基苯甲酸

若烷基上无 α-H，一般不能被氧化，可利用此类反应鉴别含 α-H 的烷基苯。由于是 1 个含 α-H 的侧链氧化成 1 个羧基，因此通过分析氧化产物中羧基的数目和相对位置，可以推测出原化合物中烷基的数目和相对位置。

四、苯环上取代基的定位规则及其应用

（一）定位规则

当苯环上引入第 1 个取代基时，由于苯环上 6 个氢原子所处的地位相同，所以苯的一元取代产物不产生异构体。苯环上有 1 个取代基之后，再引入第 2 个取代基时，从理论上讲它可能有 3 种位置。

邻位　　　　　间位　　　　　对位

若新取代基进入 5 个位置（2 个邻位、2 个间位、1 个对位）的概率相同，在二元取代物中邻位、对位和间位异构体分别占 40%、20% 和 40%。但实际情况并非如此，如硝基苯的硝化得到 93% 以上的间位产物，而苯酚的硝化则得到几乎 100% 的邻、对位产物，可见在苯环的取代反应中，第 2 个取代基进入的位置取决于原有的取代基，故称原有的取代基为定位基。定位基的这种影响称为定位效应。

根据定位效应的不同，定位基分为邻、对位定位基和间位定位基两类。

1. 邻、对位定位基　又称第一类定位基。该类定位基能使第 2 个取代基进入其邻位和对位。除卤素原子外，邻、对位定位基都能使苯环活化，取代反应比苯容易进行。如甲苯的氯代，主要生成邻氯甲苯和对氯甲苯两种产物。邻、对位定位基的结构特征是与苯环相连的原子均以单键与其原子相连，且大多带有孤对电子或负电荷。常见的邻、对位定位基（按强弱次序排列）：

$$—NR_2 > —NHR > —NH_2 > —OH > —OR > —NHCOR > —OCOR > —R > —Ar > —X$$

2. 间位定位基　又称第二类定位基。该类定位基可使第 2 个取代基进入它的间位，主要生成间二取代苯。间位定位基能使苯环钝化，取代反应比苯困难。如硝基苯继续硝化要求更高的反应条件，主要生成间二硝基苯。间位定位基的结构特征是与苯环相连的原子带正电荷或是极性不饱和基团。常见的间位定位基（按强弱次序排列）：

$$—N^+R_3 > —NO_2 > —CN > —SO_3H > —CHO > —COR > —COOH$$

（二）定位规则的理论解释

ER 4-3

苯邻、对位
和间位定位
基具有定位
效应的原因

苯环是一个闭合的共轭体系，未取代的苯环上 6 个碳原子的 π 电子云分布是均等的。当苯环上导入第 1 个取代基时，苯环上的 π 电子云密度分布发生了改变。不同的取代基影响也不一样，有的能使苯环上的电子云密度增加，如邻、对位定位基；有的能使苯环上的电子云密度降低，如间位定位基。定位基对苯环的影响通过电子效应（诱导效应和共轭效应）和立体效应来实现。

1. 邻、对位定位基的影响

（1）甲基（$—CH_3$）：烷基如 $—CH_3$ 是给电子基，通过给电子诱导效应使苯环上的电子云密度增大，使苯环发生取代反应的活性增大。而且诱导效应沿共轭体系较多地传递给甲基的邻、对位，使其电子云密度较间位大，所以主要生成邻、对位产物。

（2）羟基（$—OH$）：$—OH$ 是吸电子基，通过诱导效应使苯环上的电子云密度降低。同时羟基氧原子 p 轨道上的孤对电子与苯环形成 p-π 共轭，具有给电子效应。两者互相矛盾，但共轭效应起主导作用，所以总的结果是使苯环上的电子云密度增加，并且邻、对位碳原子上的电子云密度增加较多，使苯酚的取代反应比苯容易，生成邻、对位产物。$—OR$、$—NH_2$ 的情况与 $—OH$ 类似。

（3）卤素：卤素是强吸电子基。当卤素与苯环相连时，存在较强的吸电子诱导效应，同时卤素原子上的未共用电子对与苯环形成 p-π 共轭，具有给电子效应。但与 $—OH$、$—OR$、$—NH_2$ 等基团不同的是，卤素的诱导效应大于其共轭效应，使苯环上的电子云密度降低，苯环发生取代反应的活性降低。而共轭效应又会使其邻位和对位的电子云密度比其间位大，所以卤素也是邻、对位定位基。因此，卤苯的取代反应比苯困难。

2. 间位定位基的影响　硝基（$—NO_2$）是吸电子基。当硝基连接在苯环上时，通过吸电子诱导效应和吸电子共轭效应使苯环上的电子云密度降低，且邻、对位电子云密度降低更多，苯环发生取代反应的活性降低，因此取代反应主要发生在电子云密度相对较大的间位，所以硝基苯的取代反应比苯困难。$—CN$、$—SO_3H$、$—COOH$ 等的情况与硝基类似。

（三）定位规则的应用

定位规则对预测芳香化合物取代反应的主要产物和选择设计合理的反应路线合成苯的衍生物具有重要的指导作用。例如：

1. 由 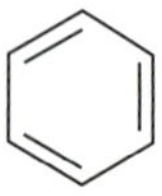 制备  和

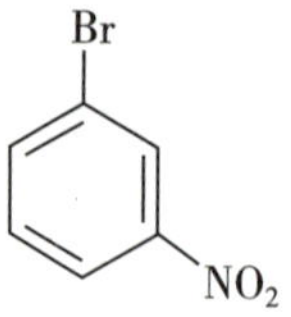

对硝基溴苯的合成路线应是先溴代后硝化，然后将邻硝基溴苯和对硝基溴苯分离、精制，得到目标产物。

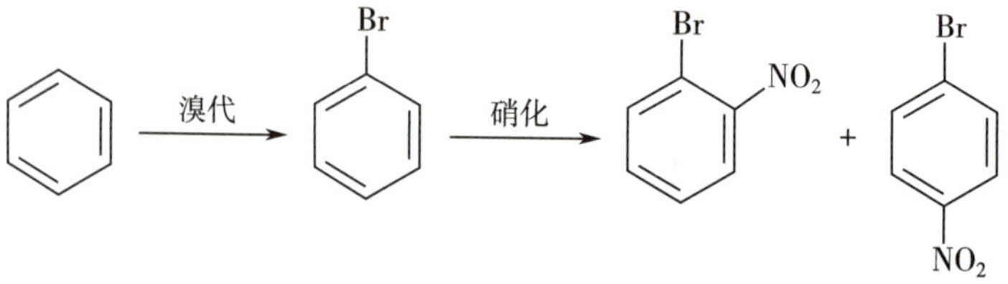

间硝基溴苯的合成路线应是先硝化再溴代。

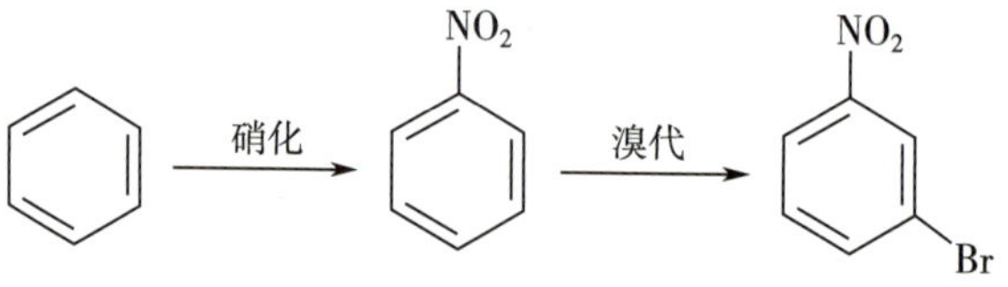

2. 由 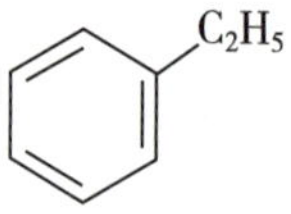 制备

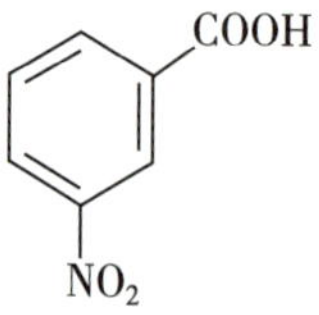

合成路线是乙苯先氧化再硝化。

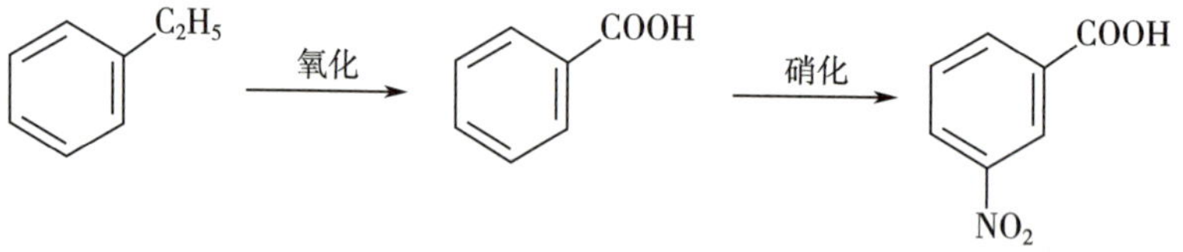

课 堂 活 动

定位规则对设计和合成具有多取代的苯的衍生物，以较高的收率得到目标产物具有重要意义。请同学们试着以苯为原料设计合成下面 2 种化合物的最佳路线。

(1) 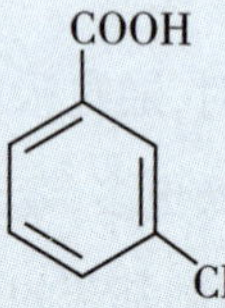 　　　(2)

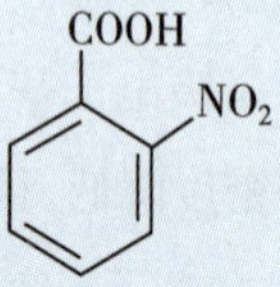

第二节　稠环芳烃

稠环芳烃是指含有 2 个或 2 个以上苯环,彼此通过共用 2 个相邻碳原子稠合而成的芳香烃。

稠环芳烃中比较重要的是萘、蒽和菲,它们是合成染料、药物的重要原料。萘和其他稠环芳烃主要是从煤焦油中提取获得的。

一、萘、蒽和菲

(一)萘

1. 萘衍生物的异构和命名　萘的分子式为 $C_{10}H_8$,是由 2 个苯环共用 1 对邻位碳原子稠合而成的。萘环碳原子的编号如下所示,其中 1-、4-、5- 和 8- 位是等同的,又称为 α- 位;2-、3-、6- 和 7- 位是等同的,又称为 β- 位。共用的 1 对碳原子上没有氢原子,不会发生取代反应,无须标明位置,故一元取代萘衍生物有 2 个位置异构体: α- 取代物和 β- 取代物。

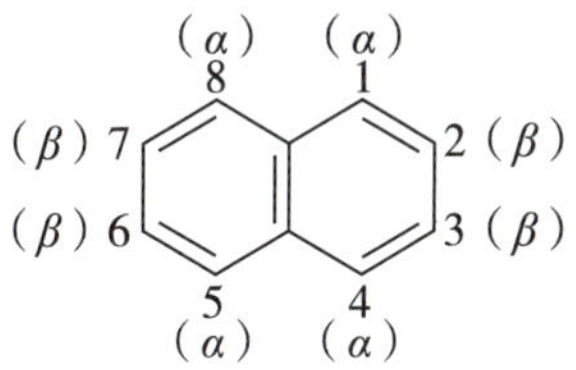

$$
\begin{array}{c}
(\alpha) \quad (\alpha) \\
8 \quad 1 \\
(\beta)\,7 \quad \quad 2\,(\beta) \\
(\beta)\,6 \quad \quad 3\,(\beta) \\
5 \quad 4 \\
(\alpha) \quad (\alpha)
\end{array}
$$

命名时可以用阿拉伯数字标明取代基的位置,也可以用希腊字母标明取代基的位置。例如:

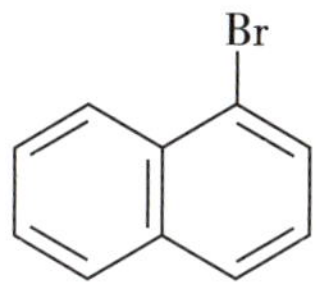

1-溴萘(α-溴萘) 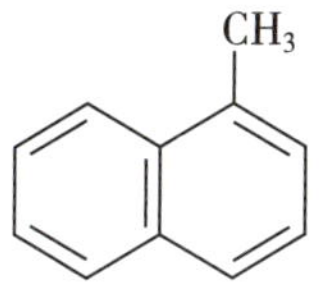　　　　1-甲基萘(α-甲基萘) 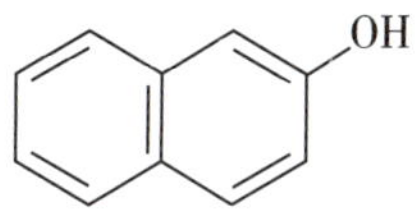　　　　2-萘酚(β-萘酚)

由于萘是由 2 个苯环稠合而成的,因此成键的方式也与苯类似,萘分子中的每个碳原子均为 sp^2 杂化,有由 p 轨道组成的平面环状大 π 键[图 4-2(a)]。X 射线衍射显示,萘中的碳碳键长不完

全相同 [图4-2(b)], 因此萘的碳碳键长和电子云密度平均化不如苯, 萘的 α- 位的电子云密度要比 β- 位的电子云密度大, 它的稳定性也比苯差。

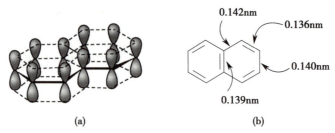

图4-2 萘分子的结构

注:(a)萘的大 π 键;(b)碳碳键长。

2. 萘的性质 萘为白色片状结晶, 有特殊气味, 熔点为 80.3℃, 沸点为 218℃, 易升华, 不溶于水, 易溶于热乙醇等有机溶剂, 是重要的化工原料。萘的主要用途是生产邻苯二甲酸酐。

萘具有芳香烃的一般特性, 其性质比苯活泼, 取代反应、加成反应及氧化反应都比苯容易进行。

(1)取代反应:萘能发生卤代、硝化、磺化和傅-克烷基化等一系列反应, 主要得到 α- 位产物。例如:

$$\xrightarrow[\text{回流}]{Br_2, CCl_4} \quad \text{(Br)} \quad \alpha\text{-溴萘(72\%~75\%)}$$

$$\xrightarrow[30\sim60℃]{HNO_3, H_2SO_4} \quad \text{(NO}_2\text{)} \quad \alpha\text{-硝基萘(95\%)}$$

$$\xrightarrow[80℃]{H_2SO_4} \quad \text{(SO}_3\text{H)} \quad \alpha\text{-萘磺酸(96\%)}$$

$$\xrightarrow{160℃}$$

$$\xrightarrow[165℃]{H_2SO_4} \quad \text{(SO}_3\text{H)} \quad \beta\text{-萘磺酸(85\%)}$$

由于磺酸基的体积较大, α- 位的取代反应具有较大的空间位阻, 所以低温反应时产物为 α- 萘磺酸, 高温时主要产物为 β- 萘磺酸。

(2)加成反应:萘比苯容易发生加成反应, 在一定条件下, 能与 Cl_2、H_2 等反应。例如:

$$\xleftarrow[\text{加热}]{H_2, Ni} \quad \xrightarrow[\text{加热, 加压}]{H_2, Pt}$$

1,2,3,4-四氢萘   十氢萘

(3)氧化反应:萘比苯易被氧化, 在下列条件下, 萘可被氧化成邻苯二甲酸酐。这是萘的主要用

途,是工业生产邻苯二甲酸酐的方法之一。

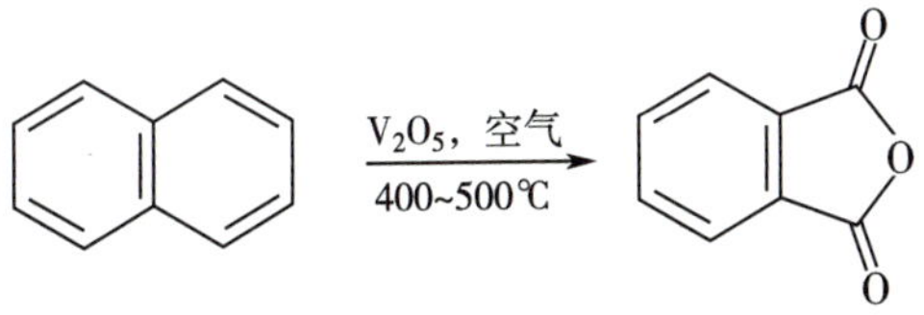

$$\text{（萘）} \xrightarrow[\text{400~500℃}]{V_2O_5,\ \text{空气}} \text{（邻苯二甲酸酐）}$$

邻苯二甲酸酐

ER 4-5

课堂活动
解析

课 堂 活 动

苯和萘都是平面型分子,你知道萘的取代、加成和氧化反应均比苯容易的原因吗?

(二) 蒽和菲

蒽和菲的分子式都为 $C_{14}H_{10}$,由 3 个苯环稠合而成,两者互为同分异构体。它们的结构与萘相似,分子中所有原子都在同一平面上,存在共轭大 π 键,且碳碳键的键长和电子云密度同样不能完全平均化。它们的结构式及碳原子编号如下:

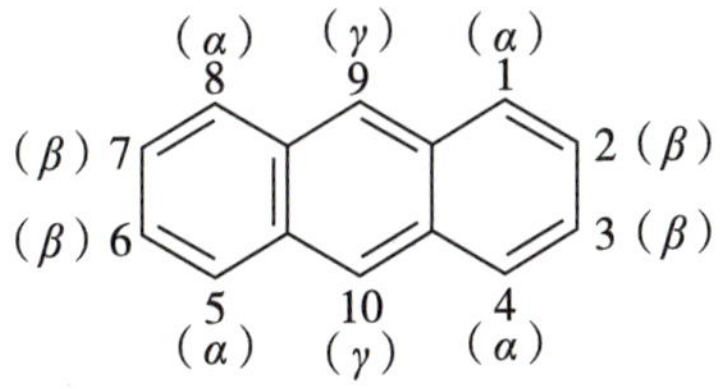

蒽 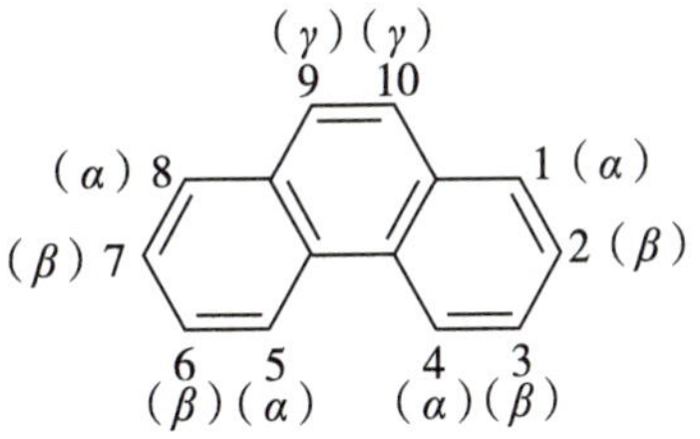   菲

蒽和菲存在于煤焦油中,蒽为具有淡蓝色荧光的片状结晶,熔点为 216℃,沸点为 342℃,不溶于水,难溶于乙醇和乙醚,易溶于热苯。菲是略带荧光的无色片状结晶,熔点为 100℃,沸点为 340℃,不溶于水,易溶于乙醚和苯中。两者的芳香性比苯及萘都差,容易发生氧化、加成及取代反应。蒽和菲的 9,10- 位最活泼,易氧化成醌,蒽醌的衍生物是某些天然药物的重要成分。也可与卤素反应,所得的产物均仍保持 2 个完整的苯环。例如:

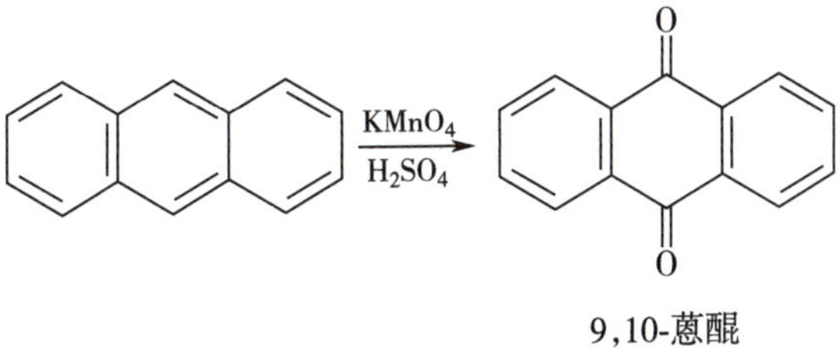

$$\text{（蒽）} \xrightarrow[\text{H}_2\text{SO}_4]{KMnO_4} \text{（9,10-蒽醌）}$$

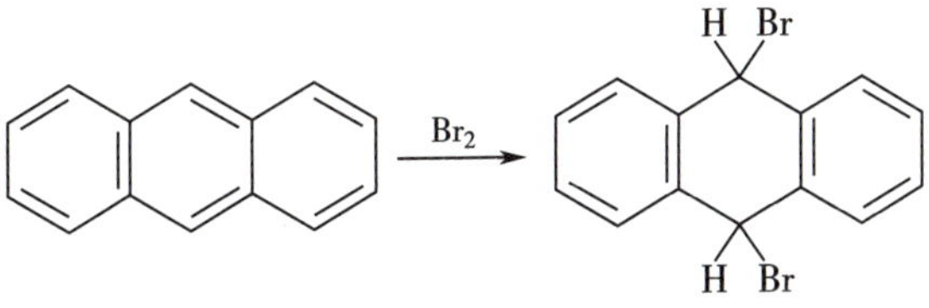

9,10-蒽醌

$$\text{（蒽）} \xrightarrow{Br_2} \text{（9,10-二溴-9,10-二氢蒽）}$$

9,10-二溴-9,10-二氢蒽

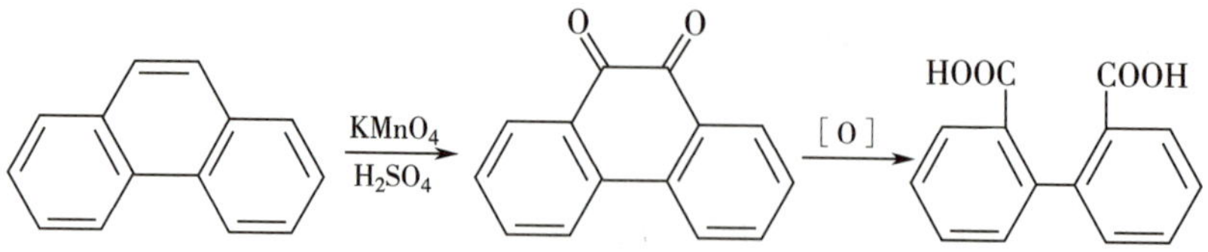

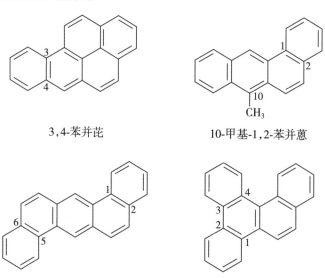

9,10-菲醌　　2,2′-联苯二甲酸

二、致癌芳烃

致癌芳烃主要是稠环芳烃及其衍生物。3 个苯环稠合的稠环芳烃（蒽、菲）本身不致癌，若分子中某些碳上连有甲基时就有致癌性。4 环和 5 环的稠环芳烃和它们的部分甲基衍生物有致癌性，6 环的稠环芳烃部分有致癌性，其中 3,4- 苯并芘是一种强致癌物，煤的燃烧、干馏以及有机物的燃烧、焦化等都可以产生此致癌物质。目前已知，其致癌作用是由于代谢产物能够与 DNA 结合，从而导致 DNA 突变，增加致癌的可能性。

3,4-苯并芘

10-甲基-1,2-苯并蒽

1,2,5,6-二苯并蒽

1,2,3,4-二苯并菲

知识链接

烧烤食品——您身边的“隐形杀手”

每到夏季，“露天烧烤”就会悄悄火起来。殊不知，在这些露天烧烤的食品中，藏匿着许多食品卫生安全隐患。有关专家分析，由于肉直接在高温下进行烧烤，被分解的脂肪滴在炭火上，再与肉中的蛋白质结合，就会产生一种叫苯并芘的致癌物质。人们如果经常食用被苯并芘污染的烧烤食品，致癌物质会在体内蓄积，有诱发胃癌、肠癌的风险。因此，专家提醒，烧烤食品应少吃，莫用口福换健康。

点滴积累

稠环芳烃的化学性质比苯要活泼，如萘不仅可以发生取代反应，还易发生加成和氧化反应。

复习导图

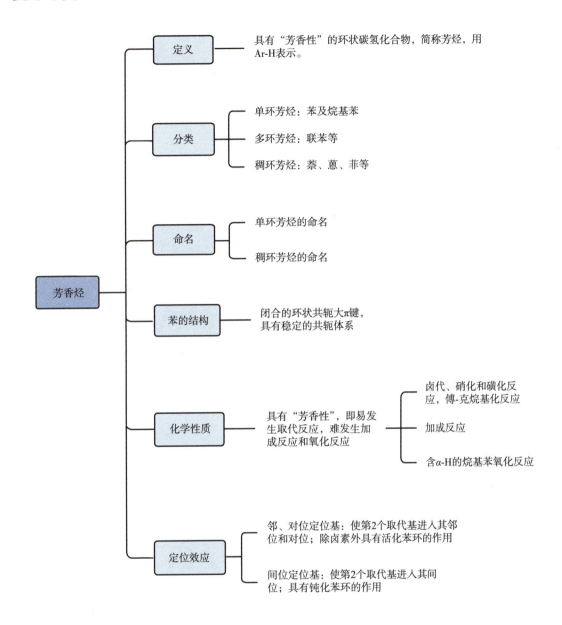

芳香烃
- **定义**　具有"芳香性"的环状碳氢化合物，简称芳烃，用Ar-H表示。
- **分类**
  - 单环芳烃：苯及烷基苯
  - 多环芳烃：联苯等
  - 稠环芳烃：萘、蒽、菲等
- **命名**
  - 单环芳烃的命名
  - 稠环芳烃的命名
- **苯的结构**　闭合的环状共轭大π键，具有稳定的共轭体系
- **化学性质**　具有"芳香性"，即易发生取代反应，难发生加成反应和氧化反应
  - 卤代、硝化和磺化反应，傅-克烷基化反应
  - 加成反应
  - 含α-H的烷基苯氧化反应
- **定位效应**
  - 邻、对位定位基：使第2个取代基进入其邻位和对位；除卤素外具有活化苯环的作用
  - 间位定位基：使第2个取代基进入其间位；具有钝化苯环的作用

目标检测

一、命名或写出下列化合物的结构式

1. 间甲异丙苯
2. 2-苯基丁-2-烯
3. 对溴苄基氯
4. 溴苯
5. β-萘磺酸
6. 间硝基乙苯

7.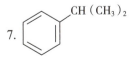

8.

9. $\underset{}{\overset{H_2C=\overset{\textstyle|}{C}-CH_3}{\bigbenzene}}$

10. $\underset{}{\overset{}{\naphthalene\text{-}NO_2}}$

二、写出下列反应的主要产物

1. $\underset{}{\overset{CH_2CH_3}{\bigbenzene}}$ + Cl_2 $\xrightarrow{FeCl_3或Fe粉}$ $\xrightarrow[\text{光照}]{Cl_2}$

2. $\bigbenzene$ + $\cyclohexyl\text{-}Cl$ $\xrightarrow[\triangle]{无水AlCl_3}$

3. $\underset{}{\overset{CH_2CH_3}{\bigbenzene}}$ + HNO_3（浓） $\xrightarrow[\triangle]{浓H_2SO_4}$

4. $\bigbenzene$ + $CH_3CH_2CH_2Cl$ $\xrightarrow[\triangle]{无水AlCl_3}$

5. $H_3C-\benzene-CH(CH_3)_2$ $\xrightarrow[H^+]{KMnO_4}$

三、用化学方法鉴别下列化合物

$\benzene-C(CH_3)_3$ $\qquad$ $\benzene-CH(CH_3)_2$ $\qquad$ $\benzene-CH=CHCH_3$

四、简答题

1. 以苯或甲苯为原料设计下列化合物的合成路线。

（1）间溴苯磺酸　　　（2）间硝基苯甲酸

2. 用箭头表示下列化合物一元硝化时硝基导入的位置。

（1）$\benzene-C_2H_5$ 　　　　　　　　　　（2）$\benzene-Cl$

（3）$\benzene-OCH_3$ 　　　　　　　　　　（4）$\naphthalene-OCH_3$

（吕　佳）

实训四　芳香烃的性质

一、实训目的

1. 掌握芳香烃的化学性质和鉴别方法。
2. 了解游离基的存在及化学检验方法。

二、实训仪器和试剂

1. **仪器**　试管（大、小）、试管夹、铁架台、带导管的塞子、酒精灯、烧杯（250ml、100ml）、温度计、药匙、量筒、石棉网、棉花、火柴。

2. **试剂**　0.03mol/L $KMnO_4$ 溶液、3mol/L H_2SO_4 溶液、浓硝酸、浓硫酸、苯、甲苯。

三、实训原理

芳香烃具有特殊的稳定性，即芳香性。在一定条件下，芳香烃能发生硝化、磺化、卤代等取代反应；芳环侧链含有 α-H 的烷基苯在室温时与 $KMnO_4$ 等强氧化剂发生氧化反应，使 $KMnO_4$ 褪色。

四、实训内容

1. **硝化反应**　取干燥大试管 2 支，每支试管中加入浓硝酸和浓硫酸各 2ml，摇匀。待混合酸冷却后，向一支试管中加入 1ml 苯，向另一支试管中加入 1ml 甲苯，边加边不断振荡，混匀后将 2 支试管放在 60℃水浴中加热。约 10 分钟后，将 2 支试管中的液体物质分别倒入盛有 20ml 水的小烧杯中，观察生成物的颜色、状态，并闻其气味，写出反应式。

实验完毕，将烧杯中的生成物倒入指定的容器中。

2. **磺化反应**　取干燥大试管 2 支，各加入 2ml 浓硫酸，然后向一支试管中加入 1ml 苯，向另一支试管中加入 1ml 甲苯，摇匀后分别将试管放在 80℃水浴中加热并不断振荡，开始反应物形成乳浊液，然后逐渐溶解，待完全溶解后，放冷，再将 2 支试管中的反应物分别倒入盛有 20ml 冷水的小烧杯中，观察生成物的颜色、状态，记录现象并写出化学反应式。

3. **氧化反应**　取试管 2 支，各加入 0.03mol/L $KMnO_4$ 溶液 5 滴和 3mol/L H_2SO_4 溶液 2 滴，然后分别加入 1ml 苯和 1ml 甲苯，剧烈振荡几分钟后，观察颜色变化，记录并解释发生的现象。

五、实训提示

1. 浓硝酸和浓硫酸都有很强的腐蚀性,使用时应特别小心。若不慎滴到手上,应立即用大量的水冲洗,再用 5% $NaHCO_3$ 溶液洗涤后,涂上软膏。

2. 苯、甲苯、硝基苯均有毒,芳香烃的性质实验必须在通风橱中进行。

3. 硝化反应的温度不宜超过 60℃,否则硝酸会分解,苯亦挥发损失;实验完毕,需将烧杯或试管中的生成物回收到指定的容器中。

六、实训思考

1. 硝化反应的温度为什么不宜超过 60℃?
2. 实验使用的试管为什么是干燥的?

(吕 佳)

第五章 卤代烃

学习目标

1. **掌握** 卤代烃的结构、分类和命名,卤代烃的主要理化性质。
2. **熟悉** 不同类型卤代烃的鉴别。
3. **了解** 重要卤代烃在医药中的应用。

导学情景

情景描述:

　　卤代烃在制药、农业、橡胶、塑料等工业中都有广泛的应用,如三氯甲烷是最早使用的全身麻醉药之一,还有聚四氟乙烯等。

学前导语:

　　氟烷是《中国药典》收载的一种全身麻醉药,盐酸氮芥是一种抗淋巴肿瘤药。它们都含有卤代烃结构。本章将主要介绍卤代烃的结构及其主要理化性质。

　　烃分子中的氢原子被卤原子取代所得到的化合物称为卤代烃,卤代烃简称为卤烃,其结构通式用 (Ar)R—X 表示,其中—X 代表卤原子,是卤代烃的官能团。自然界中存在的卤代烃并不多,主要分布在海洋生物中,烃发生卤代或与卤素、卤化氢加成均可以得到卤代烃。

第一节 卤代烃的分类和命名

一、卤代烃的分类

　　卤代烃的分类方法很多,主要有以下 4 种。

　　1. 根据卤原子所连接的烃基的种类不同,可将卤代烃分为脂肪族卤代烃和芳香族卤代烃;又可以根据卤代烃中是否含有不饱和键,分为饱和卤代烃与不饱和卤代烃。例如:

$CH_3CH_2CH_2$
|
Cl
脂肪族饱和卤代烃

$CH_2=CHCH_2$
|
Cl
脂肪族不饱和卤代烃

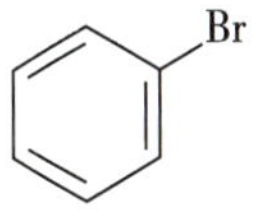

芳香族卤代烃

2. 根据卤原子所连接的饱和碳原子的种类不同,将卤代烃分为伯卤代烃(1° 卤代烃)、仲卤代烃(2° 卤代烃)和叔卤代烃(3° 卤代烃)。例如:

$$CH_3CH_2CH_2 \quad\quad CH_3CHCH_3 \quad\quad\quad H_3C - \overset{\overset{\displaystyle CH_3}{|}}{\underset{\underset{\displaystyle Cl}{|}}{C}} - CH_3$$

$$\underset{\displaystyle Cl}{|} \quad\quad\quad\quad \underset{\displaystyle Cl}{|}$$

伯卤代烃   仲卤代烃   叔卤代烃

3. 根据卤代烃中所含的卤原子的数目不同,分为一卤代烃、二卤代烃和多卤代烃。例如:

$$CH_3Cl \quad\quad\quad\quad CH_2Cl_2 \quad\quad\quad\quad\quad CHCl_3$$

一卤代烃   二卤代烃   多卤代烃

4. 根据卤代烃分子中卤原子的种类不同,分为氟代烃、氯代烃、溴代烃和碘代烃。

案例分析

案例: 1968 年发生在日本的"米糠油事件"是世界十大污染事件之一。当年,日本某食用油厂在生产米糠油时,使用多氯联苯作为脱臭工艺中的热载体,因该物质混入米糠油中被人食用后导致中毒,造成了有名的公害病"油症",患病者超过 1 万人,16 人死亡。

分析: 多氯联苯(polychlorinated biphenyl,PCB)也称氯化联苯,是德国的 H. 施米特和 G. 舒尔茨于 1881 年首先合成的,美国于 1929 年最先开始生产,1973 年以后各国陆续开始减少或停止生产。

联苯苯环上有 10 个氢原子,按氢原子被氯原子取代的数目 n 不同而称为 PCB_n。多氯联苯的异构物共计 210 种,已确定结构的有 102 种。PCB 的物理和化学性质极为稳定,高度耐酸碱和抗氧化,对金属无腐蚀性,具有良好的电绝缘性和耐热性,除一氯化物和二氯化物外均为不燃物质。

PCB 的用途很广,可作绝缘油、热载体、润滑油和工业产品的添加剂等。多氯联苯属于致癌物质,容易累积在脂肪组织中,造成脑部、皮肤及内脏疾病,并影响神经、生殖及免疫系统。

课 堂 活 动

根据卤原子所连接的饱和碳原子的种类不同,将卤代烃分为伯卤代烃、仲卤代烃和叔卤代烃。试确定下列卤代烃的种类。

$$H_3C - \overset{\overset{\displaystyle CH_3}{|}}{\underset{\underset{\displaystyle CH_3}{|}}{C}} - CH_2Cl \quad\quad CH_3CH_2\underset{\underset{\displaystyle CH_3}{|}}{CHCl} \quad\quad H_3C - \overset{\overset{\displaystyle CH_3}{|}}{\underset{\underset{\displaystyle Br}{|}}{C}} - CH_2CH_3$$

二、卤代烃的命名

(一)普通命名法

简单的一元卤代烃可以用普通命名法命名,称为"某烃基卤"。例如:

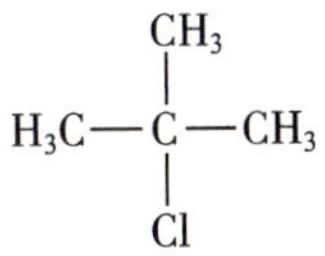

叔丁基氯 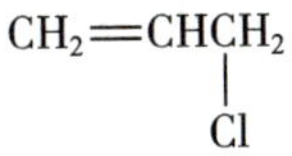   烯丙基氯 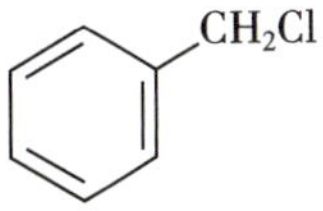   苄基氯（氯化苄）

也可以在烃名称前面直接加"卤代"二字,称为"卤代某烃","代"字常省略。例如:

CH_3CH_2Cl CH_2=CH—Cl   溴苯

氯乙烷   氯乙烯 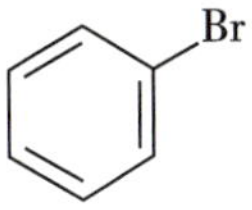   溴苯

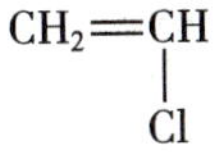

案例分析

案例: 早在 1847 年,临床外科手术中就使用三氯甲烷(俗称氯仿)进行麻醉,它是一种无色、有甜味的液体,由于毒性较大,目前临床已不使用。

分析: 在光照条件下,三氯甲烷能被逐渐氧化为剧毒的光气,因此需用棕色瓶盛装,并加入 1% 乙醇破坏光气。三氯甲烷是最早使用的全身麻醉药之一,但因其对心脏、肝脏的毒性较大,目前临床已不使用。

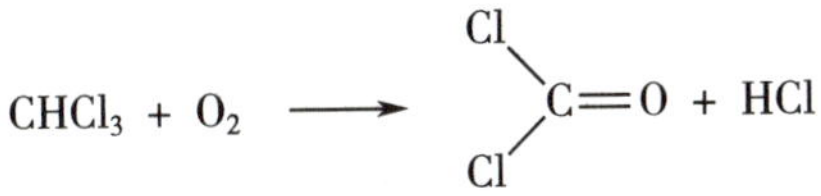

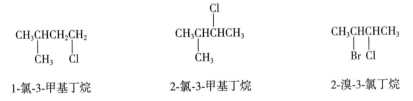

(二) 系统命名法

对于烃基比较复杂的卤代烃,需采用系统命名法来命名。以相应的烃为母体,卤原子为取代基,按各类烃的系统命名原则进行命名。

1. 卤代烷 选择连有卤原子的最长碳链为主链,将卤原子作为取代基,按烷烃的命名原则进行命名。例如:

1-氯-3-甲基丁烷   2-氯-3-甲基丁烷   2-溴-3-氯丁烷

2. 卤代烯烃和卤代炔烃 选择含有不饱和键且连有卤原子的最长碳链作为主链,编号使不饱和键的位次尽可能小。例如:

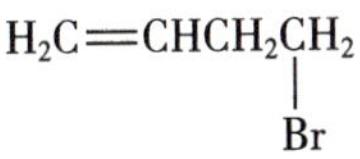

4-溴丁-1-烯 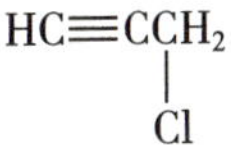   3-氯丙-1-炔

3. 芳香族卤代烃 既可以将芳烃作为母体,也可以将脂肪烃作为母体。以芳烃作为母体时,芳环的编号一般用阿拉伯数字,或用希腊字母从芳环侧链开始编号。例如:

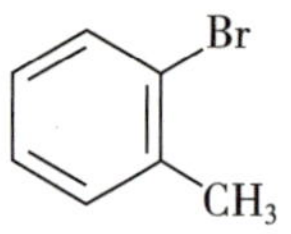

1-溴-2-甲基苯

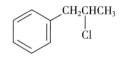

β-氯丙苯或2-氯-1-苯基丙烷

知识链接

氟烷

氟烷($CF_3CHClBr$)的化学名称为 1-溴-1-氯-2,2,2-三氟乙烷,为无色液体,无刺激性,性质稳定,可以与氧气以任意比例混合,不燃不爆。氟烷是目前常用的吸入性全身麻醉药之一,其麻醉强度比乙醚强 2~4 倍,比三氯甲烷强 1.5~2 倍,对黏膜无刺激性,对肝、肾功能不会造成持久性的损害。

点滴积累

1. 卤原子是卤代烃的官能团。依据卤原子的种类、数目及卤原子所连接的烃基的种类、碳原子的类型对卤代烃进行分类。
2. 命名卤代烃的步骤是选择主链、给主链编号、写名称。

第二节　卤代烃的性质

室温下,除氯甲烷、溴甲烷和氯乙烷为气体外,其他低级卤代烷为液体,含 15 个碳原子以上的高级卤代烷为固体。卤代烃均有毒,许多卤代烃具有强烈的气味。卤代烃均难溶于水,易溶于醇、醚等有机溶剂。有些一氯代烃的密度比水小,而溴代烃、碘代烃的密度则比水大;卤代烃的密度随其分子中卤原子数目的增多而增大。

知识链接

氯乙烷的药理作用

体育比赛中,当运动员的肌肉挫伤或扭伤时,队医随即对准伤员的受伤部位喷射某种气雾剂,进行局部冷冻麻醉应急处理,稍后运动员又可上场了。这种气雾剂的主要成分是氯乙烷,常压下氯乙烷的沸点为 12.3℃,易汽化,且汽化时会吸收大量热量,喷于皮肤时能造成局部低温(约 −20℃),引起骤冷而失去痛觉,这种局部冷冻麻醉作用产生了快速镇痛的效果。

由于卤原子的电负性比碳原子大,所以 C—X 键为极性共价键,容易断裂,使卤代烃的化学性质比较活泼,易发生取代反应、消除反应及与金属反应等。

在外界电场的影响下,C—X键被极化,极化性强弱的顺序为C—I>C—Br>C—Cl。极化性强的分子在外界条件影响下,更容易发生化学反应。因此,当烃基相同时,卤代烃发生化学反应的活泼性顺序为R—I>R—Br>R—Cl。

知识链接

卤代烃溶剂的特点及应用

卤代烃溶剂具有密度小、沸点低、易挥发、不易燃、难溶于水等特点,属于弱极性溶剂,主要应用于提取生物碱、苷类等亲脂性有机物。常用的卤代烃溶剂有二氯甲烷、三氯甲烷、四氯化碳、二氯乙烷、三氯乙烷、四氯乙烷、二溴乙烷、二氯乙烯、三氯乙烯和四氯乙烯等。在提取分离有机物时,可以使用单一卤代烃,也可以使用卤代烃与其他溶剂的混合物。卤代烃一般比母体烃的毒性大,经皮肤吸收后,侵犯神经中枢或作用于内脏器官,可引起中毒,使用时应注意通风和防护。

一、卤代烃的取代反应

C—X键的共用电子对偏向于卤原子,使卤原子带有部分负电荷、碳原子带有部分正电荷,因而 α 碳原子易受到带负电荷的试剂或含有未共用电子对的试剂的进攻,使C—X键发生异裂,卤原子以负离子的形式离去。NH_3、OH^- 等具有较大的电子云密度,易进攻带部分正电荷碳原子的试剂,称为亲核试剂,通常用 Nu^- 或 $Nu:$ 表示。由亲核试剂进攻带部分正电荷的碳原子而引起的取代反应称为亲核取代反应,可以用通式表示为:

$$\underset{|}{\overset{|}{>}}C\overset{\delta^+}{-}\overset{\delta^-}{X} + Nu^- \longrightarrow \underset{|}{\overset{|}{>}}C\overset{\delta^+}{-}\overset{\delta^-}{Nu} + X^-$$

卤代烃分别与 OH^-、OR^-、CN^-、NH_3、ONO_2^- 等亲核试剂作用,生成醇、醚、腈、胺、硝酸酯等,对应的亲核取代反应通式如下:

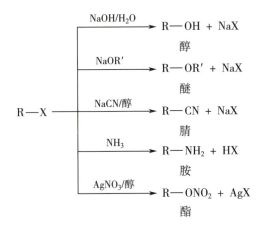

ER 5-2
单分子亲核
取代反应

ER 5-3
双分子亲核
取代反应

课 堂 活 动
试着写出氯乙烷分别与乙醇钠、氨和氰化钠的反应式。

卤代烃通过取代反应能够转化为各种不同类型的有机物。其中,卤代烃与碱（NaOH、KOH 等）的水溶液共热,卤原子被羟基取代生成醇的反应称为卤代烃的水解反应,常用于制备醇。由卤代烃与氰化物（NaCN、KCN 等）的醇溶液作用得到腈,腈经过水解,可以得到羧酸,该反应是增长碳链的方法之一。

二、卤代烃的消除反应

由于卤原子的电负性比较大,卤代烃中的 C—X 键的极性可以通过诱导效应影响到 β- 碳原子,使 β- 碳原子上的氢原子表现出一定的活泼性。当卤代烃与强碱(NaOH、KOH 等)的醇溶液共热时,分子内消去 1 分子卤化氢形成烯烃。这种从分子内消去一个简单分子,形成不饱和烃的反应称为消除反应。由于此类反应消除的是卤原子和 β- 氢原子,因此又称为 β- 消除反应。例如:

$$CH_3CH_2\underset{\underset{Br}{|}}{} \xrightarrow[\triangle]{KOH/醇} CH_2{=}CH_2 + KBr + H_2O$$

仲卤代烷和叔卤代烷消除卤化氢时,分子结构中存在不同的 β-H,反应可以有不同的取向,得到不同的烯烃。例如 2- 溴丁烷消除溴化氢时,生成丁 -1- 烯和丁 -2- 烯,而丁 -2- 烯是主要产物。

$$CH_3CH_2\underset{\underset{Br}{|}}{CH}CH_3 \xrightarrow[\triangle]{NaOH/醇} \begin{cases} CH_3CH{=}CHCH_3 \quad 81\% \\ CH_3CH_2CH{=}CH_2 \quad 19\% \end{cases}$$

大量实验结果表明,仲、叔卤代烃消除卤化氢时,主要脱去含氢较少的 β- 碳上的氢原子,生成双键碳上有较多烃基的烯烃。这一经验规律称为札依采夫(Saytzeff)规则。

知识链接

取代反应和消除反应的竞争

卤代烃的水解反应和消除卤化氢的反应都是在碱的作用下进行的。在取代反应中,试剂进攻的是 α- 碳原子;在消除反应中,试剂进攻的是 β- 碳上的氢原子。当卤代烃水解时不可避免地会有消除卤化氢的副反应发生;同样,消除卤化氢时也会有水解产物生成。

$$R-\underset{\beta}{CH_2}-\underset{\alpha}{CH_2}-X \xrightarrow{-X^-} R-\underset{\beta}{\overset{\overset{\displaystyle H}{}\nwarrow OH^-}{CH}}-\underset{\alpha}{\overset{+}{CH_2}} \begin{cases} \longrightarrow RCH_2CH_2OH \\ \longrightarrow RCH{=}CH_2 \end{cases}$$

卤代烃的取代反应和消除反应同时发生,而且相互竞争。竞争的结果受许多因素的影响,主要有以下4个因素。

(1)卤代烃的结构:一般情况下,伯卤代烷与强亲核试剂之间主要发生取代反应,叔卤代烷与强碱性试剂之间主要发生消除反应。

(2)亲核试剂的种类:亲核试剂的碱性越强,浓度越大,越有利于消除反应;反之,则有利于取代反应。

(3)反应的溶剂:弱极性溶剂有利于消除反应,而强极性溶剂有利于取代反应。

(4)反应温度:反应温度越高,越有利于消除反应。

课 堂 活 动

2-溴丁烷属于仲卤烷,试分析它在下列条件下反应的主要产物是否相同。
①加热,NaOH 水溶液;②加热,NaOH 乙醇溶液。

三、格氏试剂

在无水乙醚中,卤代烃与金属镁作用生成有机镁化合物,该化合物被称为格利雅(Grignard)试剂,简称格氏试剂,一般用通式 RMgX 表示。

$$R—X + Mg \xrightarrow{\text{无水乙醚}} RMgX$$

生成格氏试剂的反应速率与卤代烃的结构及种类有关。卤素相同,烃基不同的卤代烃,反应速率为伯卤代烷>仲卤代烷>叔卤代烷;烃基相同,卤原子不同的卤代烃,反应速率为碘代烷>溴代烷>氯代烷。

由于格氏试剂中的 C—Mg 键具有强极性,使碳原子带有部分负电荷,所以其性质非常活泼,是有机合成中重要的强亲核试剂。利用格氏试剂可以制备烷烃、醇、羧酸等许多有机物。格氏试剂很容易与氧气、二氧化碳及各种含有活泼氢原子的化合物(水、醇、酸、氨等)反应,所以制备和应用格氏试剂时,必须使用绝对无水的乙醚作为溶剂,并且不存在其他任何含有活泼氢原子的物质,反应体系尽可能与空气隔绝,常用氮气作保护。

$$RMgX + H_2O \longrightarrow RH + Mg(OH)X$$

$$RMgX + CO_2 \longrightarrow RCOOMgX$$

ER 5-4

格氏试剂制备的注意事项

四、不同类型卤代烃的鉴别

卤代烃与 $AgNO_3$ 醇溶液反应生成卤化银沉淀,且卤代烃的结构对反应速率有较大的影响。利用不同结构的卤代烃与 $AgNO_3$ 醇溶液反应生成卤化银沉淀的速率不同,可以区分不同类型的卤代烃。表5-1列出了3种不同类型的卤代烃与 $AgNO_3$ 醇溶液的反应情况。

表 5-1　3 种不同类型的卤代烃与 $AgNO_3$ 醇溶液的反应情况

卤代烃类型	代表物	反应条件和现象	卤原子的活性
卤代烯丙型	$CH_2=CHCH_2Cl$	室温下立即产生沉淀	最活泼
卤代烷型	$CH_2=CH(CH_2)_2Cl$	加热后缓慢产生沉淀	较活泼
卤代乙烯型	$CH_2=CHCl$	加热后也不产生沉淀	最不活泼

1. 卤代烯丙型　此类卤代烃的结构特征是卤原子与碳碳双键相隔 1 个饱和碳原子,又称为烯丙型卤烃。例如:

$$CH_2=CH—CH_2—X \qquad \text{（苯基）}—CH_2—X$$

这类卤代烃中的卤原子与碳碳双键之间不存在共轭效应,但卤原子离去后,形成的碳正离子中存在 p-π 共轭效应,正电荷得到分散,使碳正离子趋向稳定而容易生成,有利于取代反应的进行。所以该类卤代烃中的卤原子比较活泼,其反应活性略强于叔卤代烷。烯丙基碳正离子的 p-π 共轭体系如下所示:

2. 卤代烷型　此类卤代烃包括卤代烷及卤原子与不饱和键相隔 2 个或 2 个以上饱和碳原子的卤代烯烃、卤代芳烃,又称为烷型卤烃。例如:

$$CH_3—X \qquad CH_2=CH—(CH_2)_2—X \qquad \text{（苯基）}—CH_2CH_2—X$$

ER 5-5

烷型卤烃的分子结构

这类卤代烃中的卤原子活泼性顺序为叔卤代烃>仲卤代烃>伯卤代烃。

> **课 堂 活 动**
>
> 讨论卤代烷 C_4H_9Cl 的 4 种同分异构体分别与 $AgNO_3$ 醇溶液反应的现象有何不同。

3. 卤代乙烯型　此类卤代烃的结构特征是卤原子与不饱和碳原子直接相连,又称为乙烯型卤烃。例如:

$$CH_2=CH—X \qquad \text{（苯基）}—X$$

这类卤代烃中的卤原子上的孤对电子占据的 p 轨道与不饱和键中的 π 键形成 p-π 共轭,导致 C—X 键的稳定性增强,卤原子的活泼性很低,不易发生取代反应。氯乙烯中的 p-π 共轭体系可表示为:

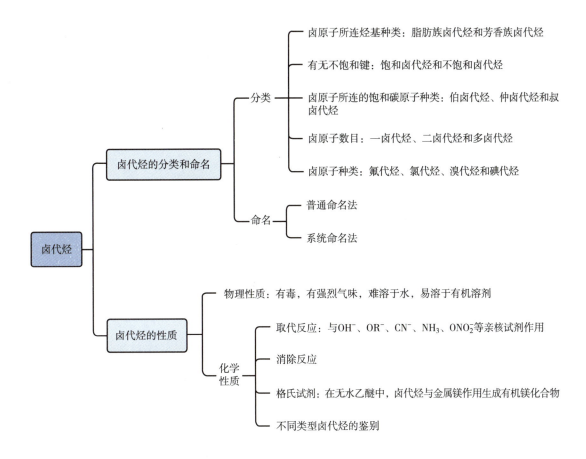

综上可知,不同类型的卤代烃与$AgNO_3$反应的活性不同,反应现象易于辨别,因此常用$AgNO_3$醇溶液区分不同类型的卤代烃。

点滴积累

1. 卤代烃可以和碱的水溶液、醇钠、氰化物的醇溶液、氨、硝酸银的醇溶液发生取代反应。
2. 不同类型的卤代烃发生亲核取代反应的活性次序为烯丙型卤烃、叔卤烷>仲卤烷>伯卤烷>乙烯型卤烃。
3. 仲卤烃、叔卤烃发生消除反应遵循札依采夫规则,主要生成具有稳定结构的化合物,包括共轭体系、双键碳原子上烃基较多的产物。
4. 格氏试剂是良好的亲核试剂,反应活性大,制备和使用时应隔绝空气,常用氮气作保护,还应避免与具有活泼氢的物质接触。

复习导图

卤代烃
- 卤代烃的分类和命名
  - 分类
    - 卤原子所连烃基种类:脂肪族卤代烃和芳香族卤代烃
    - 有无不饱和键:饱和卤代烃和不饱和卤代烃
    - 卤原子所连的饱和碳原子种类:伯卤代烃、仲卤代烃和叔卤代烃
    - 卤原子数目:一卤代烃、二卤代烃和多卤代烃
    - 卤原子种类:氟代烃、氯代烃、溴代烃和碘代烃
  - 命名
    - 普通命名法
    - 系统命名法
- 卤代烃的性质
  - 物理性质:有毒,有强烈气味,难溶于水,易溶于有机溶剂
  - 化学性质
    - 取代反应:与OH^-、OR^-、CN^-、NH_3、ONO_2^-等亲核试剂作用
    - 消除反应
    - 格氏试剂:在无水乙醚中,卤代烃与金属镁作用生成有机镁化合物
    - 不同类型卤代烃的鉴别

目标检测

一、命名或写出下列化合物的结构式

1. CH$_3$CHCH$_2$CHCHCH$_3$ (CH$_3$, Cl, CH$_3$ 为取代基)

2. CH$_3$CH=CHCHBr (CH$_3$ 取代基)

3. 苯-CH$_2$CHCH$_3$ (Br 取代基)

4. 苯环 Cl、CH$_3$ 取代

5. CH$_3$CHCHCH$_2$CH$_3$ (Cl, Br 取代基)

6. 环己烯 Cl 取代

7. β- 溴萘

8. 环己基氯

9. α- 氯丙苯

10. 2- 氯 -3- 甲基戊 -2- 烯

11. 苄基溴

12. 2,4- 二氟联苯

二、写出下列各反应的主要产物

1. CH$_3$CH—CHCH$_2$CH$_3$ (Cl, CH$_3$) $\xrightarrow[\triangle]{NaOH/H_2O}$

2. CH$_3$CHCHCH$_2$CH$_2$CH$_3$ (Br, CH$_3$) $\xrightarrow[\triangle]{KOH/C_2H_5OH}$

3. CH$_3$I + NaOC$_2$H$_5$ $\longrightarrow$

4. 环己烯-CH$_2$CHCH$_3$ (Br) $\xrightarrow[\triangle]{KOH/C_2H_5OH}$

三、用化学方法鉴别下列各组化合物

1. 氯苯和氯苄

2. 溴苯和溴乙烯

3. 2- 氯丙烷和 2- 碘丙烷

四、推测结构

1. 某卤代烃 A,分子式为 C$_3$H$_7$Cl,与 KOH 醇溶液共热生成化合物 B,分子式为 C$_3$H$_6$。B 被氧化后得到乙酸、二氧化碳和水,B 与 HCl 作用得到 A 的同分异构体 C。试写出 A、B 和 C 的结构式。

2. 分子式为 C$_5$H$_{10}$ 的化合物 A,室温时不能使溴褪色;在光照下与溴发生取代反应,得到产物 B,分子式为 C$_5$H$_9$Br;B 与 KOH 醇溶液共热得到化合物 C,分子式为 C$_5$H$_8$,C 被酸性 KMnO$_4$ 氧化为戊二酸。试写出 A、B 和 C 的结构式。

五、简答题

ER 5-6
习题

1. 三氯乙烯是一种无色液体,在医学上曾用作麻醉剂,在工业上作为清洗剂、溶剂和萃取剂广泛使用。试写出三氯乙烯与 HBr、Br$_2$ 的反应式。

2. 选择合适的方法将 3- 苯基丙烯转化为 1- 苯基丙烯,无机试剂任选。

(丁亚明)

实训五 卤代烃的性质

一、实训目的

1. 验证卤代烃的主要化学性质。
2. 掌握卤代烃的鉴别方法。

二、实训仪器和试剂

1. **仪器** 试管、试管夹、酒精灯、量筒、火柴。

2. **试剂** 0.1mol/L 硝酸银醇溶液、1-氯丁烷、2-氯丁烷、2-氯-2-甲基丙烷、1-溴丁烷和1-碘丁烷。

三、实训原理

多数卤代烃可与 $AgNO_3$/醇溶液发生取代反应生成卤化银沉淀。根据沉淀颜色可区分不同卤原子的卤代烃；另外，不同烃基的卤代烃反应活性不同，根据出现卤化银沉淀的快慢可以区分不同烃基的卤代烃。

四、实训内容

1. **不同烃基的卤代烃与硝酸银醇溶液反应** 取干燥试管3支，各加入 1ml 0.1mol/L 硝酸银醇溶液，再分别加入正丁基氯(1-氯丁烷)、仲丁基氯(2-氯丁烷)、叔丁基氯(2-氯-2-甲基丙烷)各3滴，边加边振荡试管，注意观察每支试管中是否有沉淀出现，记录出现沉淀的时间。大约过5分钟后，再将没有出现沉淀的试管放在水浴中，加热到微沸，注意观察这些试管中有没有沉淀出现，并记录出现沉淀的时间，解释上述变化并写出反应式。

2. **不同卤原子的卤代烃与硝酸银醇溶液反应** 取干燥试管3支，各加入 1ml 0.1mol/L 硝酸银醇溶液，然后分别加入 1-氯丁烷、1-溴丁烷和1-碘丁烷各3滴，振荡试管，注意观察3支试管中沉淀生成的速度和颜色。过5分钟后，再将没有出现沉淀的试管放在水浴中，加热到微沸，再观察有没有沉淀出现，记录并解释发生的现象。

五、实训提示

卤代烃均有毒，其性质实验必须在通风橱中进行。

六、实训思考

在卤代烃的性质实验中,为什么用硝酸银醇溶液而不用硝酸银水溶液?

实训六　萃取与洗涤

一、实训目的

1. 掌握萃取的基本方法。
2. 熟悉洗涤操作。
3. 了解萃取的原理。

二、实训仪器和试剂

1. **仪器**　分液漏斗(125ml)、量筒(50ml)、锥形瓶(50ml、100ml)、烧杯、蒸馏装置。
2. **试剂**　苯胺水溶液、1-溴丁烷馏液、乙醚、浓硫酸、饱和 Na_2CO_3 溶液、饱和 $NaHSO_3$ 溶液、无水 $MgSO_4$、无水 $CaCl_2$、凡士林、蒸馏水。

三、实训原理

使用溶剂从液体混合物或固体混合物中提取所需组分的操作称为萃取,也称为抽提,分为液-液萃取和固-液萃取。其中,使用溶剂从液体混合物中除去少量杂质的操作又称为洗涤。在此主要介绍液-液萃取的原理。

(一)分配定律

为将溶质 X 从溶剂 A 中萃取出来,选用对 X 溶解度大,与溶剂 A 不混溶,也不发生化学反应的溶剂 B(称为萃取剂)。在一定的温度下,当 X 在 A、B 两相间达到分配平衡时,X 在 A、B 两相间的浓度之比为一常数,称为分配系数,此规律称为分配定律。可表示为:

$$\frac{X\text{在溶剂 A 中的浓度}}{X\text{在溶剂 B 中的浓度}} = \text{分配系数}$$

由分配定律可推导出萃取次数与萃取效果的关系:

$$m_n = m\left(\frac{KV}{KV+V'}\right)^n$$

式中，V 为待萃取溶液的体积（ml）（因溶质不多，溶液的体积可看作与溶剂 A 的体积相等）；m 为待萃取溶液中溶质 X 的总含量（g）；V' 为每次萃取时所用溶剂 B 的体积（ml）；m_n 为第 n 次萃取后溶质 X 在溶剂 A 中的剩余量（g）；K 为分配系数。

由于 $KV/(KV+V')<1$，所以 n 越大，m_n 就越小。由此可知，将一定量的溶剂分成几份对溶液进行多次（一般为 3~5 次）萃取，既节省溶剂，又能提高萃取效率。

（二）萃取操作方法

将待萃取溶液放入分液漏斗中，加入适量的溶剂 B，充分振荡，静置，待彻底分层后将下层放出，上层由上口倒出，回收溶剂。

（三）液 - 液萃取的适用范围

1. 液体混合物中各组分间的沸点非常接近，采用蒸馏方法很不经济。

2. 液体混合物中的组分在蒸馏时形成恒沸物，用蒸馏方法不能达到所需的纯度。

3. 液体混合物中需分离的组分含量很低，且难挥发。

4. 液体混合物中需分离的组分是热敏性物质，蒸馏时易于分解、聚合或发生其他变化。

四、实训内容

1. 苯胺的萃取　将涂过凡士林的分液漏斗的活塞关好，用铁圈将其固定在铁架台上，打开玻璃塞，从上口依次倒入 40ml 苯胺水溶液和 20ml 乙醚，塞好并旋紧玻璃塞。取下分液漏斗按图 5-1 所示振摇，开始时稍慢，每振摇几次，要打开活塞放气；关闭活塞继续振摇，如此重复，振摇 2~3 分钟，再将分液漏斗放回铁圈上静置。待分液漏斗中的两层液体完全分开后，打开上口玻璃塞，小心旋开活塞，放出下面水层，接近放完时，旋紧活塞，静置分层，缓慢开启活塞，进一步分出水层。反复几次，直至两层液体彻底分离。将乙醚层从漏斗上口倒入锥形瓶中，密塞。然后将水层倒回分液漏斗中，按照上法再萃取 2 次。将 3 次萃取所得的乙醚层加适量无水 $MgSO_4$ 干燥 1 小时，蒸馏，回收乙醚，得到精制的苯胺。

图 5-1　振摇分液漏斗的示意图

2. 1- 溴丁烷的洗涤　将 30ml 1- 溴丁烷馏液放入分液漏斗中，加入 15ml 蒸馏水洗涤，分出油层（下层），若油层显黄色，用 10ml 饱和 $NaHSO_3$ 溶液洗涤。将油层转移至干燥的分液漏斗中，用 10ml 浓硫酸洗涤，将硫酸层（下层）分去。油层依次用 15ml 蒸馏水、15ml 饱和 Na_2CO_3 溶液、15ml 蒸馏水洗涤。将油层转移至干燥的锥形瓶中，加入 2g 无水 $CaCl_2$ 干燥 1 小时，蒸馏，收集 99~103℃ 的馏液，得到精制的 1- 溴丁烷。

五、实训提示

1. 分液漏斗有锥形、球形等不同形状和不同规格，使用时应选择容积比液体总体积大 1 倍以上的分液漏斗。将活塞擦干,先在靠柄的一端中部涂上一圈凡士林,不可太多,防止小孔被凡士林堵塞,然后在活塞槽的细端中部也涂上一圈凡士林,塞好活塞后,旋转活塞数圈,使凡士林均匀分布,防止液体渗出。在使用前,要先检查上口塞和下口活塞是否严密。

2. 由水蒸气蒸馏法精制苯胺后的水层中尚含有少量的苯胺,可以用乙醚萃取之。

3. 在萃取时,尤其是溶液呈碱性时,会发生乳化现象,难以分层,影响两相的分离。可以采用延长静置时间、盐析、加稀硫酸中和或过滤等方法破坏乳化。

4. 1-溴丁烷馏液中含有正丁醇、丁-1-烯、丁醚、溴、硫酸及无机盐等杂质,可以用水洗涤除去正丁醇、硫酸及无机杂质,用饱和 $NaHSO_3$ 溶液洗去溴,用浓硫酸洗去丁-1-烯和丁醚,然后用饱和 Na_2CO_3 溶液中和未除去的硫酸。

5. 干燥是除去附在固体或混杂在液体或气体中的少量水分,也包括除去少量溶剂的操作。利用无水 $CaCl_2$、无水 $MgSO_4$ 等干燥剂与水形成水合物,可以除去混杂在液体中的水分。此外,还可以使用干燥箱、离子交换树脂等进行干燥。

6. 苯胺和 1-溴丁烷都有毒,实验时需戴橡胶手套,不可与皮肤接触,还要防止吸入中毒。

六、实训思考

1. 查阅资料,判断用苯、己烷、三氯甲烷萃取水溶液中的样品时,油层在上层还是下层。
2. 萃取时若发生乳化现象,应如何处理?

(丁亚明)

第六章　醇、酚、醚

ER 6-1

第六章
醇、酚、醚
（课件）

学习目标

1. **掌握**　醇、酚、醚的结构、分类、命名和主要理化性质。
2. **熟悉**　醇、酚、醚的鉴别方法。
3. **了解**　醇的消除反应和亲核取代反应机制。

导学情景

情景描述：

　　醇、酚、醚是自然界、生命体内、医药领域广泛存在的重要化合物。谷物类粮食经发酵可以制得含有乙醇的酒精饮料；生活中常见的消毒酒精是体积分数为 75% 的乙醇水溶液；茶叶中的茶多酚是天然的酚类抗氧化剂，苯酚是人类最早用于外科手术的消毒剂；同学们做动物实验时，麻醉动物的试剂乙醚，也曾作为吸入性全身麻醉药应用于临床手术。

学前导语：

　　诸多药物具有醇、酚的结构，如薄荷油中具有清凉止痒作用的薄荷醇、感冒药中具有解热镇痛作用的对乙酰氨基酚等。本章主要讨论醇、酚和醚的结构特征、命名方法、理化性质及其在医药领域中的应用。

　　醇、酚、醚属于烃的第一类含氧衍生物。醇、酚具有相同官能团——羟基（—OH），有时为了区分它们，又分别称为醇羟基和酚羟基。羟基连接在脂肪烃基或脂环烃基上称为醇，连接在芳环上称为酚。

　　醚则可看作是醇或酚羟基上的氢原子被烃基（—R 或—Ar）取代后的化合物。分别用下列通式表示：

$$\text{ROH} \qquad \text{ArOH} \qquad (\text{Ar})\text{ROR}'(\text{Ar}')$$
$$\text{醇} \qquad\quad \text{酚} \qquad\qquad \text{醚}$$

ER 6-2

"基"与"根"
的异同点

第一节　醇

课堂活动
通过前面的学习，请思考哪些反应可以生成醇，与你的同伴讨论一下，看看谁的方法更多、更好。

　　醇的性质较为活泼，羟基可以转化为多种类型官能团，因而醇是非常重要的合成中间体。

一、醇的结构和分类

1. 结构 醇可以看作水分子中一个氢原子被烃基替换形成的化合物,两者中的氧原子均为sp³杂化,两对孤电子对处于两个杂化轨道上(图6-1)。孤电子对的存在,使水能和氢离子结合为水合氢离子,醇也有这样的性质。

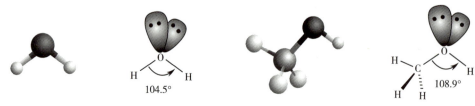

图6-1 水和甲醇结构的比较

甲醇中C—O—H(108.9°)键角比水中H—O—H(104.5°)键角稍大,因为甲基比氢原子大得多,它们之间的范德华排斥力较大。

2. 分类 醇有多种分类方法,根据羟基连接烃基的不同可分为脂肪醇、脂环醇和芳香醇。

CH_3CH_2OH　　　　　　　　　　—OH　　　　　　　—CH₂OH

脂肪醇（乙醇）　　　脂环醇（环己醇）　　　芳香醇（苯甲醇）

根据分子中所含羟基的数目不同,又可将醇分为一元醇、二元醇和多元醇。

$CH_3CH_2CH_2OH$　　　　　$\begin{matrix}CH_2—CH_2\\ |\qquad\ |\\ OH\quad OH\end{matrix}$　　　　$\begin{matrix}HO—CH_2CHCH_2—OH\\ |\\ OH\end{matrix}$

一元醇（正丙醇）　　　　二元醇（乙二醇）　　　　三元醇（丙三醇）

根据羟基所连碳原子类型的不同,还可将醇分为伯醇、仲醇、叔醇。羟基与伯碳相连的醇称伯醇(1° 醇);羟基与仲碳相连的醇称仲醇(2° 醇);羟基与叔碳相连的醇称叔醇(3° 醇)。在卤代烃的学习中,我们知道不同类型的卤代烃性质不同,不同类型的醇性质亦有较大差异。

$\begin{matrix}H\\ |\\ R—C—OH\\ |\\ H\end{matrix}$　　　　　$\begin{matrix}H\\ |\\ R—C—OH\\ |\\ R'\end{matrix}$　　　　　$\begin{matrix}R''\\ |\\ R—C—OH\\ |\\ R'\end{matrix}$

伯醇（1° 醇）　　　　仲醇（2° 醇）　　　　叔醇（3° 醇）

二、醇的命名

1. 普通命名法 普通命名法主要适用于结构比较简单的醇,根据羟基所连接的烃基名称来命

名,称某醇。例如:

$$H_3C-\overset{\underset{\displaystyle |}{CH_3}}{CH}-OH \qquad H_3C-\overset{\underset{\displaystyle |}{CH_3}}{\overset{\displaystyle CH_3}{\underset{\displaystyle |}{C}}}-OH \qquad \text{(苯环)}-CH_2OH$$

异丙醇   叔丁醇   苯甲醇（苄醇）

2. 系统命名法 系统命名法与前面其他类型物质的命名规则类似。其基本原则为：①选择羟基所连接的碳原子在内的最长碳链为主链,根据主链碳原子数目称为某醇；②从靠近羟基的一端给主链碳原子依次编号；③将取代基的位次、数目、名称及羟基的位次依次写在母体名称前面,在阿拉伯数字及汉字之间用半字线隔开。例如：

$$\overset{3}{H_3C}-\overset{2}{\underset{\underset{\displaystyle CH_3}{|}}{CH}}-\overset{1}{CH_2}-OH$$

2-甲基丙-1-醇

$$\overset{1}{CH_3}\overset{2}{\underset{\underset{\displaystyle CH_3}{|}}{CH}}\overset{3}{CH}\overset{4}{CH_2}\overset{5}{\underset{\underset{\displaystyle OH}{|}}{CH}}\overset{6}{CH_3}$$

2,5-二甲基己-3-醇

$$\overset{1}{CH_3}\overset{2}{\underset{\underset{\displaystyle OH}{|}}{CH}}\overset{3}{\underset{\underset{\displaystyle CH_3}{|}}{CH}}\overset{4}{CH}\overset{5}{CH_3}$$
（C_2H_5 在3位）

3-乙基-4-甲基戊-2-醇

命名不饱和一元醇时,选择连有羟基的碳原子和不饱和键在内的最长碳链作主链,根据主链碳原子数目称某烯（或某炔）醇。从靠近羟基的一端开始编号,标明不饱和键与羟基的位次。例如：

$$\overset{4}{H_2C}=\overset{3}{CH}-\overset{2}{\underset{\underset{\displaystyle \overset{\displaystyle CH_3}{1}}{|}}{CH}}-OH$$

丁-3-烯-2-醇

$$H_3C-CH_2-\overset{2}{\underset{\underset{\displaystyle \overset{\displaystyle CH_2}{3}}{\|}}{C}}-\overset{1}{CH_2}-OH$$

2-乙基丙-2-烯-1-醇

$$\overset{1}{HC}\equiv\overset{2}{C}-\overset{3}{\underset{\underset{\displaystyle OH}{|}}{CH}}-\overset{4}{\underset{\underset{\displaystyle CH_3}{|}}{CH}}-\overset{5}{CH_3}$$

4-甲基戊-1-炔-3-醇

命名脂环醇时,以醇为母体,从羟基所连的环碳原子开始对碳环编号,使环上的其他取代基处于较小位次。命名芳香醇时,以侧链的脂肪醇为母体,将芳基作为取代基。例如：

环戊醇   3-甲基环己-1-醇   2-苯基丙-1-醇

课 堂 活 动

请采用系统命名法对薄荷醇进行命名。

薄荷醇

命名多元醇时,应选择尽可能多的羟基所连碳原子在内的最长碳链作主链,将羟基的位次与数目写在母体名称前面。例如:

H₃C—CH—CH—OH
　　　|　　|
　　　OH　CH₃

丁-2,3-二醇

CH₂—CH₂—CH₂
|　　　　　　|
OH　　　　　OH

丙-1,3-二醇

2-甲基环己-1,4-二醇

课 堂 活 动

将下面醇归类,并给出系统名称。结合前面烯烃、卤代烃的内容,思考如何得到一个邻二醇。

三、醇的性质

(一) 物理性质

在常温常压下,C_1~C_4的醇为无色液体、C_5~C_{11}的醇为油状黏稠液体,C_{12}及以上的醇则为无色蜡状固体。低级醇的沸点比相对分子质量相近的醚、烷烃都要高得多。如甲醇(相对分子质量为32)的沸点为65℃,甲醚(相对分子质量为46)的沸点为–25℃,而乙烷(相对分子质量为30)的沸点仅为–88.6℃。这是因为醇在液态时分子间能形成氢键,而醚和烷烃不能形成氢键。

低级醇(C_1~C_3)和多元醇可与水形成氢键,能与水混溶,随着碳原子数增多,烃基体积逐渐增大,羟基与水形成氢键的能力减弱,醇在水中的溶解度逐渐下降。

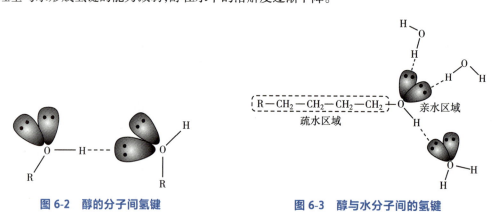

图 6-2　醇的分子间氢键

图 6-3　醇与水分子间的氢键

课 堂 活 动

维生素有水溶性维生素和脂溶性维生素。预测下面两个维生素分别属于哪一类,并给出你的解释。

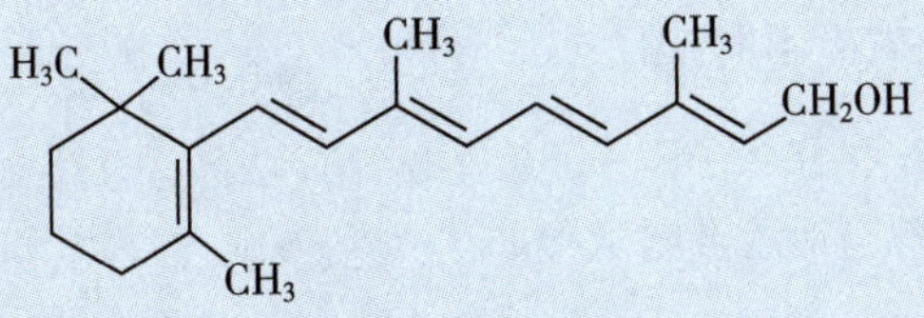

维生素 A（视黄醇） 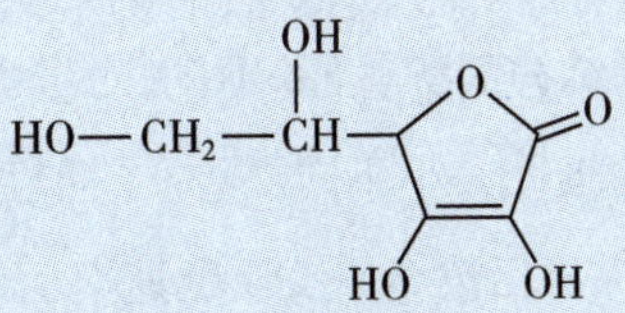　　　　　　维生素C（抗坏血酸）

知识链接

多羟基化合物的药用价值

随着羟基数目的增加，多元醇分子与水分子形成氢键的机会增多，所以临床上常将多羟基化合物用作脱水药。如20%甘露醇（己六醇）溶液能提高血浆渗透压，使组织间液水分向血管内转移，产生组织脱水和利尿作用，降低颅内压和眼压，以消除水肿。此外，山梨醇、葡萄糖等也有此药效。

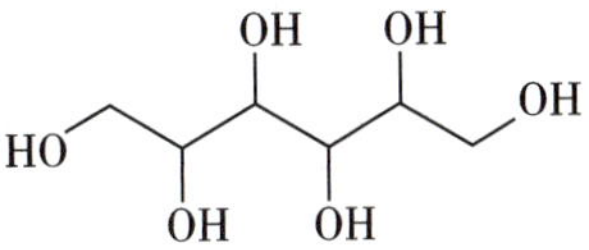

甘露醇

（二）化学性质

醇的化学性质主要发生在官能团羟基上，氧和氢电负性差异较大，因而羟基是强极性基团，容易发生 O—H 键断裂反应，显示酸性；其次羟基氧与烃基碳之间的键也是极性的，也可以发生 C—O 键断裂，发生羟基取代反应；由于羟基具有吸电子诱导效应，因而对醇碳链上的 α- 碳氢键和 β- 碳氢键产生活化，分别发生氧化和消除反应。

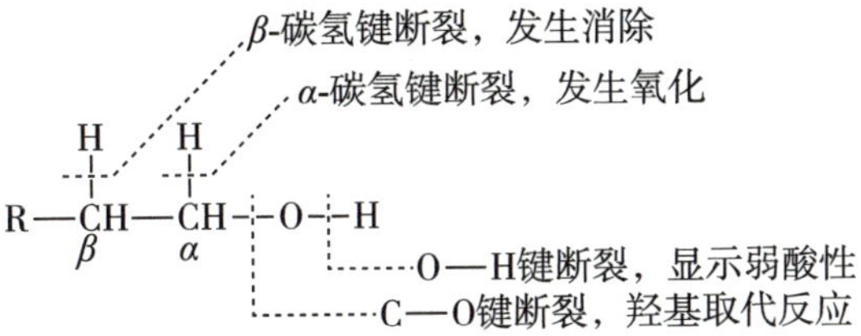

1. 与活泼金属的反应　醇与水类似，都含有极性羟基，能与钠、钾等活泼金属作用，生成醇的金属化合物并放出氢气。由于醇分子中烷基的给电子诱导效应，使得醇羟基中氢原子的活性要比水分子中氢原子的活性弱，即醇的酸性比水还要弱，因而醇与金属钠反应比水缓和。实验室常利用此性质来处理残余的金属钠。

$$2R—OH + 2Na \longrightarrow 2R—ONa + H_2\uparrow$$

$$2C_2H_5—OH + 2Na \longrightarrow 2C_2H_5—ONa + H_2\uparrow$$

醇与金属钠生成离子化合物醇钠，可视为强碱弱酸盐，其碱性比氢氧化钠还要强，遇水迅速水解成醇和氢氧化钠，溶液中滴入酚酞试液后显红色。

$$C_2H_5 - ONa + H_2O \longrightarrow NaOH + C_2H_5 - OH$$

不同结构的醇,烃基不同,对羟基的诱导效应不同,因而羟基的极性大小不同,氢原子活性也不同。羟基氢原子活性越高,与活泼金属反应的速率也就越快,醇与活泼金属反应速率有如下规律:甲醇>伯醇>仲醇>叔醇。

课堂活动
结合诱导效应解释为什么活泼金属与伯醇、仲醇、叔醇反应的速率顺序是伯醇>仲醇>叔醇。

2. 与无机酸的反应

(1)与含氧无机酸的反应:醇能与含氧无机酸(如硝酸、亚硝酸、硫酸和磷酸等)作用,通常也是醇的羟基氧氢键断裂与无机酸的羟基脱水生成无机酸酯,因而又称酯化反应。例如:

$$C_2H_5 - \overline{\underline{OH + HO}} - NO_2 \underset{}{\overset{浓H_2SO_4}{\rightleftharpoons}} C_2H_5 - ONO_2 + H_2O$$

硝酸乙酯

酯化反应通常比较缓慢,需在催化剂作用下进行,且具有明显可逆性,酯化反应既是人体内重要的代谢反应,也是合成酯类药物的基本反应。在第八章中我们还将进一步讨论酯化反应的规律。

知识链接

无机酸酯的药用价值

硝酸甘油、硝酸异山梨酯等含氧无机酸酯具有扩张血管的作用,可缓解心绞痛。另外,磷酸酯也具有重要的药用价值,二磷酸腺苷(ADP)、三磷酸腺苷(ATP)用于临床以改善器官功能状态、提高细胞活力,用于心血管疾病、肝病的辅助治疗。

$$\begin{array}{l} CH_2 - \overline{OH} \quad \overline{HO} - NO_2 \\ CH - OH \; + \; HO - NO_2 \\ CH_2 - \overline{OH} \quad \overline{HO} - NO_2 \end{array} \overset{浓H_2SO_4}{\rightleftharpoons} \begin{array}{l} CH_2 - O - NO_2 \\ CH - O - NO_2 \; + \; 3H_2O \\ CH_2 - O - NO_2 \end{array}$$

三硝酸甘油酯(硝酸甘油)

(2)与氢卤酸的反应:醇与氢卤酸作用,醇中羟基被卤原子取代,生成难溶于反应体系的卤代烃。

$$R - OH + HX \longrightarrow R - X\downarrow + H_2O$$

反应速率与氢卤酸的酸性及醇的种类有关,相同醇与不同氢卤酸反应活性为:HI>HBr>HCl,酸性越强,反应速率越快。同一氢卤酸与不同类型醇反应活性为:叔醇>仲醇>伯醇。

可利用氢卤酸与不同结构的醇反应产生浑浊快慢进行区分。卢卡斯(Lucas)试剂(由浓盐酸和无水氯化锌混合而成)常用来区分6个碳以下的伯醇、仲醇、叔醇。室温下,叔醇迅速发生反应,立即出现浑浊;仲醇则需放置片刻才会出现浑浊或分层现象;伯醇在室温下数小时无浑浊或分层现象。

$$\begin{array}{c} R' \\ | \\ R - C - OH \\ | \\ R'' \end{array} + HCl \overset{ZnCl_2}{\underset{20℃}{\longrightarrow}} \begin{array}{c} R' \\ | \\ R - C - Cl\downarrow \\ | \\ R'' \end{array} + H_2O$$

同浓度盐酸酸性比氢溴酸弱,因而与醇反应相对较慢,氯化锌能够提高盐酸与醇的反应速率,是反应的催化剂。

醇与氢卤酸反应的本质

醇羟基氧原子上存在孤电子对,可以结合氢卤酸给出的质子形成质子化的醇,这个过程类似水结合氢离子形成水合氢离子。醇羟基一旦质子化后,容易以水的形式离去,同时羟基所连碳原子带有更多的正电荷,有利于卤负离子的进攻。

$$R-\overset{..}{\underset{..}{O}}H + H-X \rightleftharpoons R-\overset{+}{\underset{\overset{|}{H}}{O}}H + X^- \qquad\qquad H-\overset{..}{\underset{..}{O}}H + H^+ \rightleftharpoons H-\overset{+}{\underset{\overset{|}{H}}{O}}H\ (H_3O^+)$$

质子化的醇   水合氢离子

不同类型的醇与氢卤酸反应的机制不完全相同,但第一步都是羟基的质子化以形成易离去的中性水。

伯醇主要反应机制:卤负离子进攻羟基所连伯碳,同时羟基以水的形式离去,断键与成键同时发生。

$$X^- + RCH_2-\overset{+}{\underset{\overset{|}{H}}{O}}H \rightleftharpoons RCH_2-X + H_2O$$

叔醇主要反应机制:羟基以水的形式离去,生成相对稳定的叔型碳正离子,然后卤负离子与碳正离子连接成卤代烃,断键和成键分两步完成。

$$R-\overset{R'}{\underset{R''}{\overset{|}{\underset{|}{C}}}}-\overset{+}{\underset{\overset{|}{H}}{O}}H \rightleftharpoons R-\overset{R'}{\underset{R''}{\overset{|}{\underset{|}{C^+}}}} + H_2O \qquad\qquad R-\overset{R'}{\underset{R''}{\overset{|}{\underset{|}{C^+}}}} + X^- \rightleftharpoons R-\overset{R'}{\underset{R''}{\overset{|}{\underset{|}{C}}}}-X$$

仲醇主要以哪种反应机制进行需视具体情况而定。

课 堂 活 动

判断下面醇的类型;它们分别与卢卡斯试剂作用,说明其反应产生浑浊由快到慢的顺序。

$$H_3C-CH_2-\underset{\overset{|}{CH_3}}{CH}-OH \qquad\qquad H_3C-\underset{\overset{|}{CH_3}}{CH}-CH_2-OH \qquad\qquad (CH_3)_3C-OH$$

---

3. 脱水反应 醇在浓 H_2SO_4 或 H_3PO_4 催化下加热可发生脱水反应。醇脱水有两种方式,既可分子内脱水生成烯烃,也可分子间脱水生成醚。醇的脱水方式取决于醇的结构及反应条件。

(1)分子内脱水:醇能发生分子内脱水生成烯烃,属于 β- 消除反应。即醇羟基和 β-H 以水的形式脱去,α- 碳和 β- 碳之间形成双键。例如:将乙醇和浓硫酸加热到170℃,乙醇可经分子内脱水生成乙烯。

$$\underset{\overset{|}{H}}{CH_2}-\underset{\overset{|}{OH}}{CH_2} \xrightarrow[170℃]{浓H_2SO_4} H_2C{=}CH_2 + H_2O$$

当醇发生消除反应时,如果产物有多种可能时,主产物一般遵循札依采夫规则,即羟基消去含氢较少的 β- 碳上的氢,生成双键碳原子上连有较多烷基的烯烃(双键碳上烷基越多的烯越稳定)。例如:

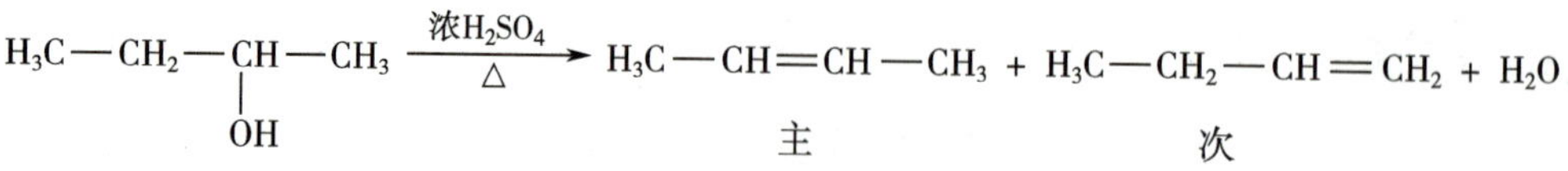

$$H_3C-CH_2-\underset{\underset{OH}{|}}{CH}-CH_3 \xrightarrow[\triangle]{浓H_2SO_4} H_3C-CH=CH-CH_3 + H_3C-CH_2-CH=CH_2 + H_2O$$
$$\qquad\qquad\qquad\qquad\qquad\qquad\qquad\qquad 主 \qquad\qquad\qquad 次$$

丁-2-醇在浓硫酸存在下,在低于170℃的温度下即可发生脱水,主要生成丁-2-烯;2-甲基丁-2-醇则只要在20%的硫酸和更低的温度下即可脱水,主要产物是2-甲基丁-2-烯。

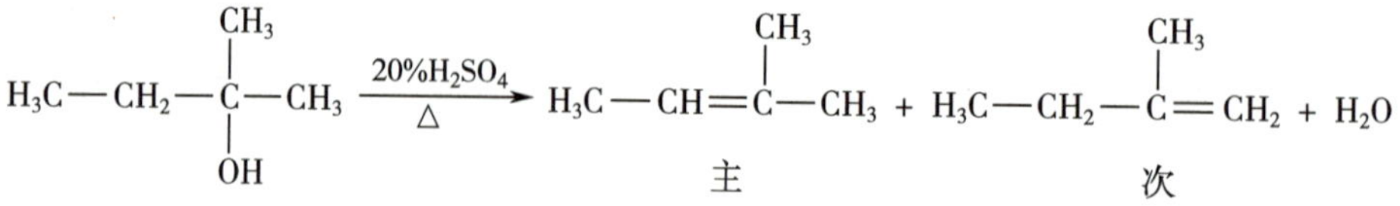

$$H_3C-CH_2-\underset{\underset{OH}{|}}{\overset{\overset{CH_3}{|}}{C}}-CH_3 \xrightarrow[\triangle]{20\%H_2SO_4} H_3C-CH=\overset{\overset{CH_3}{|}}{C}-CH_3 + H_3C-CH_2-\overset{\overset{CH_3}{|}}{C}=CH_2 + H_2O$$
$$\qquad\qquad\qquad\qquad\qquad\qquad\qquad\qquad 主 \qquad\qquad\qquad\qquad 次$$

课堂活动

预测丁-2-醇在强酸催化下,发生分子内脱水反应的产物。若有多种产物时,哪种是主要产物?依据是什么?如果考虑产物的构型异构,则哪个构型是主要产物,判断的依据是什么?

由上述3种醇脱水成烯的反应不难发现,不同结构的醇发生分子内脱水反应的难易程度是不同的,其反应活性顺序为:叔醇>仲醇>伯醇。

知识链接

醇脱水消除的反应机制

醇的脱水反应也是首先醇羟基质子化引起的反应。

第1步:醇羟基质子化变成一个容易离去的基团(水分子);

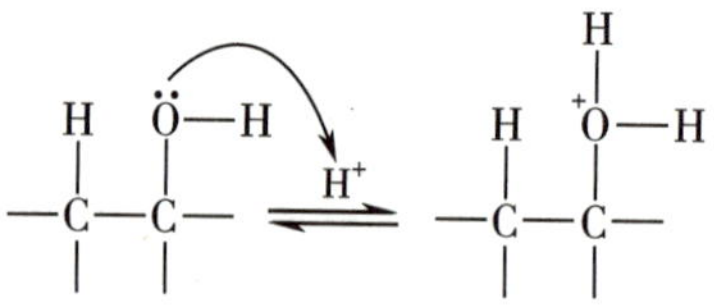

第2步:氧带着碳氧键的一对电子以水的形式离去,生成碳正离子;

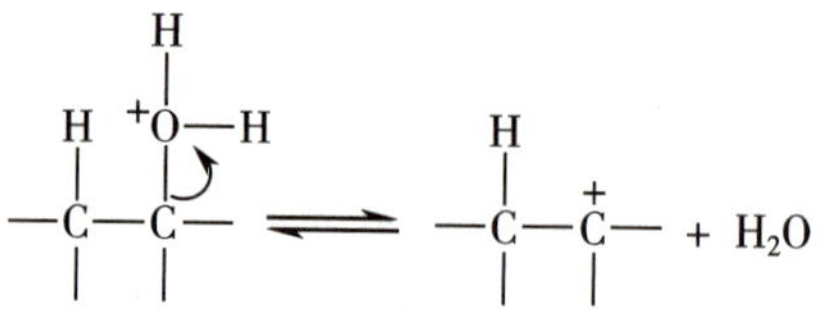

第3步:碳正离子迫使邻位碳上的氢原子以质子形式离去,生成碳碳双键。

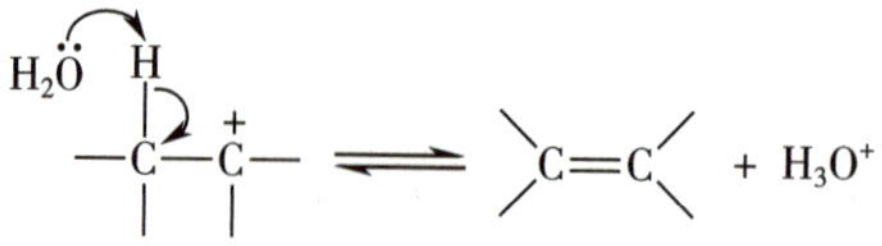

(2)分子间脱水:醇能发生分子间脱水生成醚,即2分子醇羟基脱去1分子水。例如,乙醇在浓硫酸存在下加热到140℃,可经分子间脱水生成乙醚。

$$CH_3-CH_2\underset{\overline{}}{+}OH + H\underset{\overline{}}{|}O-CH_2-CH_3 \xrightarrow[140℃]{\text{浓}H_2SO_4} CH_3-CH_2-O-CH_2CH_3 + H_2O$$

醇的分子间脱水和分子内脱水是一对竞争反应,往往同时发生。不同结构的醇,不同的反应条件,反应的主要方向不同。一般情况下,温度高有利于分子内脱水成烯;低温有利于分子间脱水成醚;叔醇倾向于发生分子内脱水,伯醇更易于发生分子间脱水。由此可见,掌握了这些反应规律,就可以对反应加以控制和利用。

4. 氧化反应 醇分子中由于羟基吸电子诱导效应的影响,使得 $α$-H 比较活泼,容易被氧化剂氧化。例如,在酸性重铬酸钾作用下,伯醇首先氧化为醛,醛继续氧化为羧酸;仲醇则氧化为相应的酮。

$$\underset{\text{伯醇}}{R-\overset{OH}{\underset{|}{C}}H-H} \xrightarrow{[O]} \underset{\text{醛}}{R-\overset{O}{\overset{\|}{C}}-H} \xrightarrow{[O]} \underset{\text{羧酸}}{R-\overset{O}{\overset{\|}{C}}-OH}$$

$$\underset{\text{仲醇}}{R-\overset{OH}{\underset{|}{C}}H-R'} \xrightarrow{[O]} \underset{\text{酮}}{R-\overset{O}{\overset{\|}{C}}-R'}$$

$$R-\overset{OH}{\underset{\underset{R''}{|}}{\overset{|}{C}}}-R' \xrightarrow[×]{[O]}$$

由上述反应通式可知,醇在氧化剂作用下,羟基氢原子与 $α$-H 一起脱去,通常与氧化剂中的氧原子结合为水,碳氧形成双键。叔醇因没有 $α$-H,因而一般不发生氧化。此外,伯醇、仲醇在高温下通过活性金属铜或银,可以发生脱氢氧化,羟基氢与 $α$-H 以氢气形式脱去,生成相应的醛和酮。

课堂活动

分析乙醇、异丙醇、环己醇和叔丁醇的结构,判断能否被重铬酸钾氧化,若能被氧化,请写出氧化产物。

伯醇、仲醇被重铬酸钾的酸性溶液氧化时发生明显的颜色变化,由橙红色($Cr_2O_7^{2-}$)转变为绿色(Cr^{3+}),叔醇在同等条件下不发生反应,所以利用该反应可将叔醇与伯醇、仲醇区分开。

ER 6-3

叔醇为何能
使强酸性
$K_2Cr_2O_7$ 溶
液变色

案例分析

案例:某患者长期过量饮酒,造成酒精中毒,严重损伤胃、肝脏、神经系统、心脑血管系统,危及生命。

分析:酒精进入人体后,约10%的酒精经呼吸、出汗等方式排出体外,约20%由胃黏膜吸收,其余经小肠吸收进入血液,然后随血液流到各个器官,主要分布在肝脏和大脑中。乙醇在体内的代谢过程主要在肝脏中进行,在乙醇脱氢酶的催化下,乙醇被氧化成乙醛,乙醛对人体有害,但它很快会在乙醛脱氢酶的作用下氧化成乙酸,而乙酸是可以被机体细胞利用的,所以适量饮酒并不会造成酒精中毒。但酒精在人体内的代谢速率是有限度的,如果饮酒过量,酒精就会在体内器官(特别是肝脏和大脑)中蓄积,最终引起酒精中毒症状,严重时引起昏睡、昏迷,甚至会因心脏被麻痹或呼吸中枢失去功能而导致窒息死亡。

$$CH_3-\underset{\underset{乙醇}{\displaystyle H}}{\overset{\displaystyle OH}{|}}CH \xrightarrow{酶} CH_3-\underset{\underset{乙醛}{\displaystyle H}}{\overset{\displaystyle O}{\parallel}}C \xrightarrow{酶} CH_3-\underset{\underset{乙酸}{}}{\overset{\displaystyle O}{\parallel}}C-OH$$

5. 多元醇的特性　多元醇分子中羟基较多,醇分子之间、醇分子与水分子之间形成氢键的机会多,因而低级多元醇的沸点比同碳原子数的一元醇的沸点高得多。羟基的增多会使醇具有甜味,丙三醇具有甜味,俗称甘油;含有 5 个羟基的木糖醇用作糖尿病患者的食糖代用品。

多元醇除具有与一元醇相似的化学性质之外,还有其特殊性质,如乙二醇、丙三醇等具有邻二醇结构($-\underset{\underset{OH}{|}}{\overset{|}{C}}-\underset{\underset{OH}{|}}{\overset{|}{C}}-$)的多元醇能与氢氧化铜作用生成深蓝色的物质,利用此反应可以鉴别具有邻二醇结构的多元醇。

知识链接

生活中常见的几种醇

甲醇俗称木醇或木精,具有酒精气味,能与水和多数有机溶剂混溶。甲醇一旦进入体内,很快被肝脏中的脱氢酶催化氧化成甲醛和甲酸,甲醛和甲酸对人体毒性较大,误饮少量甲醇(10ml)可致人失明,多量(30ml)可致死。

乙醇俗称酒精,易燃,沸点为78℃,能与水混溶。乙醇能使细菌的蛋白质变性,临床上常用75%酒精作外用消毒剂;用30%~50%酒精对高热患者进行擦浴,以降低体温;而95%酒精为药用酒精,用于制备酊剂、醑剂及提取中草药中的有效成分。

丙三醇俗称甘油,为无色黏稠状、具有甜味的液体,沸点为290℃,比水重,能与水以任意比例混溶。无水甘油有很强的吸湿性,稀释后的甘油刺激性缓和,能润滑皮肤。药物制剂上常用作溶剂、赋形剂和润滑剂,还常作为化工、合成药物的原料,用途非常广泛。

点滴积累

1. 官能团羟基与脂肪烃中的碳原子相连即为醇。
2. 羟基连接伯、仲、叔碳形成伯、仲、叔醇。
3. 利用不同类型的醇与卢卡斯试剂反应的活性顺序(叔醇>仲醇>伯醇),可区分 6 个碳原子以下的伯醇、仲醇、叔醇。
4. 醇的脱水方式与温度和结构有关,高温下发生分子内脱水生成烯烃,低温则发生分子间脱水生成醚。
5. 具有 α-H 的伯醇、仲醇能被氧化,叔醇难以被氧化;伯醇氧化成醛,再氧化成羧酸;仲醇氧化成酮。

第二节　酚

酚是羟基连接在芳环上的一类化合物,其具有与醇相同的官能团羟基。

课堂活动

通过对醇的学习,预测酚可能具有哪些性质,并在后续酚的性质中验证你的预测。

一、酚的结构和分类

1. 结构　酚羟基中的氧原子一般认为是 sp^2 杂化,一对孤电子对处于未杂化的 p 轨道上,与苯环大 π 键的轨道形成 p-π 共轭结构,而醇中氧原子为 sp^3 杂化,且没有共轭结构,因而酚的性质与醇差异较大。

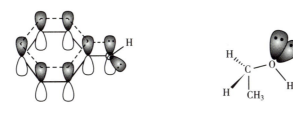

苯酚的p-π共轭结构　　　　　　　乙醇没有共轭结构

图 6-4　苯酚与乙醇结构的比较

2. 分类　根据分子中所含芳基的不同,可分为苯酚、萘酚等,其中萘酚又分为 α- 萘酚和 β- 萘酚。

苯酚　　　　　α-苯酚（苯-1-酚）　　　　　β-苯酚（苯-2-酚）

也可以根据酚羟基数目不同,分为一元酚、二元酚和三元酚等。一般二元以上的酚又称多元酚。

一元酚　　　　　　二元酚　　　　　　三元酚

二、酚的命名

简单酚的命名是先写出取代基的位次、数目和名称,然后接芳环名称,最后标出酚羟基位次,以

酚字结尾。当苯环上连有两个取代基时,也可以用"邻""间""对"命名。例如:

| 2-甲基苯酚
(邻甲苯酚) | 3-甲基苯酚
(间甲苯酚) | 4-甲基苯酚
(对甲苯酚) | 8-甲基萘-1-酚 |

命名二元或多元酚时,要标明多个酚羟基的相对位置,也可以用"邻""偏""均"表示酚羟基位置关系。对结构复杂的酚类可以将酚羟基作为取代基来命名。

| 苯-1,2-二酚
(邻苯二酚) | 苯-1,2,3-三酚
(邻苯三酚) | 苯-1,3,5-三酚
(均苯三酚) | 3-羟基苯甲醇 |

另外,有些酚有时也使用俗名命名,例如,苯酚又称石炭酸,邻苯二酚又称儿茶酚等。

三、酚的性质

(一) 物理性质

在常温下,酚类化合物多数为结晶性固体,少数酚为高沸点液体,如甲酚类。沸点高的主要原因是分子中的酚羟基能形成分子间氢键。酚具有特殊的气味,能溶于乙醇、乙醚、苯等有机溶剂。酚与水也能形成氢键,因而在水中有一定的溶解度,但由于烃基部分较大,所以溶解度不大,加热时易溶于水,多元酚因羟基增多,与水形成氢键的能力增强,水溶解性也随之增大。

(二) 化学性质

酚和醇都含有羟基,因而两者具有许多相似性质,如都能与活泼金属反应、与含氧无机酸成酯等。但由于酚羟基与芳环形成共轭结构,因而与醇的化学性质具有显著差异。两者比较如下:

苯酚中共轭结构的存在,使酚羟基易解离,酸性比醇强得多。酚羟基氧原子与苯环共轭,难以发生像醇那样的羟基取代反应。羟基与苯环共轭,使苯环电子云密度增大,活化了苯环上的亲电取代反应,而醇一般不存在共轭作用。

1. 弱酸性　由于酚羟基氧原子与苯环形成了 p-π 共轭体系,使氧原子上的电子云密度降低,有带正电倾向,使氧氢键的电子云进一步向氧原子偏移,增强了氧氢键的极性,有利于苯酚解离成苯氧负离子和氢离子,显示弱酸性。

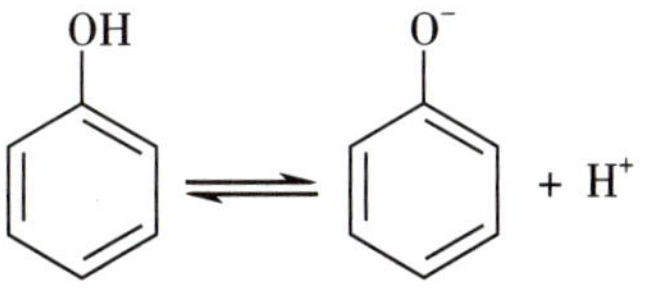

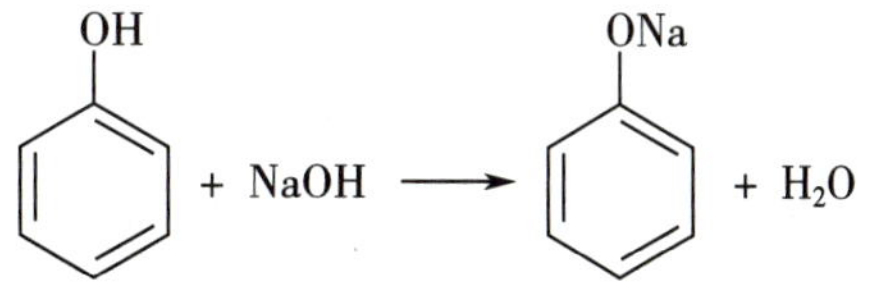

苯酚的酸性(pK_a=10.0)比乙醇大得多(乙醇的 pK_a=15.9),但是比碳酸(pK_a=6.35)要弱,因而酚类一般都是弱酸。苯酚除了能和活泼金属反应产生氢气之外,还能与氢氧化钠、碳酸钠等反应生成易溶于水的苯酚钠。若向苯酚钠溶液中通入二氧化碳,则苯酚又游离出来而使溶液变浑浊。利用酚的这一特性,可对其进行分离纯化。

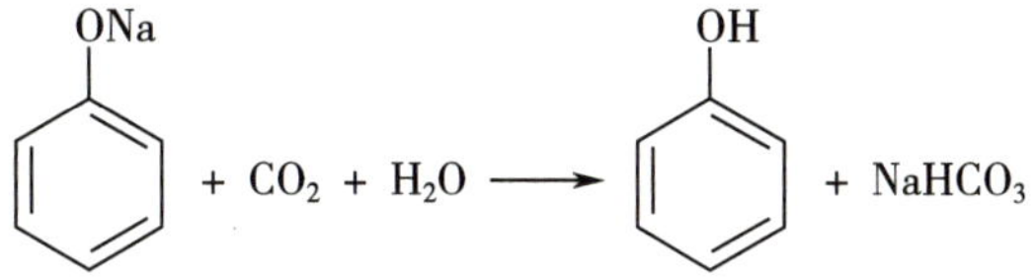

酚的酸性受芳环上所连基团性质的影响,当芳环上连有给电子基时,酸性减弱,如对甲苯酚(pK_a=10.9);当连有吸电子基时,酸性则会增强,如 2,4,6- 三硝基苯酚(pK_a=0.38),由于硝基是强吸电子基,且 3 个硝基诱导效应叠加使其酸性几乎与无机强酸相当。

课 堂 活 动

1. 下面两个化合物都是微溶于水的物质,但其中一个能在氢氧化钠溶液中溶解,另一个是微溶。
(1)解释这两种化合物在氢氧化钠溶液中溶解性差异的原因。
(2)设计一个方案,将它们分离开来。

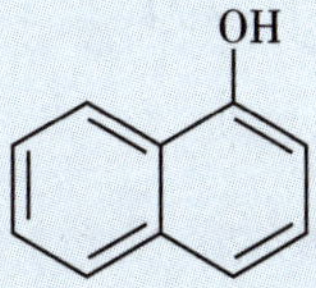

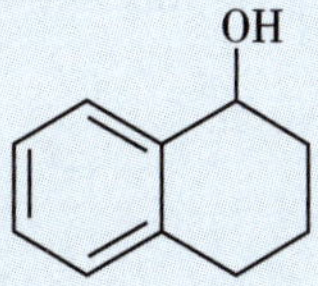

2. 请将下列化合物按酸性由强到弱排序。

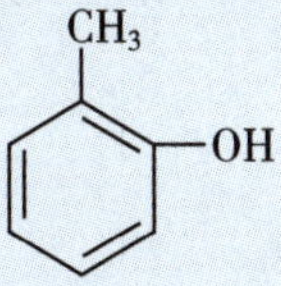

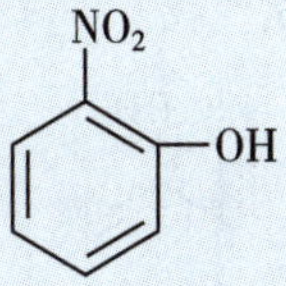

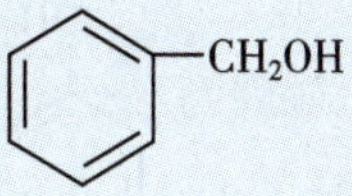

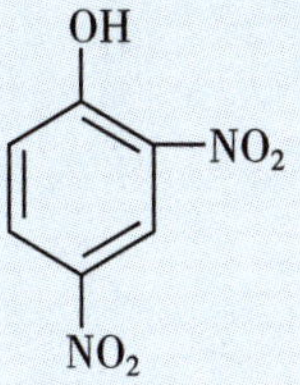

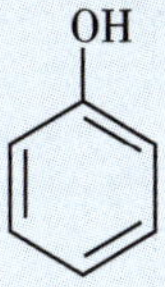

2. 与三氯化铁的显色反应 含酚羟基的化合物大多数都能与三氯化铁溶液发生显色反应。如苯酚、间苯二酚、苯 -1,3,5- 三酚显紫色;甲苯酚显蓝色;邻苯二酚、对苯二酚显绿色;苯 -1,2,3- 三

酚显红色。酚的这一特性可用于酚的鉴别。显色作用的机制尚不十分清楚,一般认为是酚与铁生成了有色的金属配合物的缘故。

除酚类外,具有烯醇式($-\overset{\underset{\textstyle OH}{|}}{C}=\overset{|}{C}-$)结构的有机化合物与三氯化铁也可发生显色反应。

3. 氧化反应　酚类化合物很容易被氧化,无色的苯酚在空气中能逐渐被氧化而显浅红色、红色或暗红色,产物很复杂。若用重铬酸钾的酸性溶液作氧化剂,苯酚能被氧化成对苯醌。多元酚更易被氧化,甚至在室温也能被弱氧化剂氧化。因此在保存酚以及含有酚羟基的药物时应避免与空气接触,必要时须添加抗氧化剂。酚类常用作抗氧化剂添加到食品和药品中。

含酚羟基药物的贮存

$$\text{苯酚} \xrightarrow[\text{H}^+]{\text{K}_2\text{Cr}_2\text{O}_7} \text{对苯醌}$$

4. 苯环上的取代反应　由于酚羟基与苯环形成了 p-π 共轭体系,使苯环上的电子云密度增加,尤其是羟基的邻、对位电子云密度更高,因此在苯酚的邻、对位很容易发生卤代、硝化和磺化等亲电取代反应。

(1)卤代反应:苯酚极易发生卤代反应。苯酚溶液与溴水作用,立即生成不溶于水的 2,4,6- 三溴苯酚白色沉淀。

$$\text{苯酚} + 3\text{Br}_2 \xrightarrow{\text{H}_2\text{O}} \text{2,4,6-三溴苯酚} \downarrow + 3\text{HBr}$$

2,4,6-三溴苯酚（白色）

该反应非常灵敏,现象明显且定量进行,因此常用于苯酚的定性和定量分析。若反应在低温、非极性溶剂(如 CCl_4、CS_2 等)中进行,可得一溴代物。

$$\text{苯酚} + \text{Br}_2 \xrightarrow[0\,℃]{\text{CCl}_4\text{或CS}_2} \text{对溴苯酚(主)} + \text{邻溴苯酚(次)} + \text{HBr}$$

主　　　　次

课 堂 活 动

回忆一下芳香烃与溴的取代反应,并与苯酚与溴的反应进行比较,思考两种反应之间有什么异同点,为什么两者差异如此显著。

(2)硝化反应:苯酚在室温下与稀硝酸反应可生成对硝基苯酚和邻硝基苯酚。

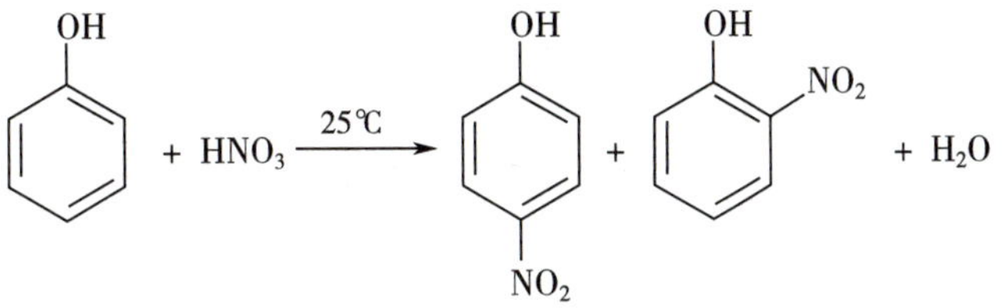

对硝基苯酚可形成分子间氢键,成为缔合体,挥发性小,不能随水蒸气蒸出,而邻硝基苯酚可形成分子内氢键,阻碍其与水形成氢键,水溶性降低,挥发性大,可随水蒸气蒸出,因而对硝基苯酚和邻硝基苯酚可用水蒸气蒸馏法分离。

(3)磺化反应:苯酚磺化反应的产物与反应的温度密切相关。在25℃时主要生成邻羟基苯磺酸,在100℃时主要生成对羟基苯磺酸。

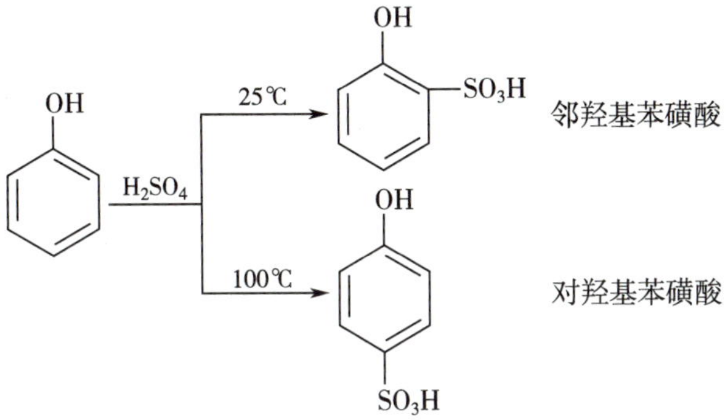

知识链接

常见的酚在医药中的应用

苯酚俗称石炭酸,能凝固蛋白质,具有杀菌作用,可用作消毒剂。苯酚的浓溶液对皮肤有腐蚀性,使用时应特别注意。苯酚易被氧化,应贮藏于棕色瓶内并注意避光。

甲苯酚有邻、间、对3种异构体,因其来源于煤焦油,因此又称煤酚。煤酚的杀菌能力比苯酚强。它难溶于水,能溶于肥皂溶液,故常配成47%~53%的软肥皂溶液,俗称"来苏儿",临用时加水稀释,用于器械和环境消毒。但由于煤酚对人体毒性较大,并会污染水和环境,已逐渐被其他消毒剂替代。

苯二酚有邻、间、对3种异构体。邻苯二酚又称儿茶酚,在生物体内则以其衍生物的形式存在,如肾上腺素就是邻苯二酚的一个重要的衍生物,有升高血压和止喘的作用;人体代谢的中间产物3,4-二羟基苯丙氨酸(DOPA)也是邻苯二酚的衍生物。

间苯二酚又称雷琐辛,由人工合成。间苯二酚具有杀灭细菌和真菌的能力,刺激性较小,临床上用于治疗皮肤病,如湿疹、癣症等。

对苯二酚又称氢醌,常以苷的形式存在于植物体内,常用作还原剂,还可用作抗氧化剂,以保护其他物质不被氧化。

第三节　醚

醚是化学式为 R—O—R′ 的化合物,其中 R 和 R′ 可以相同或不同,可以是烷基,也可以是芳香烃基。醚键

(—C̶—O—C̶—) 是醚的官能团。

一、醚的结构和分类

1. 结构　醚结构上可看作水分子中两个氢原子分别被两个烃基替换形成的化合物,氧原子的两对孤电子对分别占据 1 个 sp^3 杂化轨道,醚的性质主要与氧原子上的孤电子对密切相关。

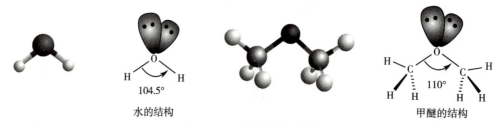

图 6-5　水和甲醚结构的比较

甲醚中两个甲基之间的范德华斥力较大,因而键角相对比水分子的键角要大一些。

2. 分类　根据氧原子相连烃基的结构不同,可将醚分为单醚、混醚和环醚。氧原子连 2 个相同烃基称为单醚,如乙醚;连 2 个不同烃基时称为混醚,如乙甲醚。氧原子连接的两个烃基又连接成环时称为环醚,如环氧乙烷。

$$CH_3—O—CH_3 \qquad CH_3CH_2—O—CH_3$$

　　单醚　　　　　　　　混醚　　　　　　　　环醚

也可根据氧原子连接烃基类型进行分类,2 个烃基都是脂肪烃基的为脂肪醚;1 个或 2 个烃基是芳香烃基的则为芳香醚。

$$CH_3CH_2-O-CH_2CH_3$$

脂肪醚   芳香醚   芳香醚

二、醚的命名

命名单醚时,先写出烃基名称(基字常省略),再加"醚"字即可,烃基前的"二"字可省略,命名为"某醚"。例如:

$$CH_3-O-CH_3$$ $$CH_3CH_2-O-CH_2CH_3$$

二甲基醚(甲醚)   二乙基醚(乙醚)   二苯基醚(苯醚)

命名混醚时,则按照烃基英文首字母顺序先后书写。例如:

$$CH_3-O-CH_2CH_3$$ $$CH_3CH_2-O-\underset{\underset{CH_3}{|}}{CH}CH_3$$

乙基甲基醚(乙甲醚)   异丙基乙基醚   甲基苯基醚(甲苯醚)

环醚可以称为环氧某烷,或按杂环化合物的名称命名(可参考第十一章有关内容学习)。例如:

环氧乙烷   1,4-环氧丁烷(四氢呋喃)

对于结构复杂的醚,采用系统命名法,将较简单的烃氧基作为取代基,较大的烃基作母体来命名。例如:

3-甲氧基己烷

5-甲氧基己-2-烯

> **知识链接**
>
> ### 医药中常用的醚类
>
> 乙醚在常温下为有特殊气味的无色易燃液体,易挥发,乙醚的蒸气与空气混合达一定比例时,遇明火可引起爆炸。乙醚比水轻,微溶于水,能溶解多种有机物,是一种良好的有机溶剂,常用于中草药中活性成分的提取。
>
> 环氧乙烷是最简单的环醚,为无色有毒的气体,溶于水、乙醇、乙醚等。环氧乙烷分子的环状结构不稳定,其性质很活泼,在酸或碱的催化下可与许多含活泼氢的化合物发生开环加成反应。环氧乙烷的穿透力强,可杀灭各种微生物,属于高效的气体灭菌剂,在临床上用于医疗器械、内镜及一次性医疗用品的消毒。

三、醚的性质

(一) 物理性质

常温下，除甲醚和乙甲醚为气体外，一般醚为无色、有特殊气味的液体，比水轻。醚分子中的氧原子分别与2个碳原子相连，不能形成分子间氢键，其沸点比分子质量相近的醇低得多，而与相对分子质量相当的烷烃接近。醚键的氧原子上存在孤对电子，可与水分子形成氢键，因而低级醚在水中具有较大溶解度，并易溶于有机溶剂，高级醚一般难溶于水。

醚常用作有机溶剂，例如乙醚是实验室中最常见的溶剂之一，也可用作提取剂。纯净的乙醚是外科手术的吸入性全身麻醉剂。低级醚具有高度挥发性，其蒸气易燃，与空气可形成爆炸性混合气体，使用时需特别注意安全问题。

(二) 化学性质

醚分子中的氧原子与2个烃基结合，分子极性较小，因此醚的化学性质相对稳定，与氧化剂、还原剂和碱都不反应。但其稳定性也是相对的，在一定条件下，醚也可以发生一些特有的反应。

1. 𨫼盐的生成　醚键氧原子含有未共用电子对，能接受质子，类似水结合质子形成水合氢离子，显示弱碱性，因而能与强酸（H_2SO_4、HCl 等）作用，以配位键的形式结合生成水溶性的𨫼盐。

$$R \overset{..}{\underset{}{O}} R + HCl \longrightarrow R \overset{H}{\underset{+}{\overset{|}{O}}} R \ Cl^-$$

醚的𨫼盐可视为强酸弱碱盐，水中不稳定，加水稀释即可游离出原来的醚。因而利用此反应可以将醚与烷烃或卤代烃区分开，也可以将少量杂质醚从烷烃或卤代烃中除去。

2. 醚键的断裂　醚在强酸中能够形成盐而溶解。在浓的氢溴酸和氢碘酸中，加热发生醚键的断裂，生成卤代烃和醇（或酚），若酸足量，则生成的醇继续反应生成卤代烃。

$$R \overset{}{\vdots} O—R' \xrightarrow[\triangle]{HX} R—X + R'—OH \ (X=Br或I)$$

脂肪混醚断裂时，一般是小的烃基形成卤代烃；芳基烷基醚则因为氧原子与芳环共轭较难断裂，因而总是发生烷氧键断裂生成卤代烃和酚。

$$R \overset{}{\vdots} O— \xrightarrow[\triangle]{HX} R—X + HO— \quad (X=Br或I)$$

醚在强酸中的断键反应都是因醚分子中氧原子能接受强酸的质子，从而削弱了碳氧之间的键，卤负离子进攻氧连接的碳原子引发取代。醚键的这个性质与后续第十三章中糖苷酸性条件下的水解反应本质上存在一致性，要注意比较学习。

3. 过氧化物的生成　醚不能被高锰酸钾等强氧化剂氧化，但在空气中久置，能发生缓慢氧化，在 α- 碳原子与氢原

> **课 堂 活 动**
>
> 写出下面反应的产物。
>
> $$CH_3CH_2—O— + HBr \xrightarrow{\triangle}$$
>
> $$\begin{array}{c} O \\ \square \end{array} \xrightarrow[\triangle]{足量HBr}$$

子间插入 O_2,生成过氧化醚。例如,乙醚生成过氧乙醚。

$$CH_3CH_2-O-CH_2CH_3 + O_2 \longrightarrow CH_3CH_2-O-\overset{\overset{\displaystyle O-O-H}{|}}{C}HCH_3$$

过氧化物不稳定,受热容易分解而发生爆炸,所以蒸馏乙醚时不宜蒸干,以防止过氧化物产生而发生危险。采取一些简单措施就能够避免危险的发生。例如保存醚于密封的容器中,并及时使用。久置的乙醚在使用前应检验是否含有过氧化物,使用润湿的淀粉碘化钾试纸或 $FeSO_4$,显示蓝紫色;使用 KSCN 混合液,显红色,均表明醚中含有过氧化物。用 $FeSO_4$ 溶液或 Na_2SO_3 溶液等还原剂洗涤醚,以破坏其中的过氧化物。

知识链接

硫醚

硫醚可看作是醚分子中的氧原子被硫原子替代后的化合物,其通式为 R—S—R′。命名与醚相似,在"醚"前加"硫"字即可。例如:

$$CH_3CH_2-S-CH_2CH_3 \qquad CH_3-S-CH_2CH_3 \qquad C_6H_5-S-CH_3$$

乙硫醚   乙甲硫醚   甲苯硫醚

硫醚不溶于水,具有刺激性气味,沸点比相应的醚高。硫醚和硫醇一样,易被氧化,首先被氧化成亚砜($R-\overset{\overset{\displaystyle O}{||}}{S}-R$),进一步被氧化成砜($R-\overset{\overset{\displaystyle O}{||}}{\underset{\underset{\displaystyle O}{||}}{S}}-R$)。

二甲基亚砜($CH_3-\overset{\overset{\displaystyle O}{||}}{S}-CH_3$)英文缩写为 DMSO,是一种无色液体,既能溶解水溶性物质又能溶解脂溶性物质,是一种良好的溶剂和有机合成的重要试剂。DMSO 具有较强的穿透力,可在一些药物的透皮吸收制剂中作为促渗剂。

点滴积累

1. 简单醚称"某醚";混醚根据烃基英文首字母先后顺序命名;复杂结构的醚则采用系统命名法,将烃氧基看作取代基。
2. 醚的化学性质不活泼,对氧化剂、还原剂和碱都十分稳定,但能与强酸生成𨦡盐,溶于强酸。
3. 醚键一般断裂于小烃基或脂肪烃基一侧,生成卤代烃和醇(或酚)。作用最强的是 HI。
4. 久置的乙醚在使用前应检验是否含有过氧化物,避免发生爆炸事故。

复习导图

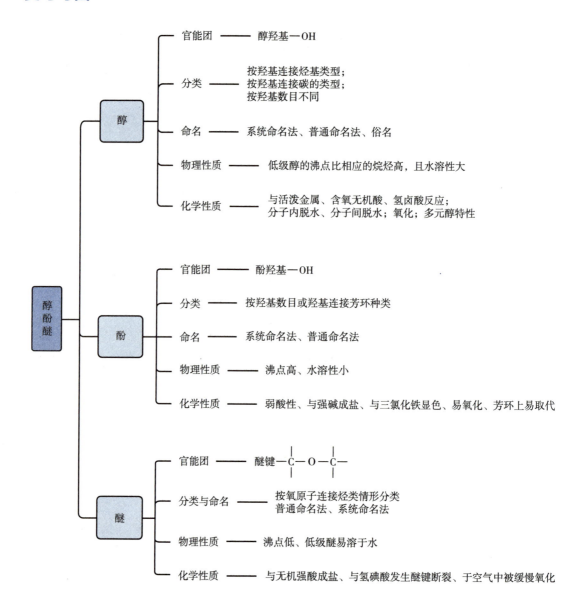

目标检测

一、命名或写出下列化合物的结构式

1. $H_3C—CH—CH—OH$
            $|$ $|$
            CH_3 CH_3

2. $H_2C=CH—CH—CH—CH_3$
                     $|$ $|$
                     OH CH_3

3. $H_3C—CH—C—CH_2CH_3$
            $|$ $|$
            OH CH_3
                  OH（在C上方）

4. CH_2CH_2OH（苯基）

5. H_3C—（环己烷，2个OH在相邻位）

6. （环己烷，OH与H）

7. （1,8-二甲基-2-萘酚结构式）

8. （3-羟基-1-萘磺酸结构式，SO₃H和OH）

9. （苯乙醚 —O—C₂H₅）

10. 2-甲基戊-4-烯-1-醇　　11. 反-1,3-环己二醇　　12. 苯-1,2,3-三酚

13. 对甲苯酚　　14. 2-溴萘-1-酚　　15. 异丙基乙基醚

二、写出下列各反应的主要产物

1. （苯）—CH₂OH + HNO₃ $\xrightleftharpoons{\text{浓} H_2SO_4}$

2. $H_3C-CH_2-\underset{\underset{CH_3}{|}}{CHOH}$ + HCl $\xrightarrow{ZnCl_2}$

3. $H_3C-\underset{\underset{CH_3}{|}}{CH}-\underset{\underset{OH}{|}}{CH}-CH_2-$（苯） $\xrightarrow[\triangle]{20\% H_2SO_4}$

4. $H_3C-\underset{\underset{OH}{|}}{CH}-\underset{\underset{CH_3}{|}}{CH}-CH_3$ $\xrightarrow[H_2SO_4]{K_2Cr_2O_7}$

5. （苯环，OH，CH₂OH）+ NaOH $\longrightarrow$

6. （苯环，CH₃，ONa）+ CO₂ + H₂O $\longrightarrow$

7. （苯环，OH，CH₃）+ Br₂ $\longrightarrow$

8. （苯环，OCH₃）+ HI $\longrightarrow$

三、用化学方法鉴别下列各组化合物

1. 正丁醇、仲丁醇和叔丁醇

2. 苯甲醇、苯酚和苯甲醚

四、推测结构

1. 化合物（A）的分子式为 $C_5H_{12}O$，能与金属钠反应放出氢气，与浓硫酸反应生成烯烃 C_5H_{10}（B），B 与 HCl 作用生成 $C_5H_{11}Cl$（C），C 与氢氧化钠水溶液共热，则生成 $C_5H_{11}OH$（D），D 氧化后生成 $(CH_3)_2CHCOCH_3$，请写出 A、B、C、D 的结构式。

2. 化合物（A）的分子式为 C_7H_8O，A 不溶于水、盐酸及碳酸氢钠溶液，但能溶于氢氧化钠溶液。当用溴水处理 A 时，能迅速生成分子式为 $C_7H_6OBr_2$ 的化合物（B），写出所有可能的 A 的结构式和相应的反应式。

五、简答题

设计一个简单的实验方法，分离苯甲醇、苯酚和苯甲醚的混合物。

（刘德智）

ER6-5

习题

实训七　醇和酚的性质

一、实训目的

1. 验证醇和酚的主要化学性质。
2. 掌握伯醇、仲醇、叔醇,具有邻二醇结构的多元醇以及苯酚等物质的鉴别方法。

二、实训仪器和试剂

1. **仪器**　试管、100ml 烧杯、水浴箱、酒精灯。
2. **试剂**　无水乙醇、金属钠、酚酞试液、正丁醇、仲丁醇、叔丁醇、3mol/L 硫酸、0.17mol/L 重铬酸钾溶液、卢卡斯试剂、2.5mol/L 氢氧化钠溶液、乙醇、0.3mol/L 硫酸铜溶液、甘油、0.2mol/L 苯酚溶液、饱和碳酸氢钠溶液、苯酚、饱和溴水、0.2mol/L 邻苯二酚溶液、0.2mol/L 苯甲醇溶液、0.06mol/L 三氯化铁溶液、0.03mol/L 高锰酸钾溶液。

三、实训原理

醇的官能团是羟基,其化学反应主要发生在羟基及与羟基相连的碳上,主要包括 O—H 键和 C—O 键的断裂,此外,由于 α-H 有一定的活泼性,因此还能发生氧化反应。具有邻二醇结构的多元醇能与氢氧化铜作用生成深蓝色的物质。由于酚羟基氧原子上的未共用电子对与苯环的 π 电子形成了 p-π 共轭体系,使氧原子上的电子云密度降低,增强了氢氧键的极性,所以苯酚显弱酸性。而 p-π 共轭体系的形成使苯环上的电子云密度增加,尤其是在羟基的邻、对位电子云密度更高,因此苯酚极易发生取代反应,如能与溴水生成白色沉淀。大多数酚类都能和三氯化铁溶液发生显色反应。酚类很容易被氧化。

四、实训内容

1. **醇与金属钠的反应**　取干燥试管 1 支,加入无水乙醇 0.5ml,再加入新切的绿豆大小的金属钠 1 粒,观察和解释变化。冷却后,加入纯化水少许,然后再加入酚酞试液 1 滴,观察和解释变化。

2. **醇的氧化反应**　取试管 4 支,分别加入正丁醇、仲丁醇、叔丁醇、纯化水各 3 滴,然后在以上 4 支试管中分别加入 3mol/L 硫酸、0.17mol/L 重铬酸钾溶液各 2~3 滴,振摇,观察和解释变化。

3. **与卢卡斯试剂的反应**　取干燥试管 3 支,分别加入正丁醇、仲丁醇、叔丁醇各 3 滴,在 50~60℃水浴中预热片刻。然后同时向 3 支试管中加入卢卡斯试剂 1ml,振摇,观察和解释变化。

4. **甘油与氢氧化铜的反应**　取试管 2 支,各加入 2.5mol/L 氢氧化钠溶液 1ml 和 0.3mol/L 硫酸铜溶液 10 滴,摇匀,观察现象。然后分别加入乙醇 2~3 滴、甘油 2~3 滴,振摇,观察变化。然后往深蓝色溶液中滴加浓盐酸直到显酸性,观察和解释变化。

5. 酚的弱酸性实验 取试管 2 支,编号,再各加入少许苯酚和 1ml 纯化水,振摇,观察现象。往 1# 试管中加 2.5mol/L 氢氧化钠溶液数滴,振摇,观察现象;往 2# 试管中加饱和碳酸氢钠溶液 1ml,振摇,观察和解释变化。

6. 苯酚与溴水的反应 在试管中加 0.2mol/L 苯酚溶液 2 滴,逐滴加饱和溴水,振摇,直至白色沉淀生成,观察和解释变化。

7. 酚与三氯化铁的反应 取试管 3 支,分别加入 0.2mol/L 苯酚溶液、0.2mol/L 邻苯二酚溶液、0.2mol/L 苯甲醇溶液各数滴,再各加入 0.06mol/L 三氯化铁溶液 1 滴,振摇,观察和解释变化。

8. 酚的氧化 在试管中加入 2.5mol/L 氢氧化钠溶液 5 滴、0.03mol/L 高锰酸钾溶液 1~2 滴,再加入 0.2mol/L 苯酚溶液 2~3 滴,观察和解释变化。

五、实训提示

1. 醇与金属钠反应的关键操作是试管和试剂必须是无水的,如果本实验过程中有水存在,金属钠首先与水发生反应,反应会很剧烈,并会对实验结果产生干扰。

2. 叔醇分子中没有 α-H,不能被重铬酸钾所氧化,但在强酸性条件下,叔醇有可能发生脱水反应,生成烯烃,烯烃氧化为羧酸和酮,所以会观察到橙红色变绿色,即出现"假氧化"现象。因此,本实验过程中,只要观察到伯醇、仲醇被氧化后,即可停止实验,以避免出现假氧化现象。

3. 卢卡斯试剂只适用于区分含 6 个碳原子以下的伯醇、仲醇、叔醇,而不能用来鉴别醇与其他物质。

4. 进行具有邻二醇结构的多元醇的鉴别实验时,应先制备氢氧化铜,然后加入醇,才能观察到非常明显的变化。而且制备氢氧化铜时,氢氧化钠应略过量。

5. 苯酚有较强的腐蚀性,使用苯酚时要注意安全。

6. 卢卡斯试剂的配制,即将 34g 溶解过的无水氯化锌溶于 23ml 浓盐酸中,冷却,以防氯化氢逸出,约得 35ml 溶液。

六、实训思考

1. 为什么乙醇与金属钠作用时必须使用干燥试管和无水乙醇?

2. 用什么试剂区分正丁醇、仲丁醇、叔丁醇?

3. 可用什么方法来区分一元醇和具有邻二醇结构的多元醇?

（刘德智）

第七章 醛、酮、醌

第七章
醛、酮、醌
(课件)

ER 7-1

> **学习目标**
>
> 1. **掌握** 醛和酮的结构、分类、命名和主要理化性质。
> 2. **熟悉** 醛和酮的鉴定方法。
> 3. **了解** 醌的命名和性质;常见醛、酮、醌在医药中的应用。

> **导学情景**
>
> **情景描述:**
>
> 羰基化合物主要包括醛、酮、醌,在日常生活中普遍存在,如新装修完房子释放出的甲醛、卸甲油的主要成分丙酮、绿色蔬菜中含有的丰富的维生素 K 都是含有羰基的化合物。
>
> **学前导语:**
>
> 含羰基官能团的药物(或医药中间体)较多,如肉桂醛是抗肿瘤、抗病毒药的主要成分,对硝基苯乙酮是合成氯霉素的原料。本章将主要介绍醛、酮、醌的结构、性质以及它们在医药领域中的应用。

碳原子以双键和氧原子相连的基团称为羰基,醛、酮、醌都是含有羰基的化合物,又称为羰基化合物。除甲醛外(甲醛中的羰基碳原子与 2 个氢原子相连),羰基分别与烃基和氢原子相连的化合物称为醛;羰基与 2 个烃基相连的化合物称为酮。羰基、醛和酮的结构通式如下:

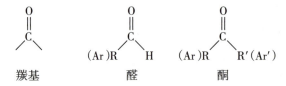

醛分子中的官能团称为醛基,可简写为—CHO,酮分子中的官能团为羰基(又称为酮基),可简写为—CO—。

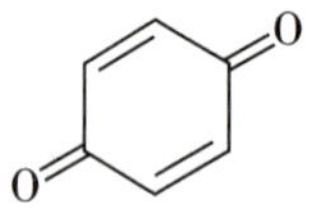

对苯醌、邻苯醌等是不饱和的环状共轭二酮,称为醌类化合物。

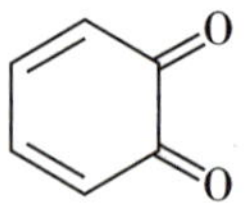

第一节　醛和酮

一、醛、酮的分类和命名

(一) 醛、酮的分类

1. 根据醛基或酮基所连接的烃基的种类不同,可将醛和酮分为 3 类,如表 7-1 所示。

表 7-1　醛和酮的分类

醛	实例	酮	实例
脂肪醛	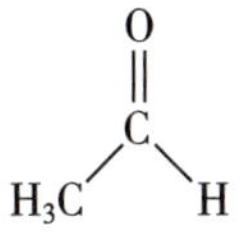	脂肪酮	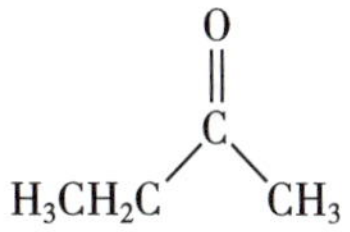
芳香醛	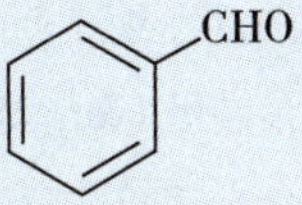	芳香酮	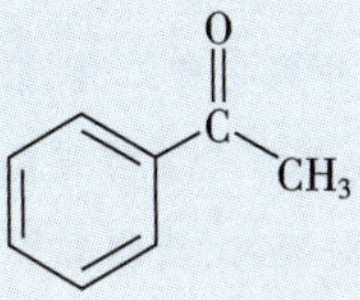
脂环醛	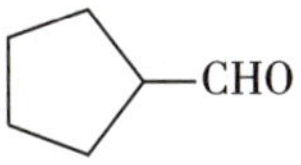	脂环酮	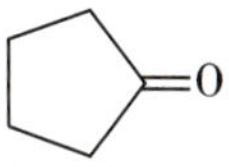

2. 根据烃基中是否含有不饱和键,将醛、酮分为饱和醛、酮与不饱和醛、酮。例如:

$$CH_3CH_2CHO \qquad CH_3COCH_3 \qquad H_2C=CHCHO \qquad CH_3COCH=CH_2$$

饱和醛、酮　　　　　　　　不饱和醛、酮

3. 根据分子中所含的羰基的数目不同,分为一元醛、酮与多元醛、酮。例如:

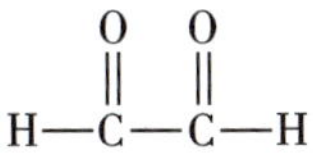

二元醛 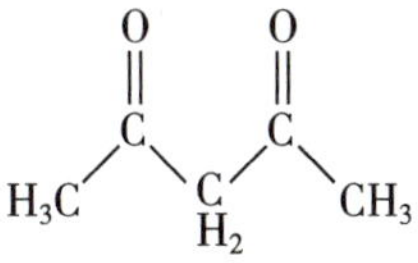　　　　　　　　二元酮

4. 一元酮分子中与羰基相连的两个烃基相同,称为单酮;两个烃基不相同的,称为混酮。例如:

单酮 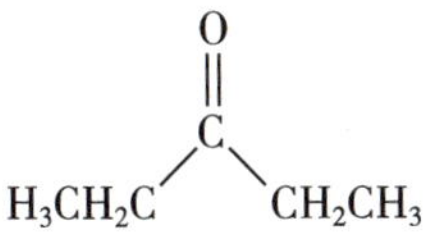 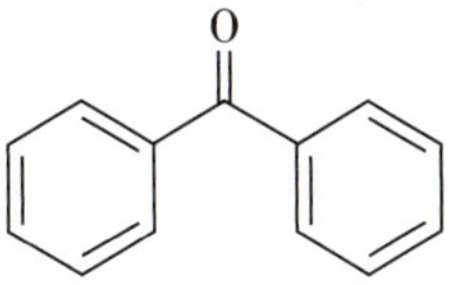　

混酮　

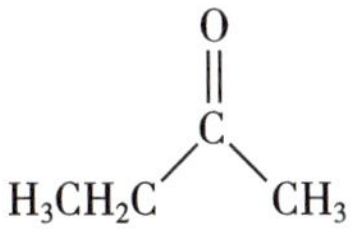

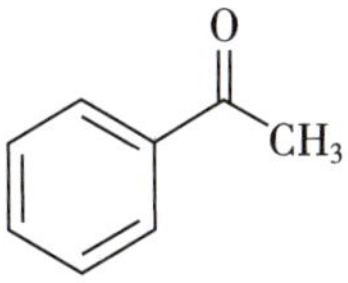

(二) 醛、酮的命名

1. **普通命名法**　简单的醛和酮一般采用普通命名法。脂肪醛的命名按所含的碳原子数称为

"某醛",脂肪酮根据羰基两端连有的烃基名称来命名,其命名的方式与醚相似,称为某基某基酮。通常依据英文首字母顺序前后排列。如:

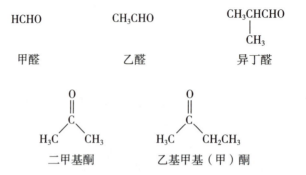

$$HCHO \qquad CH_3CHO \qquad \underset{\underset{CH_3}{|}}{CH_3CHCHO}$$

甲醛　　　　　　　　乙醛　　　　　　　　异丁醛

二甲基酮　　　　　　乙基甲基(甲)酮

常用的醛、酮在医药中的应用

1. 甲醛俗称蚁醛,在常温下是具有强烈刺激性气味的无色气体,易溶于水。甲醛有凝固蛋白质的作用,因此具有杀菌防腐能力。37%~ 40% 的甲醛水溶液称为福尔马林(formalin),是常用的消毒剂和防腐剂。甲醛有毒,对眼黏膜、皮肤都有刺激作用,过量吸入其蒸气会引起中毒。

2. 丙酮(二甲基酮)是无色、易挥发、易燃的液体,具有特殊气味。它能与水、乙醇、乙醚等混溶,是一种优良的溶剂。在生物体内,丙酮是糖类物质的分解产物,正常人的血液中丙酮的含量很低,但当人体代谢出现紊乱(如患糖尿病)时,体内的丙酮含量增加,并随呼吸或尿液排出。

2. 系统命名法　复杂的醛和酮采用系统命名法。

(1)命名饱和脂肪醛、酮时,应选择含有羰基的最长碳链为主链,按其含有的碳数称为"某醛"或"某酮";从靠近羰基的一端开始编号,使羰基位次最小,若羰基在主链两端的位次相同时,则要使取代基的位次最小,省略醛基的位次,在"酮"前注明酮基的位次;将取代基的位次、数目和名称写在母体名称前。也可依次用希腊字母 α、β、γ 等给非羰基碳原子编号。例如:

2-甲基丁醛(α-甲基丁醛)　　　　　3-甲基戊-2-酮

(2)命名芳香醛、酮时,以脂肪醛、酮为母体,将芳香烃基作为取代基。例如:

苯甲醛　　　　　　苯乙酮　　　　　　4-苯基丁-4-酮

(3)命名不饱和醛、酮时,选择含有羰基和不饱和键在内的最长碳链为主链,编号时应使羰基的位次最小。例如:

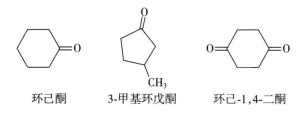

丁-2-烯醛（α-丁烯醛）   戊-1-烯-3-酮

（4）脂环酮的命名与脂肪酮相似，称为"环某酮"，编号从羰基碳原子开始。例如：

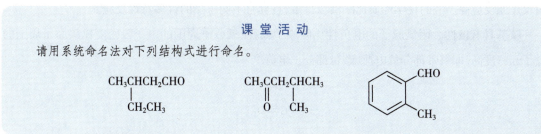

环己酮   3-甲基环戊酮   环己-1,4-二酮

课堂活动

请用系统命名法对下列结构式进行命名。

$$CH_3CHCH_2CHO \quad\quad CH_3CCH_2CHCH_3 \quad\quad$$

CH₂CH₃ 位于第一个结构式下方；O、CH₃ 位于第二个结构式下方；第三个为邻甲基苯甲醛结构（苯环上连 CHO 和 CH₃）。

二、醛和酮的性质

（一）醛和酮的物理性质

常温常压下，甲醛是气体，其余含 12 个碳原子以内的脂肪醛、酮均为液体，高级脂肪醛、酮及芳香酮多为固体。许多低级醛有刺鼻臭味，低级酮具有令人愉快的气味，含有 9~10 个碳原子的中级脂肪醛、酮具有特殊香味，可用于化妆品及食品工业。

知识链接

有香味的醛、酮

很多香水中都含有醛，如辛醛有水果香味，壬醛有玫瑰花香味。庚-2-酮有类似梨香味的水果香味，麝香酮和樟脑酮也都有特殊的香味。麝香是雄麝香囊中的分泌物，有强烈的香气，是一种名贵的香料，具有开窍、醒神、活血祛瘀等功效，外用还可镇痛、消肿。麝香的有效成分是麝香酮。

壬醛（玫瑰花香味）   麝香酮   樟脑酮

庚-2-酮（梨香味）

醛和酮的沸点比相对分子质量相近的烷烃、醚高,这是因为醛和酮是极性分子,分子间的静电引力较烃和醚更大;醛和酮的沸点比相对分子质量相近的醇低,这是因为醛和酮分子间不能像醇分子那样形成氢键。

低级醛、酮(甲醛、乙醛、丙酮)易溶于水,这是由于羰基氧原子与水分子中的氢原子之间形成氢键。随着相对分子质量的增加,其水溶性迅速降低,含 6 个碳以上的醛、酮几乎不溶于水,而易溶于苯、乙醚、四氯化碳等有机溶剂。芳香醛和芳香酮一般难溶于水。醛和酮的相对密度均小于 1。

(二) 醛和酮的化学性质

由于醛和酮都含有羰基,所以它们有许多相似的化学性质,主要有羰基的加成反应、α-H 的反应及还原反应等。醛的化学性质比酮活泼得多,且具有不同于酮的许多特性反应。

羰基具有极性。因氧原子的电负性比碳原子大,使氧原子周围的电子云密度比碳原子周围的电子云密度高,即氧带部分负电荷、碳带部分正电荷。

$$\overset{\delta^+}{\underset{}{C}}=\overset{\delta^-}{O}$$

1. 加成反应

(1) 与氢氰酸反应:醛、脂肪族甲基酮及 8 个碳原子以下的环酮与氢氰酸发生加成反应,生成的产物是 α-羟(基)腈,又称为 α-氰醇。其反应式为:

$$\underset{(H_3C)\ H}{\overset{R}{\diagup}}C=O + HCN \rightleftharpoons \underset{(H_3C)\ H}{\overset{R}{\diagup}}\overset{OH}{\underset{CN}{\diagdown}}C$$

氢氰酸极易挥发且有剧毒,所以一般不直接用氢氰酸进行反应。在实验室中,为了操作安全,常将醛、酮与氰化钾(钠)的水溶液混合,再滴入无机强酸以生成氢氰酸,且操作应在通风橱中进行。

知识链接

醛、酮的亲核反应历程

实验表明,反应体系的酸碱性对醛、酮与氰化钾(钠)的反应有很大的影响。在碱性条件下,反应速率较快;而在酸性条件下,反应速率较慢。这是因为氢氰酸是弱酸,在溶液中存在下列平衡:

$$HCN \underset{H^+}{\overset{OH^-}{\rightleftharpoons}} H^+ + CN^-$$

显然,加酸使 CN^- 浓度降低,加碱使 CN^- 浓度增高,这说明在反应中 CN^- 浓度起着重要的作用。一般认为,该反应分两步完成:

第一步,CN^- 进攻带部分正电荷的羰基碳原子,生成负离子中间体,这一步反应较慢。

第二步,负离子中间体迅速与氢离子结合,生成 α-羟(基)腈。

$$\diagdown C=O + CN^- \underset{}{\overset{慢}{\rightleftharpoons}} \diagup\!\!\!\!\overset{O^-}{\underset{CN}{C}}\!\!\!\!\diagdown \underset{快}{\overset{H^+}{\rightleftharpoons}} \diagup\!\!\!\!\overset{OH}{\underset{CN}{C}}\!\!\!\!\diagdown$$

像这种由亲核试剂首先进攻而引起的加成反应,称为<u>亲核加成反应</u>。

不同结构的醛、酮发生亲核加成反应的难易程度不同,由易到难的次序如下:

$$\overset{H}{\underset{H}{C}}{=}O > \overset{R}{\underset{H}{C}}{=}O > \overset{R}{\underset{H_3C}{C}}{=}O > \overset{R}{\underset{R'}{C}}{=}O$$

对于上述次序,可以从电子效应和立体效应两个方面来理解:①烷基是给电子基,与羰基相连后,降低羰基碳原子的正电性,因而不利于亲核加成反应;②烷基与羰基相连,增大了空间位阻,使亲核试剂不易接近羰基碳原子,亲核加成反应难于进行。

(2)与氨的衍生物反应:醛和酮都能与羟胺、肼、苯肼、氨基脲等氨的衍生物发生亲核加成反应,反应并不停留在加成这一步,加成产物脱水形成含有碳氮双键的化合物。其反应过程可用通式表示为:

ER 7-2
醛(酮)加成
反应的历程

$$\overset{R}{\underset{(R')H}{C}}{=}O + H{-}\overset{H}{\underset{}{N}}{-}G \longrightarrow \overset{R}{\underset{(R')H}{C}}\!\!\overset{\lceil OH\ H\rceil}{\underset{}{|}}\!N{-}G \xrightarrow{-H_2O} \overset{R}{\underset{(R')H}{C}}{=}N{-}G$$

上述反应也可简单地表示为:

$$\overset{R}{\underset{(R')H}{C}}{=}O + H_2N{-}G \longrightarrow \overset{R}{\underset{(R')H}{C}}{=}N{-}G + H_2O$$

上式中,$H_2N{-}G$ 代表氨的衍生物,G 代表不同的取代基。表 7-2 列出了几种常见的氨的衍生物及其与醛、酮反应的产物。

表 7-2　氨的衍生物及其与醛、酮反应的产物

氨的衍生物	反应产物
$H_2N{-}OH$ 羟胺	$\overset{R}{\underset{(R')H}{C}}{=}N{-}OH$ 肟
$H_2N{-}NH_2$ 肼	$\overset{R}{\underset{(R')H}{C}}{=}N{-}NH_2$ 腙
$H_2N{-}HN{-}\bigcirc$ 苯肼	$\overset{R}{\underset{(R')H}{C}}{=}N{-}HN{-}\bigcirc$ 苯腙

氨的衍生物	反应产物
2,4- 二硝基苯肼	2,4- 二硝基苯腙
氨基脲	缩胺脲

ER 7-3

羰基试
剂——2,4-
二硝基苯肼

氨的衍生物与醛、酮反应的产物大多是晶体,具有固定的熔点,测定其熔点就可以初步推断它是由哪一种醛或酮所生成的。特别是 2,4- 二硝基苯肼几乎能与所有的醛、酮迅速发生反应,生成橙黄或橙红色的 2,4- 二硝基苯腙晶体,因此常用于鉴别醛、酮。此外,肟、腙等在稀酸作用下能够水解为原来的醛或酮,故也可利用这一性质来分离和提纯醛、酮。

在药物分析中,常用这些氨的衍生物作为鉴定具有羰基结构的药物的试剂,所以将氨的衍生物称为羰基试剂。

课 堂 活 动

液晶是一类新型材料,MBBA 是一种研究得比较多的液晶化合物,它可以看作是由对甲氧基苯甲醛与对正丁基苯胺作用,脱水而成的化合物。对正丁基苯胺的结构式如下,请根据醛与羰基试剂的反应过程,推断 MBBA 的结构。

$$H_2N \longrightarrow \begin{array}{c} \end{array} \longrightarrow CH_2CH_2CH_2CH_3$$

---

(3)缩醛(酮)反应:醇是一个较弱的亲核试剂,在干燥氯化氢的催化下,1 分子醛能与 1 分子醇发生亲核加成反应,生成半缩醛。半缩醛分子中的羟基称为半缩醛羟基。

$$R-\overset{\overset{O}{\|}}{C}-H \xrightleftharpoons{R'OH, \; 干HCl} R-\overset{\overset{OH}{|}}{\underset{OR'}{C}}-H$$

半缩醛一般不稳定。这是因为半缩醛羟基很活泼,可以继续与另 1 分子醇作用脱去 1 分子水,生成稳定的缩醛。

$$R-\overset{\overset{OH}{|}}{\underset{OR'}{C}}-H \xrightarrow[干HCl]{R'OH} R-\overset{\overset{OR'}{|}}{\underset{OR'}{C}}-H + H_2O$$

例如乙醛和甲醇在干燥氯化氢的作用下，生成二甲醇缩乙醛。

$$
\underset{\begin{array}{c}\quad\ \ \mathrm{O}\\ \quad\ \ \|\end{array}}{\mathrm{H_3C-C-H}} + \mathrm{CH_3OH} \ \underset{}{\overset{\mp\mathrm{HCl}}{\rightleftharpoons}} \ \underset{\begin{array}{c}\mathrm{OCH_3}\end{array}}{\overset{\begin{array}{c}\mathrm{OH}\end{array}}{\mathrm{H_3C-C-H}}}
$$

$$
\underset{\begin{array}{c}\mathrm{OCH_3}\end{array}}{\overset{\begin{array}{c}\mathrm{OH}\end{array}}{\mathrm{H_3C-C-H}}} + \mathrm{CH_3OH} \ \overset{\mp\mathrm{HCl}}{\longrightarrow} \ \underset{\begin{array}{c}\mathrm{OCH_3}\end{array}}{\overset{\begin{array}{c}\mathrm{OCH_3}\end{array}}{\mathrm{H_3C-C-H}}} + \mathrm{H_2O}
$$

二甲醇缩乙醛

缩醛是具有花果香味的液体，性质与醚相似。缩醛在碱性溶液中比较稳定，在稀酸溶液中则易水解为原来的醛和醇，因此在药物合成中常利用生成缩醛来保护醛基。酮也可以发生类似的反应，生成缩酮，但比醛困难。

（4）与格氏试剂反应：格氏试剂中的碳镁键是强极性键，碳原子带部分负电荷，镁带部分正电荷（$\overset{\delta^-}{\mathrm{R}}—\overset{\delta^+}{\mathrm{MgX}}$）。因此，与镁直接相连的碳原子具有很强的亲核性，极易与羰基化合物发生亲核加成反应，加成产物水解生成醇。有机合成中常利用此反应制备相应的醇。

$$
\mathrm{C{=}O} + \mathrm{R-MgX} \longrightarrow \underset{\begin{array}{c}\mathrm{R}\end{array}}{\overset{\begin{array}{c}\mathrm{OMgX}\end{array}}{\mathrm{C}}} \ \overset{\mathrm{H_3O^+}}{\longrightarrow} \ \underset{\begin{array}{c}\mathrm{R}\end{array}}{\overset{\begin{array}{c}\mathrm{OH}\end{array}}{\mathrm{C}}} + \underset{\begin{array}{c}\mathrm{X}\end{array}}{\overset{\begin{array}{c}\mathrm{OH}\end{array}}{\mathrm{Mg}}}
$$

甲醛与格氏试剂先加成后水解，生成比格氏试剂多 1 个碳原子的伯醇；其他醛与格氏试剂反应得到仲醇；酮与格氏试剂反应得到叔醇。

课 堂 活 动

　　利用格氏试剂与醛、酮反应，可以制备伯醇、仲醇、叔醇。试着写出乙基溴化镁分别与甲醛、乙醛和丙酮先加成再水解的主要产物。

2. α-H 的反应　由于羰基的强吸电子作用，使醛和酮中 α- 碳氢键的极性增大，α-H 变得活泼，称为 α- 活泼氢。具有 α-H 的醛和酮能发生缩合反应和卤仿反应等。

（1）醇醛缩合反应：在稀酸或稀碱的作用下，1 分子醛的 α- 碳原子加到另 1 分子醛的羰基碳原子上，而 α-H 加到羰基氧原子上，生成 β- 羟基醛，这个反应称为醇醛缩合反应。这是在有机合成上增长碳链的一种方法。例如：

$$
\underset{\begin{array}{c}\end{array}}{\overset{\begin{array}{c}\mathrm{H}\end{array}}{\mathrm{H_3C-C{=}O}}} + \mathrm{H{-}\overset{\alpha}{\mathrm{CH_2CHO}}} \ \overset{\mathrm{OH^-}}{\longrightarrow} \ \underset{\begin{array}{c}\mathrm{OH}\end{array}}{\overset{\begin{array}{c}\beta\end{array}}{\mathrm{CH_3CHCH_2CHO}}}
$$

若生成的 β- 羟基醛上仍有 α-H，受热或在酸作用下容易发生分子内脱水反应，生成 α,β- 不饱和醛。

$$CH_3CH \underset{\overset{|}{\underset{OH}{\,}}}{-} \underset{\overset{|}{\underset{H}{\,}}}{CH}CHO \xrightarrow{\triangle} CH_3CH = CHCHO + H_2O$$

（2）卤代和卤仿反应：在酸或碱的催化下，醛、酮分子中的 α-H 可被卤素取代，生成 α- 卤代醛、酮。用酸催化，控制卤素的用量，卤代反应可停止在一卤代、二卤代或三卤代阶段，利用这个反应可以制备各种卤代醛、酮。

$$\underset{\overset{|}{\underset{H}{\,}}}{-C}\overset{\overset{O}{\|}}{C}- + X_2 \xrightarrow{H^+ \text{或} OH^-} \underset{\overset{|}{\underset{X}{\,}}}{-C}\overset{\overset{O}{\|}}{C}- + HX \quad (X = Cl、Br、I)$$

例如，丙酮和溴在酸性条件下反应，生成一溴代丙酮。

$$CH_3COCH_3 + Br_2 \xrightarrow{CH_3COOH} BrCH_2COCH_3 + HBr$$

碱性条件下，乙醛、甲基酮中的 3 个 α-H 全部被卤代，生成三卤代物。由于 3 个卤素原子的吸电子作用，增大了羰基碳的正电性，三卤代物在碱性溶液中不稳定，分解为三卤甲烷（卤仿）和羧酸盐，此反应称为卤仿反应。如果反应中使用的是碘，产物碘仿是不溶于水的黄色固体，并有特殊气味，易于观察。因此，常用碘和氢氧化钠溶液来鉴别乙醛及甲基酮。

$$H_3C \overset{\overset{O}{\|}}{-C} - H(R) + I_2 + NaOH \longrightarrow CHI_3\downarrow + (R)H \overset{\overset{O}{\|}}{-C} - ONa + NaI + H_2O$$

由于 I_2 与 NaOH 反应生成的 NaIO 具有氧化性，能将乙醇和具有 $H_3C \underset{\overset{|}{\underset{OH}{\,}}}{-CH} -$ 结构的醇氧化成

相应的乙醛和甲基酮，所以碘仿反应也可用于鉴别乙醇和具有 $H_3C \underset{\overset{|}{\underset{OH}{\,}}}{-CH} -$ 结构的仲醇。

碘仿反应

$$H_3C - CH_2 - OH \xrightarrow{NaIO} H_3C - CHO \xrightarrow{NaIO} HCOONa + CHI_3\downarrow$$

$$R \underset{\overset{|}{\underset{OH}{\,}}}{-CH} - CH_3 \xrightarrow{NaIO} R \overset{\overset{O}{\|}}{-C} - CH_3 \xrightarrow{NaIO} RCOONa + CHI_3\downarrow$$

3. 还原反应　醛和酮可以被多种还原剂还原，生成相应的醇。在金属催化剂 Ni、Pt、Pd 的催化下，醛加氢还原成伯醇，酮则还原成仲醇。

$$R - CHO + H_2 \xrightarrow[\text{或Pt或Pd}]{Ni} R - CH_2OH$$

$$\underset{R}{\overset{R}{>}}C = O + H_2 \xrightarrow[\text{或Pt或Pd}]{Ni} \underset{R}{\overset{R}{>}}CHOH$$

在上述反应中，如果醛、酮分子中有不饱和基团（如 $>C=C<$ 、$-C\equiv C-$ 、$-NO_2$ 、$-CN$ 等），也同时被还原。例如：

$$H_2C=CHCH_2CHO \xrightarrow[Ni]{H_2} CH_3CH_2CH_2CH_2OH$$
丁-3-烯醛   丁-1-醇

若采用金属氢化物为还原剂(硼氢化钠、氢化铝锂),它们可选择性地将羰基还原成羟基,不影响分子中的碳碳双键。例如:

$$H_2C=CHCH_2CHO \xrightarrow[或NaBH_4]{LiAlH_4} H_2C=CHCH_2CH_2OH$$
丁-3-烯醛   丁-3-烯-1-醇

$LiAlH_4$极易水解,反应需在无水条件下进行。$NaBH_4$不与水及质子性溶剂作用,但还原能力较弱。

4. 醛的特性反应

案例分析

案例: 日常生活中,部分人喝酒会脸红,实际是指"酒精性脸红反应"。

分析: 酒精在肝脏内被分解代谢。首先在乙醇脱氢酶的作用下,乙醇转化为乙醛,乙醛具有使毛细血管扩张的功能,而脸部毛细血管的扩张才是脸红的原因;随后乙醛脱氢酶将乙醛转化为乙酸;最后乙酸被分解为二氧化碳、水和脂肪,这是酒精代谢产生的能量在体内储存的形式,这也正是喝酒引起啤酒肚、脂肪肝的原因。

体内的乙醛脱氢酶含量因人而异,因此体内乙醛代谢的速率各不相同,造成乙醛在体内蓄积。乙醛微量就能使人表现为各种醉酒的症状,如面红耳赤、头晕目眩。因乙醛蓄积可导致综合征,即呼吸困难、低血糖、血压骤降、意识障碍、休克等,严重者可出现呼吸衰竭、心肌梗死,甚至死亡。β- 内酰胺类抗生素可抑制乙醛脱氢酶,使饮酒者体内的乙醛蓄积。

(1)氧化反应:醛基上的氢原子比较活泼,容易被氧化为羧酸,即醛具有较强的还原性。醛不仅能被高锰酸钾等强氧化剂氧化,一些弱氧化剂也能将其氧化。酮分子中无此活泼氢,不易被氧化。常用的弱氧化剂有托伦(Tollens)试剂和费林(Fehling)试剂。

1)银镜反应:托伦试剂[主要成分是[$Ag(NH_3)_2$]OH]是由硝酸银溶液与氨水配制成的无色溶液。当托伦试剂与醛共热时,醛被氧化为羧酸,而[$Ag(NH_3)_2$]OH被还原为金属银附着在容器内壁上,光亮如镜,形成银镜,故该反应称为银镜反应。

$$(Ar)RCHO + 2[Ag(NH_3)_2]^+ + 2OH^- \xrightarrow{\triangle} (Ar)ROONH_4 + 2Ag\downarrow + H_2O + 3NH_3\uparrow$$

ER 7-5
弱氧化
剂——托伦
试剂、费林
试剂

醛均能被托伦试剂氧化,酮则不能,所以可用托伦试剂区分醛与酮。

2)费林反应:费林试剂是由硫酸铜和酒石酸钾钠的氢氧化钠溶液配制而成的深蓝色二价铜配合物。当费林试剂与醛共热时,Cu^{2+}(配离子)作为氧化剂,可将脂肪醛氧化成相应的羧酸,而Cu^{2+}被还原为砖红色的氧化亚铜沉淀。

$$RCHO + 2Cu^{2+}(配离子) + 5OH^- \xrightarrow{\triangle} ROO^- + Cu_2O\downarrow + 3H_2O$$

由于甲醛的还原性比较强,可以进一步将氧化亚铜还原为铜,在洁净的试管壁形成铜镜。

$$HCHO + 2Cu^{2+}(配离子) + 6OH^- \xrightarrow{\triangle} CO_3^{2-} + 2Cu\downarrow + 4H_2O$$

芳香醛不能被费林试剂氧化，因此费林试剂可用于区分脂肪醛与芳香醛。

酮虽然不能被托伦试剂和费林试剂所氧化，但在加热条件下，酮能被一些强氧化剂（如高锰酸钾、硝酸等）氧化，使碳碳链断裂，生成多种小分子羧酸的混合物。

（2）与席夫试剂的反应：席夫（Schiff）试剂又称品红亚硫酸试剂。品红是一种红色染料，将二氧化硫通入品红水溶液中，至品红的红色褪去，得到的无色溶液称为品红亚硫酸试剂。醛与席夫试剂作用显紫红色，而酮不反应。这一显色反应非常灵敏，可用于鉴别醛类化合物。使用这种方法时，溶液中不能存在碱性物质和氧化剂，也不能加热，否则会消耗亚硫酸，溶液恢复品红的红色，出现假阳性反应。

> **课堂活动**
>
> 请同学们比较甲醛和乙醛在化学性质方面的差异，并用不同的化学方法区分甲醛与乙醛。

甲醛与席夫试剂作用生成的紫红色物质遇硫酸紫红色不消失，而其他醛生成的紫红色物质遇硫酸后褪色，故用此方法也可将甲醛与其他醛区分开来。

> **点滴积累**
>
> 1. 醛、酮具有相似的结构，都含有羰基，因而具有相似的性质，可发生亲核加成反应、醇醛（酮）缩合反应、卤代反应及还原反应等，具有 3 个 α-H 的醛和酮还可以发生卤仿反应。
> 2. 醛比酮活泼，表现出特殊的性质，包括被高锰酸钾氧化、与托伦试剂反应、与席夫试剂作用显紫红色，尤其是脂肪醛还能发生费林反应。

第二节　醌

常见的醌类化合物有苯醌、萘醌、蒽醌及其衍生物。

一、醌的命名

醌类的命名是将醌看作相应的芳烃衍生物来命名。编号方法依据苯、萘、蒽的编号原则，且使羰基的位次较小。例如：

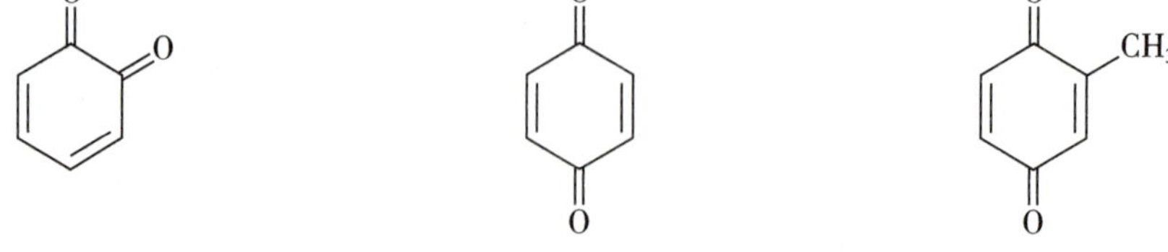

苯-1,2-醌（邻苯醌）　　苯-1,4-醌（对苯醌）　　2-甲基苯-1,4-醌

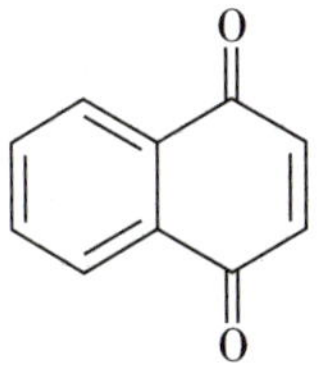

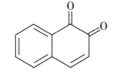 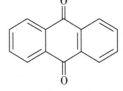

萘-1,4-醌（α-萘醌）　　　　　　萘-1,2-醌（β-萘醌）　　　　　　蒽-9,10-醌

维生素 K 在医药中的应用

维生素 K 具有促进凝血的功能,可用于预防长期口服广谱抗生素引起的 K 族维生素缺乏症。天然存在的维生素 K_1、维生素 K_2 是 2- 甲基萘 -1,4- 醌的衍生物。维生素 K_1、维生素 K_2 的结构为:

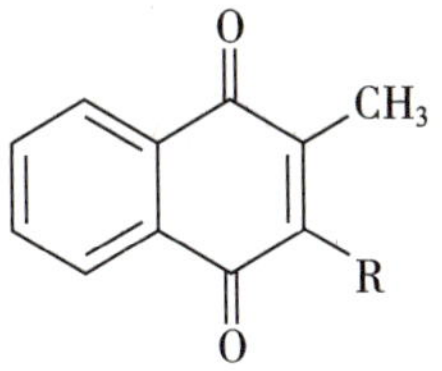

维生素 K_1 中 R 为 $-CH_2CH=C-(CH_2CH_2CH_2CH)_3-CH_3$。

维生素 K_2 中 R 为 $-(CH_2CH=C-CH_2)_5-CH_2CH=C-CH_3$。

在研究维生素 K_1、维生素 K_2 及其衍生物的化学结构与凝血作用的关系时发现,通过化学合成得到的 2- 甲基萘 -1,4- 醌具有更强的凝血能力。它是不溶于水的黄色固体,但与亚硫酸氢钠反应生成的加成物溶于水,医药上称为维生素 K_3,其结构式为:

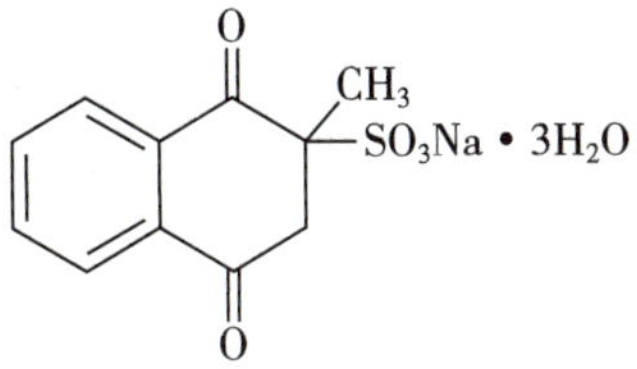

二、醌的性质

醌类化合物一般是具有颜色的固体。对位醌大多为黄色,邻位醌大多为红色或橙色。因此,醌类化合物是许多染料和指示剂的母体。

醌能够发生碳碳双键的亲电加成反应和羰基的亲核加成反应,还能发生共轭体系特有的 1,4 或 1,6 加成反应。

1. 烯键的加成反应　醌分子中的碳碳双键可以与 1 或 2 分子溴加成。例如:

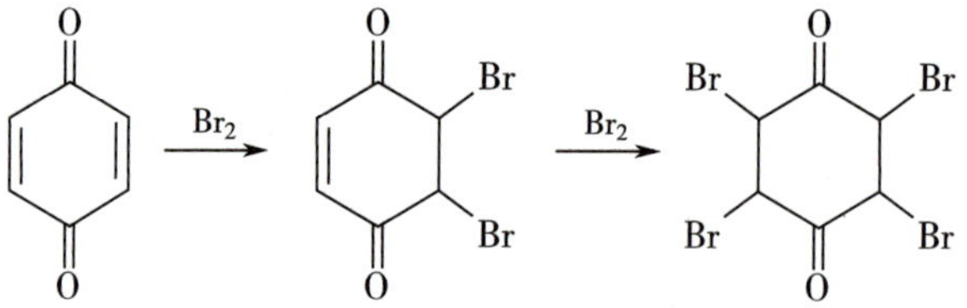

2. 羰基的加成反应 醌分子中的羰基可以与氨的衍生物加成,并脱去水。例如:

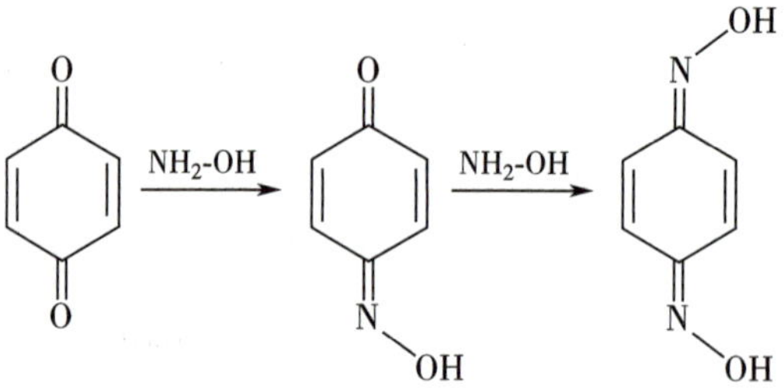

3. 1,4-加成反应 醌可以与氢卤酸、氢氰酸等发生 1,4-加成反应。例如:

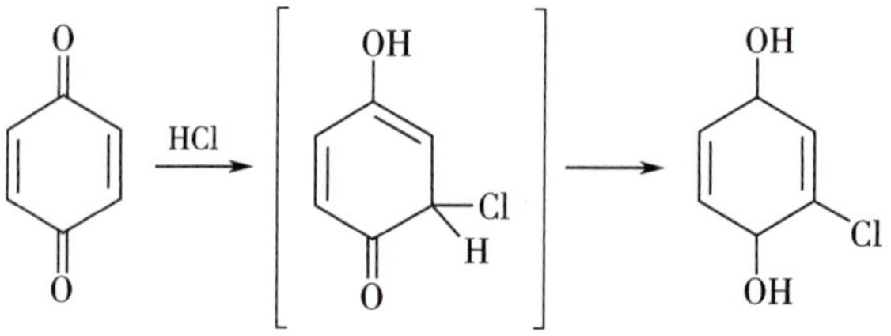

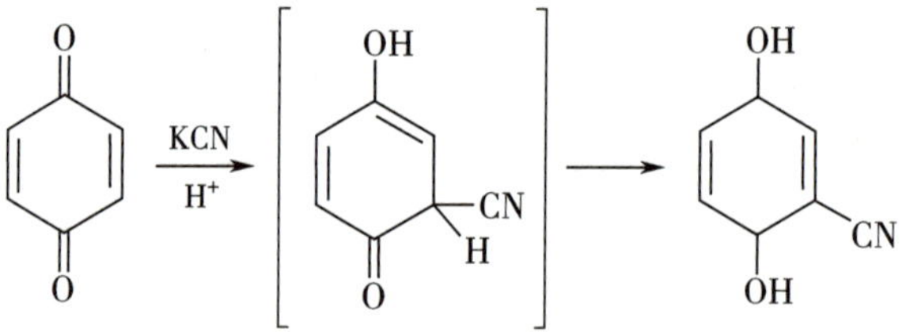

4. 1,6-加成反应 对苯醌在亚硫酸水溶液中很容易被还原为对苯二酚,又称氢醌,此反应即 1,6-加成反应。

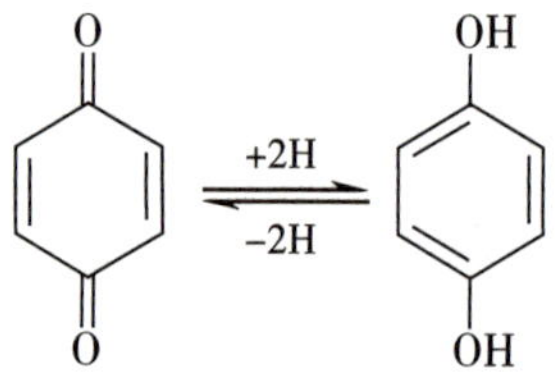

> **点滴积累**
>
> 1. 醌是具有共轭体系的环状二酮化合物,是具有颜色的固体物质。
> 2. 醌具有碳碳双键和羰基的双重性质,也具有共轭体系的特性。

复习导图

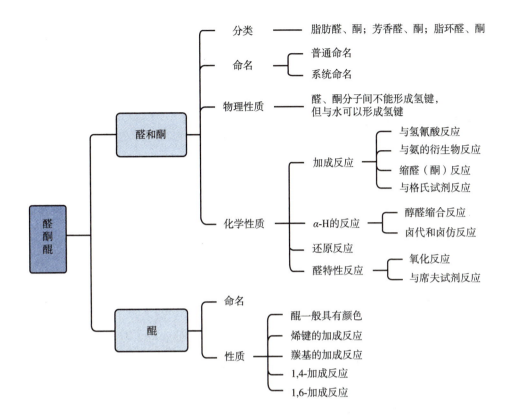

目标检测

一、命名或写出下列化合物的结构式

1. 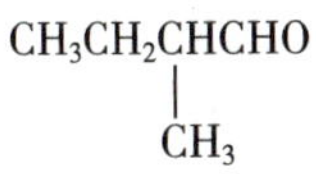 CH₃CH₂CHCHO
           |
           CH₃

2. 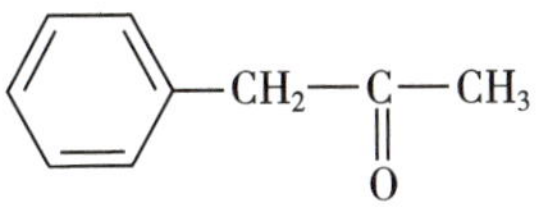 C₆H₅—CH₂—C—CH₃
                      ‖
                      O

3. 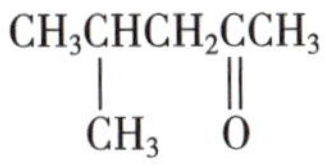 CH₃CHCH₂CCH₃
         | ‖
        CH₃ O

4. 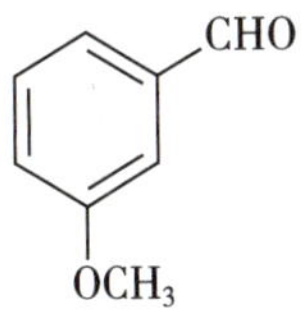 （间甲氧基苯甲醛 CHO / OCH₃ 结构式）

5. 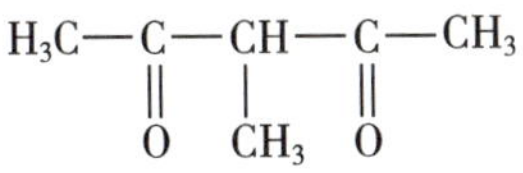 H₃C—C—CH—C—CH₃
         ‖ | ‖
         O CH₃ O

6. （4-甲基环己酮结构式）

7. 3- 苯丙醛

8. 4- 甲基庚 -3,5- 二酮

9. 4,5- 二甲基庚 -3- 酮

10. 邻羟基苯乙酮

11. β- 萘醌

12. 2- 甲基萘 -1,4- 醌

二、写出下列各反应的主要产物

1. 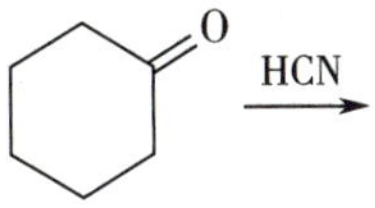 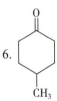 $\xrightarrow{\text{HCN}}$

2. $\xrightarrow{2\left[Ag(NH_3)_2\right]^+}$

3. $CH_3COCH_3 \xrightarrow[\text{NaOH}]{I_2}$

4. $CH_3CH_2COCH_3 + H_2NHN$—（structure: 2,4-二硝基苯基，环上 O_2N 和 NO_2）$\xrightarrow{-H_2O}$

5. $CH_3CH_2CHO \xrightarrow[\text{无水乙醚}]{CH_3CH_2MgCl}$

三、用化学方法鉴别下列各组化合物

1. 丙醛和丙酮

2. 苯甲醛和苯甲醇

3. 戊 -2- 酮和戊 -3- 酮

四、推测结构

1. 某化合物的分子式为 C_8H_8O，该化合物不与托伦试剂反应，但能与 2,4- 二硝基苯肼作用生成橙色晶体，还能与碘的氢氧化钠溶液作用生成黄色沉淀，写出该化合物的结构式及有关的反应式。

2. 某化合物 A 的分子式为 C_4H_8O，能与氢氰酸发生加成反应，并能与席夫试剂反应显紫红色。A 经还原后得到分子式为 $C_4H_{10}O$ 的化合物 B。B 经浓硫酸脱水后得碳氢化合物 C，分子式为 C_4H_8，C 与氢溴酸作用生成叔丁基溴。写出 A、B 和 C 的结构式及有关的反应式。

（许宗娟）

ER 7-6

习题

实训八　醛和酮的性质

一、实训目的

1. 验证醛和酮的主要化学性质。
2. 掌握醛和酮的鉴别方法。

二、实训仪器和试剂

1. **仪器**　大试管、小试管、烧杯(250ml)、温度计(100℃)、石棉网、酒精灯。

2. **试剂**　甲醛、乙醛、苯甲醛、丙酮、乙醇、2,4- 二硝基苯肼试剂、碘试剂、2mol/L 氢氧化钠溶液、0.05mol/L 硝酸银溶液、0.5mol/L 氨水、费林试剂 A、费林试剂 B、席夫试剂。

三、实训原理

1. **加成反应** 2,4- 二硝基苯肼等羰基试剂与醛、酮反应,不停留在加成阶段,而是继续脱水,生成缩合产物。

2. **碘仿反应** 在强碱性条件下,同碳上含有 3 个 α-H 的醛、酮或醇都可以与 NaIO 作用,生成 CHI_3 沉淀。

3. **银镜反应** 醛与托伦试剂发生银镜反应,而酮则不反应。

4. **费林反应** 甲醛与费林试剂反应形成铜镜,其他脂肪醛与费林试剂反应生成 Cu_2O 沉淀。芳香醛、酮等不与费林试剂反应。

5. **席夫反应** 醛与席夫试剂反应显特殊颜色。甲醛与席夫试剂所显的颜色遇硫酸不褪色,其他醛与席夫试剂所显的颜色遇硫酸褪色。

四、实训内容

1. **醛、酮与 2,4- 二硝基苯肼的反应** 取 4 支试管,分别加入 3 滴甲醛、乙醛、丙酮、苯甲醛,再各加入 10 滴 2,4- 二硝基苯肼试剂,充分振荡后,静置片刻,记录并解释发生的现象。

2. **碘仿反应** 取 4 支试管,分别加入 5 滴甲醛、乙醛、乙醇、丙酮,再各加入 10 滴碘试剂,然后分别滴加 2mol/L 氢氧化钠溶液至碘的颜色恰好褪去。振荡,观察有无沉淀生成,若无沉淀,可在温水浴中温热数分钟,冷却后再观察,记录并解释发生的现象。

3. **银镜反应** 在 1 支大试管中加入 2ml 0.05mol/L 硝酸银溶液,再加入 1 滴 2mol/L 氢氧化钠溶液,然后边振荡边滴加 0.5mol/L 氨水,至生成的沉淀恰好溶解,即为托伦试剂。将托伦试剂分装在 4 支洁净的试管中,分别加入 2 滴甲醛、乙醛、丙酮、苯甲醛,摇匀后放在热水浴中加热,观察现象,记录并解释发生的现象。

4. **费林反应** 在大试管中加入 2ml 费林试剂 A 和 2ml 费林试剂 B,混合均匀,即为费林试剂。将费林试剂分装到 4 支洁净的试管中,再分别加入 2 滴甲醛、乙醛、丙酮、苯甲醛,振荡,放在热水浴中加热观察现象,记录并解释发生的现象。

5. **与席夫试剂的反应** 取 4 支试管,分别加入 5 滴甲醛、乙醛、乙醇、丙酮,然后各加入 10 滴席夫试剂,观察现象,记录并解释发生的现象。

五、实训提示

1. 2,4- 二硝基苯肼试剂的配制,即称取 2,4- 二硝基苯肼 3g,溶于 15ml 浓硫酸中,将此溶液慢慢加入 70ml 95% 乙醇中,再用纯化水稀释至 100ml,过滤。将 2,4- 二硝基苯肼试剂贮存于棕色瓶中。

2. 碘试剂的配制,即称取 2g 碘和 5g 碘化钾,溶于 100ml 纯化水中。

3. 进行碘仿反应时应注意样品不能过多,否则生成的碘仿可能会溶于醛或酮中。另外,滴加氢氧化钠溶液时也不能过量,至溶液呈淡黄色(有微量的碘存在)即可。

4. 进行银镜反应时应将试管洗涤干净,加入碱液不要过量,否则会影响实验效果。另外,反应时必须采用水浴加热,以防生成具有爆炸性的雷酸银而发生意外。实验完毕,立即用稀硝酸洗去银镜。

5. 费林试剂的配制。称取 5g 硫酸铜晶体溶于 100ml 蒸馏水中,即得费林试剂 A。称取 17g 酒石酸钾钠溶于 20ml 热水中,加入 20ml 5mol/L 氢氧化钠溶液,再加纯化水稀释到 100ml,即得费林试剂 B。费林试剂不稳定,两种溶液要分别贮存,使用时等体积混合即可。

6. 费林试剂与醛反应时,溶液颜色由蓝色转变为绿色,再变为黄色进而生成砖红色的氧化亚铜(甲醛反应后生成金属铜)。芳香醛、酮不能与费林试剂反应,但因费林试剂加热时间过长也会分解产生砖红色的氧化亚铜沉淀,出现假阳性反应。

7. 席夫试剂的配制,即称取 0.2g 品红盐酸盐溶于 100ml 热水中,冷却后,加入 2g 亚硫酸氢钠和 2ml 浓盐酸,加纯化水稀释到 200ml,待红色褪去即可使用。若呈浅红色,可加入少量活性炭混匀,过滤。将席夫试剂贮存于棕色瓶中。

8. 醛与席夫试剂的反应必须在室温和酸性条件下进行。因为席夫试剂不能受热,亦不能含有碱性物质和氧化剂,否则二氧化硫会逸出而恢复品红的颜色,出现假阳性反应。

六、实训思考

1. 进行银镜反应时要注意什么?
2. 使用席夫试剂鉴别醛应该注意什么?

(许宗娟)

第八章　羧酸及取代羧酸

学习目标

1. **掌握**　羧酸的分类、命名和理化性质。
2. **熟悉**　取代羧酸的分类、命名和化学性质。
3. **了解**　羧酸和取代羧酸在医药学领域中的应用。

导学情景

情景描述：

　　千百年来流传于山西的"家有二两醋,不用去药铺"的民谚,生动形象地告诉人们食醋的食疗和保健功效,食醋的主要成分是醋酸,化学名称为乙酸。自然界中,含有与醋酸相同官能团的物质有很多,如苹果中含有的苹果酸、柠檬中含有的柠檬酸、葡萄中含有的酒石酸等。这些酸属于羧酸和取代羧酸,它们在动植物的生长、繁殖、新陈代谢等方面都起着重要作用。

学前导语：

　　羧酸官能团广泛存在于药物分子中,是布洛芬、萘普生、双氯芬酸这类非甾体抗炎药的关键骨架。本章将学习羧酸及取代羧酸的分类、命名、性质以及它们在医药领域中的应用。

　　羧酸是分子中含有羧基(—COOH)的一类有机化合物。除甲酸外,羧酸均可看作是烃分子中的氢原子被羧基取代的衍生物。羧酸分子中烃基上的氢原子被其他原子或原子团取代后生成的化合物称为取代羧酸,重要的取代羧酸包括卤代酸、羟基酸、氨基酸和酮酸等。

第一节　羧酸

一、羧酸的分类和命名

(一) 羧酸的分类

　　除甲酸外,羧酸都是由烃基和羧基两部分组成的,根据分子中烃基的种类不同,羧酸可分为脂肪羧酸和芳香羧酸。其中,脂肪羧酸又可分为饱和脂肪羧酸和不饱和脂肪羧酸。根据分子中含羧基的数目不同,羧酸又可分为一元羧酸、二元羧酸和多元羧酸,见表 8-1。一元羧酸的结构通式可表示为 RCOOH 或 ArCOOH(甲酸中 R=H)。

表 8-1　羧酸的分类

类别	饱和脂肪羧酸	不饱和脂肪羧酸	芳香羧酸
一元羧酸	CH₃COOH 乙酸	CH₂=CHCOOH 丙烯酸	苯甲酸
二元羧酸	HOOC—COOH 乙二酸	HOOCCH=CHCOOH 丁烯二酸	邻苯二甲酸
多元羧酸	丙烷-1,2,3-三甲酸	环己-4-烯-1,2,3-三甲酸	均苯三甲酸

(二) 羧酸的命名

羧酸的系统命名与醛相似,命名时将"醛"改为"酸"即可。

1. 饱和脂肪羧酸的命名　选择含羧基的最长碳链作为主链,根据主链的碳原子数目称为"某酸",从羧基碳原子开始,用阿拉伯数字给主链碳原子编号以标明取代基的位次。简单的羧酸也常用希腊字母来表示取代基的位次,与羧基直接相连的碳原子的位次为 α,依次为 β、γ、δ 等,最末端碳原子的位次为 ω。例如:

CH₃CHCH₂CHCOOH
|　　|
CH₃　CH₃

2,4-二甲基戊酸
α,γ-二甲基戊酸

CH₃CH₂CH₂CHCHCOOH
　　　　　|　|
　　　　CH₂CH₃（上方 CH₃）

3-乙基-2-甲基己酸
β-乙基-α-甲基己酸

2. 不饱和脂肪羧酸的命名　选择包含羧基和不饱和键在内的最长碳链为主链,称为"某烯酸"或"某炔酸"。主链碳原子的编号仍从羧基开始,将双键、三键的位次置于"烯"或"炔"之前。例如:

CH₃C=CHCOOH
|
CH₃

3-甲基丁-2-烯酸

CH₃CHC≡CH
|
COOH

2-甲基丁-3-炔酸

CH₃(CH₂)₄CH=CHCH₂CH=CH(CH₂)₇COOH
十八碳-9,12-二烯酸（亚油酸）

天然油酸都是顺式结构(反式结构人体不能吸收),有一定的软化血管的作用,在人体的新陈代谢过程中也起着重要作用。高纯度的油酸钠盐或钾盐具有良好的去污能力,是肥皂的主要成分,也可用作乳化剂。油酸的结构式如下,请同学们写出它的系统命名。

$$CH_3(CH_2)_7CH = CH(CH_2)_7COOH$$

3. 二元脂肪羧酸的命名　无支链的直链二元酸按含碳总数称为"某二酸"。含有支链的二元酸选择含有两个羧基在内的最长碳链为主链,支链作为取代基。例如:

$$HOOC—COOH$$
乙二酸

$$HOOCCH_2CH_2COOH$$
丁二酸

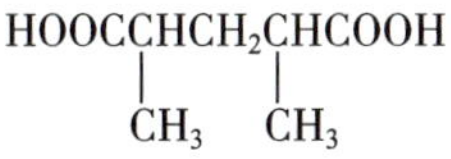

$$HOOCCHCH_2CHCOOH$$
$$\qquad|\qquad\quad|$$
$$\quad CH_3\quad\ CH_3$$
2,4-二甲基戊二酸

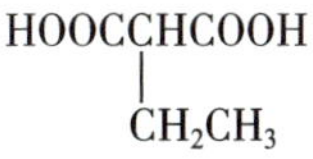

$$HOOCCHCOOH$$
$$\qquad|$$
$$\quad CH_2CH_3$$
乙基丙二酸

4. 脂环羧酸和芳香羧酸的命名　脂环直接与羧酸相连时,命名时可由其母体烃名称加上后缀"甲酸""二甲酸"等,编号从与羧基相连的碳原子开始。羧基连在苯环上的芳香酸则以苯甲酸为母体,并加上取代基的名称和位次。例如:

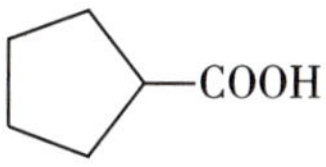

环戊基甲酸 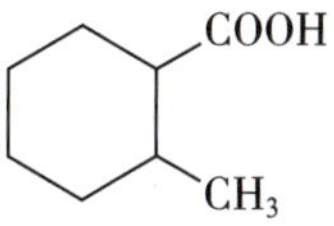　　　　　　2-甲基环己甲酸 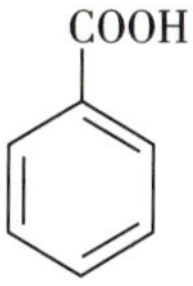　　　　　　苯甲酸

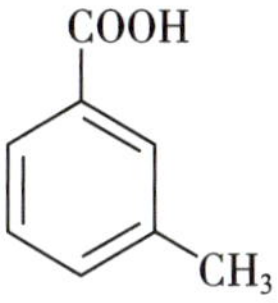

3-甲基苯甲酸 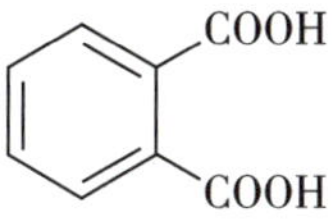　　　　　　邻苯二甲酸 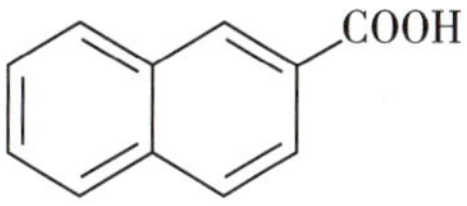　　　　　　2-萘甲酸(β-萘甲酸)

许多羧酸最初是从天然产物中得到的,故常根据其来源而采用俗名。例如甲酸最初从蚂蚁中得到,故称蚁酸;乙酸是食醋的主要成分,故又称为醋酸。其他如草酸、巴豆酸、安息香酸等都是根据其来源而得的俗名。许多高级一元羧酸因最初是从水解脂肪得到的,故又称为脂肪酸,如十六酸称为软脂酸、十八酸称为硬脂酸。

$$CH_3COOH$$
醋酸

$$HOOCCOOH$$
草酸

$$CH_3CH = CHCOOH$$
巴豆酸

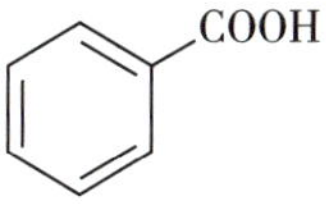

安息香酸

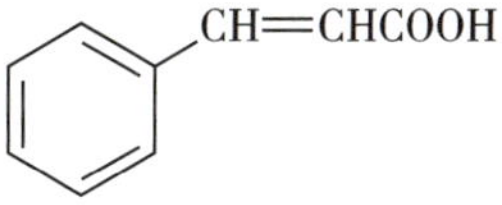

$$CH = CHCOOH$$
肉桂酸

案例: 2006 年发生的惊动全国的"齐二药"药害事件,为某医院患者使用齐齐哈尔第二制药厂生产的亮菌甲素注射液后出现急性肾衰竭的临床症状,最终导致 13 人死亡的悲剧。

分析: 该批号的亮菌甲素注射液含有毒有害物质二甘醇。关于二甘醇的毒理,最初认为是二甘醇在人体内经氧化代谢生成的乙二酸(草酸),与血液中的钙离子形成不溶性的草酸钙结石,沉降在肾脏中而导致肾衰竭。但研究表明在二甘醇中毒的情况下,肾脏中并没有发现草酸钙晶体沉积物。后根据研究推测是由于二甘醇在肝脏中代谢生成的 2- 羟基乙氧基乙酸及其代谢物导致肾中毒。

二、羧酸的物理性质

饱和一元羧酸中,$C_1 \sim C_3$ 的羧酸是具有刺鼻性气味的液体,$C_4 \sim C_9$ 的羧酸都是具有令人不愉快的气味的液体,C_{10} 及以上的高级羧酸为无味的蜡状固体。脂肪族二元羧酸和芳香羧酸则均为结晶性固体。

羧酸可与水形成氢键,C_4 以下的饱和一元羧酸可与水混溶,其他一元羧酸随着碳链增长,憎水烃基越来越大,水溶性降低。高级一元酸不溶于水,易溶于乙醇、乙醚、苯等有机溶剂。多元酸的水溶性大于同碳原子数的一元羧酸,而芳香酸的水溶性低。

羧酸的沸点比相对分子质量相近的醇的沸点高。例如,甲酸和乙醇的相对分子质量相同,但甲酸的沸点为 100.5℃,而乙醇的沸点为 78.3℃;乙酸的沸点(118℃)也比与其相对分子质量相同的丙醇的沸点(97.2℃)高。这是由于羧酸分子间可以通过羧基中的羟基氢和羰基氧形成氢键而彼此缔合,这种氢键缔合比醇分子间的氢键更为牢固,使得液态甚至气态羧酸都可能以二聚体的形式存在,如乙酸在蒸气状态仍保持双分子缔合。

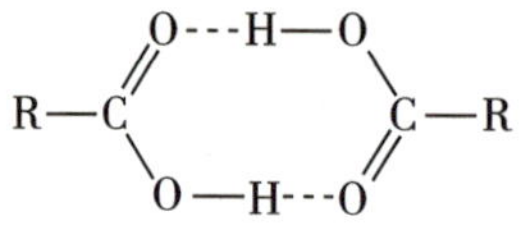

羧酸的二聚体

饱和一元羧酸和二元羧酸的熔点,随分子中碳原子数目的增加而呈锯齿状上升,含偶数碳原子的羧酸的熔点比其相邻的两个含奇数碳原子的羧酸熔点高。

三、羧酸的化学性质

羧酸的化学性质主要发生在官能团羧基上,羧基在形式上由羰基和羟基组成,但由于羟基氧原子上的未共用电子对与羰基的 π 键形成了 p-π 共轭体系,所以羧基的化学性质并不是羟基和羰基性质的简单加合,而是具有它自身独特的性质。羧酸的主要化学性质如下所示:

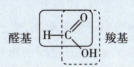

$\alpha\text{-H}$ 的取代反应

—OH的取代反应

脱羧反应

酸性

(一) 酸性

由于 p-π 共轭体系的存在,使羧基中羟基氧的电子云向羰基偏移,氢氧键的电子云更偏向氧原子,氢氧键的极性增强,在水溶液中更容易解离出 H^+ 而显示明显的酸性。

$$RCOOH + H_2O \rightleftharpoons RCOO^- + H_3O^+$$

羧酸为有机弱酸,饱和一元羧酸的 pK_a 一般都为 3~5。一元羧酸的酸性比盐酸、硫酸等无机强酸的酸性弱,但比碳酸(pK_a=6.35)和酚类(pK_a=10.0)的酸性强。羧酸和其他有关化合物的酸性强弱顺序如下:

$$H_2SO_4、HCl>RCOOH>H_2CO_3>ArOH>H_2O>ROH$$

所以羧酸不仅可与 NaOH 反应,也可与 Na_2CO_3、$NaHCO_3$ 发生反应。并可利用与 $NaHCO_3$ 的反应进行分离、区分羧酸和酚类化合物。

$$RCOOH + NaOH \rightleftharpoons RCOONa + H_2O$$

$$2RCOOH + Na_2CO_3 \rightleftharpoons 2RCOONa + CO_2\uparrow + H_2O$$

$$RCOOH + NaHCO_3 \rightleftharpoons RCOONa + CO_2\uparrow + H_2O$$

生成的羧酸盐用强的无机酸酸化,又可以转化为原来的羧酸。这是分离和纯化羧酸或从动植物体中提取含羧基的有效成分的有效途径。

$$RCOONa + HCl \rightleftharpoons RCOOH + NaCl$$

羧酸的钠、钾、铵盐在水中的溶解度很大,制药工业常将一些含羧基的难溶于水的药物制成羧酸盐,以便于配制水剂或注射液使用,如常用的青霉素 G 钾盐和钠盐。

羧酸的酸性强弱,可用其解离平衡常数 pK_a 来衡量,羧酸的结构不同,酸性强弱也不同。从 pK_a 比较可以得

ER 8-4

苯甲酸和苯酚的分离

知,在饱和一元羧酸中,甲酸的酸性最强,这是因为其他羧酸分子中烷基的给电子诱导效应使酸性减弱。一般情况下,饱和脂肪酸的酸性随着烃基的碳原子数增加和给电子能力的增强而减弱。例如:

$$HCOOH > CH_3COOH > CH_3CH_2COOH > (CH_3)_2CHCOOH > (CH_3)_3CCOOH$$

| pK_a | 3.77 | 4.76 | 4.88 | 4.86 | 5.05 |

对于羧基直接连接在芳环上的羧酸,除了要考虑诱导效应,还需考虑共轭效应。如苯甲酸的 $pK_a=4.20$,其酸性比甲酸弱,但比其他一元饱和脂肪酸强。这是因为在羧基与苯环所形成的 π-π 共轭体系中,苯环所表现出的给电子共轭效应大于苯环本身的吸电子诱导效应,使环上的电子云向羧基转移,减弱了氢氧键极性,H^+ 的离解能力降低,所以苯甲酸的酸性较甲酸弱。

低级二元羧酸的酸性比饱和一元羧酸强,特别是乙二酸,它是由两个羧基直接相连而成的,由于一个羧基对另一个羧基所产生的吸电子诱导效应,使乙二酸的酸性($pK_a=1.23$)比一元羧酸强很多。但随着两个羧基相对距离的增加,羧基之间的影响逐渐减弱,二元羧酸的酸性逐渐减小,例如:

$$HOOCCOOH > HOOCCH_2COOH > HOOC(CH_2)_2COOH > HOOC(CH_2)_3COOH$$

| pK_a | 1.23 | 2.83 | 4.19 | 4.34 |

(二) 羟基的取代反应

羧酸中的羟基不易被取代,但在一定条件下,可以被卤素(—X)、酰氧基(ROCO—)、烷氧基(—OR)、氨基(—NH$_2$)取代,分别生成酰卤、酸酐、酯和酰胺羧酸衍生物。

1. 酰卤的生成 羧基中的羟基被卤素取代的产物称为酰卤,其中,最重要的是酰氯。酰氯可由羧酸与三氯化磷、五氯化磷或亚硫酰氯(氯化亚砜)反应生成。

$$R-\underset{\underset{O}{\parallel}}{C}-OH \quad \begin{cases} \xrightarrow{PCl_3} R-\underset{\underset{O}{\parallel}}{C}-Cl + H_3PO_3 \\ \xrightarrow{PCl_5} R-\underset{\underset{O}{\parallel}}{C}-Cl + POCl_3 + HCl \\ \xrightarrow{SOCl_2} R-\underset{\underset{O}{\parallel}}{C}-Cl + SO_2\uparrow + HCl\uparrow \end{cases}$$

因亚硫酰氯与羧酸反应,生成的副产物均为气体、易于分离,而易得到纯净的酰氯,是实验室制备酰氯的常用方法。酰氯很活泼,是一类具有高度反应活性的化合物,广泛用于药物合成中。

2. 酸酐的生成 除甲酸外的羧酸,在乙酸酐、P_2O_5 等脱水剂存在下加热,两分子羧基间脱去一分子水生成酸酐。

$$R-\underset{\underset{O}{\parallel}}{C}-OH + HO-\underset{\underset{O}{\parallel}}{C}-R \xrightarrow[\triangle]{脱水剂} R-\underset{\underset{O}{\parallel}}{C}-O-\underset{\underset{O}{\parallel}}{C}-R + H_2O$$

五元或六元的环状酸酐可由 1,4- 或 1,5- 二元羧酸受热后分子内脱水形成。例如邻苯二甲酸酐可由邻苯二甲酸得到。

$$\text{邻苯二甲酸} \xrightarrow{\triangle} \text{邻苯二甲酸酐} + H_2O$$

3. 酯的生成 羧酸和醇在酸(常用浓硫酸)催化作用下生成酯和水的反应,称为酯化反应。酯化反应是可逆反应,生成的酯在同样的条件下可与水反应又生成羧酸和醇,称为酯的水解反应。

$$RCOOH + R'OH \underset{\triangle}{\overset{\text{浓}H_2SO_4}{\rightleftharpoons}} \overset{O}{\overset{\|}{R-C-OR'}} + H_2O$$

案例分析

案例:2011 年 5 月,因在食品添加剂中掺入塑化剂获取暴利,引发某地食品安全风暴。2012 年 11 月,某品牌的酒被爆塑化剂含量超过国家标准 2.6 倍;2018 年 11 月,某品牌酒被披露其某款白酒中含有的增塑剂接近限定标准的 3 倍,引起白酒行业的又一次震荡。

分析:塑化剂也称增塑剂、可塑剂,种类多达百余种,但使用最普遍的是邻苯二甲酸酯类化合物(DEHP),是广泛使用的高分子材料助剂,用于增加塑料制品的柔软性、延展性和可加工性,但食品中塑化剂超标对人体有严重的危害。如邻苯二甲酸酯类塑化剂被归类为疑似环境激素,其生物毒性主要属于抗雄激素活性,会造成内分泌失调,危害生物体的生殖功能,包括生殖率降低、流产、出生缺陷、异常的精子数、睾丸损害,还会引发恶性肿瘤,因此不能添加在食品和药品中。

酯化反应和酯的水解反应机制是研究最为详尽的有机化学反应之一。采用含有 ^{18}O 的醇和羧酸进行酯化反应,生成了含有 ^{18}O 的酯,这个实验事实说明酯化反应是羧酸的酰氧键发生断裂,羧羟基被醇中的烃氧基取代,生成酯和水,而不是醇的烃氧键断裂,并且在大多数情况下,酯的反应都是按这种酰氧键断裂的方式进行的。

$$\overset{O}{\overset{\|}{R-C}} \dashv OH + H \vdash {}^{18}OCH_2CH_3 \underset{\triangle}{\overset{H^+}{\rightleftharpoons}} \overset{O}{\overset{\|}{R-C}}-{}^{18}OCH_2CH_3 + H_2O$$

ER 8-5
无机酸酯和有机酸酯的不同形成方式

知识链接

酯化反应在药物改性中的应用

在药物合成中,常常利用酯化反应将药物转换为前药,以改变药物的生物利用度、稳定性或克服多种不利因素。如磷酸奥司他韦,就是通过酯化反应掩盖了分子中的极性羧酸基团,增加了脂溶性,提高了生物利用度,在体内代谢为其活性物质奥司他韦羧酸盐,用于甲型、乙型流感的治疗和预防。再如抗生素氯霉素味极苦,服药困难,其棕榈酸酯(无味氯霉素)的水溶性小,没有苦味,也没有抗菌作用,但经肠黏膜吸收到血液中后,被酯酶水解生成有活性的氯霉素而发挥杀菌作用。

4. 酰胺的生成 羧酸与氨反应生成羧酸的铵盐,加热后分子内脱水生成酰胺。

$$\overset{O}{\overset{\|}{R-C}}-OH + NH_3 \longrightarrow \overset{O}{\overset{\|}{R-C}}-ONH_4 \xrightarrow{\triangle} \overset{O}{\overset{\|}{R-C}}-NH_2 + H_2O$$

(三) 还原反应

羧基中的羰基由于受到羟基的影响,失去了典型羰基的性质,难于被一般的还原剂或催化氢化法还原,但强还原剂氢化铝锂($LiAlH_4$)却能顺利地将羧酸还原成伯醇。还原时常以无水乙醚或四氢呋喃作溶剂,最后用稀酸水解得到产物。反应通式如下:

$$RCOOH \xrightarrow[Et_2O]{LiAlH_4} \xrightarrow{H_3O^+} RCH_2OH$$

$$CH_2=CHCH_2COOH \xrightarrow[Et_2O]{LiAlH_4} \xrightarrow{H_3O^+} CH_2=CHCH_2CH_2OH$$

$LiAlH_4$ 是一种选择性还原剂,它可以还原许多具有羰基结构的化合物,但对碳碳双键、三键无影响,因此可用于制备不饱和的伯醇。

(四) α-H 的卤代反应

由于羧基吸电子效应的影响,羧酸分子中的 α-H 具有一定的活性,但较醛、酮的 α-H 活性弱,难以直接卤化,可在少量红磷或三卤化磷的存在下发生卤代反应,生成 α-卤代酸。

$$RCH_2COOH + X_2 \xrightarrow[\text{或}PX_3]{P} \underset{\underset{X}{|}}{RCHCOOH}$$

课 堂 活 动

卤代酸是一种重要的取代酸,在有机合成中起着重要作用。请同学们分析一下卤代酸有哪些官能团,可能具有哪些性质,是否有酸性。若卤代酸有酸性,其酸性比羧酸的酸性强还是弱?

(五) 脱羧反应

羧酸分子失去羧基并放出 CO_2 的反应称为脱羧反应。饱和一元羧酸对热稳定,通常不易发生脱羧反应。但在特殊条件下,如羧酸钠盐与碱石灰($NaOH$、CaO)共热,也可以发生脱羧反应,生成少一个碳原子的烃,实验室中用于制备低级烷烃。例如无水醋酸钠与碱石灰在强热条件下可制备甲烷。

$$CH_3COONa + NaOH \xrightarrow[\text{强热}]{CaO} CH_4 + Na_2CO_3$$

当羧酸分子中的 α-碳连有吸电子基(如硝基、卤素、酰基等)时,以及两个羧基直接相连或连在同一个碳原子上的二元羧酸,受热都容易脱羧。例如:

$$\overset{\overset{O}{\|}}{RCCH_2COOH} \xrightarrow{\triangle} \overset{\overset{O}{\|}}{RCCH_3} + CO_2$$

$$HOOCCOOH \xrightarrow{\triangle} HCOOH + CO_2$$

$$HOOCCH_2COOH \xrightarrow{\triangle} CH_3COOH + CO_2$$

脱羧反应在生物体内的许多生化反应中占重要地位。人体内的脱羧反应是在脱羧酶的催化作用下进行的。

> **点滴积累**
>
> 1. 羧酸的系统命名原则与醛的命名基本相同,只需将"醛"改为"酸"。
> 2. 羧酸具有酸性,吸电子基使酸性增强,给电子基则相反;吸(或给)电子基离羧基越近,对酸性的影响越大。
> 3. 羧酸分子中的羟基被其他基团取代后可得到羧酸衍生物,烃基中的氢原子被其他基团取代后得到取代羧酸。
> 4. 羧酸分子中 α- 碳原子上连有较强的吸电子基时,容易发生脱羧反应。

第二节　羟基酸

羟基酸是羧酸分子中烃基上的氢原子被羟基取代而生成的化合物,或分子中既有羟基又有羧基的一类化合物。羟基酸广泛存在于动植物体内,是生物体生命活动中的重要物质,如人体代谢中产生的乳酸,水果中的苹果酸、柠檬酸等。羟基酸也可作为药物合成的原料及食品的调味剂。

一、羟基酸的分类和命名

根据烃基的不同,羟基酸可分为醇酸和酚酸两类,羟基与脂肪烃基直接相连的称为醇酸,羟基与芳环直接相连的称为酚酸。

根据羟基和羧基的相对位置不同,醇酸可分为 α-、β-、γ- 醇酸等。

$$
\overset{\alpha}{\underset{OH}{RCH_2CHCOOH}} \qquad \overset{\beta}{\underset{OH}{RCHCH_2COOH}} \qquad \overset{\gamma}{\underset{OH}{RCHCH_2CH_2COOH}}
$$

醇酸的命名是以羧酸为母体,羟基为取代基,取代基的位次用阿拉伯数字或希腊字母表示。许多羟基酸是天然产物,常根据其来源而采用俗名。例如:

酚酸是以芳香酸为母体,标明羟基在芳环上的位次。例如:

α-羟基丙酸　　　　　　　　　　羟基丁二酸
2-羟基丙酸　　　　　　　　　　苹果酸
乳酸

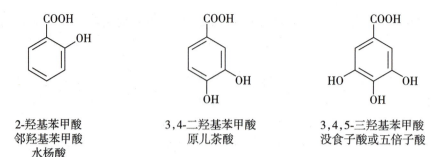

2-羟基苯甲酸
邻羟基苯甲酸
水杨酸

3,4-二羟基苯甲酸
原儿茶酸

3,4,5-三羟基苯甲酸
没食子酸或五倍子酸

二、羟基酸的性质

羟基酸分子中兼有羟基和羧基,具有醇、酚和羧酸的一般性质,如醇羟基可以氧化、酯化、脱水等,酚羟基具有酸性并能与三氯化铁溶液显色,羧基可成盐、成酯等。但由于羟基和羧基间的相互作用也产生了一些特殊的性质,且这些特殊的性质又因羟基和羧基的相对位置不同而表现出一定的差异。

(一) 酸性

羟基酸分子中的羟基为吸电子基,产生的吸电子诱导效应沿着碳链传递,影响羧酸的酸性,使醇酸的酸性比相应的羧酸强。但是随着羟基和羧基距离的增大,诱导效应减弱,酸性逐渐减小。例如:

	$HOCH_2COOH$	CH_3COOH
pK_a	3.83	4.76

$$CH_3\underset{\underset{OH}{|}}{CH}COOH \qquad CH_2\underset{\underset{OH}{|}}{CH_2}COOH \qquad CH_3CH_2COOH$$

pK_a	3.87	4.51	4.88

在酚酸中,由于羟基与芳环之间既有吸电子诱导效应又有给电子共轭效应,所以几种酚酸异构体的酸性强弱也有差异。

pK_a	3.00	4.12	4.17	4.54

知识链接

水杨酸的鉴别

水杨酸是植物柳树皮的提取物,具有防腐杀菌、解热镇痛等作用,在医药中主要用作制药的原料,常用的感冒药阿司匹林就是水杨酸的衍生物。《中国药典》(2025 年版)规定水杨酸的鉴别方法为取本品的水溶液,加三氯化铁试液 1 滴,即显紫堇色。

(二) 氧化反应

醇酸分子中的羟基受到羧基的影响更容易被氧化。如托伦试剂、稀硝酸不能氧化醇,却能将醇酸氧化成醛酸或酮酸。例如：

$$\underset{\underset{OH}{|}}{CH_3CHCOOH} \xrightarrow[\text{或稀}HNO_3]{\text{托伦试剂}} \underset{\underset{O}{\parallel}}{CH_3CCOOH}$$

$$\underset{\underset{OH}{|}}{CH_3CHCH_2COOH} \xrightarrow{\text{稀}HNO_3} \underset{\underset{O}{\parallel}}{CH_3CCH_2COOH}$$

（三）分解反应

α- 醇酸与稀硫酸或酸性高锰酸钾溶液共热,则分解为甲酸和少一个碳原子的醛或酮。

$$\underset{\underset{OH}{|}}{RCHCOOH} \xrightarrow[\triangle]{H_2SO_4} \underset{\underset{O}{\parallel}}{R-C-H} + HCOOH$$

$$\underset{\underset{OH}{|}}{R-\overset{\overset{R'}{|}}{C}-COOH} \xrightarrow[\triangle]{H_2SO_4} \underset{\underset{O}{\parallel}}{R-C-R'} + HCOOH$$

$$\underset{\underset{OH}{|}}{RCHCOOH} \xrightarrow[\triangle]{KMnO_4/H^+} \underset{\underset{O}{\parallel}}{R-C-H} + CO_2\uparrow + H_2O$$

$$\xrightarrow{[O]} RCOOH$$

（四）脱水反应

醇酸对热敏感,加热时容易发生脱水反应。羟基和羧基的相对位置不同,其脱水方式和脱水产物也不同。

1. α- 醇酸　α- 醇酸受热时,两分子间交叉脱水,生成六元环的交酯。

交酯

2. β- 醇酸　β- 醇酸受热时,发生分子内脱水反应,生成 α,β- 不饱和羧酸。

$$\underset{\beta}{RCH}-CHCOOH \xrightarrow{\triangle} RCH=CHCOOH + H_2O$$

3. γ- 醇酸和 δ- 醇酸　γ- 醇酸和 δ- 醇酸易发生分子内脱水,而生成稳定的五元或六元环的内酯。其中 γ- 醇酸比 δ- 醇酸更易脱水,在室温下即可进行,因此 γ- 醇酸很难游离存在,只有成盐后才稳定。

γ-内酯

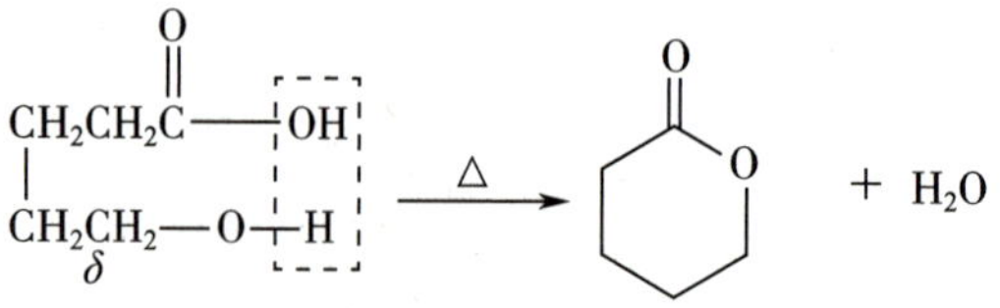

$$\delta\text{-内酯}$$

内酯难溶于水,在酸或碱存在下能发生水解反应,若在碱存在下水解则生成稳定的醇酸盐。

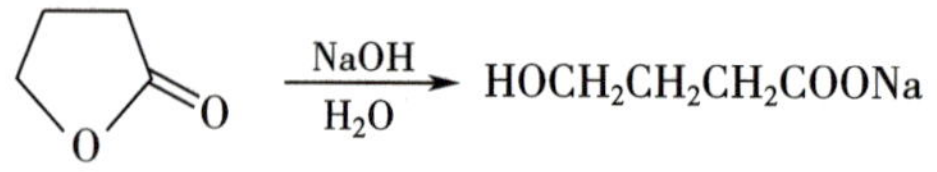

$$\xrightarrow[\text{H}_2\text{O}]{\text{NaOH}} \text{HOCH}_2\text{CH}_2\text{CH}_2\text{COONa}$$

课 堂 活 动

下列两个药物都含有内酯结构,请同学们画出其所含的内酯部分。

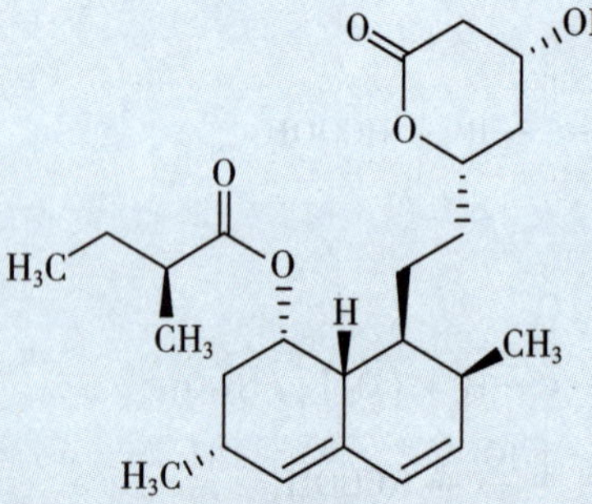

洛伐他汀(抗高血压药) 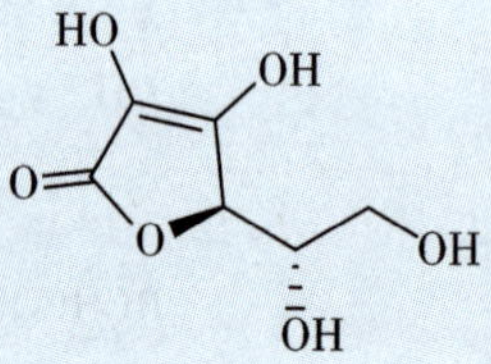　　　　　　　维生素C

知识链接

阿司匹林的发现及其在医药领域中的应用

阿司匹林(　　　　　　)是水杨酸类解热镇痛药的代表。早在公元前 15 世纪就有记载人们

通过咀嚼柳树皮可以减轻疼痛,后经分离、提纯得到了其活性成分水杨苷,水杨苷再经水解、氧化为水杨酸

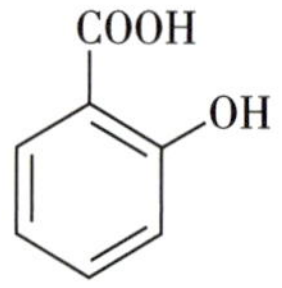

(　　　　　　),相比于水杨苷具有更好的药效。1860 年 Koble 首次合成水杨酸,从此开辟了一条大量、

廉价生产水杨酸的途径。1875 年以水杨酸钠的形式作为解热镇痛和抗风湿药在临床得到应用,为了克
服水杨酸钠造成的严重胃肠道不良反应,1898 年德国化学家霍夫曼(Hoffmann)合成了乙酰水杨酸即阿
司匹林,它的解热镇痛作用比水杨酸钠强,而不良反应较小,因此作为一个优良的解热镇痛和抗风湿药
在临床上得到了广泛的应用。近年来,阿司匹林多用于治疗和预防心脑血管疾病,是典型的老药新用的
例子。

> **点滴积累**
>
> 1. 羟基酸是羧酸分子中烃基上的氢原子被羟基取代而生成的化合物,或分子中既有羟基又有羧基的一类化合物,根据烃基的不同,分为醇酸和酚酸。
> 2. 羟基酸的命名原则是以羧酸为母体,羟基为取代基。
> 3. 醇酸既具有醇的性质又具有酸的性质,酚酸既具有酚的性质又具有酸的性质,但也有特性,如醇酸受热不稳定,容易发生脱水反应,并因羟基与羧基的相对位置不同,可发生分子内或分子间脱水形成不饱和酸、环状交酯或内酯。

第三节　氨基酸

分子中既含有氨基又含有羧基的化合物称为氨基酸。氨基酸是一类具有特殊重要意义的化合物,其中许多是与生命起源和生命活动密切相关的蛋白质的基本组成单位,是人体必不可少的物质,有些可直接用作药物。

一、氨基酸的分类和命名

根据氨基和羧基的相对位置,氨基酸可分为 α-、β-、γ- 氨基酸。组成蛋白质的 20 种氨基酸绝大多数都是 α- 氨基酸(脯氨酸为 α- 亚氨基酸)。表 8-2 中列出了常见的 α- 氨基酸的结构、名称、缩写符号等,其中标有"*"的 8 种氨基酸在人体内不能合成,必须通过食物供给,称为必需氨基酸,其他氨基酸可以利用其他物质在体内合成。因此人们不能偏食,应保证食物的多样化以获得足够的人体必需氨基酸。

表 8-2　常见的 α- 氨基酸

分类	名称	缩写符号		结构式	等电点
		中文	英文		
酸性氨基酸	天冬氨酸(aspartic acid) (α- 氨基丁二酸)	天	Asp (D)	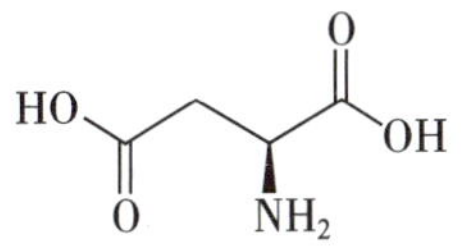	2.77
	谷氨酸(glutamic acid) (α- 氨基戊二酸)	谷	Glu (E)	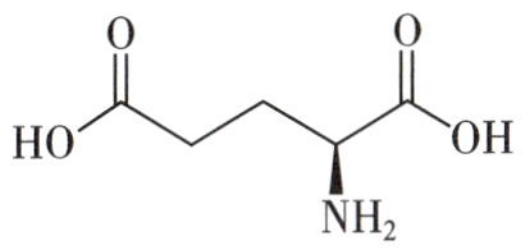	3.22

续表

分类	名称	缩写符号		结构式	等电点
		中文	英文		
碱性氨基酸	精氨酸（arginine） （α-氨基-δ-胍基戊酸）	精	Arg （R）	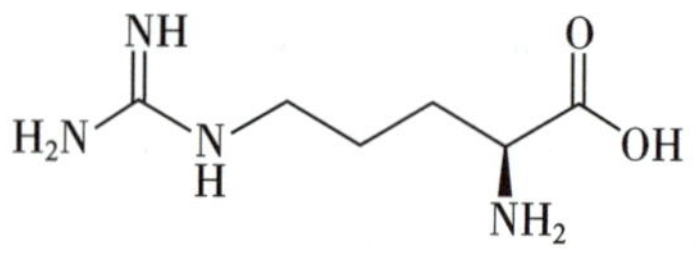	10.76
	*赖氨酸（lysine） （α,ω-二氨基己酸）	赖	Lys （K）	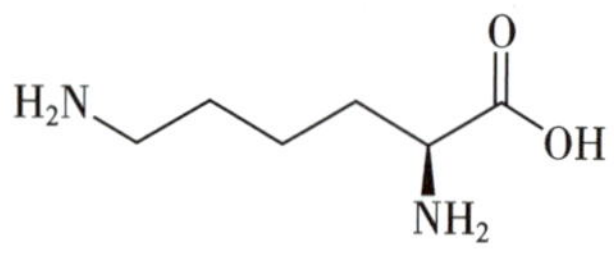	9.74
	组氨酸（histidine） ［α-氨基-β-(5-咪唑)丙酸］	组	His （H）	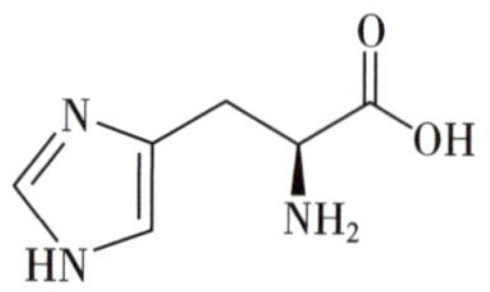	7.59
中性氨基酸	甘氨酸（glycine） （氨基乙酸）	甘	Gly （G）	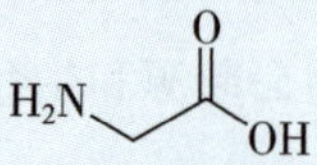	5.97
	丙氨酸（alanine） （α-氨基丙酸）	丙	Ala （A）	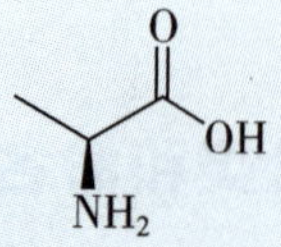	6.00
	丝氨酸（serine） （α-氨基-β-羟基丙酸）	丝	Ser （S）	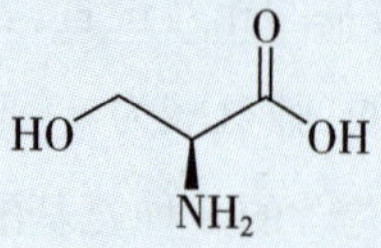	5.68
	半胱氨酸（cysteine） （α-氨基-β-巯基丙酸）	半胱	Cys （C）	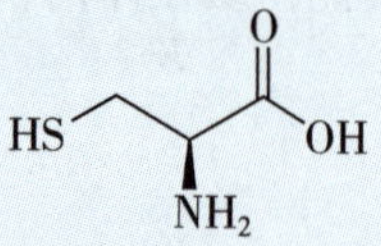	5.05
	*苏氨酸（threonine） （α-氨基-β-羟基丁酸）	苏	Thr （T）	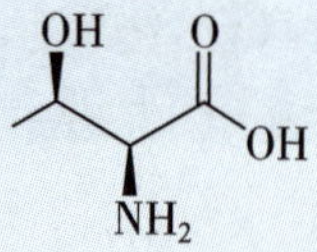	5.70
	*甲硫氨酸（methionine） （α-氨基-γ-甲硫基丁酸）	蛋	Met （M）	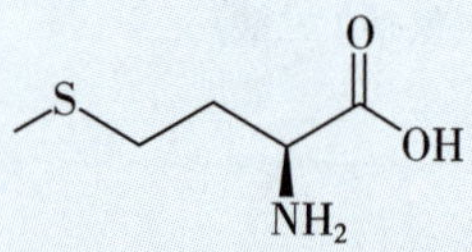	5.74
	*缬氨酸（valine） （α-氨基-β-甲基丁酸）	缬	Val （V）	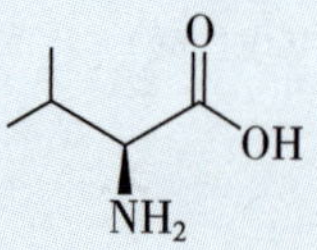	5.96

146　第八章　羧酸及取代羧酸

分类	名称	缩写符号		结构式	等电点
		中文	英文		
中性氨基酸	*亮氨酸（leucine） （α-氨基-γ-甲基戊酸）	亮	Leu (L)	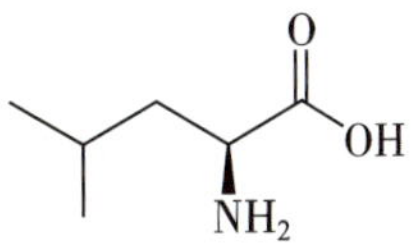	5.98
	*异亮氨酸（isoleucine） （α-氨基-β-甲基戊酸）	异亮	Ile (I)	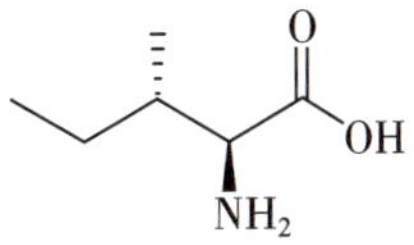	6.02
	*苯丙氨酸（phenylalanine） （α-氨基-β-苯基丙酸）	苯丙	Phe (F)	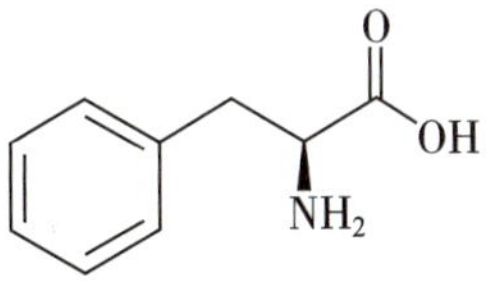	5.48
	酪氨酸（tyrosine） （α-氨基-β-对羟苯基丙酸）	酪	Tyr (Y)	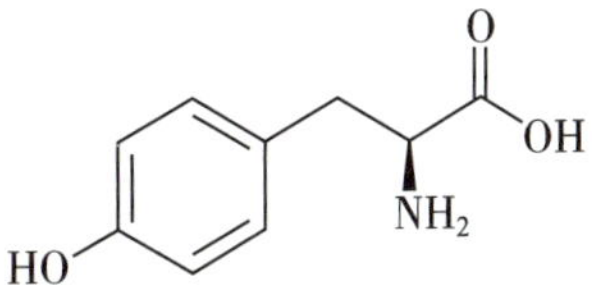	5.66
	脯氨酸（proline） （α-吡咯啶甲酸）	脯	Pro (P)	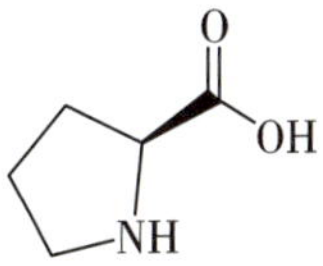	6.30
	*色氨酸（tryptophane） ［α-氨基-β-(3-吲哚)丙酸］	色	Try (W)	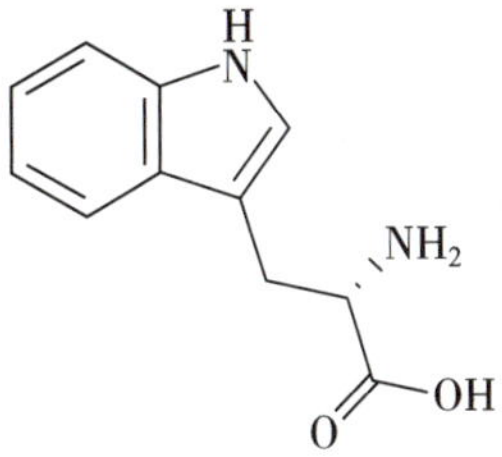	5.89
	天冬酰胺（asparagine） （α-氨基丁酰胺酸）	天胺	Asn (N)	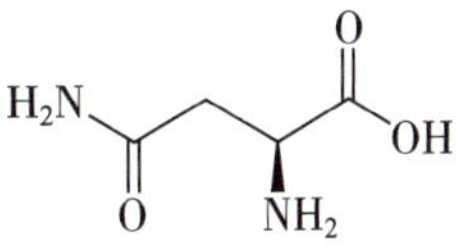	5.41
	谷氨酰胺（glutamine） （α-氨基戊酰胺酸）	谷胺	Gln (Q)	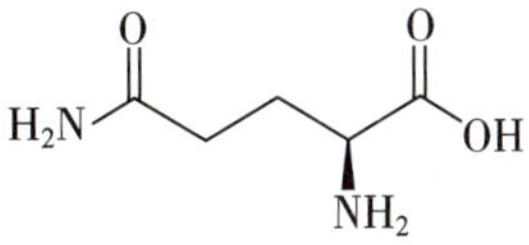	5.65

注：*表示必需氨基酸。

根据分子中的烃基的结构不同，氨基酸可分为脂肪族氨基酸、芳香族氨基酸和杂环氨基酸。根据分子中所含的氨基和羧基的数目不同，氨基酸又可分为中性氨基酸(氨基和羧基的数目相等)、碱性氨基酸(氨基的数目多于羧基的数目)、酸性氨基酸(羧基的数目多于氨基的数目)。

氨基酸的系统命名法同羟基酸，一般羧酸作为母体，氨基作为取代基称为"某氨某酸"。但氨基酸通常根据其来源或某些特性而采用俗名，如天冬氨酸源于天冬植物；胱氨酸最初在膀胱结石中被发现；甘氨酸则因具甜味而得名。

知识链接

第一必需氨基酸——赖氨酸

赖氨酸是人体必不可少的营养成分，属于碱性必需氨基酸。在合成蛋白质时，少了赖氨酸，其他氨基酸就会受到限制或得不到利用，故科学家称之为人体第一必需氨基酸。

赖氨酸可以调节人体代谢平衡。往食物中添加少量的赖氨酸，可以刺激胃酸与胃蛋白酶的分泌，提高胃液分泌功效，起到增进食欲、促进幼儿生长与发育的作用。赖氨酸还能提高钙的吸收及其在体内的积累，加速骨骼生长。在医药中，赖氨酸可作为利尿药的辅助药物，治疗因血液中的氯化物减少而引起的铅中毒现象，还可与甲硫氨酸合用抑制重症原发性高血压，与酸性药物(如水杨酸等)生成盐来减轻不良反应。常见的含有赖氨酸的药物有复方赖氨酸颗粒和赖氨酸注射剂等。

二、氨基酸的性质

α-氨基酸都是无色晶体，熔点较高，一般为 $200\sim300\,^{\circ}\mathrm{C}$，加热至熔点时易分解并放出 CO_2。一般都能溶于水、强酸、强碱溶液中，难溶于乙醇、乙醚、石油醚和苯等有机溶剂。有的 α-氨基酸具有甜味，有的无味甚至有苦味，而谷氨酸的钠盐味道鲜美，是调味品"味精"的主要成分。除甘氨酸外，α-氨基酸的碳原子都是手性碳原子，因此都具有旋光性，天然蛋白质水解得到的氨基酸都是 L-型。

氨基酸分子中既含有羧基又含有氨基，因此它具有羧基和氨基的一般典型反应。同时，由于羧基和氨基的相互影响，氨基酸还具有一些特殊的性质。

(一)羧基的反应

1. 成盐反应 氨基酸分子中具有酸性的羧基，能与强碱氢氧化钠反应，生成氨基酸的钠盐。

$$\underset{\underset{NH_2}{|}}{R-CH-COOH} + NaOH \longrightarrow \underset{\underset{NH_2}{|}}{R-CH-COONa} + H_2O$$

2. 脱羧反应 氨基酸在 $Ba(OH)_2$ 存在下加热，可脱羧生成胺。

$$\underset{\underset{NH_2}{|}}{R-CH-COOH} \xrightarrow[\triangle]{Ba(OH)_2} RCH_2NH_2 + CO_2\uparrow$$

在生物体内，氨基酸可在细菌中脱羧酶的作用下发生脱羧反应。如蛋白质腐败时，由精氨酸等发生脱羧反应生成 $H_2N(CH_2)_4NH_2$(丁二胺，俗称腐胺)；由赖氨酸脱羧可得到 $H_2N(CH_2)_5NH_2$(戊二胺，俗称尸胺)；由组氨酸脱羧后生成组胺，人体内的组胺过多可引起过敏、炎性反应、胃酸分泌等，也可以影响脑部神经传导。

$$H_2N(CH_2)_4-\underset{\underset{NH_2}{|}}{CH}-COOH \xrightarrow{\text{脱羧酶}} NH_2(CH_2)_5NH_2 + CO_2$$

案例分析

案例: 辽宁省盘锦市新立镇一户三口人家吃了鲅鱼后, 开始高热, 脸烧得通红, 还伴有恶心、呕吐。

分析: 很多海鱼特别是鲅鱼, 鱼肉中含血红蛋白较多, 富含组氨酸, 当鱼不新鲜或发生腐败时, 细菌在其中大量生长繁殖, 可使组氨酸脱去羧基变成有毒的组胺。组胺可促使毛细血管扩张充血和支气管收缩, 引起一系列临床反应。

3. 酯化反应　在少量酸的存在下, 氨基酸能与醇发生酯化反应。

$$R-\underset{\underset{NH_2}{|}}{CH}-COOH + R'OH \xrightarrow{H^+} R-\underset{\underset{NH_2}{|}}{CH}-COOR' + H_2O$$

(二) 氨基的反应

1. 成盐反应　氨基酸分子的氨基与氨分子相似, 氮原子上有一对未共用电子对, 可以接受质子, 表现出碱性。因此, 氨基酸可与酸反应生成铵盐。

$$R-\underset{\underset{NH_2}{|}}{CH}-COOH + HX \longrightarrow R-\underset{\underset{NH_3^+X^-}{|}}{CH}-COOH$$

2. 与亚硝酸反应　α-氨基酸中的氨基能与亚硝酸反应放出 N_2, 并生成 α-羟基酸。

$$R-\underset{\underset{NH_2}{|}}{CH}-COOH + HNO_2 \longrightarrow R-\underset{\underset{OH}{|}}{CH}-COOH + N_2\uparrow + H_2O$$

由于该反应可以定量释放出氮气, 故可计算出氨基酸分子中氨基的含量, 也可测定蛋白质分子中的游离氨基含量, 此方法称为范斯莱克(van Slyke)氨基测定法。

3. 氧化脱氨反应　氨基酸通过氧化脱氨可先生成 α-亚氨基酸, 再水解而得 α-酮酸和氨。

$$R-\underset{\underset{NH_2}{|}}{CH}-COOH \xrightarrow{[O]} R-\underset{\underset{NH}{\|}}{C}-COOH \xrightarrow{-H_2O} R-\underset{\underset{O}{\|}}{C}-COOH + NH_3\uparrow$$

$$\qquad\qquad\qquad\qquad\qquad \alpha\text{-亚氨基酸} \qquad\qquad\qquad \alpha\text{-酮酸}$$

此反应是生物体内氨基酸分解代谢的重要途径之一。

(三) 氨基酸的特性

1. 两性电离和等电点　氨基酸分子中同时含有酸性的羧基和碱性的氨基, 因此既可以与碱反应, 又可以与酸反应, 是两性化合物。氨基酸分子中的氨基与羧基可以相互作用而成盐, 这种由分子内部的酸性基团和碱性基团相互作用所形成的盐称为内盐。

$$R-\underset{\underset{NH_2}{|}}{CH}-COOH \rightleftharpoons R-\underset{\underset{NH_3^+}{|}}{CH}-COO^-$$

$$\text{内盐（两性离子）}$$

内盐中既存在正离子部分又有负离子部分,所以内盐又称为两性离子或偶极离子。正是这种特殊的离子结构使得氨基酸具有低挥发性、高熔点和难溶于有机溶剂的特性。

两性离子具有两性,既可以与酸反应,又可以与碱反应,因而溶液的 pH 不同,氨基酸所带电荷不同,在电场中的行为也不同。在酸性溶液中主要以阳离子状态存在而向负极移动;在碱性溶液中主要以阴离子状态存在而向正极移动。当将溶液的 pH 调节到某一特定值时,氨基酸主要以两性离子的形式存在,净电荷为零,呈电中性,在电场中既不向正极移动又不向负极移动,这个特定的 pH 就称为氨基酸的等电点,用 pI 表示。

氨基酸在溶液中的存在形式随 pH 的变化可表示如下:

$$
R-CH-COOH \atop \qquad\quad |\atop \qquad\quad NH_2
$$

$$
\underset{\substack{阴离子\\ pH>pI}}{R-CH-COO^-\atop |\atop NH_2} \underset{OH^-}{\overset{H^+}{\rightleftharpoons}} \underset{\substack{两性离子\\ pH=pI}}{R-CH-COO^-\atop |\atop NH_3^+} \underset{OH^-}{\overset{H^+}{\rightleftharpoons}} \underset{\substack{阳离子\\ pH<pI}}{R-CH-COOH\atop |\atop NH_3^+}
$$

等电点是氨基酸的一个重要的理化常数,不同结构的氨基酸等电点不同(表 8-2)。由于羧基的电离度略大于氨基的电离度,溶液中必须加入少量酸来抑制羧基电离,所以中性氨基酸的等电点略小于 7,一般为 5.0~6.5。酸性氨基酸的等电点为 2.8~3.2,碱性氨基酸的等电点为 7.6~10.8。

在等电点时,氨基酸在水中的溶解度最小,最易从溶液中析出沉淀。因此,根据不同的氨基酸具有不同的等电点这一特性,可通过调节溶液的 pH 使不同的氨基酸在各自的等电点结晶析出以分离提纯氨基酸。

课 堂 活 动

请同学们想一想:亮氨酸水溶液中存在哪些离子,哪些分子? 调节 pH>6.02 时,亮氨酸存在的主要形式是什么? 调节 pH<6.02 时,亮氨酸存在的主要形式是什么?

---

2. 成肽反应　一个氨基酸的羧基与另一个氨基酸的氨基之间发生的脱水缩合反应称为成肽反应,反应形成的酰胺类化合物称为肽,肽分子中的酰胺键称为肽键。例如:

$$
\underset{R}{H_2N-CH-C}\overset{O}{\underset{\|}{}}\underset{}{-OH} + \underset{R'}{H-NH-CH-COOH} \xrightarrow[\triangle]{-H_2O} \underset{R}{H_2N-CH-C}\overset{O}{\underset{\|}{}}-NH-\underset{R'}{CH-COOH}
$$

肽键

由两个氨基酸之间脱水形成的肽称为二肽,由多个氨基酸之间脱水形成的肽称为多肽,多肽的链状结构称为多肽链。其中,相对分子质量大于 10 000 的多肽一般称为蛋白质。

肽链中的氨基酸因脱水缩合后都是不完整的分子,故称为氨基酸残基,氨基酸残基的数目等于成肽的氨基酸分子数目。对于一条未成环的多肽链,必然存在一个未形成肽键的氨基和羧基,通常将含游离氨基的一端称为 N- 端,将含游离羧基的一端称为 C- 端。在肽结构的书写中,常将 N- 端写在左边,C- 端写在右边。多肽命名时,以含有完整羧基的氨基酸为母体,即保留 C- 端氨基酸的原名,将其余的氨基酸残基称为"氨酰",从 N 端开始,依次列在母体名称前面。例如:

$$\text{N-端} \quad H_2N-\underset{\underset{CH_3}{|}}{CH}-\overset{\overset{O}{||}}{C}-NH-CH_2-\overset{\overset{O}{||}}{C}-NH-\underset{\underset{CH(CH_3)_2}{|}}{CH}-COOH \quad \text{C-端}$$

丙氨酰甘氨酰缬氨酸

为了简便,也可用氨基酸的中文词头或英文缩写符号表示,氨基酸之间用"–"或"·"隔开。如上述三肽的名称可简写为丙 – 甘 – 缬或丙·甘·缬(Ala·Gly·Val)。对较复杂的多肽一般只用俗名。

肽的结构不仅与组成肽链的氨基酸种类和数量有关,也与氨基酸分子的排列顺序有关,一定数目的不同氨基酸可以形成多种不同的肽,这也是只有 20 多种 α- 氨基酸就能形成数目十分巨大的蛋白质群的原因。

知识链接

多肽的生理活性

自然界中存在很多多肽,它们在生物体内起着各种不同的作用。例如 γ- 谷氨酰半胱氨酰甘氨酸是生物细胞中的一种三肽,俗名谷胱甘肽。谷胱甘肽因含有巯基,容易被氧化。在生物体内的主要生理作用是防止氧化剂对其他生理活性物质的氧化,对细胞膜上含有巯基的膜蛋白和体内某些含有巯基的酶起到保护作用。在药物中,有些抗生素和激素也是多肽化合物。包括用于铜绿假单胞菌感染的多黏菌素 B 和多黏菌素 E,能促分娩和产后止血的缩宫素,能促进糖代谢的胰岛素,以及能扩张血管、降低血压、改善心律的心房钠尿肽等。

(四)氨基酸与茚三酮的显色反应

α- 氨基酸与水合茚三酮溶液共热,最终可生成蓝紫色的化合物(含亚氨基的氨基酸,如脯氨酸,与茚三酮的反应产物呈黄色)。

水合茚三酮 $\qquad$ + $\qquad H_2N-\underset{\underset{R}{|}}{CH}-COOH \quad \xrightarrow{\triangle}$ $\qquad$ 蓝紫色化合物

ER 8-6

该反应可以用来鉴定 α- 氨基酸以及含有 α- 氨酰基结构的化合物,如多肽和蛋白质。

α- 氨基酸
类药物的鉴
别方法

第四节　酮酸

分子中既含有酮基又含有羧基的化合物称为酮酸。酮酸是一类在生物体内具有重要作用的有机酸。根据分子中酮基和羧基的相对位置,酮酸可分为 α-、β-、γ-……酮酸。其中以 α-、β- 酮酸较为重要,它们是动物体内糖、脂肪和蛋白质代谢过程中产生的中间产物,这些中间产物在酶的作用下可发生一系列化学反应,为生命活动提供物质基础。因此,酮酸与医药密切相关。

一、酮酸的命名

酮酸的命名应选择含有羧基和酮基在内的最长碳链作主链,称为某酸。编号从羧基开始,酮基作为取代基,称为"氧亚基"。例如:

2-氧亚基丙酸　　　　　　　　3-氧亚基丁酸
丙酮酸　　　　　　　　　　　3-丁酮酸

二、酮酸的性质

酮酸分子中含有酮基和羧基,因此既具有酮基的性质又具有羧基的性质,如酮基可被还原成仲羟基,可与羰基试剂发生反应生成肟、腙等;羧基可成盐和成酯等。由于酮基和羧基相互影响及两者相对距离的不同,酮酸还表现出一些特殊的性质。

1. 酸性　由于羰基的吸电子诱导效应,羧基中的氧氢键极性增强,使得酮酸的酸性比相应的羧酸和醇酸强。

$$\underset{\text{p}K_a \quad 2.49}{\underset{\text{CH}_3\text{CCOOH}}{\overset{\text{O}}{\|}}} \qquad \underset{3.51}{\underset{\text{CH}_3\text{CH}_2\text{COOH}}{\overset{\text{O}}{\|}}} \qquad \underset{3.87}{\underset{\text{CH}_3\text{CHCOOH}}{\overset{\text{OH}}{|}}} \qquad \underset{4.87}{\text{CH}_3\text{CH}_2\text{COOH}}$$

2. 分解反应 α-酮酸与浓硫酸共热,分解生成少一个碳原子的羧酸及一氧化碳。

$$\underset{\text{CH}_3\text{CCOOH}}{\overset{\text{O}}{\|}} \xrightarrow[\triangle]{\text{浓H}_2\text{SO}_4} \text{CH}_3\text{COOH} + \text{CO}\uparrow$$

β-酮酸与浓碱共热时,在 α-碳原子和 β-碳原子之间发生 σ 键断裂,生成两分子羧酸盐,称为 β-酮酸的酸式分解。

$$\underset{\text{RC}}{\overset{\text{O}}{\|}}\!\!+\!\text{CH}_2\text{COOH} + \text{NaOH} \xrightarrow{\triangle} \text{RCOONa} + \text{CH}_3\text{COONa} + \text{H}_2\text{O}$$

3. 脱羧反应 α-酮酸与稀硫酸共热或被弱氧化剂(如托伦试剂)氧化,可失去 CO_2 而生成少一个碳原子的醛。例如:

$$\underset{\text{CH}_3\text{CCOOH}}{\overset{\text{O}}{\|}} \xrightarrow[150℃]{\text{稀H}_2\text{SO}_4} \text{CH}_3\text{CHO} + \text{CO}_2\uparrow$$

β-酮酸受热易脱羧生成酮,称为 β-酮酸的酮式分解。生物体内的 β-酮酸在脱羧酶的催化下也能发生类似的脱羧反应。例如:

$$\underset{\text{CH}_3\text{CCH}_2\text{COOH}}{\overset{\text{O}}{\|}} \xrightarrow{\triangle} \underset{\text{CH}_3\text{CCH}_3}{\overset{\text{O}}{\|}} + \text{CO}_2\uparrow$$

$$\text{HOOCCH}_2\underset{}{\overset{\text{O}}{\|}}\text{CCOOH} \xrightarrow[\text{或}\triangle]{\text{脱羧酶}} \text{CH}_3\underset{}{\overset{\text{O}}{\|}}\text{CCOOH} + \text{CO}_2\uparrow$$

知识链接

酮体

在医学上,3-氧亚基丁酸、β-羟基丁酸和丙酮三者合称为酮体,它们是脂肪在肝脏中的降解产物,是人体在饥饿状态下的重要能量来源。在正常人体的血液中浓度很低,尿液中也检测不到。然而,糖尿病患者由于胰岛素不足导致机体对葡萄糖的利用效率降低,脂肪细胞持续将脂肪释放入血液循环,肝脏不断代谢出酮体,使血液中的酮体水平上升,血液 pH 过低,导致糖尿病酮症和糖尿病酮症酸中毒。同时,一部分酮体通过尿液排泄,形成酮尿。所以,酮体的检测是高血糖危象诊疗的重要一环。

ER 8-7

酮体的检测
方法

点滴积累

1. 酮酸分子中既有酮基又有羧基,酸性较相应的羧酸和醇酸酸性强。
2. α-酮酸与浓硫酸共热可发生分解反应,生成相应的羧酸;与稀酸共热或被托伦试剂氧化可发生脱羧反应。
3. β-酮酸与浓碱共热发生酸式分解;与稀碱微热发生酮式分解。

复习导图

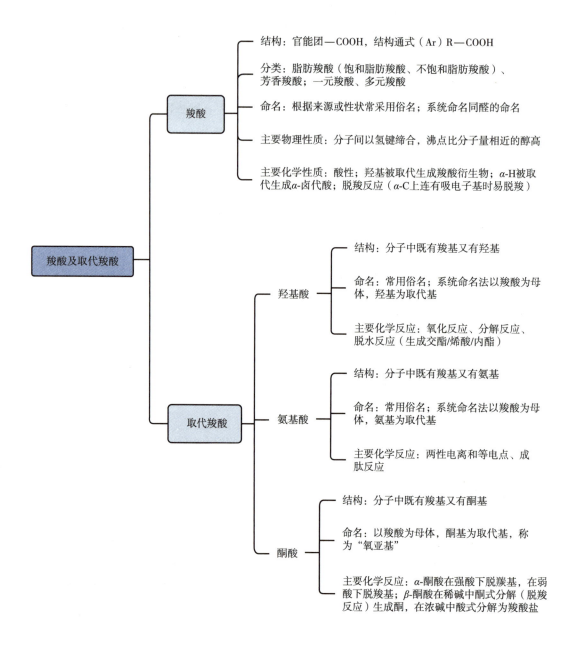

目标检测

一、命名或写出下列化合物的结构式

1. CH₃CHCH₂CHCOOH
    | |
   CH₃   CH₃

2. CH₃CHCOOH
    |
   CH₂COOH

3.

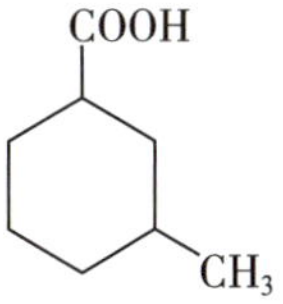

4.

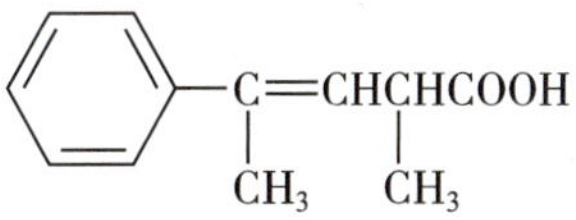

5. 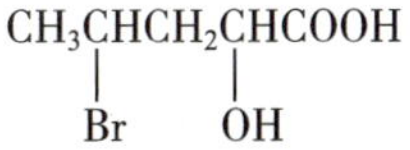 $CH_3CHCH_2CHCOOH$
   ⎪⎯⎯⎯⎯⎪
   Br　　OH

6. 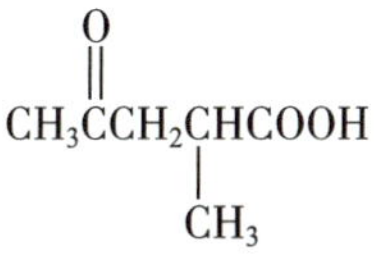 $CH_3CCH_2CHCOOH$（带酮基O双键于第二碳、CH_3取代于倒数第二碳）

7. 顺丁烯二酸

8. 2,4- 二甲基 -3- 氧亚基戊酸

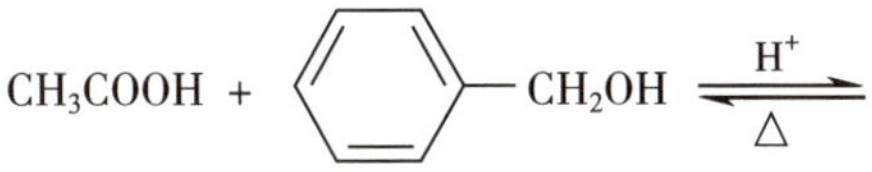

9. β- 萘甲酸

10. 丙氨酰丝氨酸

二、写出下列各反应的主要产物

1. 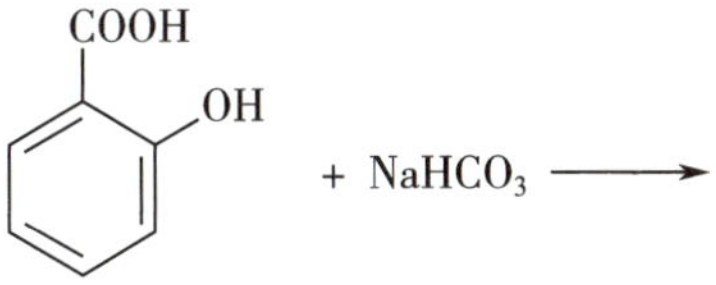 $+ \ NaHCO_3 \longrightarrow$

2. $CH_3COOH +$ $-CH_2OH \ \underset{\triangle}{\overset{H^+}{\rightleftharpoons}}$

3. $-COOH + Cl_2 \ \overset{P}{\longrightarrow}$

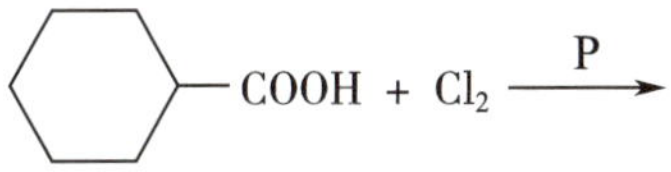

4. 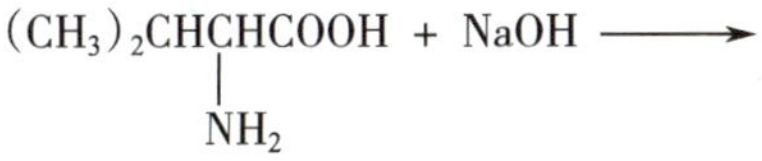 $(CH_3)_2CHCHCOOH + NaOH \longrightarrow$
   ⎪
   NH_2

5. 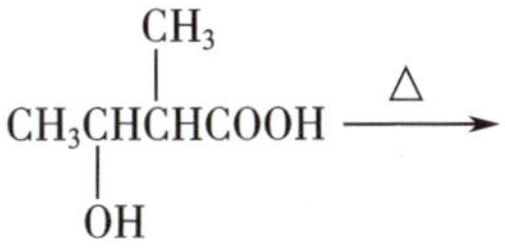 $CH_3CH_2CHCOOH \ \overset{\triangle}{\longrightarrow}$（侧链$CH_3$、$OH$）

6. 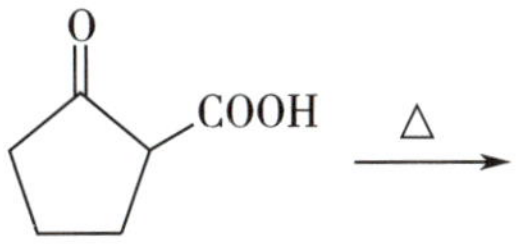 $\overset{\triangle}{\longrightarrow}$

三、用化学方法鉴别下列各组化合物

1. 甲酸、乙酸、乙二酸

2. 水杨酸、乳酸、丙氨酸

3. 苯甲醇、苯甲醛、苯甲酸

4. 苯乙醚、苯乙酮、苯乙酸

四、推测结构

1. 某化合物 A 的分子式为 $C_7H_{10}O_3$，可与 2,4- 二硝基苯肼反应产生沉淀；A 加热后生成环酮 B 并放出 CO_2 气体，B 与肼反应生成环己酮腙。试写出 A、B 的结构式和有关反应式。

2. 分子式为 $C_4H_8O_3$ 的两种同分异构体 A 和 B，A 与稀硫酸共热，得到分子式为 C_3H_6O 的化合物 C 和另一化合物 D，C、D 均能与托伦试剂反应产生银镜。B 加热脱水生成分子式为 $C_4H_6O_2$ 的化合物

E,E 能使溴水褪色,催化氢化后生成分子式为 $C_4H_8O_2$ 的直链羧酸 F。试推断 A、B、C、D、E 和 F 的结构式。

五、简答题

肉桂酸(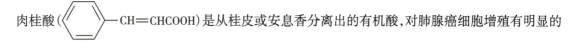—CH=CHCOOH)是从桂皮或安息香分离出的有机酸,对肺腺癌细胞增殖有明显的抑制作用,是 A5491 人肺腺癌细胞的有效抑制剂,在抗肿瘤方面具有极大的应用价值。请问:

1. 肉桂酸的化学名称是什么?
2. 肉桂酸分子中含有哪些官能团? 请分析它的鉴别方法。
3. 请完成肉桂酸与 $LiAlH_4$ 反应的方程式。

(王 丹)

ER 8-8

第八章
习题

实训九　羧酸及取代羧酸的性质

一、实训目的

1. 验证羧酸和取代羧酸的主要性质。
2. 掌握草酸脱羧和酯化反应的规范操作。
3. 学会鉴别羧酸和取代羧酸。

二、实训仪器和试剂

1. **仪器**　试管(大、小)、试管夹、药匙、带塞导管、铁架台、铁夹、酒精灯、烧杯(100ml、250ml)、锥形瓶(50ml)、温度计、量筒、石棉网、蓝色石蕊试纸、广泛 pH 试纸。

2. **试剂**　甲酸、乙酸、草酸、苯甲酸、10% NaOH 溶液、5% 盐酸溶液、无水碳酸钠、乳酸、酒石酸、水杨酸、三氯乙酸、2mol/L 乙酸溶液、2mol/L 一氯乙酸溶液、2mol/L 三氯乙酸溶液、结晶紫指示剂、托伦试剂、0.5% KMnO₄ 溶液、3mol/L H₂SO₄ 溶液、澄清石灰水、甲醇、浓硫酸、阿司匹林、1% 甘氨酸溶液、1% 酪氨酸悬浊液、1% 三氯化铁溶液、茚三酮试剂、蒸馏水、冰水。

三、实训原理

1. **羧酸具有酸性**　低级酸与水混溶,其水溶液可使 pH 试纸呈酸性;与无机强碱生成能溶于水的强碱弱酸盐,从而使不溶于水的羧酸溶于强碱溶液中,再在其盐溶液中加入无机强酸,羧酸又游离出来,利用此性质可用于羧酸的分离提纯;羧酸既能溶于氢氧化钠,又能溶于碳酸钠、碳酸氢钠。

2. 甲酸的还原性　甲酸分子中有醛基,具有还原性,可与托伦试剂反应产生银镜;与费林试剂产生砖红色的氧化亚铜沉淀,也能被高锰酸钾氧化。

3. 草酸的还原性　草酸也具有还原性,能被高锰酸钾氧化;受热可发生脱羧反应。

4. 酯化反应　羧酸在浓硫酸作用下,与醇发生分子之间脱水生成酯,称为酯化反应,大多数酯具有水果香味。

5. 取代酸的酸性　羧酸分子中烃基上的氢原子被其他原子或原子团取代后形成取代羧酸;取代酸也具有酸性,卤代酸的酸性比相应的羧酸的酸性强。

6. 水杨酸与三氯化铁溶液反应　酚酸中含有酚羟基,因此酚酸遇三氯化铁显紫色。

7. α-氨基酸与茚三酮反应　α-氨基酸与水合茚三酮生成蓝紫色物质。

四、实训内容

1. 羧酸的酸性

(1)酸性检验:取 3 支试管,各加入 1ml 纯化水,再分别加入 5 滴甲酸、乙酸和草酸少许,振摇,用广泛 pH 试纸测其近似 pH,记录并解释 3 种酸的酸性强弱。

(2)与碱反应:取 1 支试管,加入少许苯甲酸晶体和 1ml 蒸馏水,振摇并观察溶解情况。边摇边向试管中滴加 10% NaOH 溶液,观察和记录现象并写出反应式。再逐滴加入 5% 盐酸溶液,观察、记录现象并解释。

(3)与碳酸盐反应:取 1 支试管,加入少量无水碳酸钠,再滴加乙酸约 3ml,观察、记录现象并解释。

2. 取代羧酸的酸性

(1)酸性比较:取 3 支试管,分别加入乳酸 2 滴、酒石酸和三氯乙酸各少许,然后各加入蒸馏水 1ml,振摇,观察溶解情况。再分别用广泛 pH 试纸测其近似 pH,记录并解释 3 种酸的酸性强弱。

(2)氯代酸的酸性:取 3 支试管,分别加入 2mol/L 乙酸溶液、2mol/L 一氯乙酸和 2mol/L 三氯乙酸溶液各 10 滴,用广泛 pH 试纸检验每种酸的酸性。然后向 3 支试管中再各加入结晶紫指示剂(pH=0.2~1.5 黄~绿;pH=1.5~3.2 绿~紫)1~2 滴,观察指示剂颜色的变化,记录并解释 3 种酸的酸性强弱。

3. 甲酸和草酸的还原性

(1)与高锰酸钾的反应:取 2 支试管,分别加入 10 滴甲酸、草酸少许,再各加入 10 滴 0.5% KMnO$_4$ 溶液和 10 滴 3mol/L H$_2$SO$_4$ 溶液,振摇后加热至沸,观察和记录现象并解释。

(2)与托伦试剂的反应:取 1 支洁净的试管,加入 5 滴甲酸,用 10%NaOH 溶液中和至碱性。再加入 10 滴新配制的托伦试剂,摇匀,放入 50~60℃ 的水浴中加热数分钟,观察和记录现象并解释。

4. 脱羧反应　在干燥的大试管中放入约 3g 草酸,用带有导气管的塞子塞紧,试管口向下稍倾斜固定在铁架台上。将导气管出口插入盛有约 3ml 澄清石灰水的试管中,小心加热大试管,仔细观察石灰水的变化,记录和解释发生的现象并写出反应式。

5. **酯化反应**　在干燥的小锥形瓶中,将 0.5g 水杨酸溶于 5ml 甲醇中,边摇边加入 10 滴浓硫酸,在水浴中温热 5 分钟,然后将锥形瓶中的混合物倒入盛有约 10ml 冰水的小烧杯中,充分振摇,数分钟后注意观察生成物的外观,并闻其气味。记录和解释发生的现象,并写出化学反应式。

6. **水杨酸和阿司匹林与三氯化铁反应**　取 2 支试管,分别加入 1% 三氯化铁溶液 1~2 滴,各加水 1ml。再向第 1 支试管中加少许水杨酸晶体,第 2 支试管中加少许阿司匹林晶体,振摇,加热第 2 支试管,观察和记录现象并解释。

7. **茚三酮反应**　取 2 支试管,分别加入 1% 甘氨酸溶液和 1% 酪氨酸悬浊液(使用前摇匀)各 1ml,然后各加入茚三酮试剂 2~3 滴,在沸水浴中加热 10~15 分钟,观察和记录现象并解释。

五、实训提示

1. 托伦试剂的配制方法见醛、酮的化学性质。

2. 银镜反应在碱性介质中进行,甲酸的酸性较强,直接加入弱碱性的银氨溶液中会使银氨配合物失效,所以需用碱先中和甲酸。

3. 水杨酸和甲醇生成的酯称为水杨酸甲酯,俗名冬青油,具有特殊的香味,是冬青树属植物中的一种香精油。

4. 茚三酮反应是所有氨基酸的反应,反应灵敏,在 pH 为 5~7 的溶液中效果最好。除脯氨酸和羟脯氨酸与茚三酮反应产生黄色物质外,其他均为蓝紫色。酪氨酸悬浊液使用前应先摇匀。

六、实训思考

1. 甲酸能发生银镜反应,其他羧酸可以吗? 为什么?

2. 设计验证乙酸的酸性比碳酸强,而苯酚的酸性比碳酸弱的实验方案。

3. 酯化反应时,加入浓硫酸的目的是什么?

4. 进行脱羧反应实验时,若将过量的 CO_2 通入石灰水中会出现什么现象?

（王　丹）

实训十　常压蒸馏及沸点的测定

一、实训目的

1. 掌握常压蒸馏的基本操作方法。

2. 熟悉液体沸点测定的方法。

3. 了解常压蒸馏及沸点测定的原理和应用。

二、实训仪器和试剂

1. **仪器** 蒸馏烧瓶、直形冷凝管、蒸馏头、温度计（100℃）、接液管、接液瓶、水浴加热装置、烧杯（100ml）、环形玻璃搅拌棒、小试管、毛细管、漏斗、铁架台、铁夹、酒精灯。

2. **试剂** 乙酸乙酯、沸石。

三、实训原理

液体物质都具有一定的蒸气压，随着液体温度的升高其蒸气压增大，当液体温度升高到一定时，其蒸气压等于外界大气压，液体开始沸腾，此时的温度即为该液体的沸点，所以沸点与外界大气压有关。纯净的液体有机化合物沸点范围（也称沸程）很小，一般不超过 0.5~1℃。不同物质的沸点不同，沸点是有机化合物的一个重要物理常数，在一定压力下，纯净液体的沸点是固定的。但是不能认为沸点固定的物质都是纯物质，有些二元或三元恒沸混合物也有固定的沸点。

将液体在蒸馏烧瓶中加热至沸腾，液体变为蒸气，将蒸气通过冷凝管冷凝为液体的联合操作过程称为蒸馏，在常压（101.3kPa）下进行的蒸馏称为常压蒸馏。通过蒸馏能将沸点差较大（30℃）的两种组分的混合液体分离，从而达到分离、提纯的目的；还可用常压蒸馏方法测定液体的沸点。

利用常压蒸馏的方法可以测定液体物质的沸点，此方法样品的用量较多（一般要 10ml 以上），称为常量法。若样品的量很少时可采用微量法，微量法测沸点与常量法测沸点的原理基本相同。测定时，将一根一端封口的毛细管倒置于装有少量样品的小试管中，作为液体的汽化中心。当加热温度逐渐升高时，会有气泡从毛细管口断断续续地冒出。当温度上升到超过该液体的沸点时，有连串气泡从毛细管口逸出。此时停止加热，温度回落，气泡逸出速度逐渐减慢。当最后一个气泡欲缩回毛细管内时，表示毛细管内的蒸气压与外界的压力相等，此时的温度即为该液体的沸点。微量法用样量少、设备简单、测定时间短，是目前测定液体有机化合物沸点最常用的方法。

四、实训内容

（一）常压蒸馏装置的安装

常压蒸馏装置由水浴加热装置（或电热套）、蒸馏烧瓶、温度计、直形冷凝管、接液管和接液瓶组成，仪器安装的原则是以热源作为基本高度，先下后上，先左后右。常压蒸馏装置见图 8-1。

常压蒸馏装置的安装步骤：

1. 根据加热源的高度,将蒸馏烧瓶固定在铁架台上,铁夹夹在蒸馏烧瓶支管上部的瓶颈处,温度计通过塞子插入瓶颈,调整温度计的位置,使水银球的上限恰好与蒸馏烧瓶支管的下限在同一水平线上,见图 8-1。

2. 用另一铁架台固定冷凝管,铁夹夹在冷凝管的中部,调整冷凝管的位置,使冷凝管与蒸馏烧瓶紧密连接,冷凝管应与蒸馏烧瓶支管同轴。冷凝管下端的进水口与自来水龙头连接,上端出水口用胶管连接后导入水槽。

3. 冷凝管的尾部与接液管连接,接液管直接插入作为接收器的接液瓶中,装置不能密封。

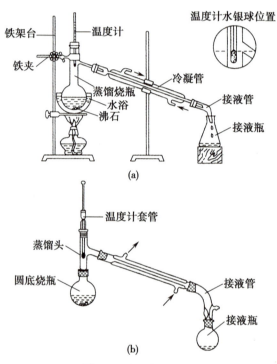

图 8-1　常压蒸馏装置

注:(a)普通蒸馏装置;(b)标准磨口仪器。

(二)乙酸乙酯的蒸馏及常量法测定沸点

1. 用漏斗或沿蒸馏烧瓶瓶颈无支管的一侧,将待蒸馏的 100ml 乙酸乙酯小心转移到蒸馏瓶中,注意不要使液体从支管流出。加入 2~3 粒沸石。

2. 安装好温度计,全面仔细检查整套装置,缓缓接通冷凝水后,开始加热。注意观察蒸馏瓶中的现象和温度计读数的变化。当液体逐渐沸腾,蒸气逐渐上升,蒸气的顶端到达温度计的水银球时,温度急剧上升。水银球上出现液滴时,蒸馏瓶支管末端随即会出现第 1 滴馏出液,蒸馏开始。在达到待蒸馏物的沸点之前,常有少量较低沸点的液体先蒸出,称为前馏分,须弃掉。温度趋于稳定后,更换一只洁净的、干燥的接液瓶,此时收集的即是乙酸乙酯,又称馏分。

蒸馏过程中,应调节加热温度,控制蒸馏速度,以每秒 1~2 滴为宜。在整个蒸馏过程中应使水银球处于被冷凝液包裹的状态,此时的温度为液体与蒸气平衡时的温度,温度计的读数就是液体的沸点。

若维持原来的水浴温度(或加热),温度计读数突然下降,即可停止加热。记录弃掉前馏分后蒸出的第 1 滴馏分,以及蒸出最后 1 滴馏分时温度计的读数,即为该馏分的沸程。

3. 蒸馏完毕后,关闭热源,稍冷却后,关闭冷凝水,按与装配仪器相反的顺序拆卸仪器。根据所收集馏分的量,计算回收率。

(三) 微量法测定沸点

1. 取一根适度长短的毛细管,在火焰上加热,使其一端口封闭。

2. 在一支干燥洁净的小试管中加入 4~5 滴乙酸乙酯,并将封好的毛细管倒置在小试管中,使开口一端浸入样品中。将小试管用橡皮圈固定在温度计旁,并注意使管中的液体中点与温度计的水银球中点在同一水平线上。然后将此温度计固定或悬挂在铁架台上,并使温度计置于小烧杯中(图 8-2)。

3. 在小烧杯中加入水,加热,用环形搅拌棒上下搅动水浴,注意不要碰碰温度计。温度缓慢均匀上升,观察浸入乙酸乙酯中的毛细管口,可见有小气泡断断续续地冒出。随温度上升,气泡冒出速度逐渐加快,当温度稍微超过该液体的沸点时,有一连串的小气泡冒出。此时停止加热,继续搅拌,使水浴温度自行下降,气泡逸出速度逐渐减慢。当最后一个气泡呈现欲缩回毛细管内的一瞬间,记录温度,该温度即为乙酸乙酯的沸点。

4. 待水浴温度下降后,更换一根毛细管,重复上述操作测定沸点,记录读数,取平均值。

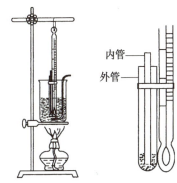

内管
外管

图 8-2 微量法测定沸点的装置

五、实训提示

1. 蒸馏装置仪器装配的顺序一般为从左到右、自下而上,装置要正确、整齐、稳妥。铁架台和铁夹尽可能放在仪器背后。标准口仪器磨口间要涂抹少量的凡士林,使用后立即拆除,防止黏牢。常压蒸馏装置必须与大气相通,密闭蒸馏会因产生的蒸气使体系内压力过大发生爆炸事故。

2. 根据蒸馏液体的沸点选择合适的冷凝管。蒸馏液体的沸点在 140℃以上时,选用空气冷凝管;若沸点在 140℃以下,选用直形冷凝管。蒸馏沸点很低的液体时,可选用蛇形冷凝管。

3. 根据被蒸馏物的量选择适宜的蒸馏瓶。一般情况下,蒸馏溶液的体积为蒸馏瓶容积的 1/3~2/3。如果被蒸馏物的量过多,沸腾时液体可能冲出,或液体的泡沫被蒸气带出,混入馏出液中;如果蒸馏瓶过大,蒸馏结束时,相对会有较多的液体残留在瓶中,收率降低。

4. 沸石为多孔性物质,受热后形成的小气泡成为液体沸腾的中心,防止因"过热"而引发"暴沸"。沸石应在加热前加入,如果发现忘记加入,应停止加热,待液体稍冷后再补加。在任何情况下,都绝对不能将沸石加至热的液体中。

5. 即使蒸馏液体中的杂质很少,温度计的读数不出现变化时,也不要将蒸馏瓶内的液体蒸干,以免蒸馏瓶炸裂及发生其他意外事故。

六、实训思考

1. 在常压蒸馏装置中,若温度计的水银球的位置在支管的上端或插至液面上,会出现什么结果?

2. 如果蒸馏过程中由于某种原因停止加热,蒸馏停止一段时间后,在重新加热蒸馏前,是否需要加入新的沸石?

3. 微量法测沸点,为何要用降温的方法记录降温时气泡欲缩回毛细管内时的温度?

4. 乙醚与乙醇的混合液如何分离?如何除去乙酸乙酯中混入的乙醚?

（王 丹）

第九章　羧酸衍生物

学习目标

1. **掌握**　羧酸衍生物的分类、命名和主要理化性质。
2. **熟悉**　羧酸衍生物的特性。
3. **了解**　油脂和磷脂的结构和性质；丙二酰脲和胍的结构和性质。

导学情景

情景描述：

　　19 世纪 30 年代，具有传染性的病原体导致疾病的发病率和死亡率较高，相关治疗药物的研究备受关注，青霉素类药物的出现开创了抗生素药物治疗的新时代，抗生素为人类健康发挥了巨大作用，如 β- 内酰胺类抗生素（阿莫西林）、大环内酯类抗生素（阿奇霉素），都属于羧酸衍生物。

学前导语：

　　羧酸衍生物广泛存在于自然界中，可作为合成多种药物的原料，如手术时常用的局部麻醉药盐酸普鲁卡因含有酯结构，常用的解热镇痛药对乙酰氨基酚含有酰胺结构，酯和酰胺都属于羧酸衍生物。本章将主要介绍羧酸衍生物的结构、理化性质、反应类型及有关的重要化合物。

第一节　常见羧酸衍生物

　　羧酸衍生物一般是指羧酸分子中的—OH 被—X、—OCOR、—OR、—NH$_2$ 取代后所得到的产物。酰卤、酸酐、酯和酰胺都是由羧酸衍变而来的，都含有酰基（R—$\overset{\overset{\text{O}}{\|}}{\text{C}}$—或 RCO—），故又称为酰基化合物。

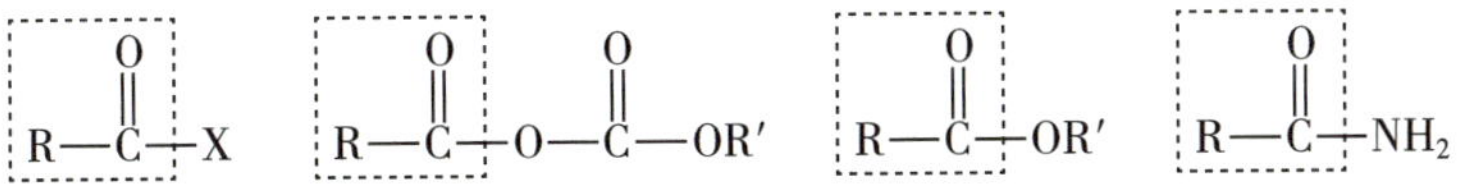

R—$\overset{\overset{\text{O}}{\|}}{\text{C}}$—X　　　R—$\overset{\overset{\text{O}}{\|}}{\text{C}}$—O—$\overset{\overset{\text{O}}{\|}}{\text{C}}$—OR′　　　R—$\overset{\overset{\text{O}}{\|}}{\text{C}}$—OR′　　　R—$\overset{\overset{\text{O}}{\|}}{\text{C}}$—NH$_2$

酰卤　　　　　　　酸酐　　　　　　　　　　酯　　　　　　　酰胺

　　酰基是羧酸分子去掉羟基后剩余的基团，酰基的命名是将相应羧酸的名称"某酸"改为"某酰基"。例如：

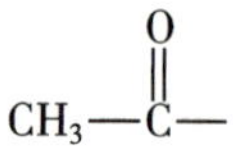

乙酰基

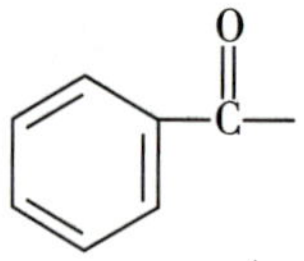

苯甲酰基

一、常见羧酸衍生物的分类和命名

（一）酰卤

酰卤是酰基与卤素相连所形成的羧酸衍生物。酰卤根据酰基的名称和卤素的不同来命名，称为某酰卤。例如：

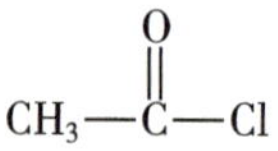

乙酰氯

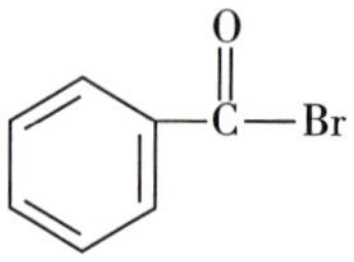

苯甲酰溴

（二）酸酐

酸酐是羧酸脱水的产物，也可以看成是一个氧原子连接了两个酰基所形成的化合物。根据两个脱水的羧酸分子是否相同，可以分为单（酸）酐和混（酸）酐，并且根据相应的羧酸来命名酸酐。单酐直接在羧酸的后面加“酐”字即可，称为某酸酐；命名混酐时，小分子的羧酸在前，大分子的羧酸在后；如有芳香酸时，则芳香酸在前，称为某某酸酐。例如：

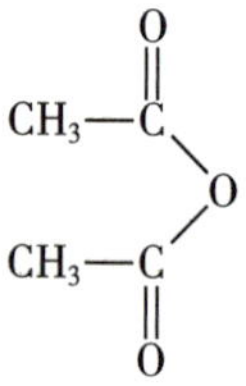

乙酸酐（醋酸酐）

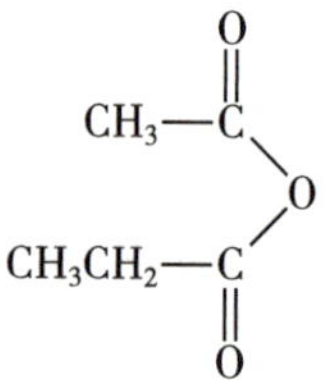

乙丙酸酐

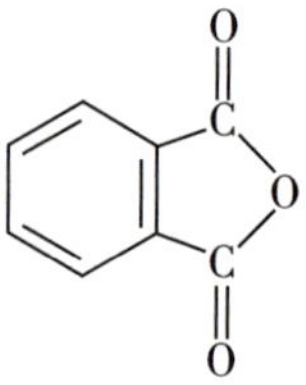

邻苯二甲酸酐

（三）酯

酯是由酰基和烃氧基连接而成的，由生成它的羧酸和醇加以命名。一元醇和羧酸生成的酯，命名时羧酸的名称在前，醇的名称在后，但须将“醇”改为“酯”，称为某酸某酯。例如：

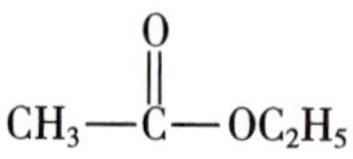

乙酸乙酯

$CH_3COOCH_2C_6H_5$

乙酸卞酯

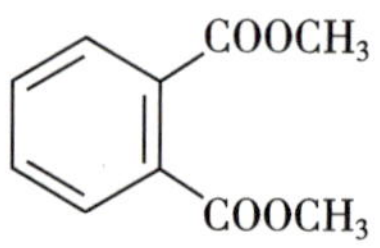

邻苯二甲酸二甲酯

由多元醇和羧酸形成的酯，命名时则醇的名称在前，羧酸的名称在后，称为某醇某酸酯。例如：

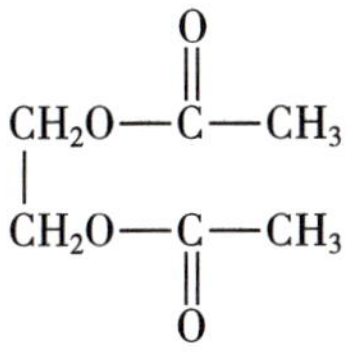

乙二醇二乙酸酯 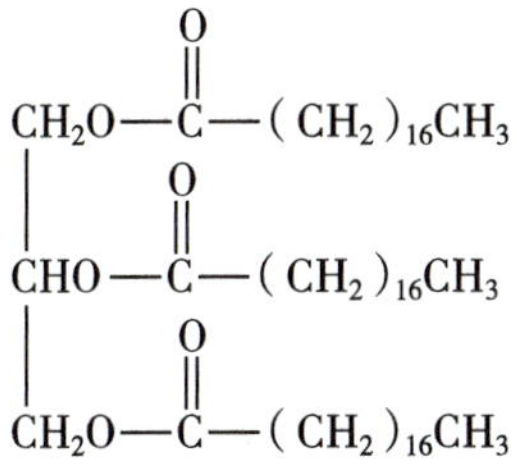　　　　　　　　丙三醇三硬脂酸酯

（四）酰胺

酰胺是酰基与氨基或取代氨基相连形成的羧酸衍生物,其命名与酰卤相似,根据所含的酰基的不同称为某酰胺。当氮原子上的氢原子被烃基取代时,可用"N-"表示取代酰胺中烃基的位置。例如:

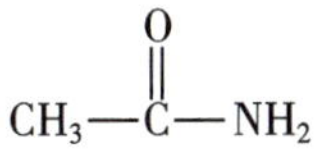

乙酰胺 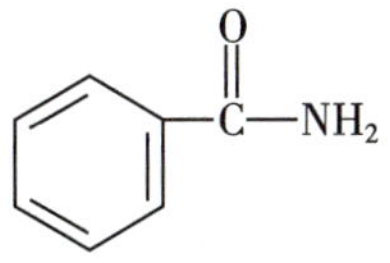　　　　　　　苯甲酰胺 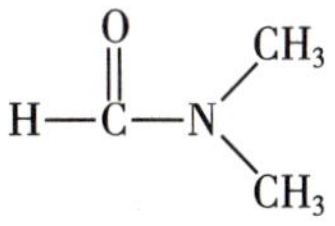　　　　　　N,N-二甲基甲酰胺（DMF）

课 堂 活 动

你能说出下列羧酸衍生物的名称吗? 请试着判断它们所属的类别。

1. 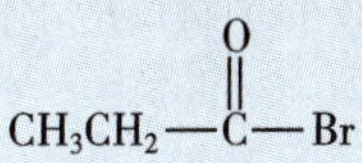 $CH_3CH_2—\overset{O}{\underset{}{C}}—Br$　　　　2.

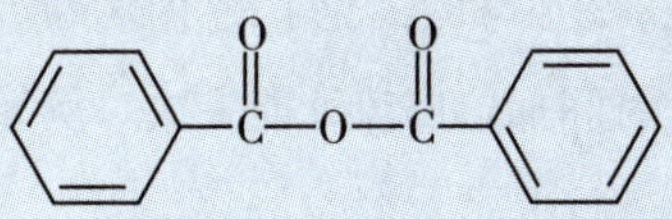

3. $HCOOCH_2CH_2CH_3$　　　　4. 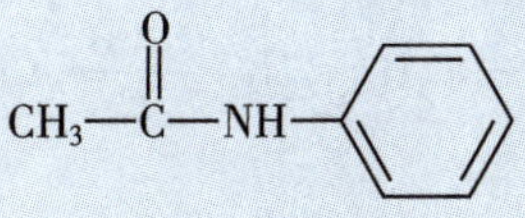 $CH_3—\overset{O}{\underset{}{C}}—NH$—

二、常见羧酸衍生物的性质

低级酰氯和酸酐是具有强烈刺激性气味的液体。低级酯是挥发性的无色液体,有愉快的芳香气味,许多水果或花草的香味是由于其含有酯类物质;高级酯为蜡状固体。酰胺除甲酰胺是液体外,其他多数为固体。

酰卤和酸酐不溶于水,但低级酰卤和酸酐遇水会分解;酯在水中的溶解度很小,而低级酰胺易溶于水。酰卤、酸酐和酯分子间不能形成氢键,故沸点比相应的羧酸或醇低。酰胺除 N,N- 二取代酰胺外,由于分子间形成氢键缔合,所以其沸点比相应的羧酸要高。

羧酸衍生物的化学性质主要表现为带部分正电性的羰基碳原子易受亲核试剂的进攻,而发生水解、醇解、氨解反应;受羰基的影响,能发生 α-H 的反应。另外,羧酸衍生物的羰基也能发生还原反应。

(一) 水解反应

酰卤、酸酐、酯和酰胺发生水解反应,得到相同的产物羧酸。

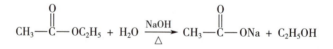

羧酸衍生物水解反应的活性次序为酰卤>酸酐>酯>酰胺。

在室温下,酰卤与水立即反应,酸酐与热水容易反应。例如:

$$CH_3-\overset{O}{\overset{\|}{C}}-Cl + H_2O \longrightarrow CH_3-\overset{O}{\overset{\|}{C}}-OH + HCl\uparrow$$

$$CH_3-\overset{O}{\overset{\|}{C}}-O-\overset{O}{\overset{\|}{C}}-CH_3 + H_2O \xrightarrow{\triangle} CH_3-\overset{O}{\overset{\|}{C}}-OH + CH_3-\overset{O}{\overset{\|}{C}}-OH$$

酯的水解需要在酸或碱的催化下,加热才能进行。其中,酯在酸的催化下的水解反应是可逆反应,其逆反应为酯化反应;酯在碱的催化下的水解反应是不可逆反应。酰胺的水解反应不仅需要酸或碱的催化,并且需要长时间加热回流才能完成。例如:

$$CH_3-\overset{O}{\overset{\|}{C}}-OC_2H_5 + H_2O \xrightarrow[\triangle]{NaOH} CH_3-\overset{O}{\overset{\|}{C}}-ONa + C_2H_5OH$$

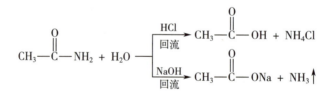

如何防止酯类和酰胺类药物水解

知识链接

羧酸衍生物的亲核取代反应历程及反应活性

羧酸衍生物水解反应的实质是亲核取代反应,是按照加成、消除的历程进行的,可用下式表示:

$$R-\overset{\overset{\delta^-}{O}}{\overset{\|}{\underset{\delta^+}{C}}}-\ddot{L} + :Nu^- \xrightleftharpoons{\text{加成}} \left[R-\overset{O^-}{\underset{L}{\overset{|}{C}}}-Nu \right] \xrightarrow{\text{消除}} R-\overset{O}{\overset{\|}{C}}-Nu + L^-$$

羧酸衍生物　　亲核试剂　　　氧负离子中间体

羧酸衍生物的醇解和氨解反应同样属于亲核取代反应,有着相同的反应历程。

羧酸衍生物的水解反应活性主要取决于羰基碳的正电性,也就是电子云密度的高低,而羰基碳的电子云密度的高低又取决于与酰基相连的原子或基团的电负性。

基团的电负性顺序: $-X > -O-\overset{\overset{\displaystyle O}{\|}}{C}-OR' > -OR' > -NH_2 > -NHR > -NR_2$。

羰基碳的正电性顺序:酰卤>酸酐>酯>酰胺。

因此,上述 4 种羧酸衍生物水解反应的活性次序依次减弱。

羧酸衍生物的醇解和氨解反应具有相同的活性顺序。

(二)醇解反应

酰卤、酸酐、酯发生醇解反应,主要产物是酯。

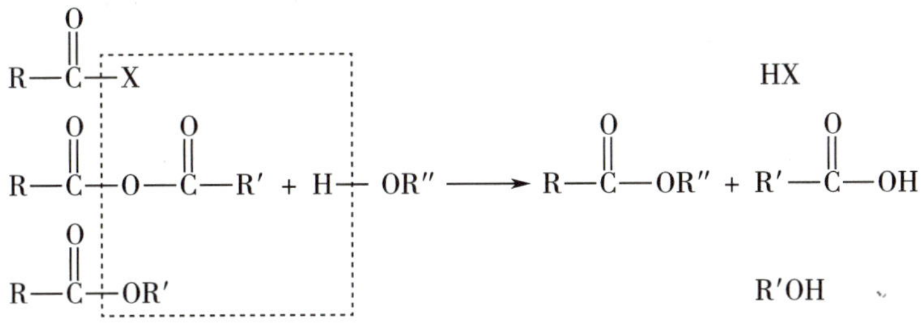

酯的醇解反应又称为酯交换反应,利用酯交换反应可以制备一些高级酯或一般难以直接用酯化反应合成的酯。

知识链接

醇解反应在药物合成中的应用

酯的醇解反应常用于合成药物及其中间体。例如,局部麻醉药盐酸普鲁卡因的合成。

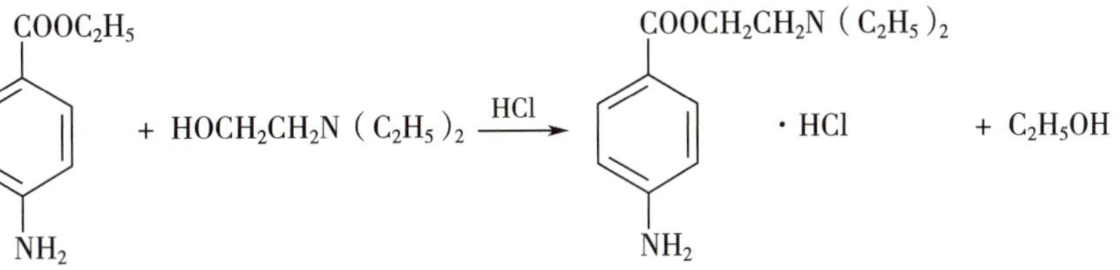

乙酰氯或乙酸酐与水杨酸的酚羟基也能发生类似的醇解反应,得到解热镇痛药阿司匹林。

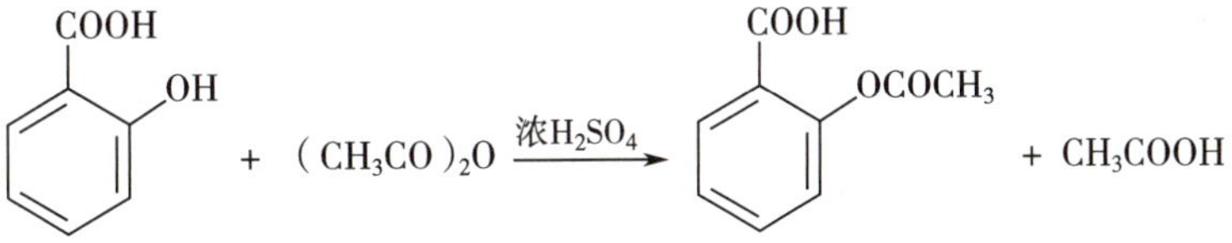

(三)氨解反应

酰卤、酸酐、酯的氨解反应主要产物是酰胺。氨解反应也可以看成氨分子中的氢原子被酰基取代,因此又称为酰化反应。

酰卤和酸酐的氨解反应剧烈,是常用的酰化试剂。

知识链接

氨解反应在药物改性中的应用

有些药物由于毒副作用大等原因限制了其在临床中的使用,此时就要想办法对药物进行改性。例如,对氨基苯酚具有解热镇痛作用,但分子中游离的氨基毒性较大,不能应用于临床;可将其与乙酸酐发生酰化反应,生成毒副作用小的对乙酰氨基酚,即扑热息痛。多年来,对乙酰氨基酚作为很好的解热镇痛药一直应用于临床。

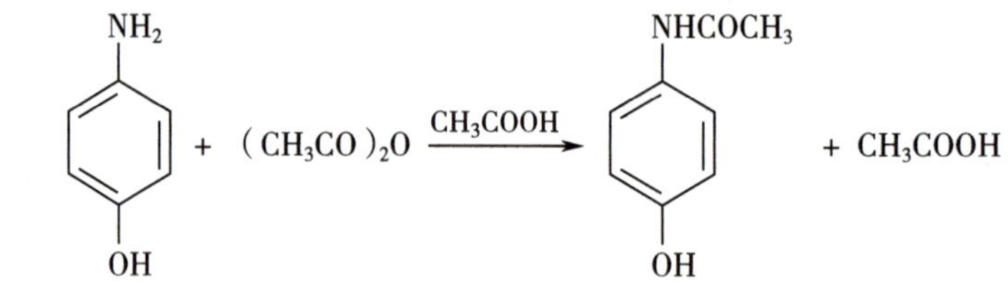

对氨基苯酚　　　　　　　　　　对乙酰氨基酚(扑热息痛)

(四)异羟肟酸铁盐反应

酸酐、酯和酰伯胺都能与羟胺发生酰化反应生成异羟肟酸,异羟肟酸与三氯化铁作用,得到紫红色的异羟肟酸铁。

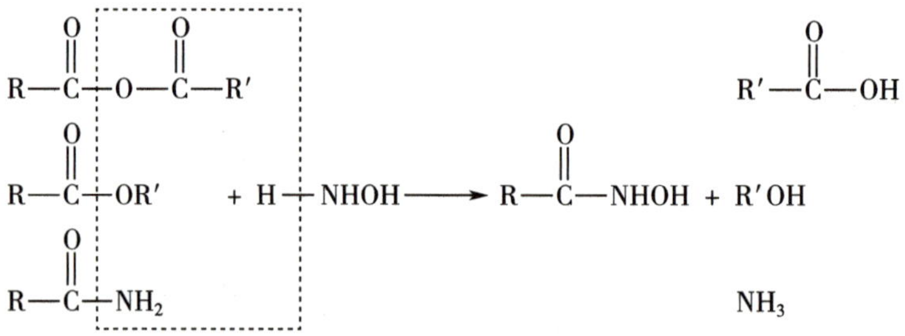

羟胺　　　　　　　　异羟肟酸

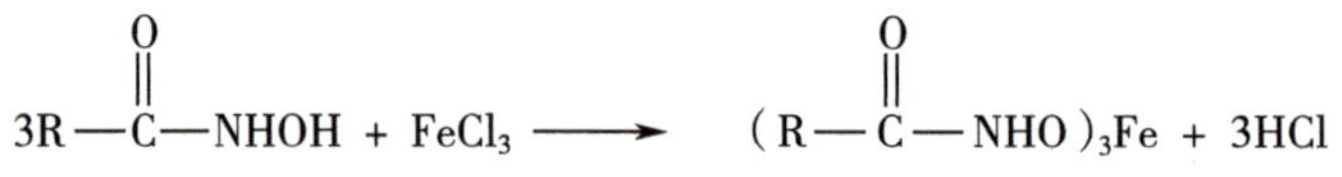

异羟肟酸铁(紫红色)

酰卤、N- 或 N,N- 取代酰胺不发生该显色反应,酰卤必须转变为酯才能进行反应,异羟肟酸铁盐反应可用于羧酸衍生物的鉴定。

知识链接

青蒿素的检验方法

2015 年 10 月,中国药学家屠呦呦因创造性地研制、提取出抗疟新药青蒿素而获得诺贝尔生理学或医学奖。青蒿素的结构如下:

青蒿素的常用检验方法：加氢氧化钠溶液加热，遇盐酸羟胺试液及三氯化铁试液显深紫红色。

青蒿素具有内酯结构，能发生异羟肟酸铁盐反应。在氢氧化钠溶液中加热可水解开环，在碱性条件下遇盐酸羟胺缩合生成异羟肟酸，在酸性溶液中与三氯化铁试剂作用，得到深紫红色的异羟肟酸铁。

青蒿素   深紫红色

（五）酯缩合反应

羧酸衍生物的 α-H 受羰基的影响而比较活泼，能发生类似于醛、酮的羟醛缩合反应。在醇钠等碱性试剂的作用下，酯分子中的 α-H 能与另一酯分子中的烃氧基脱去 1 分子醇，生成 β- 酮酸酯，此类反应称为 酯缩合反应 或 克莱森（Claisen）缩合反应。例如，在乙醇钠的作用下，2 分子乙酸乙酯脱去 1 分子乙醇，生成乙酰乙酸乙酯（β- 丁酮酸乙酯）。

$$CH_3-\overset{O}{\overset{||}{C}}\overline{[-OC_2H_5\ +\ H-]}CH_2COC_2H_5 \xrightarrow[②H^+]{①C_2H_5ONa} CH_3\overset{O}{\overset{||}{C}}CH_2\overset{O}{\overset{||}{C}}OC_2H_5\ +\ C_2H_5OH$$

乙酰乙酸乙酯（β-丁酮酸乙酯）

另外，羧酸衍生物可以发生还原反应，羰基还原剂氢化铝锂可以还原酰卤、酸酐和酯为伯醇，而使酰胺还原为相应的胺。

（六）乙酰乙酸乙酯的特性

乙酰乙酸乙酯具有特殊的结构，分子中含有羰基和酯基两种官能团，所以通常情况下，乙酰乙酸乙酯既表现出羰基的性质，如能与氢氰酸、羰基试剂（羟胺、2,4- 二硝基苯肼等生成肟或腙）等发生加成反应，显示甲基酮的性质；又能表现酯的性质，如发生水解反应。同时，在吸电子的羰基和酯基的双重影响下，亚甲基上的 α-H 变得更为活泼，所以乙酰乙酸乙酯主要表现酮式 - 烯醇式的互变异构和 α- 活泼氢的取代反应等方面的特性。

羰基   酯基

$$CH_3-\overline{[\overset{O}{\overset{||}{C}}]}\overset{\alpha}{-}CH_2-\overline{[\overset{O}{\overset{||}{C}}-OC_2H_5]}$$

乙酰乙酸乙酯

1. 酮式 - 烯醇式的互变异构　乙酰乙酸乙酯的酮式结构中亚甲基的 α-H 在一定程度上有质子化的倾向，α-H 与羰基的氧原子相结合，形成了烯醇式结构，并且酮式和烯醇式两种异构体可以不断地相互转变，并以一定比例呈动态平衡同时共存。

$$CH_3-\overset{O}{\underset{\|}{C}}-CH_2-\overset{O}{\underset{\|}{C}}-OC_2H_5 \rightleftharpoons CH_3-\overset{OH}{\underset{|}{C}}=CH-\overset{O}{\underset{\|}{C}}-OC_2H_5$$

酮式92.5%　　　　　　　　　烯醇式7.5%

因此，乙酰乙酸乙酯能使溴水或溴的四氯化碳溶液褪色，使三氯化铁显紫色，表现烯醇的性质。

像这样两种或两种以上异构体相互转变，并以动态平衡同时共存的现象称为<u>互变异构现象</u>，酮式和烯醇式称为互变异构体。

在有机化合物中普遍存在互变异构现象，凡是具有 $-\overset{H}{\underset{|}{C}}-\overset{O}{\underset{\|}{C}}-$ 结构单元的化合物都可能存在酮式和烯醇式互变异构现象。一般情况下，醛、酮的烯醇式结构很不稳定，含量很少。只有当亚甲基两端都有羰基，且其中一个羰基是独立的羰基时，α-H 质子化的倾向更强以及 π-π 共轭体系、分子内氢键的形成，使烯醇式结构的稳定性增强、含量升高，遇三氯化铁会显示紫红色。不同物质的互变异构平衡体系中，互变异构体的相对含量见表 9-1。

ER 9-3

乙酰乙酸乙
酯烯醇式结
构的检验

表 9-1　几种化合物中烯醇式的相对含量

化合物	酮式	烯醇式	烯醇式含量 /%
丙酮	$CH_3-\overset{O}{\underset{\|}{C}}-CH_3$	$CH_3-\overset{OH}{\underset{\|}{C}}=CH_2$	0.000 15
丙二酸二乙酯	$H_5C_2O\overset{O}{\underset{\|}{C}}CH_2\overset{O}{\underset{\|}{C}}OC_2H_5$	$H_5C_2O\overset{OH}{\underset{\|}{C}}=CH\overset{O}{\underset{\|}{C}}OC_2H_5$	0.1
乙酰乙酸乙酯	$CH_3\overset{O}{\underset{\|}{C}}CH_2\overset{O}{\underset{\|}{C}}OC_2H_5$	$CH_3\overset{OH}{\underset{\|}{C}}=CH\overset{O}{\underset{\|}{C}}OC_2H_5$	7.5
乙酰丙酮	$CH_3\overset{O}{\underset{\|}{C}}CH_2\overset{O}{\underset{\|}{C}}CH_3$	$CH_3\overset{OH}{\underset{\|}{C}}=CH\overset{O}{\underset{\|}{C}}CH_3$	76.0
苯甲酰丙酮	$C_6H_5\overset{O}{\underset{\|}{C}}CH_2\overset{O}{\underset{\|}{C}}CH_3$	$C_6H_5\overset{OH}{\underset{\|}{C}}=CH\overset{O}{\underset{\|}{C}}CH_3$	90.0

课 堂 活 动

向盛有乙酰乙酸乙酯的乙醇溶液的试管中滴入三氯化铁溶液，出现紫红色，然后边摇边滴加饱和溴水，紫红色褪去，稍待片刻，紫红色又重新出现，请你想一想产生这些变化的原因。

2. α- 活泼氢的取代反应　乙酰乙酸乙酯分子中的亚甲基具有活泼的 α-H,能被强碱夺取,发生取代反应。在强碱如乙醇钠的作用下,乙酰乙酸乙酯变成钠盐,其中碳负离子作为亲核试剂,与卤代烷、酰卤等发生亲核取代反应,在 α- 碳原子上引入烷基或酰基,得到 α- 取代乙酰乙酸乙酯。

$$
\underset{CH_3CCH_2COC_2H_5}{\overset{\overset{O}{\parallel}\ \ \ \overset{O}{\parallel}}{}} \xrightarrow{C_2H_5ONa} \underset{\underset{Na^+}{CH_3C\overset{-}{C}HCOC_2H_5}}{\overset{\overset{O}{\parallel}\ \ \ \overset{O}{\parallel}}{}} \xrightarrow{RX} \underset{\underset{R}{CH_3CCHCOC_2H_5}}{\overset{\overset{O}{\parallel}\ \ \ \overset{O}{\parallel}}{}}
$$

α- 取代乙酰乙酸乙酯在稀碱中水解,酸化后加热脱羧,得到产物甲基酮。

$$
\underset{\underset{R}{CH_3CCHCOC_2H_5}}{\overset{\overset{O}{\parallel}\ \ \ \overset{O}{\parallel}}{}} \xrightarrow[\text{②}H^+]{\text{①稀}NaOH} \underset{\underset{R}{CH_3CCHC-OH}}{\overset{\overset{O}{\parallel}\ \ \ \overset{O}{\parallel}}{}} \xrightarrow[\triangle]{-CO_2} \underset{CH_3CCH_2R}{\overset{\overset{O}{\parallel}}{}}
$$

α- 取代乙酰乙酸乙酯中的第 2 个 α-H 也可以发生上述相似的反应,生成复杂结构的甲基酮。此外,如 α- 取代乙酰乙酸乙酯与浓碱共热,酯基水解的同时,酮羰基受高浓度亲核试剂 OH^- 的进攻,发生亲核加成,引起碳碳键断裂,生成 2 分子羧酸盐,酸化后得到 2 分子羧酸。因此,乙酰乙酸乙酯通过一系列反应,可以得到碳链增长的重要化合物,在有机合成或药物合成中有着广泛的应用。

ER 9-4

乙酰乙酸乙酯与丙二酸二乙酯在药物合成中的应用

(七) 酰胺的特性

1. 酸碱性　酰胺一般为中性物质,由于酰胺分子中氮原子的未共用电子对与羰基的 π 键形成了给电子的 p-π 共轭,使氮原子的电子云密度降低,减弱了氮原子接受质子的能力,因而酰基使氨的碱性减弱,酰胺呈中性。

$$
\underset{R-C-\ddot{N}H_2}{\overset{\overset{O}{\parallel}}{}}
$$

酰亚胺可以看成氨分子中的两个氢原子同时被酰基取代的产物,由于受到两个酰基吸电子的影响,氮原子上的氢原子有质子化的倾向而显弱酸性,能与强碱反应生成盐。例如:

$$
\text{邻苯二甲酰亚胺} + NaOH \longrightarrow \text{邻苯二甲酰亚胺钠盐} + H_2O
$$

邻苯二甲酰亚胺钠盐

2. 与亚硝酸反应　酰胺与亚硝酸反应,氨基被羟基取代,生成羧酸,同时有氮气放出。

$$
\underset{R-C-NH_2}{\overset{\overset{O}{\parallel}}{}} + HONO \longrightarrow \underset{R-C-OH}{\overset{\overset{O}{\parallel}}{}} + N_2\uparrow + H_2O
$$

3. 霍夫曼(Hofmann)降解反应　酰伯胺与次溴酸钠在碱性溶液中反应,脱去羧基,生成少 1 个碳原子的伯胺,此反应称为霍夫曼降解反应。

$$
\underset{R-C-NH_2}{\overset{\overset{O}{\parallel}}{}} + NaBrO + 2NaOH \longrightarrow RNH_2 + Na_2CO_3 + NaBr + H_2O
$$

几种重要的羧酸衍生物

乙酸乙酯是一种无色的可燃性液体,有水果香味,用于制造染料、药物、香料等,同时也可用作有机溶剂。丙二酸二乙酯是一种无色、有异味的液体,与乙酰乙酸乙酯一样能发生 α-H 的反应,是制备巴比妥类药物的原料,也是有机合成中合成酮及羧酸的重要原料。

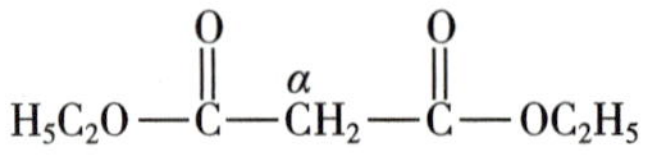

$$\underset{\text{丙二酸二乙酯}}{H_5C_2O-\overset{\overset{O}{\|}}{C}-\overset{\alpha}{C}H_2-\overset{\overset{O}{\|}}{C}-OC_2H_5}$$

乙酰氯和乙酸酐是常用的乙酰化试剂,用于制造药物、香料和染料等。苯胺与乙酰氯或乙酸酐通过乙酰化反应得到乙酰苯胺,乙酰苯胺俗称退热冰,有退热、镇痛作用,由于具有易导致贫血等毒副作用,临床应用受到了限制。

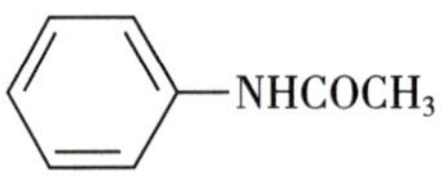

乙酰苯胺

对氨基苯磺酰胺简称磺胺,是磺胺类药物的母体。磺胺类药物具有抗菌谱广、性质稳定、口服吸收良好等优点,目前使用较多的有磺胺嘧啶、磺胺甲噁唑等。

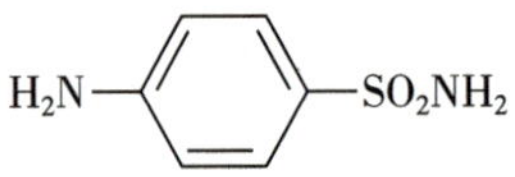

磺胺 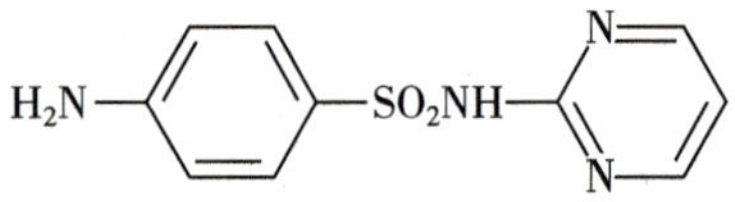   磺胺嘧啶

点滴积累

1. 酰卤、酸酐、酯和酰胺可看作是羧酸分子中的—OH 被—X、—OCOR、—OR、—NH₂ 取代后的羧酸衍生物,常作为提供酰基的试剂。
2. 羧酸衍生物能发生水解、醇解和氨解反应,反应的活性次序是酰卤>酸酐>酯>酰胺;乙酰乙酸乙酯、酰胺具有特性。
3. 酸酐、酯和酰伯胺可通过异羟肟酸铁盐反应进行鉴别,异羟肟酸铁盐反应也常用于含羧酸或酯基的药物的检验。

第二节　油脂和磷脂

油脂和磷脂统称为脂质。油脂广泛存在于动植物体内,是生物维持生命活动不可缺少的物质,是动物体内主要的能源物质,同时对脂溶性维生素即维生素 A、维生素 D、维生素 E 和维生素 K 在体内的吸收起着十分重要的作用。磷脂是存在于生物体内,性质类似于油脂的一类化合物,广泛分布在动物的脑、心、肝、肾、脊髓、神经组织,以及蛋黄与微生物中,植物的种子、大豆也含有丰富的磷脂,以卵磷脂和脑磷脂为主。

一、油脂

油脂是油和脂肪的总称,室温下呈液态的称为油,如花生油、菜籽油、芝麻油等,通常来源于植物;室温下呈固态或半固态的称为脂肪,如猪脂、羊脂、牛脂等,通常来源于动物。油脂是动植物体的重要成分,也是人体的主要营养物质之一。

(一)油脂的组成和结构

从化学结构和组成来看,油脂是甘油和高级脂肪酸形成的酯类混合物。其中,每一个油脂分子都是 1 分子甘油和 3 分子高级脂肪酸组成的酯,医学上常称为甘油三酯。其结构通式如下:

单甘油酯   混甘油酯

R、R′、R″ 代表高级脂肪烃基,可以是饱和的,也可以是不饱和的。组成油脂的脂肪酸绝大多数是偶数碳原子的直链羧酸,有 50 多种。表 9-2 中列出了组成油脂的常见脂肪酸。

表 9-2　常见脂肪酸

名称	结构式
软脂酸(十六碳酸)	$CH_3(CH_2)_{14}COOH$
硬脂酸(十八碳酸)	$CH_3(CH_2)_{16}COOH$
花生酸(二十碳酸)	$CH_3(CH_2)_{18}COOH$
巴西棕榈酸(二十四碳酸)	$CH_3(CH_2)_{22}COOH$
油酸(9-十八碳烯酸)	$CH_3(CH_2)_7CH{=}CH(CH_2)_7COOH$
亚油酸(9,12-十八碳二烯酸)	$CH_3(CH_2)_3(CH_2CH{=}CH)_2(CH_2)_7COOH$
亚麻酸(9,12,15-十八碳三烯酸)	$CH_3(CH_2CH{=}CH)_3(CH_2)_7COOH$
花生四烯酸(5,8,11,14-二十碳四烯酸)	$CH_3(CH_2)_3(CH_2CH{=}CH)_4(CH_2)_3COOH$
EPA(5,8,11,14,17-二十碳五烯酸)	$CH_3(CH_2CH{=}CH)_5(CH_2)_3COOH$
DHA(4,7,10,13,16,19-二十六碳六烯酸)	$CH_3(CH_2)_4(CH_2CH{=}CH)_6(CH_2)_2COOH$

一般脂肪中含饱和酸的甘油酯较多,油中含不饱和酸的甘油酯较多。3 分子脂肪酸相同的为单甘油酯,不同的为混甘油酯,天然油脂多为混甘油酯。此外,油脂中还含有少量的游离脂肪酸、维生素和色素等其他成分。

对人体有益的不饱和脂肪酸

饱和脂肪酸和油酸等多数脂肪酸在人体内可通过代谢合成,但亚油酸、亚麻酸和花生四烯酸等多双键不饱和脂肪酸在人体内不能合成,必须从食物中摄取,这些不饱和脂肪酸对人体的生长和健康是必不可少的,所以被称为"必需脂肪酸"。必需脂肪酸在植物中的含量高,花生四烯酸是合成前列腺素、血栓素等的原料;亚麻酸在体内可转化成 EPA、DHA,EPA 和 DHA 也可从海洋鱼类及甲壳类动物体内所含的油脂中分离得到。DHA 是大脑细胞形成、发育及运作不可缺少的物质基础,被誉为"脑黄金";同时也对活化衰弱的视网膜细胞有帮助,从而起到补脑健脑、提高视力、预防近视的作用。EPA 被称为"血管清道夫",具有疏导清理心脏血管的作用,从而防止多种心血管疾病的发生。

(二)油脂的性质

天然油脂由于含有色素和维生素,常常有颜色,油脂比水轻,不溶于水,易溶于有机溶剂。由于天然油脂是混合物,所以无恒定的熔点和沸点。

油脂是脂肪酸的甘油酯,具有酯的典型反应。此外,由于油脂中的脂肪酸不同程度地含有碳碳双键,所以油脂还可以发生加成、氧化等反应。

1. 皂化　油脂在酸、碱或酶的作用下能发生水解反应,如在碱性溶液下水解,生成 1 分子甘油和 3 分子高级脂肪酸盐。

$$\begin{array}{l} CH_2O-\overset{\overset{\displaystyle O}{\|}}{C}-R \\[6pt] CHO-\overset{\overset{\displaystyle O}{\|}}{C}-R \;+\; 3NaOH \xrightarrow{\;\triangle\;} \begin{array}{l}CH_2OH\\[2pt]CHOH\\[2pt]CH_2OH\end{array} \;+\; 3RCOONa \\[6pt] CH_2O-\overset{\overset{\displaystyle O}{\|}}{C}-R \end{array} \qquad 肥皂$$

高级脂肪酸钠盐就是日常使用的肥皂,因此油脂在碱性溶液中的水解被称为皂化。1g 油脂完全皂化所需要的氢氧化钾的毫克数称为皂化值,根据皂化值的大小,可以判断油脂的平均分子量。

肥皂的去污原理及乳化作用

肥皂常作为洗涤用品或乳化剂。肥皂之所以能去除油污,是由其结构决定的。肥皂分子的结构可分为两部分:一部分是极性的易溶于水的亲水基(羧酸钠盐—COO^-Na^+),另一部分是非极性的不溶于水的憎水基或亲油基(链状的烃基—R),憎水基具有亲油的性质[图 9-1(a)]。在洗涤过程中,污垢中的油滴溶于肥皂分子的烃基中,而易溶于水的羧酸钠盐部分则暴露在油滴外面分散于水中,这样油滴被肥皂分子包围起来,悬浮在水中形成乳浊液[图 9-1(b)],从而达到洗涤的目的。这种油滴分散在肥皂水中的现象叫作乳化,具有乳化作用的物质叫作乳化剂。

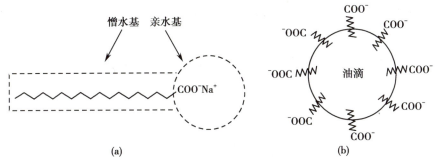

图 9-1 肥皂的结构和去污原理

注:(a)肥皂分子的结构;(b)肥皂的去污原理。

2. 加成 油脂分子中不饱和脂肪酸的碳碳双键可以与氢、碘等发生加成反应。

(1)加氢:含不饱和脂肪酸的油脂可通过催化加氢制得氢化油。由于氢化后油脂的饱和度提高,所以油脂由液态转变为固态或半固态的脂肪,因此油脂的催化加氢又称油脂的硬化,氢化油又称硬化油。硬化油便于贮存和运输。

(2)加碘:碘也可以与油脂中的碳碳双键发生加成反应。100g 油脂所能吸收的碘的克数称为碘值。根据碘值,可以判断油脂的不饱和程度。

3. 酸败 油脂在空气中放置过久,就会颜色加深,产生难闻的气味,这种现象称为油脂的酸败。空气、光、热、水分和真菌都可以加速油脂的酸败。油脂酸败的实质主要是油脂分子中的碳碳双键被空气氧化,产生有刺激性臭味的低级醛、酮和游离脂肪酸。中和 1g 油脂中的游离脂肪酸所需要的氢氧化钾的毫克数称为油脂的酸值。酸值越大,说明油脂的酸败程度越严重。

皂化值、碘值和酸值是油脂品质分析中 3 个重要的理化指标,国家对不同油脂的皂化值、碘值、酸值有一定的要求,符合国家规定标准的油脂才可供药用和食用。

二、磷脂

磷脂是一类含磷的类脂化合物,存在于绝大多数细胞中,是脑和神经组织构成的重要成分。磷脂和胆固醇、神经髓鞘是维持神经兴奋正常传导的保障。磷脂与油脂的结构相似,是由甘油与 2 分子高级脂肪酸、1 分子磷酸通过酯键结合而成的酯类化合物,又称为磷脂酸。其结构通式如下:

$$
\begin{array}{l}
\alpha'\ CH_2O-\overset{\overset{\displaystyle O}{\|}}{C}-R \\
\beta\ \ CHO-\overset{\overset{\displaystyle O}{\|}}{C}-R' \\
\alpha\ \ CH_2O-\overset{\overset{\displaystyle O}{\|}}{P}-OH \\
\qquad\qquad\ \ OH
\end{array}
$$

磷脂酸

其中脂肪酸最常见的是软脂酸、硬脂酸、油酸、亚油酸、亚麻酸和花生四烯酸等。最常见的磷脂是卵磷脂和脑磷脂。

1. 卵磷脂　卵磷脂又叫磷脂酰胆碱,它是磷脂酸分子中磷酸的羟基与胆碱通过酯键结合而成的化合物。

$$
\begin{array}{l}
CH_2O-\overset{\displaystyle O}{\overset{\|}{C}}-R \\
\ \ | \\
CHO-\overset{\displaystyle O}{\overset{\|}{C}}-R' \\
\ \ | \\
CH_2O-\overset{\displaystyle O}{\underset{|}{P}}-OCH_2CH_2N^+(CH_3)_3OH^- \\
\ \ \ \ \ \ \ \ \ OH \qquad\underbrace{\qquad\qquad}_{\text{胆碱部分}}
\end{array}
$$

卵磷脂是白色蜡状固体,不溶于水,易溶于乙醚、乙醇和三氯甲烷。卵磷脂不稳定,在空气中易变为黄色或褐色。卵磷脂中的胆碱部分能促进脂肪在人体内的代谢,防止脂肪在肝脏中大量存积,因此卵磷脂常用作抗脂肪肝的药物,从大豆提取制得的卵磷脂也有保肝护肝作用。

2. 脑磷脂　脑磷脂也称为磷脂酰乙醇胺,因在脑组织中的含量最多而得名,其是磷脂酸分子中磷酸的羟基与乙醇胺(胆胺)通过酯键结合而成的化合物。

$$
\begin{array}{l}
CH_2O-\overset{\displaystyle O}{\overset{\|}{C}}-R \\
\ \ | \\
CHO-\overset{\displaystyle O}{\overset{\|}{C}}-R' \\
\ \ | \\
CH_2O-\overset{\displaystyle O}{\underset{|}{P}}-OCH_2CH_2NH_2 \\
\ \ \ \ \ \ \ \ \ OH \qquad\underbrace{\qquad}_{\text{胆胺部分}}
\end{array}
$$

脑磷脂是无色固体,不溶于水和丙酮,微溶于乙醇。脑磷脂很不稳定,在空气中易氧化成棕黑色,可用作抗氧剂。脑磷脂可从家畜屠宰后的新鲜脑或大豆榨油后的副产物中提取而得。脑磷脂与凝血有关,血小板内能促使血液凝固的凝血激酶就是由脑磷脂和蛋白质组成的。

点滴积累

1. 每一个油脂分子是 1 分子甘油和 3 分子高级脂肪酸形成的甘油酯。
2. 油脂在碱作用下发生皂化;不饱和脂肪酸能与氢、碘发生加成反应;皂化值、碘值和酸值是衡量油脂品质的重要理化指标。
3. 磷脂是一类含磷的类脂化合物,常见的是卵磷脂和脑磷脂。

第三节　碳酸衍生物

碳酸衍生物是指碳酸分子中的—OH 被其他基团(如—X、—OR、—NH$_2$ 等)取代后的产物。常见的碳酸衍生物是两个—OH 同时被取代,性质比较稳定。例如:

$H_2N—\overset{\overset{\textstyle O}{\|}}{C}—NH_2$　　　　$H_2N—\overset{\overset{\textstyle S}{\|}}{C}—NH_2$　　　　$H_2N—\overset{\overset{\textstyle NH}{\|}}{C}—NH_2$

脲　　　　　　　　　　硫脲　　　　　　　　　　胍
（碳酰胺）　　　　（硫代碳酰胺）　　　　（亚氨基脲）

碳酸衍生物是有机合成、药物合成的重要原料。

一、脲

脲是碳酸的酰胺,可以看成碳酸分子中的两个—OH 分别被氨基取代。

$HO—\overset{\overset{\textstyle O}{\|}}{C}—OH$　　　　$—\overset{\overset{\textstyle O}{\|}}{C}—$　　　　$H_2N—\overset{\overset{\textstyle O}{\|}}{C}—NH_2$

碳酸　　　　　　　　碳酰基　　　　　　碳酰胺（脲）

脲是哺乳动物体内蛋白质代谢的最终产物,存在于尿液中,故俗称尿素。脲是白色结晶,熔点为 132℃,易溶于水和乙醇。脲的用途很广泛,除大量用作氮肥外,还是合成药物及塑料等的原料。临床上尿素注射液对降低颅内压和眼压有显著疗效,可用于治疗急性青光眼和脑外伤引起的脑水肿。

脲具有酰胺的化学性质,由于脲分子中的两个氨基连在同一个羰基上,所以又有一些特殊的性质。

1. 水解　与一般酰胺一样,脲在酸、碱或尿素酶的催化下可发生水解反应。

$H_2N—\overset{\overset{\textstyle O}{\|}}{C}—NH_2 + H_2O$ 　$\begin{array}{l} \xrightarrow{\text{HCl}} CO_2 + NH_4Cl \\ \xrightarrow{\text{NaOH}} Na_2CO_3 + NH_3\uparrow \\ \xrightarrow{\text{尿素酶}} CO_2 + NH_3\uparrow \end{array}$

2. 弱碱性　脲分子中有一个氨基与硝酸或草酸生成白色的不溶性盐,此性质可用于从尿液中分离提取尿素。

$H_2N—\overset{\overset{\textstyle O}{\|}}{C}—NH_2 + HNO_3 \longrightarrow H_2N—\overset{\overset{\textstyle O}{\|}}{C}—NH_2 \cdot HNO_3\downarrow$

3. 与亚硝酸反应　脲与亚硝酸作用定量放出氮气,根据氮气的体积可以测定脲的含量。

$H_2N—\overset{\overset{\textstyle O}{\|}}{C}—NH_2 + 2HONO \longrightarrow CO_2\uparrow + 2N_2\uparrow + 3H_2O$

4. 缩二脲的生成及缩二脲反应　将脲缓慢加热至稍高于它的熔点时,则脲分子之间脱去 1 分子氨,发生缩合反应生成缩二脲。

$$H_2N-\overset{\overset{O}{\|}}{C}-[NH_2+H]-HN-\overset{\overset{O}{\|}}{C}-NH_2 \xrightarrow{150\sim160℃} H_2N-\overset{\overset{O}{\|}}{C}-NH-\overset{\overset{O}{\|}}{C}-NH_2 + NH_3\uparrow$$

缩二脲的生成与缩二脲反应

　　缩二脲为无色结晶,难溶于水,易溶于碱。缩二脲的碱性溶液与稀硫酸铜溶液作用显紫红色,此颜色反应称为缩二脲反应。凡分子中含有两个或两个以上肽键($-\overset{\overset{O}{\|}}{C}-NH-$)的化合物,如多肽、蛋白质等都能发生缩二脲反应。

> **课 堂 活 动**
>
> 　　在干燥试管中加入少量脲(尿素),加热,固体熔化成液体,继续加热,产生使湿润石蕊试纸变蓝色的刺激性气体,同时试管中液体又凝结成白色固体。这种变化称为缩二脲反应,你认同这种说法吗? 白色固体是何种物质?

二、丙二酰脲

　　丙二酸二乙酯和脲在乙醇钠的催化下缩合,生成丙二酰脲。丙二酰脲为无色结晶,熔点为 245℃,微溶于水。

$$H_2C\begin{matrix}\overset{\overset{O}{\|}}{C}-[OC_2H_5 \quad H]-\overset{H}{N}\\ \\ \overset{\overset{O}{\|}}{C}-[OC_2H_5 \quad H]-\overset{}{N}\\ H\end{matrix}C=O \xrightarrow{NaOC_2H_5} H_2C\begin{matrix}\overset{\overset{O}{\|}}{C}-\overset{H}{N}\\ \\ \overset{\overset{O}{\|}}{C}-\overset{}{N}\\ H\end{matrix}C=O + 2C_2H_5OH$$

　　丙二酰脲分子中亚甲基的 α-H 和 2 个酰亚氨基中的氢原子都很活泼,在水溶液中丙二酰脲存在酮式 - 烯醇式互变异构。

酮式　　　　　　　烯醇式（巴比妥酸）

　　烯醇式显示较强的酸性(pK_a=3.98),所以丙二酰脲又称巴比妥酸。

丙二酰脲与巴比妥类药物

丙二酰脲分子中亚甲基的 2 个氢原子被烃基取代的衍生物是一类镇静催眠药,统称为巴比妥类药物。烃基不同,镇静催眠作用有强弱、快慢、时间长短的区别,苯巴比妥还可用作特殊性大发作晨间抗癫痫药。需要指出的是巴比妥类药物有成瘾性,用量过大会危及生命。巴比妥类药物常制成钠盐水溶液,可供注射用。其结构通式为:

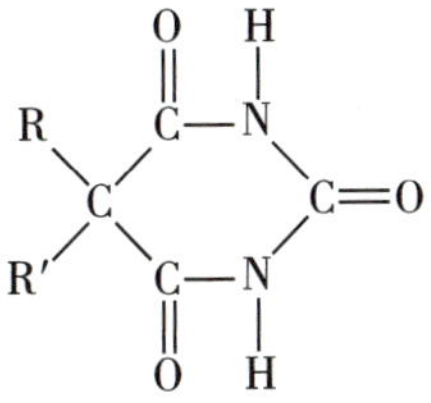

R=R′=C₂H₅ 巴比妥

$R=C_2H_5,R'=C_6H_5$ 苯巴比妥

$R=C_2H_5,R'=CH_2CH_2CHCH_3$ 异戊巴比妥
CH_3

三、胍

胍可以看成是脲分子中的氧原子被亚氨基取代后生成的化合物,又称为亚氨基脲。胍分子中去掉氨基上的 1 个氢原子后剩下的基团称为胍基;去掉 1 个氨基后剩下的基团称为脒基。

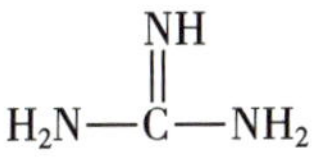

胍 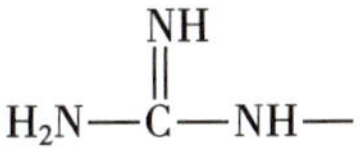   胍基 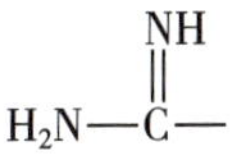   脒基

胍为无色结晶,熔点为 50 ℃,易溶于水和乙醇。胍极易接受质子,是有机强碱,其碱性($pK_b=0.52$)与氢氧化钠相当,能与酸作用生成稳定的盐。因此,含有胍基或脒基的胍类药物通常制成盐类贮存和使用。

课 堂 活 动

通过查阅网络或药学专业书籍,了解抑制胃酸分泌药物西咪替丁含有哪些主要官能团。请你结合它的性质,想一想如何保存和使用这种药物。

点滴积累

1. 脲、硫脲、丙二酰脲、胍是重要的碳酸衍生物,常用作合成药物的原料。
2. 脲加热脱氨生成缩二脲;缩二脲反应可用于缩二脲、多肽、蛋白质的鉴别。

复习导图

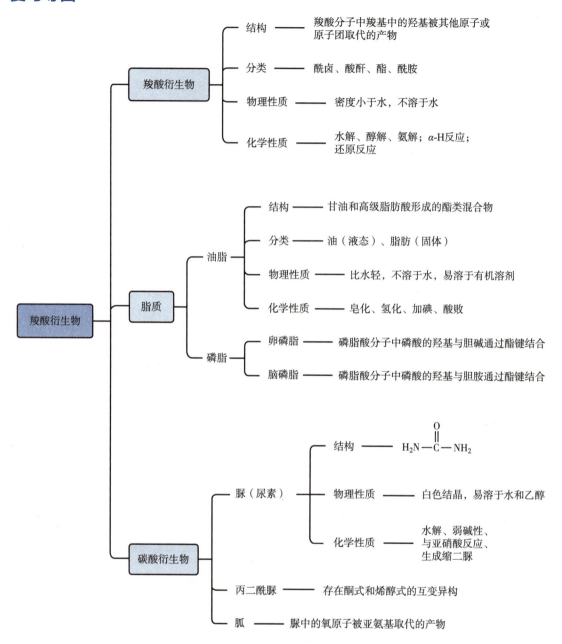

目标检测

一、命名或写出下列化合物的结构式

1. CH₃CH₂—C(=O)—Cl

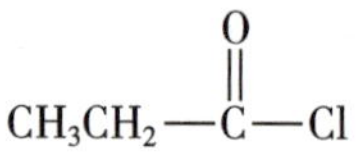

2. HCOOCH(CH₃)₂

3. COOC₂H₅ | COOC₂H₅

4. CH₃CH₂COOCOCH₃

5. CH₃—C(=O)—N(CH₃)(CH₃)

6. (γ-丁内酯结构)

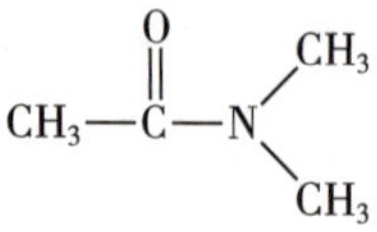

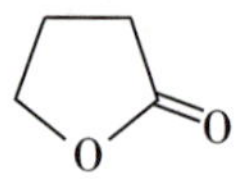

7. 苯磺酰基   8. 脒基   9. 脲

二、写出下列各反应的主要产物

1.
$$\text{C}_6\text{H}_5\text{COOCH}_2\text{CH}_3 \xrightarrow{\text{H}_2\text{O}}$$

2.
$$\text{H}_3\text{C}-\text{C}_6\text{H}_4-\overset{\text{O}}{\underset{}{\text{C}}}-\text{Cl} \xrightarrow{\text{CH}_3\text{OH}}$$

3.
$$(\text{CH}_3\text{CO})_2\text{O} + \text{C}_6\text{H}_5\text{NH}_2 \longrightarrow$$

4.
$$(\text{CH}_3)_2\text{CH}-\overset{\text{O}}{\underset{}{\text{C}}}-\text{NH}_2 \xrightarrow{\text{Br}_2,\text{NaOH}}$$

5.
$$\text{H}_2\text{N}-\overset{\text{O}}{\underset{}{\text{C}}}-\text{NH}_2 + \text{HNO}_2 \longrightarrow$$

6.
$$\begin{array}{l} \text{CH}_2\text{O}-\overset{\text{O}}{\underset{}{\text{C}}}-\text{C}_{17}\text{H}_{35} \\ | \\ \text{CHO}-\overset{\text{O}}{\underset{}{\text{C}}}-\text{C}_{17}\text{H}_{35} + 3\text{NaOH} \xrightarrow{\triangle} \\ | \\ \text{CH}_2\text{O}-\overset{\text{O}}{\underset{}{\text{C}}}-\text{C}_{17}\text{H}_{35} \end{array}$$

7.
$$\text{CH}_3\text{CH}_2\overset{\text{O}}{\underset{}{\text{C}}}-\text{OC}_2\text{H}_5 \xrightarrow[\text{②H}^+]{\text{①C}_2\text{H}_5\text{ONa}}$$

三、用化学方法鉴别下列各组化合物

1. 缩二脲、乙酰胺、乙酰乙酸乙酯
2. 乙酰氯、乙酸乙酯、乙酸

四、推测结构

有 3 种化合物的分子式均为 $C_3H_6O_2$，其中 A 能与 Na_2CO_3 反应放出 CO_2，B 与 C 则不能。B 与 C 在碱性溶液中加热均可发生水解，B 水解的产物能与托伦试剂发生银镜反应，而 C 水解的产物则不能。试推测 A、B 和 C 的结构式。

（袁静静）

ER 9-6
习题

实训十一   乙酸乙酯的制备

一、实训目的

1. 掌握蒸馏、萃取、洗涤、干燥等基本操作。

2. 学会利用酯化反应制备乙酸乙酯的方法。

二、实训仪器和试剂

1. 仪器 三口烧瓶、电热套、滴液漏斗、温度计、刺形分馏柱、分液漏斗、蒸馏烧瓶、直形冷凝管、沸石。

2. 试剂 95% 乙醇溶液、冰醋酸、浓硫酸、饱和碳酸钠溶液、饱和食盐水、饱和氯化钙溶液、无水硫酸镁。

三、实训原理

以乙酸和乙醇为原料,在浓硫酸催化下,进行酯化反应制备乙酸乙酯。

$$CH_3COOH + C_2H_5OH \xrightarrow[110\sim120℃]{浓 H_2SO_4} CH_3COOC_2H_5 + H_2O$$

粗产物用饱和碳酸钠溶液洗涤除去乙酸,用饱和氯化钙溶液洗去乙醇,并用无水硫酸镁进行干燥除去水,再通过蒸馏收集 73~78℃的馏分得到纯乙酸乙酯。

四、实训内容

1. 乙酸乙酯粗品的制备 在 150ml 的干燥三口烧瓶中加入 95% 乙醇溶液 12ml(0.20mol),慢慢加入浓硫酸 6ml,摇匀,并加入 2~3 粒沸石。参照图 9-2,安装乙酸乙酯制备装置,滴液漏斗末端和温度计的水银球均应浸入液面以下,距离瓶底 0.5~1cm。分别向滴液漏斗中加入 95% 乙醇溶液 12ml(0.20mol) 及冰醋酸 12ml(0.21mol),混合均匀。开始加热前,经由滴液漏斗向反应瓶内滴入 3~4ml 反应混合物。用电热套缓慢加热,控制反应温度在 110~120℃。当有馏出液流出时,慢慢从滴液漏斗继续滴加剩余的反应混合液,使滴液速度和馏出速度大致相等,约 30 分钟滴加完毕,继续加热蒸馏数分钟,直到温度升高到 130℃时不再有液体馏出为止。

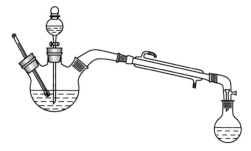

图 9-2　乙酸乙酯制备装置

向馏出液中慢慢加入 10ml 饱和碳酸钠溶液,边加边振摇,直到无二氧化碳气体产生。然后将混合液转移到分液漏斗中,充分振摇后(注意不断通过活塞放气),静置。分去下层水溶液,酯层依次用饱和食盐水 10ml 洗涤 1 次、饱和氯化钙溶液 10ml 洗涤 2 次。弃去下层液体,酯层用无水硫酸镁干燥。

2. 蒸馏精制 将干燥的粗乙酸乙酯滤入干燥的 30ml 蒸馏烧瓶中,加入沸石后在水浴上进行蒸馏,收集 73~78℃的馏分,称量,计算产率。

纯乙酸乙酯为无色、有水果香味的液体,b.p. 77.1℃,折光率 n_D^{20} 1.372 3。测定产品折光率并与纯品比较。

五、实训提示

1. 硫酸的用量为醇用量的 3% 时既能起催化作用,也能起脱水作用而增加酯的产量,但硫酸用量过多,由于氧化作用反而对反应不利。

2. 温度低,反应不完全;温度过高,会产生副产物,影响酯的纯度。

3. 滴加速度太快会使乙醇来不及反应而被蒸出,降低酯的产率。

4. 通过盐析洗涤后的食盐水中含有碳酸钠,酯层必须彻底分离干净,否则在下一步加入氯化钙溶液洗涤时会产生絮状的碳酸钙沉淀,给进一步分离造成困难。

六、实训思考

1. 本实验中采用哪些措施促使酯化反应向生成乙酸乙酯的方向进行?

2. 粗产品中会有哪些杂质? 这些杂质是如何除去的?

实训十二　水蒸气蒸馏

一、实训目的

1. 掌握水蒸气蒸馏的装置及操作方法。
2. 能正确选用、组装和使用相关仪器。
3. 了解水蒸气蒸馏的原理和适用范围。

二、实训仪器和试剂

1. **仪器**　水蒸气发生器(圆底烧瓶或锥形瓶或白铁皮制的水蒸气发生器)、电热套、长颈圆底烧瓶、双孔胶塞(附 120° 角水蒸气导入管和 30° 角导出管)、T 形管、螺旋(弹簧)夹、锥形瓶、直形冷凝管、接液管、125ml 分液漏斗、量筒、玻璃管、沸石。

2. **试剂**　松节油(或苯酚、肉桂酸)、无水氯化钙。

三、实训原理

在不溶或难溶于水但有一定挥发性的有机物中通入水蒸气,使有机物在低于 100℃ 的温度下随水蒸气一起蒸馏出来,这种操作过程称为水蒸气蒸馏。它是分离、纯化有机物的常用方法。

当水与不溶于水的有机物混合时,其液面上的蒸气压等于组分单独存在时的蒸气压之和,即 $P_{混合物}=P_水+P_{有机物}$。当 $P_{混合物}$ 等于外界大气压时,混合物开始沸腾,这时的温度为混合物的沸点,此沸点比混合物中任一组分的沸点都低,因此在常压下应用水蒸气蒸馏,能在低于 100℃ 的温度下将高沸点组分随水蒸气一起蒸出。除去水分后,即可得到高沸点的有机物。蒸馏时,混合物的沸点保持不变,直到有机物全部随水蒸气蒸出,温度才会上升至水的沸点。

被提纯物质必须具备以下几个条件:①不溶或难溶于水;②共沸下与水不发生化学反应;③在 100℃ 左右时,必须具有一定的蒸气压(666.5~1 333Pa)。

水蒸气蒸馏法尤其适用于混有大量固体、树脂状或焦油状杂质的有机物,其效果比普通蒸馏或重结晶好,也适用于一些沸点较高,常压蒸馏时易分解、氧化或聚合等的有机物,在中草药的挥发油成分提取中此方法更为常用。

四、实训内容

1. 水蒸气蒸馏装置的安装 图 9-3 是实验室常用的水蒸气蒸馏装置,包括水蒸气发生器、蒸馏部分、冷凝部分和接收器四部分。按装置图安装好仪器,并遵循从上而下、从左至右的原则安装。

安装时,水蒸气发生器中的安全管下端应接近瓶底(距瓶底约 1cm);蒸馏部分一般采用长颈圆底烧瓶,插入烧瓶中的导入管(一般外径不小于 7mm,以保证水蒸气畅通)末端应接近烧瓶底部,导出管末端连接冷凝管(外径应略粗一些,约 10mm)。水蒸气发生器和蒸馏部分的导入管之间用 1 个 T 形管连接,T 形管支管下套一段短胶皮管,用螺旋夹旋紧。

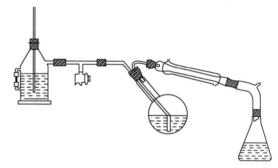

图 9-3　水蒸气蒸馏装置简图

长颈圆底烧瓶应斜放并与桌面保持 45° 角,这样可以避免蒸馏时液体跳动十分剧烈而引起液体从导出管冲出,以至于沾污馏出液。

2. 装样 在水蒸气发生器中装入 1/2~2/3 的水(最好用热水)和几粒沸石,置于电热套中,取 20ml 松节油粗品和 5ml 水放入长颈圆底烧瓶中。瓶中液体的总量不得超过烧瓶容量的 1/3。

3. 加热和蒸馏 先打开 T 形管上的螺旋夹,加热水蒸气发生器至沸腾,当有大量水蒸气产生,并从 T 形管支管冲出时,立即旋紧螺旋夹,使水蒸气导入长颈圆底烧瓶开始蒸馏(在蒸馏过程中,由于水蒸气冷凝使长颈圆底烧瓶内的液体量增加,超过瓶容积的 1/2 时,可隔着石棉网小火加热长颈圆底烧瓶,但应注意瓶内的爆沸现象,若爆沸剧烈,则不应加热,以防发生意外),蒸馏速度以控制在 2~3 滴/s 为宜。一直蒸馏至馏出液透明无明显油珠,长颈圆底烧瓶中的液体澄清透明时,即可停止蒸馏。

4. 仪器拆卸　蒸馏结束后,首先应打开螺旋夹,然后移去热源,按安装时相反的顺序,依次拆下接收器、接液管、冷凝管、圆底烧瓶等。

5. 产物的分离和干燥　将馏出液转移至分液漏斗中,静置,将油层分离至另一洁净的锥形瓶中,加入少量干燥剂无水氯化钙除去残存的水分后,可得清澈透明的松节油。

五、实训提示

1. 水蒸气发生器内的安全管对系统内的压力起调节作用。若发生器内的蒸气压过大,水可沿着安全管上升进行调节。若蒸馏系统发生阻塞,水会从安全管管口溢出,此时应打开螺旋夹,使水蒸气蒸馏系统迅速连通大气,移走热源,停止蒸馏。待故障排除后方可继续蒸馏。

2. 当蒸馏瓶内的压力大于水蒸气发生器内的压力时,常发生液体倒吸现象,此时应打开螺旋夹或对蒸馏瓶进行保温,以加快蒸馏速度。

3. 导入管要小心插入烧瓶底部以保证水蒸气与待蒸馏液体充分接触并起到搅拌作用。导出管口径略粗于导入管有利于混合蒸气能畅通地进入冷凝管中。

4. 如果随水蒸气馏出的物质具有较高的熔点,在冷凝后易析出固体,则应调小冷凝水的流速,使馏出物冷凝后仍能保持液态。假如已有固体析出,并阻塞冷凝管时,可暂时停止冷凝水的通入或暂时放出夹套内的冷凝水,待固体熔化后再缓缓通入冷凝水。

5. 当馏出液不再浑浊时,可用盛清水的试管收集 1~2 滴馏出液,观察是否有油珠状物质,如果没有可停止蒸馏。

六、实训思考

1. 适用水蒸气蒸馏的物质应具备什么条件?

2. 安装水蒸气蒸馏装置应注意哪些问题?

3. 在水蒸气蒸馏过程中应经常检查哪些事项? 若安全管中的水位上升很高,说明什么问题?应如何解决?

（袁静静）

第十章　含氮化合物

ER 10-1
第十章
含氮化合物
（课件）

学习目标

1. **掌握**　胺的结构、分类、命名及主要理化性质。
2. **熟悉**　重氮和偶氮化合物的化学性质。
3. **了解**　重要的胺和偶氮化合物。

导学情景

情景描述：

含氮化合物是分子中含有氮元素的有机化合物的统称，在医药、农业、工业等领域具有广泛的应用，如氮气可用于防止食品等易腐品的氧化和腐败，尿素是一种常见的肥料，氨基酸是人体必不可少的物质。

学前导语：

一些含氮化合物具有抗菌、抗炎、抗肿瘤等活性，被广泛用于药物开发和临床治疗。本章我们将学习含氮化合物的分类、结构、命名和化学性质。

第一节　胺

一、胺的分类和命名

胺类化合物可以看作是 NH_3 中的氢原子被烃基取代后的衍生物。

（一）胺的分类

1. 根据氮原子所连的烃基的种类不同，胺可分为 RNH_2（脂肪胺）和 $ArNH_2$（芳香胺）。例如：

脂肪胺　$CH_3CH_2NH_2$

芳香胺

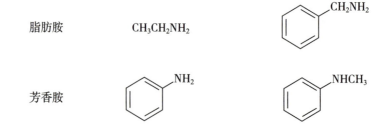

2. 根据氮原子上所连的烃基的数目不同,胺可分为伯胺、仲胺和叔胺,见表10-1。

表 10-1 伯胺、仲胺和叔胺

分类	结构通式	官能团	官能团名称
伯胺(1°)	$R—NH_2$	$—NH_2$	氨基
仲胺(2°)	$\underset{R'}{\overset{R}{\diagdown}} NH$	$—NH$	亚氨基
叔胺(3°)	$\underset{R'}{\overset{R}{\diagdown}} N—R''$	$\diagdown N \diagup$	次氨基

课 堂 活 动

判断下列化合物哪些胺为伯胺、仲胺、叔胺。

1. [苯胺结构，苯环连 NH_2]

2. $H_3C \overset{\overset{H}{|}}{N} CH_2CH_3$

3. $H_3C—\overset{\overset{CH_3}{|}}{N}—CH_3$

4. $H_3C—\overset{\overset{CH_3}{|}}{CH}—\overset{\underset{NH_2}{|}}{CH}—CH_3$

5. $(C_6H_5)_2NH$

6. [邻甲基结构，苯环连 CH_3 和 NHC_2H_5]

可见,胺的伯、仲、叔与醇的伯、仲、叔分类依据不同。胺的分类依据氮原子上烃基的数目;醇的分类依据羟基所连的碳原子的类型。例如,叔丁胺属于伯胺,因为氮原子上直接连有1个烃基,而叔丁醇则属于叔醇,因为羟基连在叔碳原子上。例如:

[叔醇结构 $H_3C—\overset{\overset{CH_3}{|}}{C}(OH)—CH_3$]   [伯胺结构 $H_3C—\overset{\overset{CH_3}{|}}{C}(NH_2)—CH_3$]

         叔醇   伯胺

当 NH_4^+ 的4个氢原子被烃基取代时称为季铵,分为 $R_4N^+X^-$(季铵盐)和 $R_4N^+OH^-$(季铵碱)。

(二)胺的命名

1. 简单胺的命名 采用习惯命名法。以胺为母体,烃基作为取代基,称为"某胺"。当氮原子上所连的烃基相同时,用中文数字"二""三"表示相同的烃基数目;若烃基不同时,则按基团的次序规则由小到大排列。例如:

CH_3NH_2 $H_3C—\overset{\overset{CH_3}{|}}{CH}—NH_2$ $H_3C—\overset{\overset{}{|}}{\underset{H}{N}}—CH_3$ $H_3C—\overset{\overset{CH_3}{|}}{\underset{CH(CH_3)_2}{N}}$

   甲胺   异丙胺   甲乙胺   甲乙异丙胺

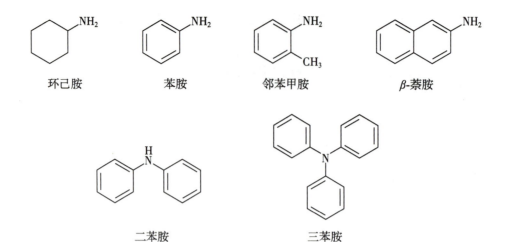

环己胺   苯胺   邻苯甲胺   β-萘胺

二苯胺   三苯胺

2. 芳脂胺的命名 当芳香胺的氮原子上同时连有芳环和脂肪烃基时,这种胺称为芳脂胺,命名时一般以芳胺为母体,脂肪烃基作为取代基,用"*N*-"或"*N,N*-"等编号方式指出脂肪烃基是连在氮原子上而非芳环上。例如:

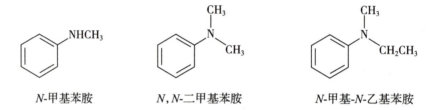

N-甲基苯胺   *N,N*-二甲基苯胺   *N*-甲基-*N*-乙基苯胺

3. 复杂胺的命名 采用系统命名法命名。以烃基为母体,氨基作为取代基。例如:

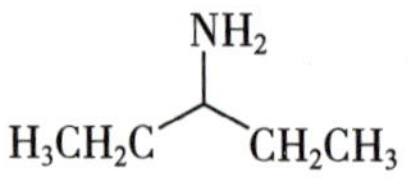

3-氨基戊烷 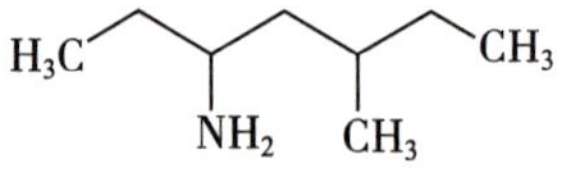   3-甲基-5-氨基庚烷

多元胺的命名类似于多元醇。例如:

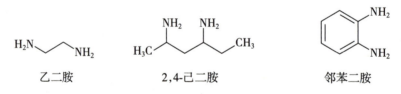

乙二胺   2,4-己二胺   邻苯二胺

4. 季铵盐和季铵碱的命名 类似于铵盐和碱。例如:

$$[(CH_3)_4N]^+OH^-$$ $$[(CH_3)_4N]^+Cl^-$$

氢氧化四甲铵   氯化四甲铵

课 堂 活 动

"氨""胺""铵"3个汉字均代表含有氮原子的化合物,你能够正确地使用这3个汉字吗?请判断下列名称是否正确?请将书写错误的名称改正过来。

1. 氨气(水)   2. 氨根离子   3. 氯化铵   4. 甲氨   5. 季铵盐

6. 溴化四乙基铵   7. 甲乙胺   8. 乙二胺   9. 氨基   10. 仲胺

ER 10-2

氨(ān)、胺(àn)和铵(ǎn)的用法

二、胺的性质

脂肪胺中的甲胺、乙胺和二甲胺在常温下为气体,其他低级胺为液体,高级胺为固体。低级胺有特殊的鱼腥味,腐鱼的臭味是由蛋白质分解产生的三甲胺所引起的。肉腐烂时可以产生极臭而且剧毒的丁二胺(腐胺)和戊二胺(尸胺)。高级胺不易挥发,近乎无味。芳香胺的毒性很大,并能渗入皮肤,因此无论皮肤接触或吸入蒸气都会引起中毒现象。

胺和氨一样是极性分子,伯胺、仲胺都形成分子间氢键而相互缔合。因此沸点较相应的烷烃高,但比相应的醇和羧酸低。

低级胺能与水分子形成氢键而易溶于水,随着分子量的增加,溶解性降低。芳胺一般微溶或难溶于水。

胺的化学性质与官能团氨基和氮原子上的孤对电子有关。

(一)碱性

胺分子中氮原子上的孤对电子能接受质子,因此胺在水溶液中呈碱性。

$$(Ar)RNH_2 + H_2O \rightleftharpoons (Ar)R\overset{+}{N}H_3 + OH^- \qquad pK_b$$

胺的碱性强弱受两方面因素的影响,即电子效应和空间效应。氮原子上的电子云密度越大,接受质子的能力越强,胺的碱性越强,pK_b值越小;氮原子周围的空间位阻越大,氮原子结合质子越困难,胺的碱性越小,pK_b值越大。

ER 10-3

各种胺的碱性分析

1. 脂肪胺 由于烷基是给电子基,使氮原子上的电子云密度增加。因此,脂肪胺接受质子的能力比氨强,也就是碱性比氨强。氮原子上所连的烷基越多,氮原子上的电子云密度越大,导致脂肪仲胺的碱性大于脂肪伯胺,这时电子效应起主导作用。当氮原子上连有3个烷基时,氮原子上的电子云密度增大,同时由于烃基增多,占据的空间位置也越大,即空间位阻增大,对氮原子上的孤对电子起屏蔽作用,使质子难与氮原子接近,此时空间效应占主导地位,脂肪叔胺的碱性反而比脂肪伯胺和仲胺弱。因此,脂肪胺的碱性强弱次序为仲胺>伯胺>叔胺>氨。例如:

$$(CH_3)_2NH > CH_3NH_2 > (CH_3)_3N > NH_3$$

| pK_b | 3.27 | 3.36 | 4.24 | 4.75 |

2. 芳香胺 由于氮原子上的孤对电子与苯环大 π 键形成 p-π 共轭体系,使氮原子上的电子云密度降低,同时苯环阻碍氮原子接受质子的空间效应增大。电子效应和空间效应都削弱了氮原子接受质子的能力,所以苯胺的碱性(pK_b=9.28)比氨弱。脂肪胺、芳香胺和氨的碱性强弱次序为脂肪胺>氨>芳香胺。

胺与酸作用生成铵盐。铵盐一般都是具有一定熔点的结晶性固体,易溶于水和乙醇,而不溶于非极性溶剂。由于胺的碱性不强,一般只能与强酸作用生成稳定的盐,当铵盐遇强碱时又能游离出胺来。例如:

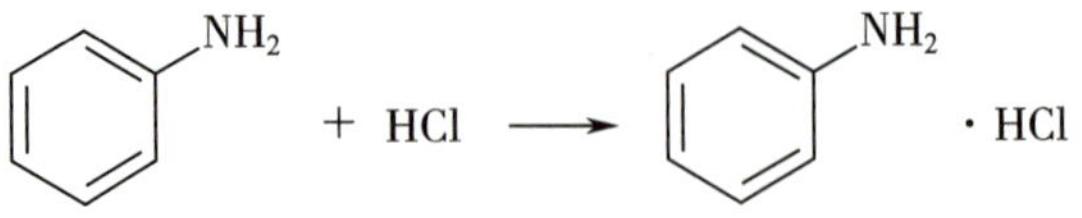

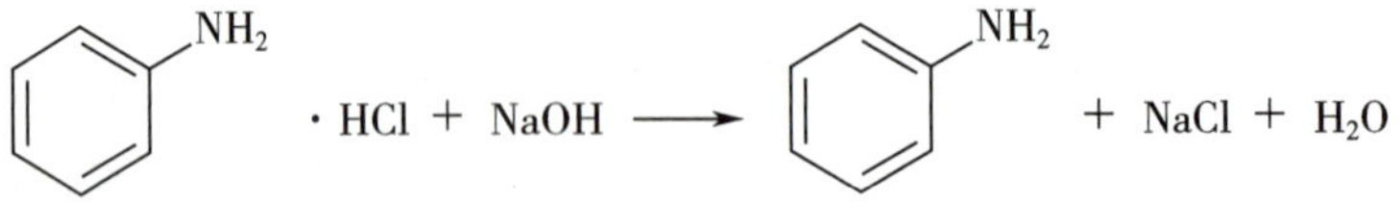

这些性质可用于胺的鉴别、分离和提纯。

知识链接

难溶于水的胺类药物的制备

在制药过程中,常将含有氨基、亚氨基等难溶于水的药物制成可溶性的铵盐,增加其稳定性和水溶性,以供药用。例如,局部麻醉药普鲁卡因在水中的溶解度较小,影响临床使用,利用其分子中含有氨基显碱性,与盐酸反应生成水溶性的盐酸盐,制成盐酸普鲁卡因注射剂,广泛应用于临床。

课 堂 活 动

请同学们指出下列各组物质的碱性强弱顺序并解释原因。

1. 苯胺、二苯胺、三苯胺、N-甲基苯胺、N,N-二甲基苯胺

pK_b　9.40　13.21　中性　　9.15　　　8.94

2.

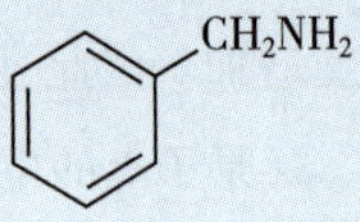

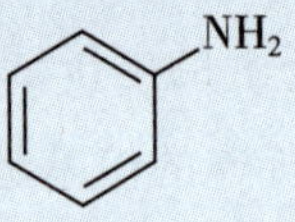

pK_b　　4.07　　　　　9.40

（二）酰化反应

伯胺、仲胺与酰化试剂(如酰卤、酸酐等)作用,氮原子上的氢原子被酰基(RCO—)取代生成 N-取代或 N,N-二取代酰胺,此反应称为酰化反应。叔胺的氮上因无氢原子,则不能发生此反应。例如:

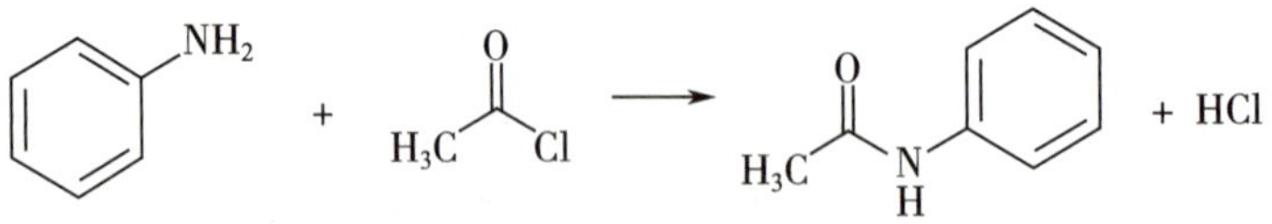

乙酰氯　　　　　　　　乙酰苯胺

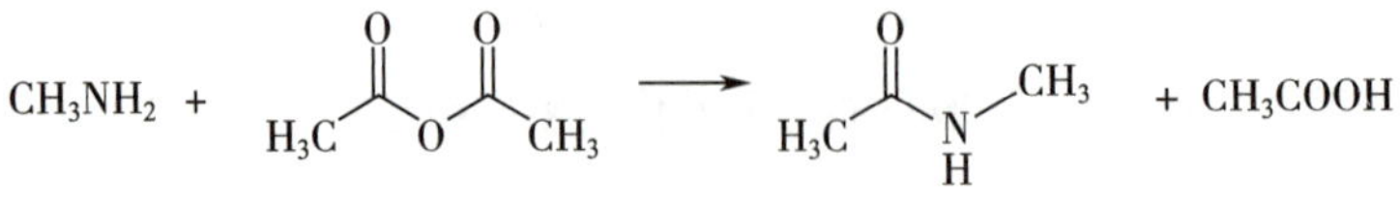

乙酸酐　　　　　　　N-甲基乙酰胺

胺的酰化反应在有机合成中除用于合成重要的酰胺类化合物外,还常用于保护氨基。胺易被氧化剂氧化,但酰胺对氧化剂是稳定的,而且酰胺在酸或碱催化下加热水解可除去酰基,重新游离出氨基。

酰化反应的应用——保护氨基

以对甲苯胺为原料制备普鲁卡因的中间体时,不能将甲基直接氧化生成对氨基苯甲酸。

由于氨基容易被氧化,使用氧化剂氧化甲基时氨基同时也被氧化,因此需要先将氨基酰基化,再将甲基氧化成羧基,而后水解还原为氨基,从而顺利得到预期的化合物——对氨基苯甲酸。

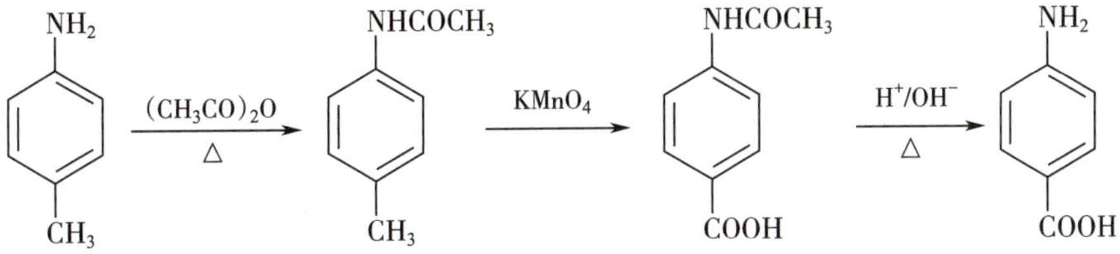

此外,胺经酰化反应后生成的酰胺绝大多数是具有一定熔点的固体,可通过测定酰胺的熔点,对胺进行鉴别,也可利用酰化反应对伯胺、仲胺进行分离、提纯和精制。

(三) 与亚硝酸的反应

胺易与亚硝酸反应,不同的胺与亚硝酸反应,各有不同的反应产物和现象。该方法可以用来鉴别伯胺、仲胺和叔胺。亚硝酸不稳定,只能在反应过程中由亚硝酸钠与盐酸作用产生。

1. 伯胺 脂肪伯胺与亚硝酸在常温下作用,定量放出氮气并生成醇类。通过测定氮气的量可以进行脂肪伯胺的定量分析。例如:

$$RNH_2 + HNO_2 \longrightarrow ROH + N_2\uparrow + H_2O$$

芳香伯胺在低温及强酸性溶液中与亚硝酸反应,生成芳香重氮盐,其分子式为 $ArN_2^+X^-$,此反应称为重氮化反应。例如:

$$ArNH_2 \xrightarrow[\text{低温}]{NaNO_2 + HX} ArN_2^+X^- + NaCl + H_2O$$

重氮盐不稳定,温度升高,重氮盐即分解成酚和氮气。例如:

$$ArN_2^+X^- + H_2O \xrightarrow{\triangle} ArOH + N_2\uparrow + H_2O$$

2. 仲胺 脂肪或芳香仲胺与亚硝酸反应均生成不溶于水的黄色油状液体或固体 N-亚硝基胺。例如:

$$(CH_3)_2NH + HNO_2 \longrightarrow (H_3C)_2N\text{—}NO + H_2O$$

N-亚硝基二甲胺(黄色油状液体)

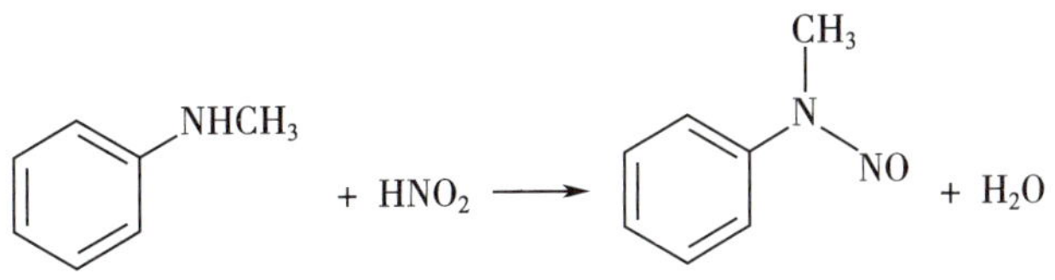

N-亚硝基-N-甲基苯胺(棕黄色固体)

3. 叔胺 脂肪叔胺因氮原子上无氢原子,不发生类似的反应,只能与亚硝酸形成水溶性的亚硝酸盐。脂肪叔胺的亚硝酸盐用碱处理,可得到游离的脂肪叔胺。例如:

$$(CH_3)_3N \ + \ HNO_2 \ \longrightarrow \ [(CH_3)_3\overset{+}{N}H] \ NO_2^-$$

芳香叔胺的氮原子上虽无氢原子,但芳环上有氢,可与亚硝酸发生亚硝基化反应,生成苯环对位或邻位的亚硝基物。例如:

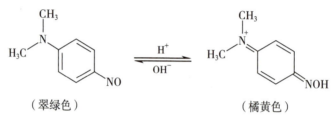

对亚硝基-N,N-二甲基苯胺(绿色片状结晶)

亚硝基芳香叔胺在碱性溶液中呈翠绿色,在酸性溶液中由于互变成醌式盐而呈橘黄色。

ER 10-4

伯胺、仲胺、叔胺的区别

（翠绿色）　　　　　　　　　（橘黄色）

综上所述,利用不同的胺类与亚硝酸反应产生不同现象和不同产物,可鉴别脂肪族或芳香族伯胺、仲胺、叔胺。

案例分析

案例:《中国药典》盐酸普鲁卡因注射液含量测定的依据。

分析: 盐酸普鲁卡因注射液是临床上常用的局麻药,为无色澄明液体。其主要化学成分是对氨基苯甲酸,属芳香伯胺类化合物,因芳香伯胺具有与亚硝酸定量反应的化学性质,所以《中国药典》(2025 年版)中对其含量测定的方法是采用永停滴定法,在 15~25℃,用亚硝酸钠滴定液(0.1mol/L)滴定。该反应的方程式如下:

$$Ar\text{-}NH_2 \ + \ NaNO_2 \ + \ 2HCl \ \longrightarrow \ Ar\text{-}\overset{+}{N_2}\overset{-}{Cl} \ + \ NaCl \ + \ 2H_2O$$

(四) 氧化反应

胺易被氧化,芳香胺更易被氧化。在空气中长期存放芳香胺时,芳香胺可被空气氧化,生成黄、红、棕色的复杂氧化物,其中含有醌类、偶氮化合物等。因此,在有机合成中,如果要氧化芳香胺环上的其他基团,必须首先要保护氨基,否则氨基会首先被氧化。例如:

对苯醌

(五) 芳环上的取代反应

芳环上的氨基或取代氨基是邻、对位定位基，使苯环活化，因此芳胺比苯更易发生取代反应。

1. 卤代反应 苯胺与卤素（Cl_2、Br_2）能迅速反应。例如，苯胺与溴水作用，在室温下立即生成 2,4,6- 三溴苯胺白色沉淀。此反应可用于苯胺的定性或定量分析。

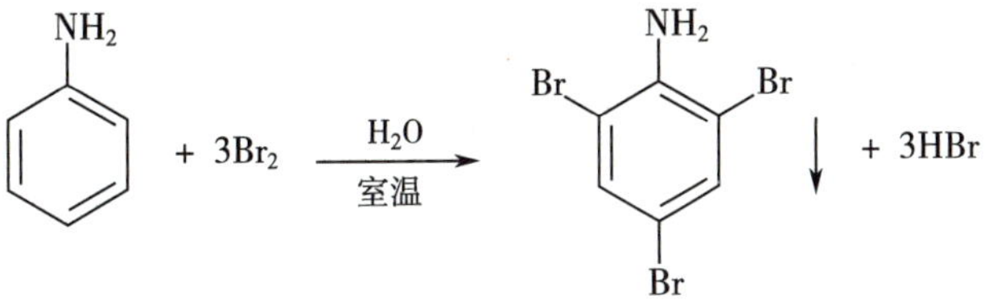

2,4,6-三溴苯胺

氨基被酰基化后，对苯环的致活作用减弱了，可以得到一卤代产物。例如：

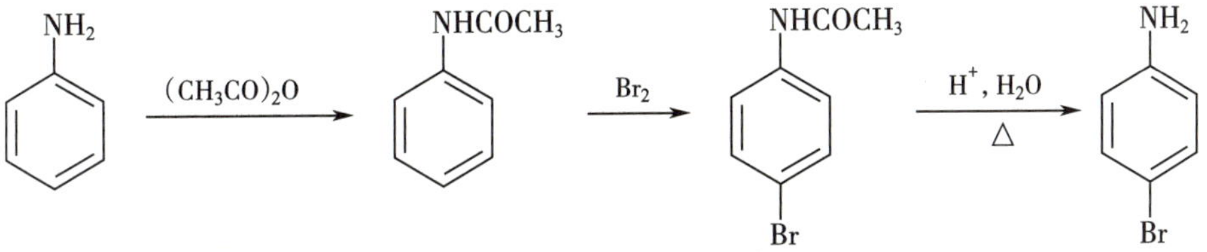

课 堂 活 动

苯胺与苯酚都能与溴水反应生成白色沉淀，所以利用此方法不能区别两者，请同学们说说可用哪种方法区别它们。

---

2. 硝化反应 由于苯胺极易被氧化，不宜直接硝化，而应先"保护氨基"。根据产物的不同要求，选择不同的保护方法。

如果要得到对硝基苯胺，应选择不改变定位效应的保护方法。一般可采用酰基化的方法，即先将苯胺酰化，然后再硝化，最后水解除去酰基得到对硝基苯胺。例如：

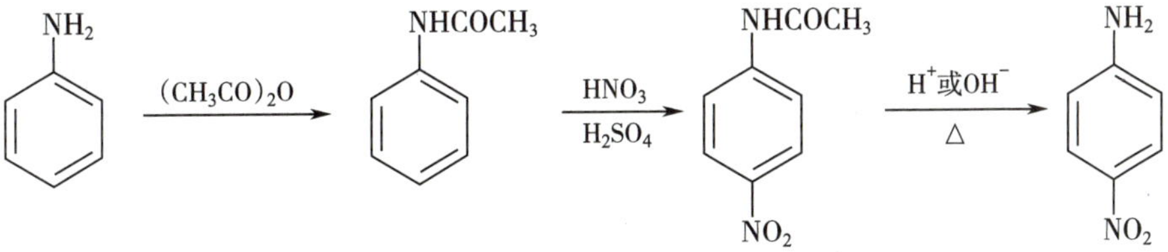

如果要得到间硝基苯胺，选择的保护方法应改变定位效应。可先将苯胺溶于浓硫酸中，使之形成苯胺硫酸盐，因铵正离子是间位定位基，取代反应发生在其间位，最后再用碱液处理，游离出氨基，得到间硝基苯胺。例如：

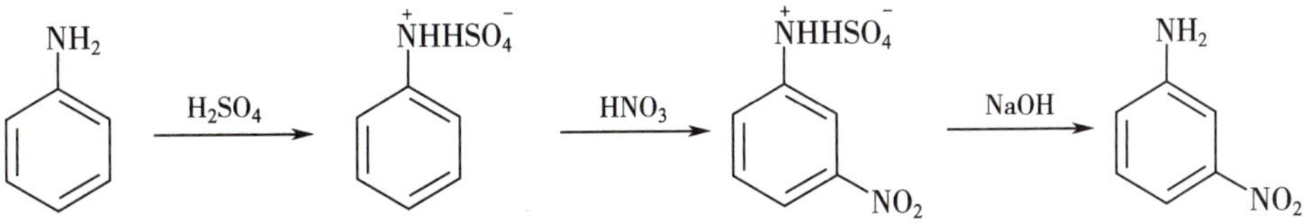

3. 磺化反应 将苯胺溶于浓硫酸中,首先生成苯胺硫酸盐,此盐在高温(200℃)下加热脱水发生分子内重排,即生成对氨基苯磺酸。例如:

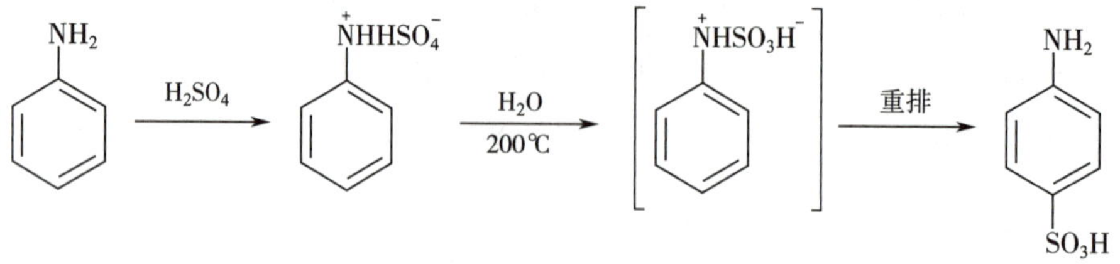

对氨基苯磺酸(白色固体)

对氨基苯磺酸分子内同时存在的碱性氨基和酸性磺酸基,可发生质子的转移形成盐,称为内盐。例如:

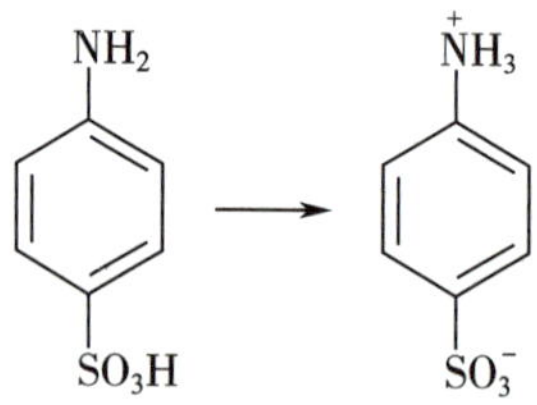

庞大的磺胺家族

自 1932 年德国生物化学家杜马克首次发现磺胺类药物至今,其品种已构成了一个庞大的"家族"。对氨基苯磺酰胺是磺胺药物的母体,是抑菌的必需结构,也是最简单的磺胺类药物。其化学合成方法为:

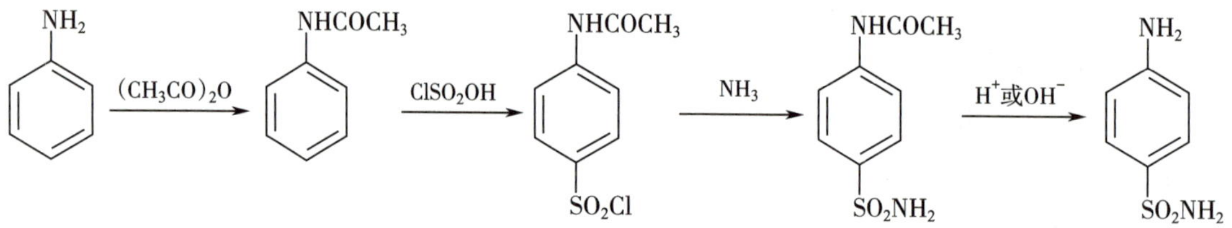

磺酰胺基上的氢可被不同的杂环取代,形成不同种类的磺胺类药物。它们与母体磺胺相比,具有效价高、毒性小、抗菌谱广、口服易吸收等优点。如:

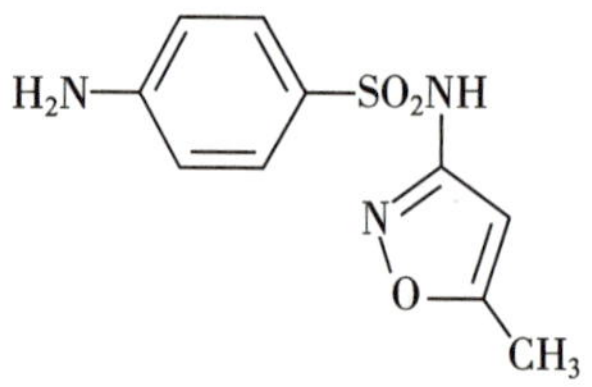

磺胺甲噁唑 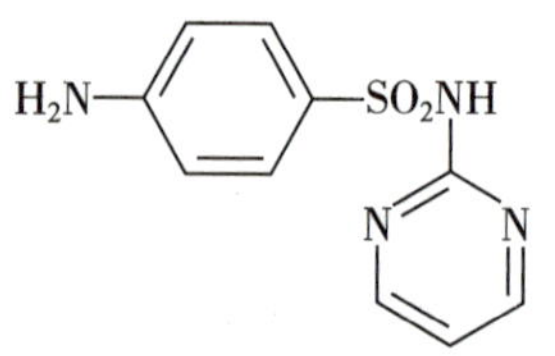   磺胺嘧啶

高效、长效、广谱的新型磺胺和抗菌增效剂合成以后,使磺胺类药物的临床应用有了更广阔的前景。

三、季铵盐和季铵碱

(一) 季铵盐

叔胺与卤代烷作用生成季铵盐。例如:

$$R_3N + RX \longrightarrow R_4\overset{+}{N}X^-$$

季铵盐是白色结晶性固体,为离子型化合物,具有盐的性质,易溶于水,不溶于非极性有机溶剂。季铵盐对热不稳定,加热后易分解成叔胺和卤代烃。

季铵盐与伯、仲、叔胺盐不同,与强碱作用时,不能使胺游离出来,而是得到含有季铵碱的平衡混合物。若用湿氧化银处理季铵盐,则可使反应进行完全,生成季铵碱。例如:

$$2R_4\overset{+}{N}X^- + Ag_2O + H_2O \longrightarrow 2R_4\overset{+}{N}OH^- + 2AgX\downarrow$$

季铵盐的用途广泛,常用于阳离子型表面活性剂,具有去污、杀菌和抗静电能力。季铵盐还可用于相转移催化剂,相转移反应是一种新的有机合成方法,具有反应速度快、操作简便、产率高等特点。

(二) 季铵碱

季铵碱因在水中可完全电离,因此是强碱,其碱性与氢氧化钠相当。易溶于水,易吸收空气中的二氧化碳,易潮解等。

胆碱是广泛分布于生物体内的一种季铵碱,因最初是在胆汁中发现的而得名。胆碱是易吸湿的白色结晶,易溶于水和醇,不溶于乙醚、三氯甲烷。胆碱是卵磷脂的组成成分,能调节脂肪代谢,临床上用来治疗肝炎、肝中毒等疾病。胆碱常以结合状态存在于生物体细胞中,在脑组织和蛋黄中含量较高。胆碱的羟基经乙酰化成为乙酰胆碱,存在于相邻的神经细胞之间,是一种重要的传递神经冲动的化学物质,亦称为神经递质。

$$\left[HOCH_2CH_2\overset{+}{N}(CH_3)_3 \right]OH^- \qquad \left[CH_3COOCH_2CH_2\overset{+}{N}(CH_3)_3 \right]OH^-$$

$$\text{胆碱} \qquad\qquad\qquad\qquad\qquad \text{乙酰胆碱}$$

知识链接

苯扎溴铵

苯扎溴铵属季铵盐类化合物,其化学名称为溴化二甲基十二烷基苄铵,结构式为:

溴化二甲基十二烷基苄铵

苯扎溴铵是一种常用的阳离子型表面活性剂,常温下为微黄色的黏稠状液体,能乳化脂肪、去除污秽,又能渗入细胞内部,引起细胞破裂或溶解,起到抑菌或杀菌作用。在临床上用于皮肤、黏膜、创面、器皿及术前的消毒。

第二节 重氮化合物和偶氮化合物

重氮化合物和偶氮化合物都含有—N_2—官能团。当官能团的一端与烃基相连,另一端与其他非碳原子或原子团相连时,称为重氮化合物。当官能团的两边都分别与烃基相连时,称为偶氮化合物。例如:

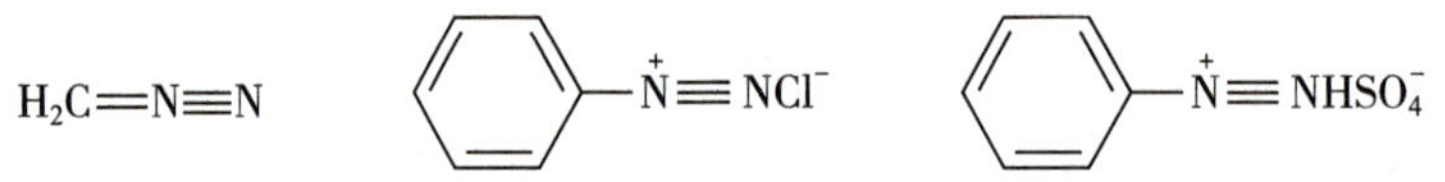

$$H_2C = N = N$$

重氮甲烷 氯化重氮苯 硫酸重氮苯

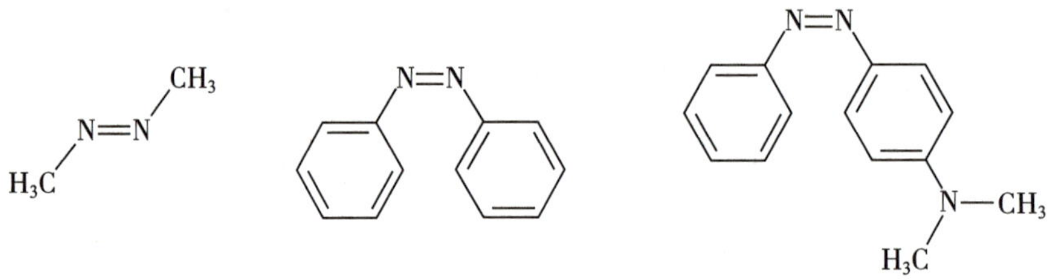

偶氮甲烷 偶氮苯 对二甲氨基偶氮苯

一、重氮化合物

重氮化合物中最重要的是芳香重氮盐类,是通过重氮化反应而得到的具有很高反应活性的化合物。

(一) 重氮盐的生成

芳香伯胺在低温、强酸性水溶液中与亚硝酸作用生成重氮盐,此反应称为重氮化反应。例如:

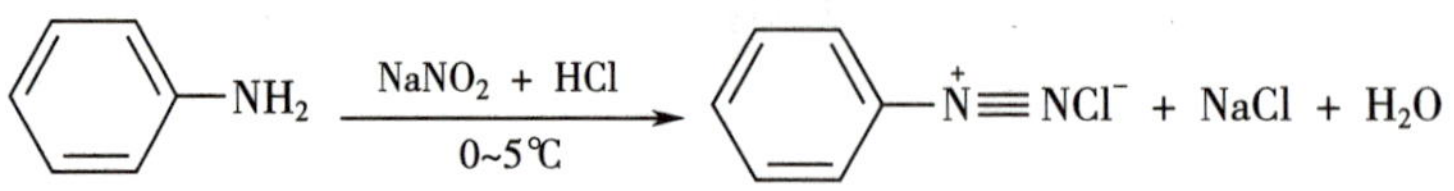

$$\text{PhNH}_2 \xrightarrow[\text{0~5℃}]{\text{NaNO}_2 + \text{HCl}} \text{Ph—}\overset{+}{N} \equiv N\,Cl^- + \text{NaCl} + H_2O$$

(二) 重氮盐的性质

重氮盐在水溶液中和低温(0~5℃)时比较稳定,干燥的重氮盐在受热或振动时容易爆炸。在实际应用中,通常直接使用重氮盐的水溶液。重氮盐的化学性质很活泼,可发生许多反应。在有机合成中应用最广的主要有取代和偶联反应。

1. 取代反应 重氮盐分子中的重氮基在不同的条件下可被卤素、氰基、羟基、氢原子等原子或原子团所取代,同时放出氮气,所以又称为放氮反应。例如:

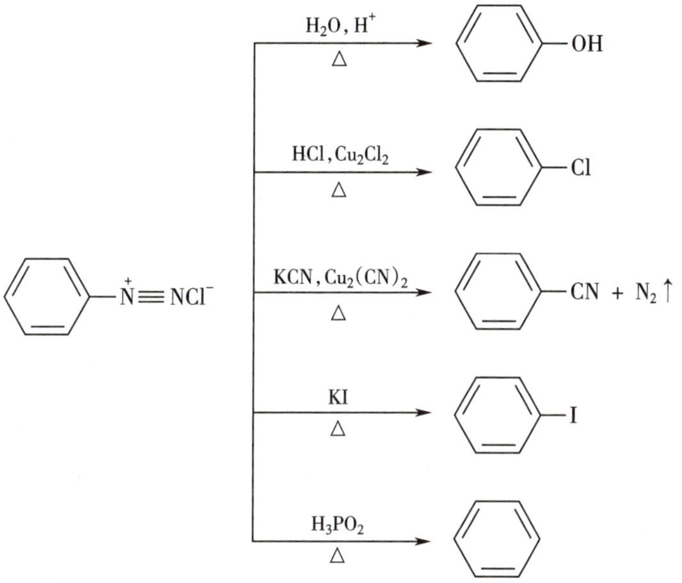

通过重氮盐的取代反应,可以将一些本来难以引入芳环上的基团方便地连接到芳环上,在芳香化合物的合成中是很有意义的。

2. 偶联反应 重氮盐在低温下与酚或芳胺作用,生成有颜色的偶氮化合物的反应称为偶联反应。

(1)偶联的位置:由于苯酚和苯胺能使苯环上的电子云密度增高,所以苯酚和苯胺容易发生偶联反应。且由于对位的电子云密度较高而空间位阻小,因此偶联一般发生在羟基和氨基的对位上。例如:

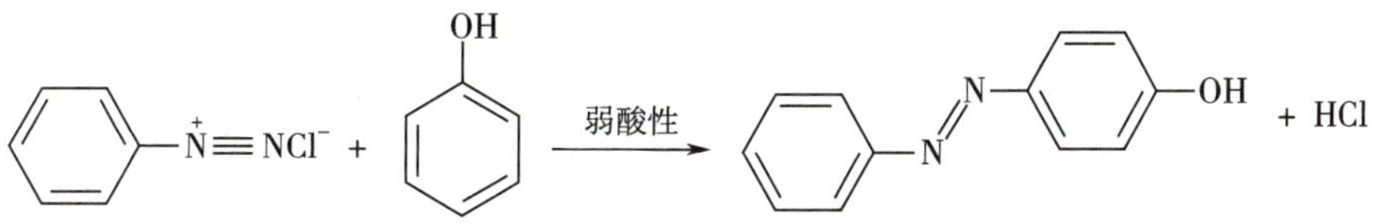

对羟基偶氮苯(橘黄色)

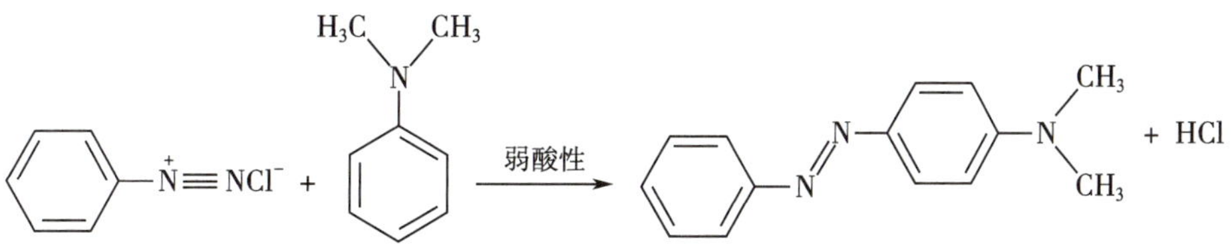

对-二甲氨基偶氮苯(黄色)

若对位已有取代基,则偶联反应发生在邻位。若邻、对位均被其他基团占据,则不发生偶联反应。例如:

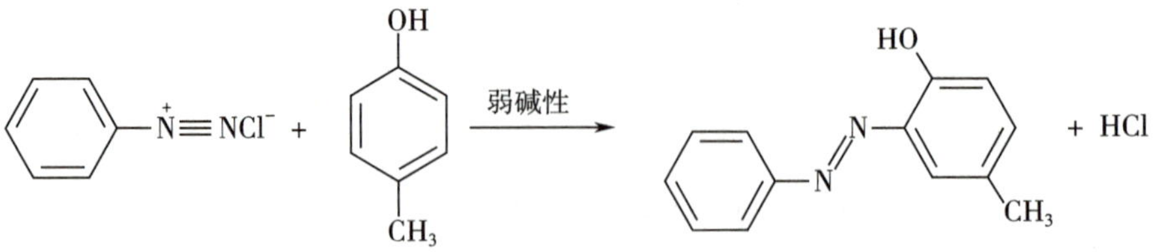

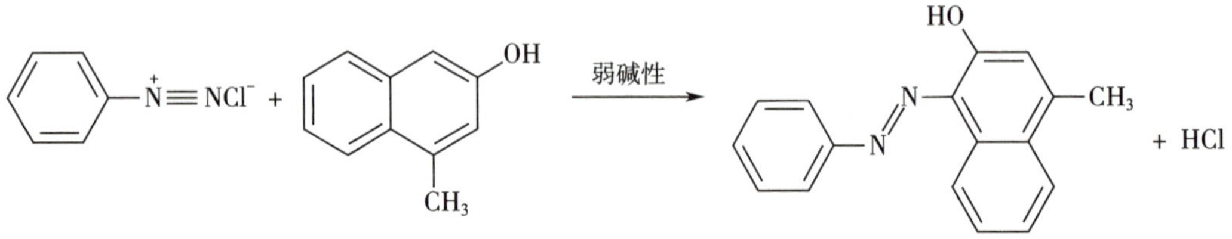

(2)偶联的条件:当重氮盐与酚类偶联时,在弱碱性介质中进行较适宜。因为在此条件下酚形成苯氧负离子,使芳环的电子云密度增加,有利于偶联反应进行。

当重氮盐与芳胺偶联时,在中性或弱酸性介质中进行较适宜。因为在此条件下芳胺以游离胺的形式存在,使芳环的电子云密度增加,有利于偶联反应进行。如果溶液的酸性过强,胺变成了铵盐,会使芳环的电子云密度降低,不利于偶联反应进行;如果溶液的碱性过强,又会使重氮盐生成不能偶合的重氮酸或重氮酸盐。

既含有氨基又含羟基的化合物与重氮盐偶联时,反应介质的酸碱性决定偶联反应优先发生的部位。例如 8- 氨基 -1- 羟基 -3,6- 萘二磺酸,在弱酸性(pH 为 5~7)时偶联反应优先发生在 7- 位,在弱碱性(pH 为 8~10)时偶联反应则发生在 2- 位。

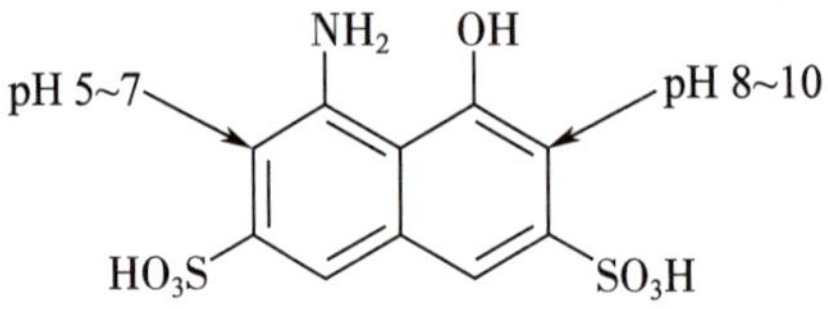

重氮化和偶联反应在药物鉴别中的应用

《中国药典》(2025 年版)通则"一般鉴别试验"中收载的含芳香第一胺类药物的鉴别方法之一即是该类药物能发生重氮化和偶联反应。如盐酸普鲁卡因和苯佐卡因的鉴别方法:取供试品约 50mg,加稀盐酸 1ml,必要时缓缓煮沸使溶解,加 0.1mol/L 亚硝酸钠溶液数滴,加与 0.1mol/L 亚硝酸钠溶液等体积的 1mol/L 脲溶液,振摇 1 分钟,滴加碱性 β- 萘酚试液数滴,视供试品不同,生成由粉红到猩红色沉淀。反应式如下:

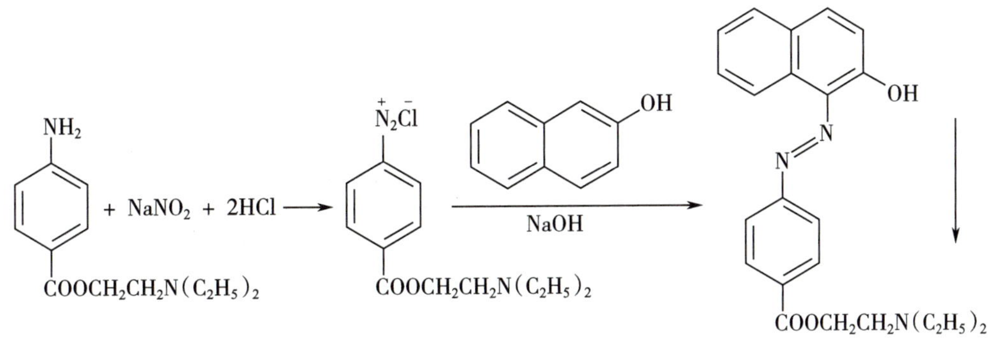

盐酸普鲁卡因 ———————————————— 猩红色

二、偶氮化合物

偶氮化合物是有色的固体物质,虽然分子中有氨基等亲水基团,但分子量较大,一般不溶或难溶于水,而溶于有机溶剂。

偶氮化合物有色,有些能牢固地附着在纤维织品上,耐洗耐晒,经久而不褪色,可以作为染料,称为偶氮染料。有的偶氮化合物能随着溶液的 pH 改变而灵敏地变色,可以作为酸碱指示剂。有的可以凝固蛋白质,能杀菌消毒。有的能使细菌着色,作为染料用于组织切片的染色。例如:

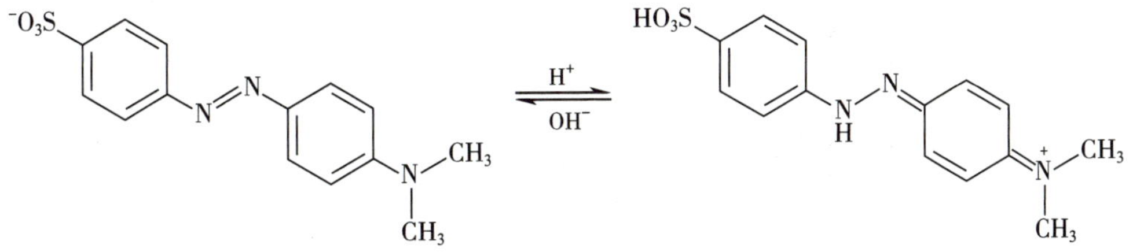

甲基橙 pH>4.4(黄色)　　　　甲基橙 pH<3.1(红色)

点滴积累

1. 芳香伯胺通过重氮化反应转化成重氮盐,并可进一步偶联成偶氮化合物。
2. 重氮盐与卤素、氰基、羟基、氢原子等发生亲核取代反应,得到一系列重要的化合物。

复习导图

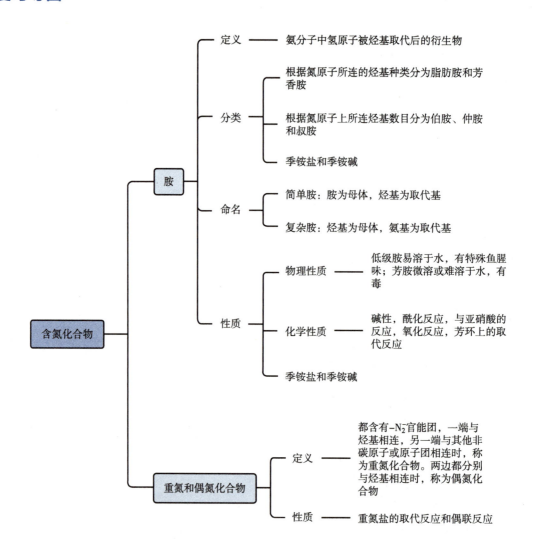

目标检测

一、命名或写出下列化合物的结构式

1. $C_2H_5NHCH(CH_3)_2$

2. $H_3C-\langle\text{苯环}\rangle-N(C_2H_5)_2$

3. $\begin{array}{c}H_3C\\\\\end{array}N\begin{array}{c}CH_3\\\\CH_2\\\\|\\\\CH_3\end{array}$

4. $[(CH_3)_3\overset{+}{N}CH_2CH_2OH]OH^-$

5. $H_3C-\langle\text{苯环}\rangle-CH_2NH_2$

6. $\begin{array}{c}CH_3\\|\\H_3C-CH-\langle\text{苯环}\rangle-\overset{+}{N}\equiv N\ Cl^-\end{array}$

7. 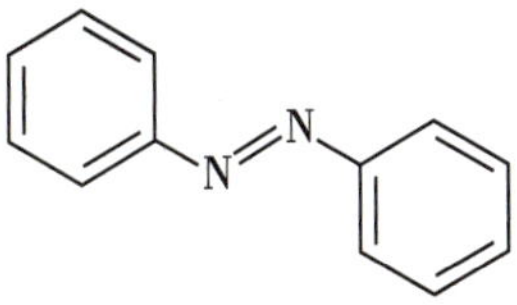   8. 乙二胺   9. 二乙胺

10. 2- 萘胺

二、写出下列各反应的主要产物

1. $CH_3CH_2NH_2 + HNO_2 \longrightarrow$

2. 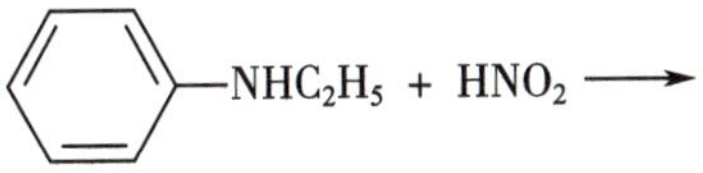 ⬡—$NHC_2H_5 + HNO_2 \longrightarrow$

3. 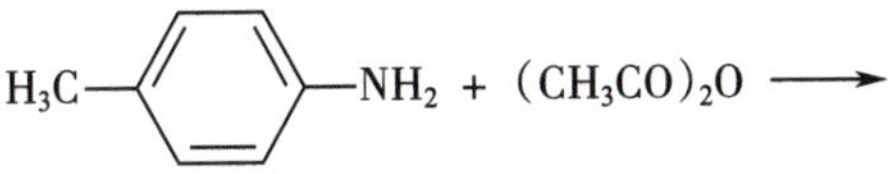 H_3C—⬡—$NH_2 + (CH_3CO)_2O \longrightarrow$

4. 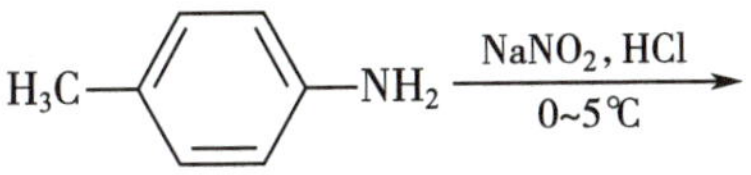 H_3C—⬡—$NH_2 \xrightarrow[\text{0~5℃}]{NaNO_2, HCl}$

5. HO_3S—⬡—$NH_2 \xrightarrow[\text{0~5℃}]{NaNO_2, HCl}$ ⬡⬡—OH $\xrightarrow{\text{稀NaOH}}$

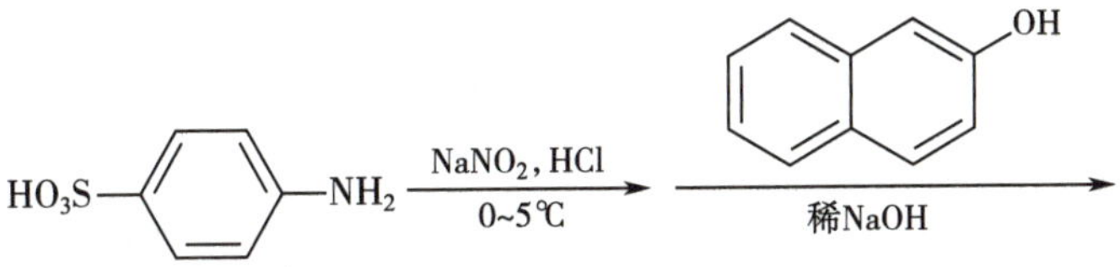

三、用化学方法鉴别下列各组化合物

1. 苯胺、苯酚和苯甲酸

2. 苄醇、苄胺和 N- 甲基苯胺

四、推测结构

化合物 A 的分子式为 C_7H_9N，有碱性。A 的盐酸盐与 HNO_2 作用生成 B（$C_7H_7N_2Cl$），B 加热后能放出 N_2 生成对甲苯酚。在弱碱性溶液中，B 与苯酚作用生成具有颜色的化合物 C（$C_{13}H_{12}ON_2$）。试写出 A、B 和 C 的结构式。

ER 10-5

习题

（盛文文）

实训十三　乙酰苯胺的制备

一、实训目的

1. 掌握乙酰苯胺合成反应的原理及实验操作。

2. 熟悉重结晶的原理及操作步骤。

3. 熟悉显微熔点测定仪测定熔点的操作方法。

4. 巩固固体有机物的抽滤、洗涤、脱色等操作技术。

二、实训仪器和试剂

1. 仪器　250ml 圆底烧瓶、韦氏(刺形)分馏柱、电热套、升降台、温度计(150℃)、大试管、酒精灯、石棉网、锥形瓶、250ml 烧杯、量筒、表面皿、滤纸、抽滤瓶、布氏漏斗、真空循环水泵、显微熔点测定仪等。

2. 试剂　苯胺、冰醋酸、锌粉、活性炭、冰块。

三、实训原理

乙酰苯胺可通过苯胺与冰醋酸、乙酸酐或乙酰氯等酰化试剂反应制得。反应速度以乙酰氯为最快,乙酸酐次之,冰醋酸最慢。但冰醋酸价格便宜,操作方便。本实验选用冰醋酸作为乙酰化试剂。

$$\text{C}_6\text{H}_5-\text{NH}_2 + \text{CH}_3\text{COOH} \rightleftharpoons \text{C}_6\text{H}_5-\text{NHCOCH}_3 + \text{H}_2\text{O}$$

该反应为可逆反应,为提高反应产率,减少逆反应的发生,本实验通过采用过量冰醋酸、分馏除去产物水等两项措施来提高平衡转化率。

纯乙酰苯胺为白色片状结晶,熔点为114℃,稍溶于热水、乙醇、乙醚、三氯甲烷、丙酮等溶剂,而难溶于冷水,故用热水进行重结晶。

显微熔点测定法所采用的仪器无论外观如何不同,主要都是由以下两个部分组成的:一是配有温度计且带有电热装置的载物台(电热板),二是放大用的显微镜,如图 10-1 所示。

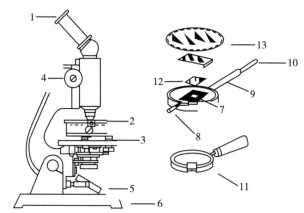

1. 目镜;2. 物镜;3. 电加热台;4. 手轮;5. 反光镜;6. 底座;7. 可移动的载玻片支持器;8. 调节载玻片支持器的拨物圈;9. 温度计套管;10. 温度计;11. 金属散热板;12. 载玻片;13. 表盖玻璃。

图 10-1　显微熔点测定仪装置图

四、实训内容

1. 乙酰苯胺粗品的合成　在 250ml 圆底烧瓶中加入新蒸馏的反应物苯胺 10ml(10.2g)和冰醋酸 15ml(15.7g),并加入 0.1g 锌粉,以防止苯胺在加热时被氧化。按图 10-2 进行仪器安装。

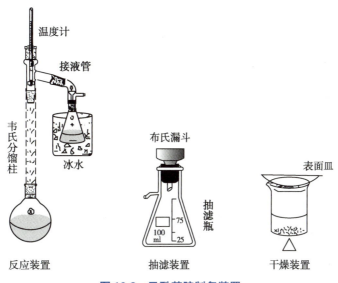

温度计

接液管

韦氏分馏柱

冰水

反应装置

布氏漏斗

抽滤瓶

抽滤装置

表面皿

干燥装置

图 10-2　乙酰苯胺制备装置

待装置安装好后,小火慢慢加热圆底烧瓶至反应物保持微沸约 15 分钟,然后逐渐升高温度,当温度计读数升至 100℃左右时,韦氏分馏柱的支管有液体流出时,小心控制加热,保持温度在 100~110℃,继续反应 40~60 分钟。当反应生成的水及部分乙酸被蒸出,温度计读数迅速下降时(在烧瓶的液面上方可观察到白色雾状蒸气),表示反应已经完成。停止加热,依次拆卸下接液管、温度计、分馏柱等。

趁热将圆底烧瓶中的产物倒入盛有 200ml 冷水的烧杯中,继续搅拌冷却,粗制乙酰苯胺以细粒状逐渐析出。待完全冷却后抽滤,用少量冷水(5~10ml)洗涤布氏漏斗中的固体,以除去表面上残留的酸液,即得乙酰苯胺粗品。

2. 乙酰苯胺的精制　采用重结晶方法将乙酰苯胺粗品进行分离、提纯。

操作方法:将得到的乙酰苯胺粗品小心倒入 250ml 煮沸的水中,继续加热搅拌,待油状物完全溶解后,停止加热,稍冷后加活性炭约 5g,再搅拌加热至沸 1~2 分钟,将沸腾的溶液小心倒入已预热好的布氏漏斗和抽滤瓶中快速抽滤。抽滤前,滤纸大小要剪好,并用少量水润湿滤纸,使其紧贴布氏漏斗底部,以防止穿滤现象。静置、冷却滤液至室温,则乙酰苯胺呈无色片状结晶析出,析出完全后,需再次抽滤,并用少量冷水洗涤结晶 2~3 次,抽干后再干燥,得精制乙酰苯胺,称重,计算产率。

3. 显微熔点测定仪测定乙酰苯胺的熔点　在干净且干燥的载玻片上放干燥后的乙酰苯胺晶粒并盖一片载玻片,放在加热台上。调节反光镜、物镜和目镜,使显微镜焦点对准乙酰苯胺,开启加热器,先快速后慢速加热,温度快升至熔点时,控制温度上升的速度为每分钟 1~2℃,当乙酰苯胺结晶棱角开始变圆时,表示熔化已开始,结晶形状完全消失表示熔化已完成。测毕熔点,停止加热,稍冷,用镊子取出载玻片(载玻片测一次要换一片),将铝散热片放在加热台上加速冷却以备取测,如此反复测定 2~3 次,测定乙酰苯胺的熔点(记录初熔和全熔时的温度值,即为该化合物的熔程。化合物的熔点应记录为:初熔温度至全熔温度)。

五、实训提示

1. 苯胺极易氧化,在空气中放置会变成红色,使用时必须重新蒸馏除去其中的杂质。苯胺有毒,应避免皮肤接触或吸入蒸气。量取苯胺应在通风橱内进行并及时盖紧试剂瓶。实验中所加锌粉应适量,反应混合物呈淡黄色或接近无色;加得过多,会出现不溶于水的氢氧化锌,很难从乙酰苯胺中分离出来。

2. 若冰醋酸在室温较低时凝结成冰状固体,可将试剂瓶置于热水浴中加热熔化后量取。

3. 为保持分馏柱顶温度为 100~110℃,可在分馏柱表面裹以石棉绳以保证分馏管内的温度梯度。反应开始应避免强烈加热。

4. 合成反应完成时,一般收集到的水和乙酸的总体积约为 8ml。

5. 活性炭在本实验中起脱色作用,注意不可趁热加入以免暴沸,活性炭用量为粗品的 1%~5%。不宜过多,煮沸时间也不宜过长,以免部分产品被吸附。

6. 重结晶时,热过滤是关键的一步。抽滤过程要快,避免产品在布氏漏斗中结晶。而滤液要慢慢冷却,以使得到的结晶晶形好、纯度高。

7. 可将布氏漏斗用铁夹夹住,倒悬在热水浴上,利用水蒸气进行充分预热。抽滤瓶应放在水浴中预热,切不可放在石棉网上加热。也可将这两种仪器放入烘箱中烘热后使用。

8. 洗涤时,应先拆下抽滤瓶上的橡皮管,加少量水在滤饼上,用量以使晶体刚好湿润为宜,再接上橡皮管将水抽干。

9. 停止抽滤前,应先将抽滤瓶上的橡皮管拔去,以防水泵的水发生倒吸。

10. 乙酰苯胺冷却析晶时,应及时更换冷却水并保证有足够的冷却时间,使析晶完全,必要时可用冰水浴冷却。

11. 熔点测定时测过的晶体结构有可能改变,则它的熔点也会有所改变,不能用作第二次测量结果。

六、实训思考

1. 常用的乙酰化试剂有哪些?本实验为什么选用冰醋酸和分馏装置?

2. 反应时为什么要将分馏柱上端的温度控制在 100~110℃?若温度过高有什么不妥?

3. 反应完毕为何必须趁热将溶液倒入冷水中?

4. 本实验所使用的玻璃仪器为何要是干燥的?

5. 除用水对乙酰苯胺进行重结晶外,还可选用其他有机溶剂吗?

6. 如何鉴定两种熔点相同的晶体物质是否为同一物质?

(盛文文)

第十一章　杂环化合物

学习目标

1. **掌握**　杂环化合物的分类,常见五元和六元杂环化合物的结构、命名和理化性质。
2. **熟悉**　常见五元和六元杂环化合物的化学反应。
3. **了解**　稠杂环化合物的结构、命名、理化性质和化学反应。

导学情景

情景描述：

杂环化合物在自然界中分布广泛、种类繁多、数量庞大,是许多生物体的组成部分,其中多数具有生理活性,如植物中的叶绿素、血红蛋白中的血红素、核酸的碱基等都含有杂环结构。相关药物数据库的分析显示,约 59% 的小分子药物含有氮杂环,如埃克替尼,是我国拥有完全自主知识产权的首个小分子靶向抗肿瘤药,打破了进口药在这一领域的垄断。

学前导语：

埃克替尼分子结构中含有嘧啶环,是六元氮杂环化合物。本章我们将学习杂环化合物的分类、结构、命名、化学性质和化学反应。

第一节　杂环化合物的分类和命名

杂环化合物是由碳原子和其他原子共同组成环状骨架结构的一类有机化合物。成环原子中除碳原子之外的其他原子称为杂原子,常见的杂原子有氧、硫、氮等。环醚、环状酸酐、内酯等虽然也含有杂原子组成的环系,但它们的环容易形成,也容易开裂,在性质上与相应的开链化合物相似,因此不将它们列入杂环化合物讨论。本章重点讨论环系稳定且具有一定程度芳香性的杂环化合物。

一、杂环化合物的分类

杂环化合物是根据杂环母环的结构进行分类的。根据分子中含有的环的数目可分为单杂环和稠杂环两类,单杂环又可根据成环原子数的多少分为五元杂环化合物和六元杂环化合物;稠杂环可分为苯稠杂环化合物和杂环稠杂环化合物。此外,还可以根据所含的杂原子的种类和数目进一步分类。表 11-1 列出了常见的杂环化合物母环的结构和名称。

表 11-1 常见的杂环化合物母环的结构和名称

类别	常见杂环化合物母环的结构和名称

单杂环
　五元杂环

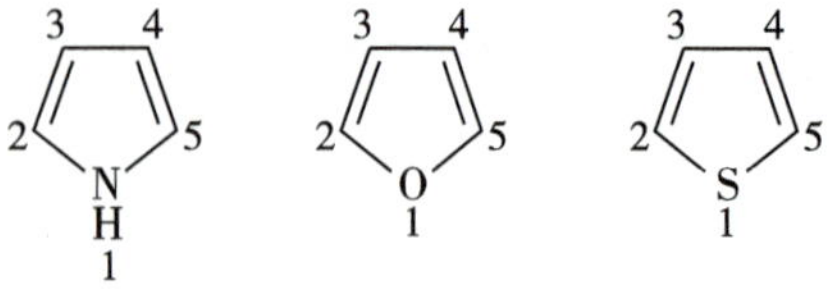

吡咯　　　呋喃　　　噻吩

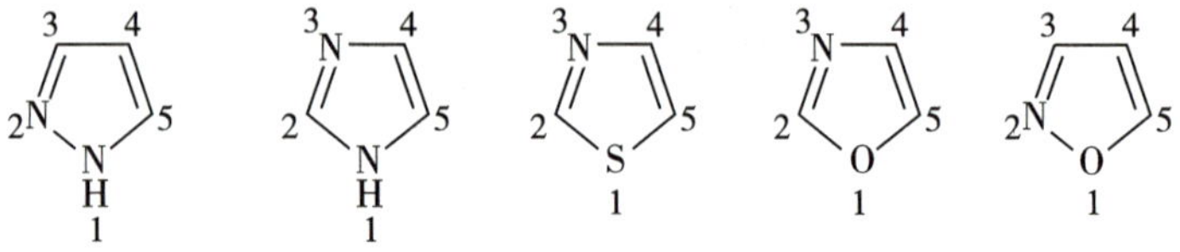

吡唑　　　咪唑　　　噻唑　　　噁唑　　　异噁唑

　六元杂环

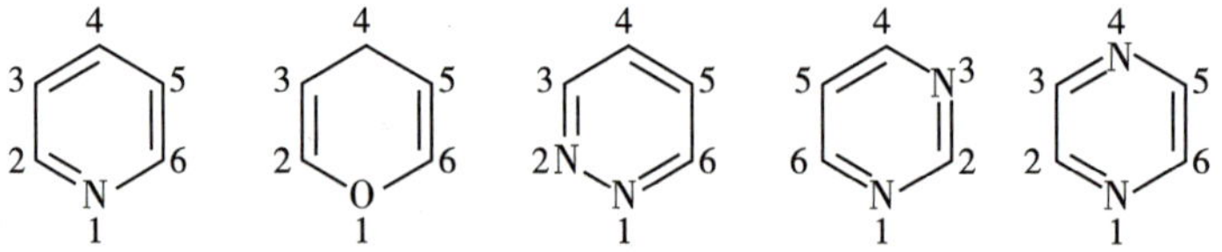

吡啶　　　γ-吡喃　　　哒嗪　　　嘧啶　　　吡嗪

稠杂环
　苯稠杂环

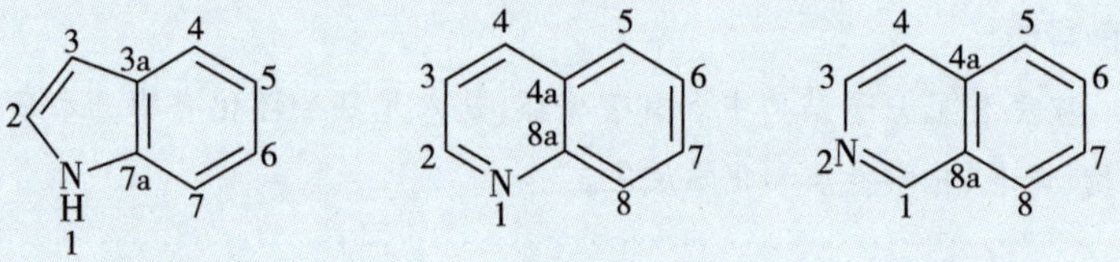

吲哚　　　　　喹啉　　　　　异喹啉

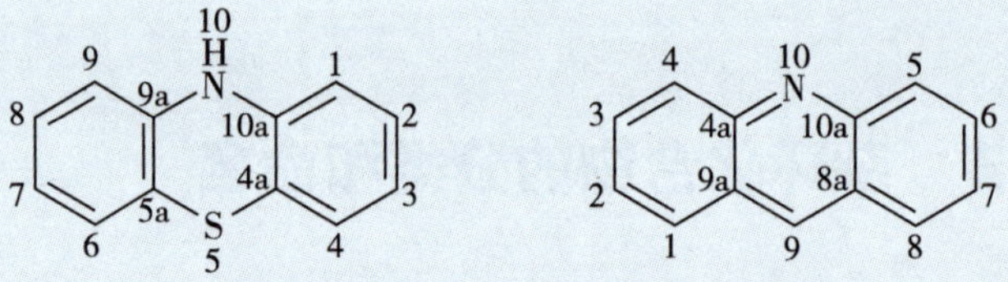

吩噻嗪　　　　　　　　吖啶

　杂环稠杂环

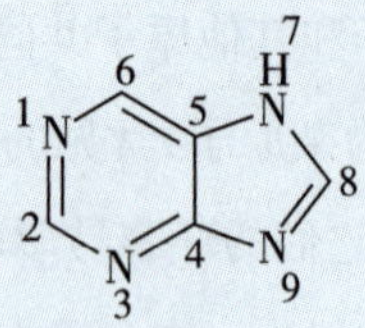

嘌呤

二、杂环化合物的命名

(一) 杂环母环的命名

杂环母环的名称通常采用音译法,即根据杂环化合物的英文名称的读音,选用同音汉字,再加上"口"字旁组成杂环母环的音译名称。如"pyrrole"的音译名称为吡咯,"furan"的音译名称为呋喃等。

(二) 杂环母环的编号

当杂环上有取代基时,需将杂环母环进行编号,以标明取代基的位置。编号的原则如下。

1. 含1个杂原子的杂环 以杂原子为起点用阿拉伯数字编号或从与杂原子相邻的碳原子开始用希腊字母 α、β、γ 等编号。例如:

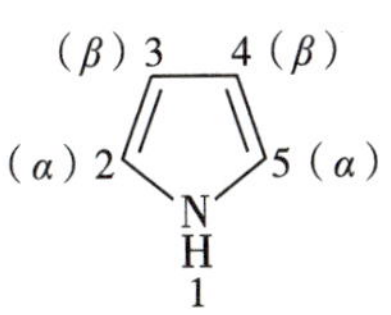

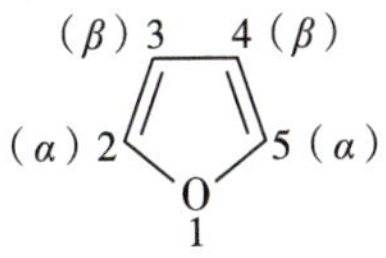

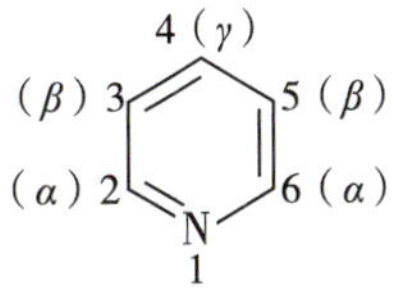

2. 含2个相同杂原子的杂环 应尽可能使杂原子的编号最小,如果其中1个杂原子上连有氢,应从连有氢的杂原子开始编号。例如:

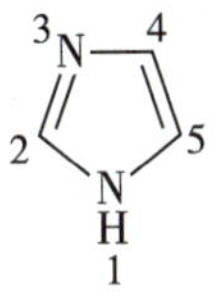

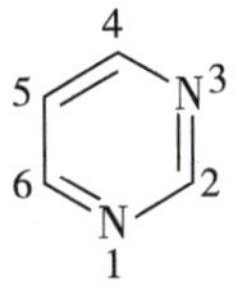

3. 含2个不同杂原子的杂环 在杂原子编号最小的前提下,按 O、S、NH、N 的先后顺序编号。例如:

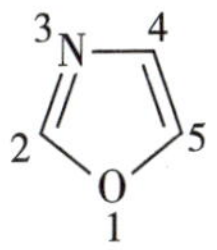

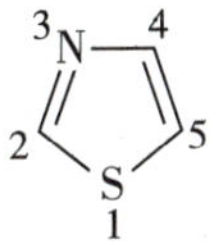

4. 稠杂环 苯稠杂环大多与相应的稠环芳烃的编号相同,从一边开始,共用碳原子不编号,遵循杂原子优先原则;杂环稠杂环往往有特定的编号。例如:

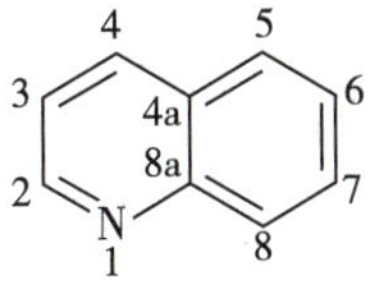

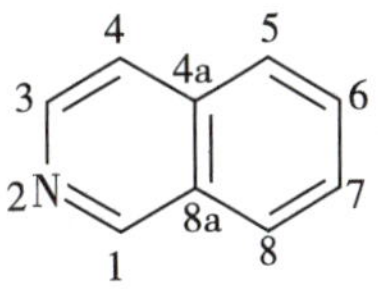

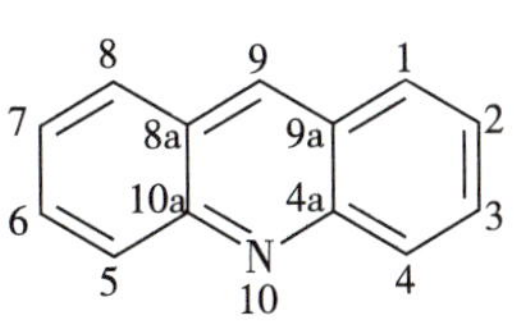

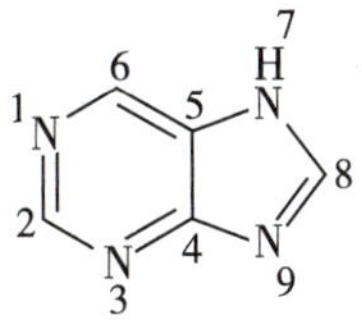

(三) 取代杂环化合物的命名

连有取代基的杂环化合物的命名可以选杂环为母体,将取代基的位次、数目及名称写在杂环母环的名称前。例如:

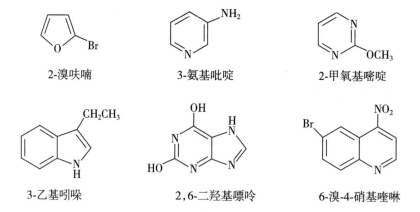

2-溴呋喃　　　　　3-氨基吡啶　　　　　2-甲氧基嘧啶

3-乙基吲哚　　　　2,6-二羟基嘌呤　　　　6-溴-4-硝基喹啉

当环上有—COOH、—SO₃H、—CONH₂、—CHO 等基团时,则以羧酸、磺酸、酰胺、醛作为母体,将杂环作为取代基命名。例如:

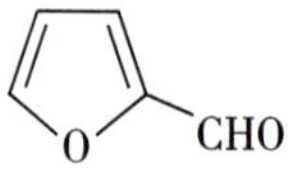

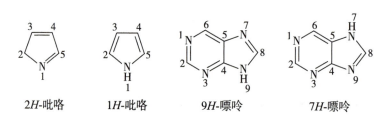

2-呋喃甲醛 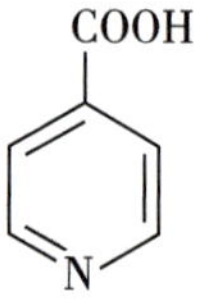　　　　4-吡啶甲酸 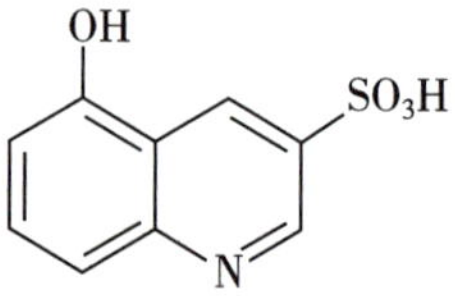　　　　5-羟基喹啉磺酸

此外,为了区别杂环化合物的几种互变异构体,需标明环上 1 个或多个氢原子所在的位置,可在名称前面加上标位的阿拉伯数字和 H。例如:

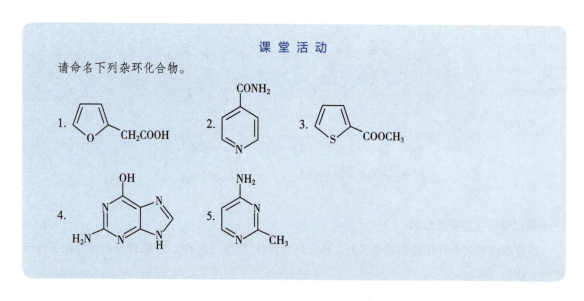

2H-吡咯　　　　1H-吡咯　　　　9H-嘌呤　　　　7H-嘌呤

课 堂 活 动

请命名下列杂环化合物。

1.　　　　　　　2.　　　　　　　3.

4.　　　　　　　5.

点滴积累

1. 本章讨论的杂环化合物是指含杂原子且具有一定芳香性的环状化合物。
2. 杂环化合物母环的名称根据英文名称读音采用音译法。

第二节　五元杂环化合物

五元杂环化合物包括含有 1 个杂原子的五元杂环化合物和含有 2 个杂原子的五元杂环化合物。

一、含有 1 个杂原子的五元杂环化合物

最重要的含有 1 个杂原子的五元杂环化合物是吡咯、呋喃和噻吩。

吡咯　　　　　呋喃　　　　　噻吩

(一) 吡咯、呋喃和噻吩的分子结构

近代物理分析方法表明,吡咯、呋喃和噻吩都是平面五元环结构,在吡咯、呋喃和噻吩分子中,碳原子与杂原子均以 sp^2 杂化轨道互相连接成 σ 键构成五元环,每个碳原子及杂原子都有 1 个垂直于该平面的未杂化的 p 轨道,在碳原子的 p 轨道中各有 1 个电子,在杂原子的 p 轨道中有 2 个电子,这些 p 轨道相互平行,从侧面重叠形成了 1 个含 5 个原子和 6 个电子的环状闭合 π 电子共轭体系,因此吡咯、呋喃和噻吩都具有一定程度的芳香性。吡咯、呋喃和噻吩的原子轨道示意图见图 11-1。

ER 11-2

吡咯、呋喃和噻吩的分子结构

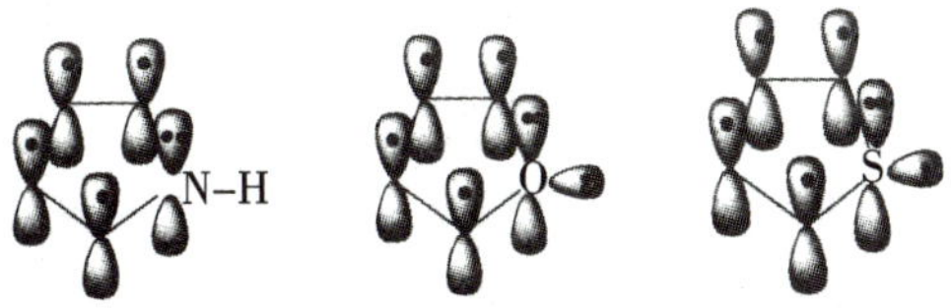

吡咯　　　　　呋喃　　　　　噻吩

图 11-1　吡咯、呋喃和噻吩的原子轨道示意图

在上述五元杂环化合物中,由于 5 个 p 轨道上分布着 6 个电子,所以杂环上碳原子的电子云密度比苯环碳原子的电子云密度高,因此这类杂环是多电子共轭体系,比苯更容易进行亲电取代反应。

课堂活动

请根据五元杂环的结构特点,分析吡咯、呋喃、噻吩与苯的芳香性有何差异。

（二）吡咯、呋喃和噻吩的性质

五元杂环化合物中杂原子的未共用电子对参与杂环的闭合共轭体系,这对五元杂环化合物的性质有着决定性的影响。

在五元杂环化合物中,由于共轭效应的影响,杂原子上的电子云密度降低,较难与水形成氢键,所以吡咯、呋喃和噻吩在水中的溶解度都不大,而易溶于有机溶剂。溶解 1 份吡咯、呋喃及噻吩,分别需要 17、35 和 700 份水。吡咯之所以比呋喃易溶于水,是因为吡咯氮原子上连接的氢原子可与水形成氢键;呋喃环上的氧也能与水形成氢键,但相对较弱;而噻吩环上的硫不能与水形成氢键,所以水溶性最差。由此看来,凡能增大与水形成氢键的可能性的因素,就有可能增大杂环化合物的水溶性。如噻吩、呋喃的环上连有羟基时,由于羟基的影响,其溶解度增大,例如:

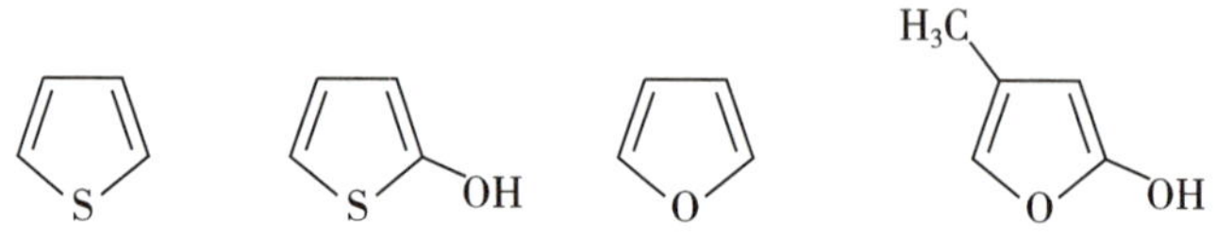

| 噻吩 | 2-羟基噻吩 | 呋喃 | 2-羟基-4-甲基呋喃 |
| (1∶700) | (1∶16) | (1∶35) | (1∶20) |

此外,吡咯的沸点(131℃)比噻吩的沸点(84℃)和呋喃的沸点(31℃)都高,这也是由于吡咯分子间能形成氢键的缘故。

五元杂环化合物的给电子共轭效应对其化学性质也有很大的影响。

1. 酸碱性　吡咯分子中虽然具有氮原子,但碱性极弱(pK_b=13.6),其原因是吡咯分子中氮原子的未共用电子对参与了大 π 键的形成,难以与质子结合,所以吡咯分子的碱性很弱;相反,氮原子上的氢原子却显示出很弱的酸性(pK_a=17.5),在无水条件下能与强碱如固体氢氧化钾共热成盐。

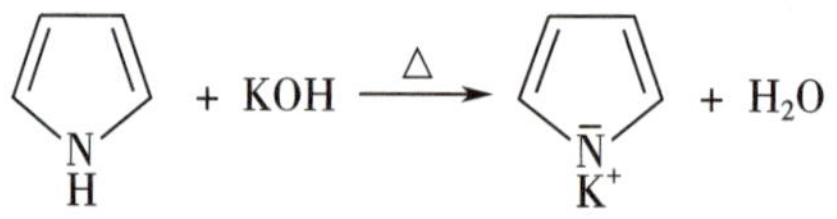

生成的盐很不稳定,遇水即分解。

呋喃分子中的氧原子也因其未共用电子对参与了大 π 键的形成,而不具备醚的弱碱性,不易与无机强酸反应。

2. 亲电取代反应　吡咯、呋喃和噻吩都属于多电子芳杂环,容易发生亲电取代反应。反应发生在 α- 位,反应的活性顺序为吡咯>呋喃>噻吩>苯。

(1)卤代反应:吡咯极易发生卤代反应,得到四卤代产物。呋喃和噻吩在 0℃ 即能与氯(或溴)发生剧烈反应,得到多卤代产物;若要得到一氯代产物(或一溴代产物),需要用溶剂稀释并在低温下进行反应。例如:

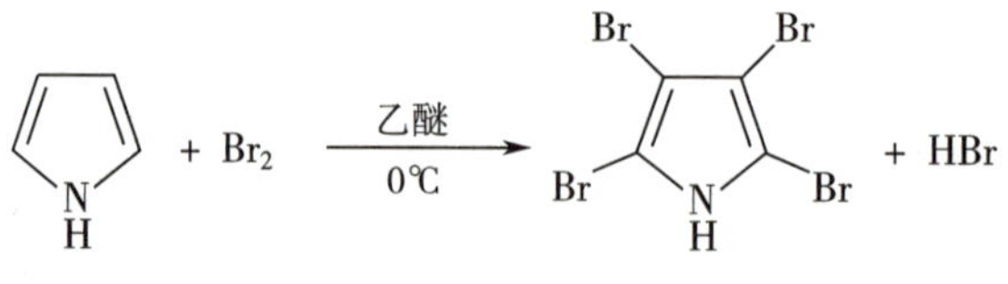

2,3,4,5-四溴吡咯

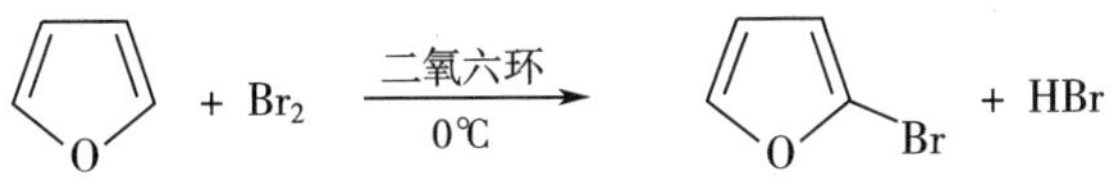

$$\text{furan} + Br_2 \xrightarrow[0℃]{\text{二氧六环}} \text{α-溴呋喃} + HBr$$

α-溴呋喃

$$\text{thiophene} + Br_2 \xrightarrow{\text{乙酸}} \text{α-溴噻吩} + HBr$$

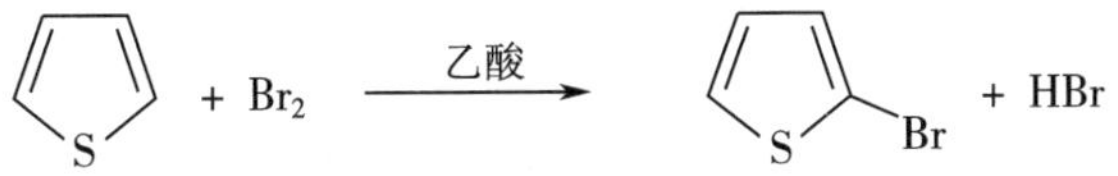

α-溴噻吩

(2)硝化反应：吡咯和呋喃遇强酸时，杂原子能质子化，使芳香大 π 键破坏，进而聚合成树脂状物质，因此不能用强酸进行硝化反应，而噻吩用混酸作硝化剂时，反应剧烈甚至爆炸。所以它们的硝化反应需用较温和的非质子性的硝化试剂——硝酸乙酰酯(由乙酸酐加硝酸临时制得)，在低温下进行反应。

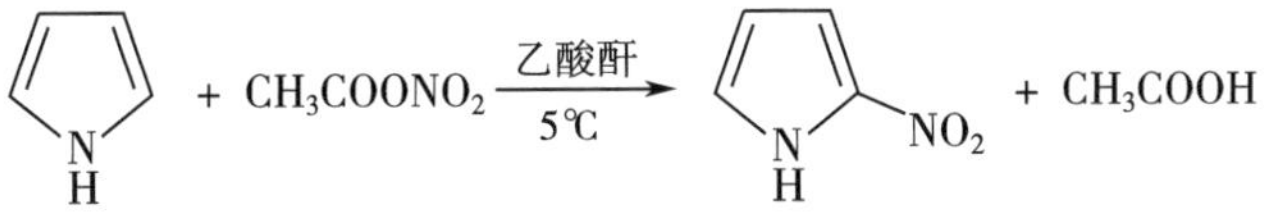

$$\text{pyrrole} + CH_3COONO_2 \xrightarrow[5℃]{\text{乙酸酐}} \text{α-硝基吡咯} + CH_3COOH$$

α-硝基吡咯

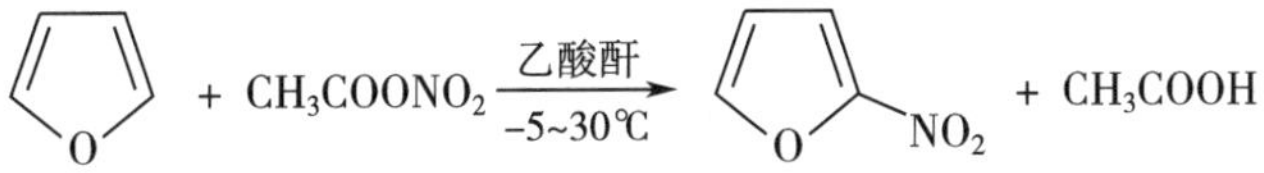

$$\text{furan} + CH_3COONO_2 \xrightarrow[-5\sim30℃]{\text{乙酸酐}} \text{α-硝基呋喃} + CH_3COOH$$

α-硝基呋喃

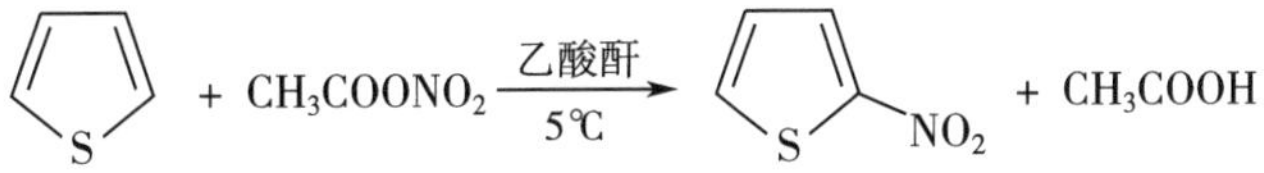

$$\text{thiophene} + CH_3COONO_2 \xrightarrow[5℃]{\text{乙酸酐}} \text{α-硝基噻吩} + CH_3COOH$$

α-硝基噻吩

(3)磺化反应：由于同样的原因，吡咯和呋喃的磺化反应也需要在比较温和的条件下进行，常用非质子性的吡啶三氧化硫作为磺化试剂。

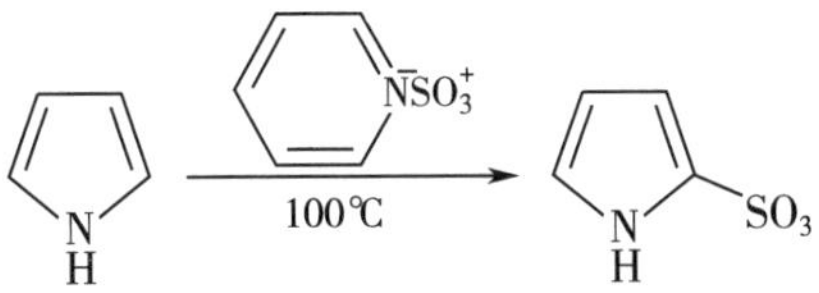

$$\text{pyrrole} \xrightarrow[100℃]{\bar{N}SO_3^+} \text{α-吡咯磺酸}$$

α-吡咯磺酸

$$\text{furan} \xrightarrow[\text{室温}]{\bar{N}SO_3^+} \text{α-呋喃磺酸}$$

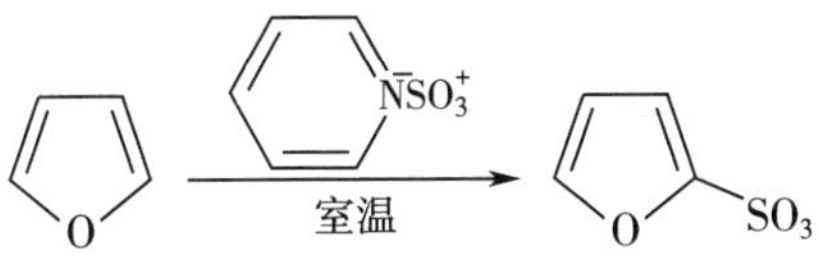

α-呋喃磺酸

噻吩比较稳定，可直接用硫酸作为磺化试剂在室温下进行磺化反应，生成可溶于水的 α- 噻吩磺酸。

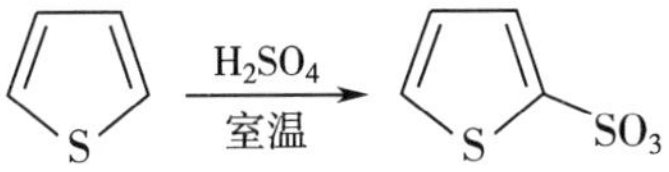

$$\text{thiophene} \xrightarrow[\text{室温}]{H_2SO_4} \text{α-噻吩磺酸}$$

α-噻吩磺酸

此外,吡咯、呋喃和噻吩还能发生傅 - 克酰基化反应。

五元杂环的亲电取代活性的比较

五元杂环的亲电取代活性顺序为吡咯 > 呋喃 > 噻吩。因为氧原子的吸电子诱导大于氮原子,使呋喃杂环上碳原子的电子云密度比吡咯低,所以呋喃的亲电取代活性比吡咯低;而硫原子中的 3p 轨道参与杂化,使芳杂环上的电子云密度降低,且硫原子不能有效分散过渡态中的正电荷,因此活性最低。

课 堂 活 动

从煤焦油所得的粗苯常混有少量的噻吩,请设计一个除去粗苯中噻吩的方案。

3. 还原反应 吡咯、呋喃和噻吩均可进行催化加氢反应。例如:

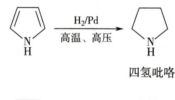

四氢吡咯

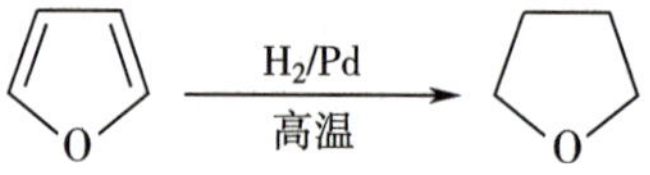

四氢呋喃

杂环化合物的还原产物由于破坏了杂环的共轭体系而失去了芳香性,成为脂杂环化合物,因此四氢吡咯相当于脂肪族仲胺、四氢呋喃和四氢噻吩相当于脂肪族环醚和脂肪族环硫醚,从而表现出相应的化学性质。如四氢吡咯的碱性(pK_b=3)比吡咯强 1 011 倍,已与脂肪族仲胺相当,原因是其结构发生了根本性的改变。

此外,用浓盐酸浸润过的松木片遇吡咯蒸气显红色、遇呋喃蒸气显绿色,利用此性质可鉴别吡咯和呋喃。

ER 11-3
四氢吡咯的碱性

常见含吡咯和呋喃结构的药物

吡咯的衍生物广泛存在于自然界中,如血红素、叶绿素及维生素 B_{12} 等。它们的基本骨架都是卟吩环,卟吩环是由 4 个吡咯环的 α- 碳原子通过 4 个次甲基(—CH=)连接而成的共轭体系。血红素、叶绿素都是含卟吩环的配合物,血红素中的金属离子是 Fe^{2+},叶绿素中的金属离子是 Mg^{2+}。血红素与蛋白质结合为血红蛋白而存在于红细胞中,在高等动物体内起着输送氧气和二氧化碳的作用。

卟吩

血红素

呋喃衍生物中较为常见的是呋喃甲醛,因为呋喃甲醛可从稻糠、玉米芯、高粱秆等农副产品中所含的多糖制得,所以又称糠醛。糠醛的化学性质与苯甲醛相似,也能与托伦试剂发生银镜反应。在医药工业中,糠醛是重要的原料,可用于制备呋喃类药物,如呋喃妥因、呋塞米等。

呋喃妥因（杀菌剂）

呋塞米（利尿药）

二、含有 2 个杂原子的五元杂环化合物

含有 2 个杂原子(其中至少有 1 个是氮原子)的五元杂环化合物称为唑。唑类中比较重要的有吡唑、咪唑、噻唑和噁唑。本部分主要介绍吡唑、咪唑。

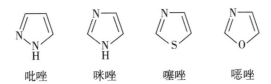

吡唑　　　咪唑　　　噻唑　　　噁唑

(一) 吡唑和咪唑的结构

吡唑和咪唑的结构与吡咯类似,环上的碳原子和氮原子均以 sp^2 杂环轨道互相成键,构成平面五元环。其中 1- 位氮原子的未共用电子对占据没有参加杂化的 p 轨道,参与并形成了闭合的 π 电子共轭体系,而另一个氮原子上所具有的未共用电子对占据 sp^2 杂化轨道,未参与共轭体系的形成。吡唑和咪唑的原子轨道示意图见图 11-2。

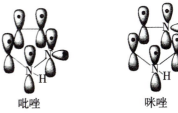

吡唑　　　　咪唑

(二) 吡唑和咪唑的性质

吡唑和咪唑都溶于水,在水中的溶解度之所以比吡咯

图 11-2　吡唑、咪唑的原子轨道示意图

大,是因为环上有 1 个氮原子的未共用电子对未参与共轭体系的形成,因而与水形成氢键的能力比吡咯强。吡唑和咪唑均能形成分子间氢键,因此吡唑和咪唑都具有较高的沸点。

同理,吡唑和咪唑的碱性也都比吡咯强,能与强酸反应生成盐。咪唑(pK_b=6.9)的碱性比吡唑(pK_b=11.5)强,这是由于吡唑的 2 个相邻氮原子的吸电子诱导效应比咪唑更显著。吡唑和咪唑性质稳定,遇酸不聚合。

吡唑和咪唑均有互变异构现象,以甲基衍生物为例,氮上的氢原子可以在 2 个氮原子间互相转移,形成 1 对互变异构体。因此吡唑环的 3- 位和 5- 位是等同的,咪唑环的 4- 位和 5- 位是等同的。2 种互变异构体同时存在于平衡体系中,常称为 3(5)- 甲基吡唑和 4(5)- 甲基咪唑。

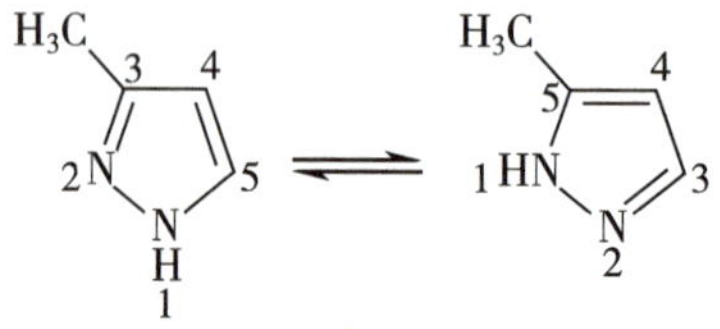

3-甲基吡唑   5-甲基吡唑

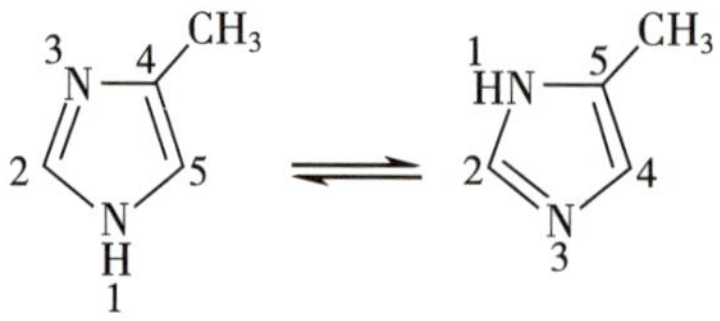

4-甲基咪唑   5-甲基咪唑

知识链接

常见含吡唑和咪唑结构的药物

吡唑酮的一些衍生物具有解热镇痛作用,称为吡唑酮类药物。例如:

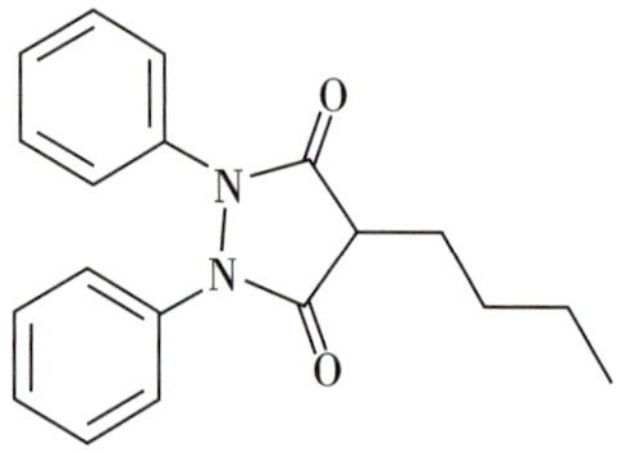

保泰松

许多药物都是咪唑的衍生物,如广谱驱虫药阿苯达唑(又称肠虫清),以及具有强大的抗厌氧菌作用,且对滴虫、阿米巴原虫等感染有效的甲硝唑(又称灭滴灵)等。

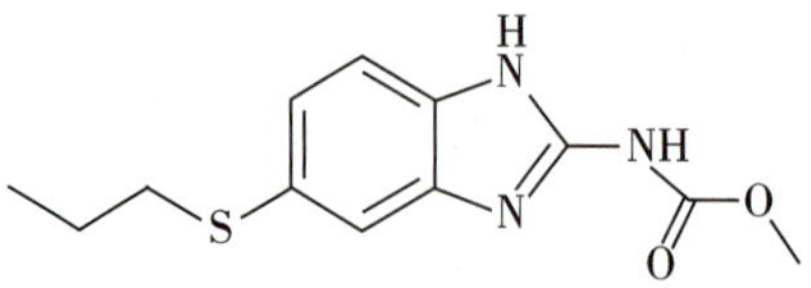

阿苯达唑 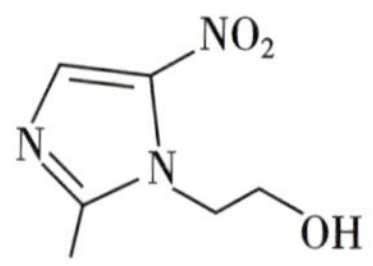   甲硝唑

第三节　六元杂环化合物

六元杂环化合物包括含有 1 个杂原子的六元杂环化合物,如吡啶;含有 2 个氮原子的六元杂环化合物,如嘧啶、哒嗪和吡嗪等。

一、含有 1 个杂原子的六元杂环化合物

常见的六元杂环化合物主要有吡啶、吡喃,其中吡啶最常见。

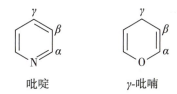

吡啶　　　　　　γ-吡喃

(一) 吡啶的分子结构

据近代物理方法分析,吡啶的结构与苯相似,分子中的 5 个碳原子和 1 个氮原子都以 sp^2 杂化轨道相互重叠,形成以 σ 键相连的环平面。环上的 6 个原子都有 1 个垂直于该平面的未参与杂化的 p 轨道(各有 1 个电子),这些 p 轨道相互平行并重叠成闭合的 π 电子共轭体系,具有芳香性。与吡咯不同的是,吡啶环中氮原子的 sp^2 杂化轨道中还有 1 对未共用电子对,未参与形成闭合共轭体系。吡啶的原子轨道示意图见图 11-3。

图 11-3　吡啶的原子轨道示意图

因为氮原子的电负性比碳原子大,产生了吸电子的共轭效应,环上碳原子的电子云密度降低,因此吡啶属于缺电子共轭体系。

(二) 吡啶的性质

吡啶是无色而有特殊臭味的液体,沸点为 115.3℃。吡啶能与水混溶,这是由于吡啶分子中氮原子上的未共用电子对未参与形成共轭体系,能与水分子形成分子间氢键的缘故,加之吡啶属于极性分子,所以吡啶在水中的溶解度比吡咯和苯大得多。吡啶还是一种良好的有机溶剂,可溶解大多数极性和非极性的有机化合物,甚至可以溶解某些无机盐。

吡啶环的吸电子共轭效应对其化学性质也有非常大的影响。

1. 碱性　由于吡啶环上的氮原子有未共用电子对,能接受质子而显碱性,$pK_b=8.8$,其碱性比苯胺略强,但比脂肪族胺和氨都弱,能与无机酸反应生成盐。

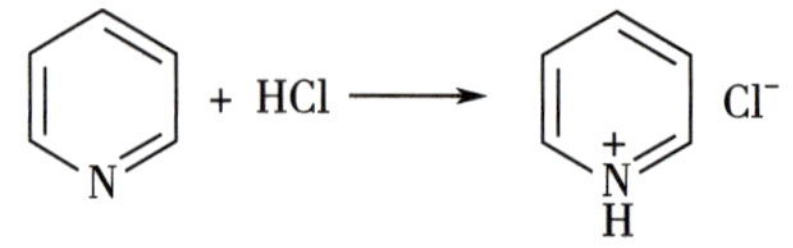

2. 亲电取代反应　由于吡啶环中氮原子的存在,使环上碳原子的电子云密度降低,因而吡啶的亲电取代反应比苯要难以进行,与硝基苯类似,一旦发生反应,一般发生在 β- 位上。例如:

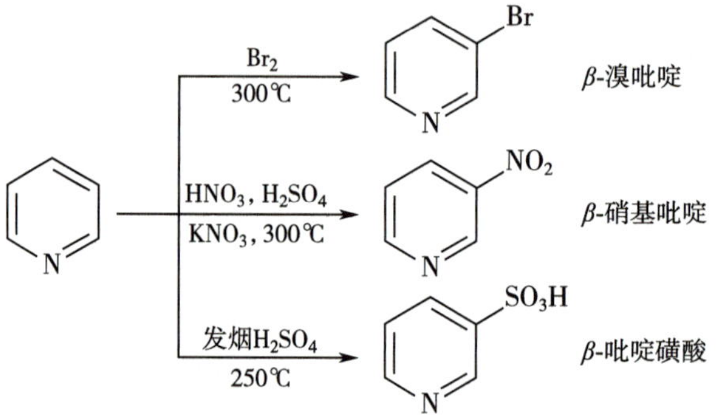

β-溴吡啶

β-硝基吡啶

β-吡啶磺酸

此外,吡啶的亲电取代反应活性虽然比苯小,但却能与 $NaNH_2$ 等强的亲核试剂发生亲核取代反应,取代一般是在 C-2 和 C-4 位上进行。

3. 氧化还原反应　由于吡啶环上的电子云密度较低,吡啶环对氧化剂比较稳定,尤其在酸性条件下,吡啶更加稳定,很难被氧化。但当环上有烃基时,烃基吡啶容易被氧化成吡啶羧酸。例如:

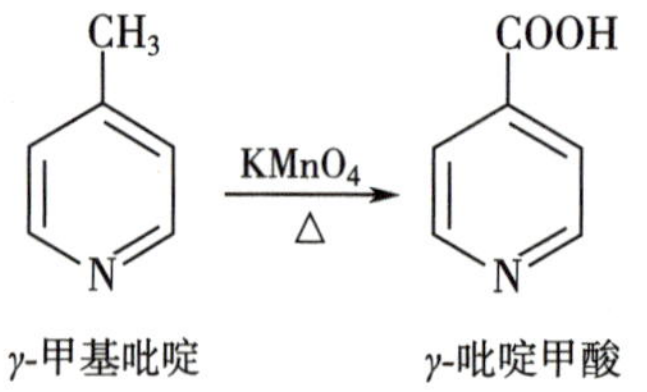

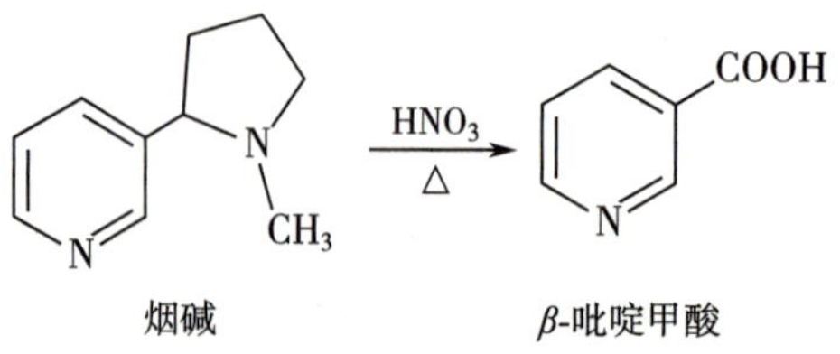

γ-甲基吡啶　　　　γ-吡啶甲酸

烟碱　　　　β-吡啶甲酸

吡啶的加氢还原比苯容易,还原产物六氢吡啶又称哌啶。

ER 11-4

六氢吡啶的
碱性

课堂活动

六氢吡啶(哌啶)的碱性(pK_b=2.7)比吡啶增强了 10^6 倍,你能解释其中的原因吗?

知识链接

常见含吡啶结构的药物

药物中常见的吡啶衍生物是烟酸及其衍生物,如烟酸,能促进细胞的新陈代谢,并有扩张血管的作用。异烟肼是高效、低毒的抗结核药,又称雷米封。

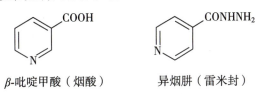

β-吡啶甲酸(烟酸)　　　　　异烟肼(雷米封)

二、含有 2 个氮原子的六元杂环化合物

含有 2 个氮原子的六元杂环化合物总称为二氮嗪。二氮嗪有哒嗪、嘧啶和吡嗪 3 种异构体,其中最常见的是嘧啶。

哒嗪　　　　　　　嘧啶　　　　　　　吡嗪

嘧啶的结构与吡啶相似,2 个氮原子均以 sp^2 杂化轨道形成 σ 键,并都在 1 个 sp^2 杂化轨道中保留未共用电子对。嘧啶环中的 4 个碳原子和 2 个氮原子各用含 1 个电子的 p 轨道从侧面重叠形成闭合的大 π 键,具有芳香性。

嘧啶为无色晶体,熔点为 22.5℃,易溶于水。嘧啶的化学性质与吡啶相似,但由于 2 个氮原子的相互影响,降低了环上氮原子的电子云密度,使嘧啶的碱性(pK_b=12.7)比吡啶弱。而且虽然嘧啶分子中存在 2 个氮原子,但却表现为一元碱的碱性,因为当 1 个氮原子成盐后,将强烈地吸引电子,使第 2 个氮原子上的电子云密度降低,不再显碱性。嘧啶的亲电取代反应也比吡啶困难,而亲核取代反应则比吡啶容易。

知识链接

常见含嘧啶结构的药物

嘧啶衍生物在自然界中广泛存在,其中有些衍生物具有重要的生理活性。例如,在核苷的 5 个碱基中有 3 个是嘧啶衍生物。

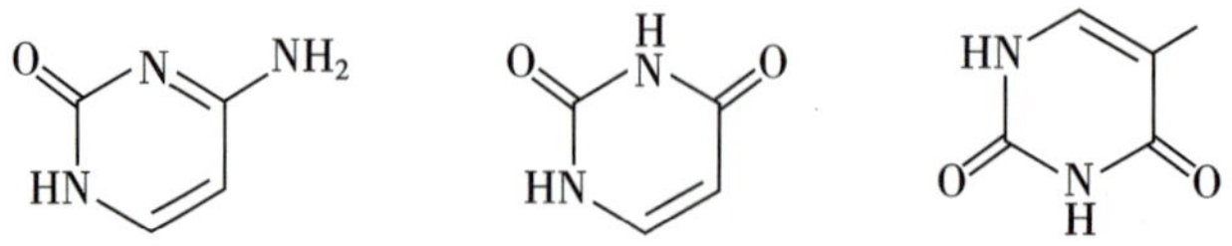

| 胞嘧啶 | 尿嘧啶 | 胸腺嘧啶 |

合成药物如抗菌药磺胺嘧啶,镇静催眠药苯巴比妥。

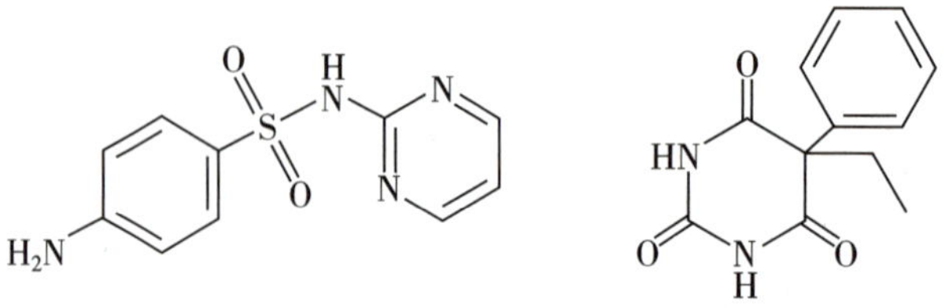

| 磺胺嘧啶 | 苯巴比妥 |

点滴积累

1. 六元杂环中杂原子的未共用电子对未参与形成共轭体系。
2. 吡啶的碱性比脂肪族胺和氨弱,比苯胺略强;亲电取代反应的反应活性比苯低。

第四节　稠杂环化合物

稠杂环化合物包括苯稠杂环化合物和杂环稠杂环化合物两类。苯稠杂环化合物是由苯环与五元或六元杂环稠合而成的;杂环稠杂环化合物是由 2 个或 2 个以上的杂环稠合而成的。

一、苯稠杂环化合物

常见的五元和六元杂环与苯环稠合而成的苯稠杂环化合物主要有吲哚、喹啉和异喹啉等。

(一) 吲哚

吲哚(苯并吡咯)的结构式为:

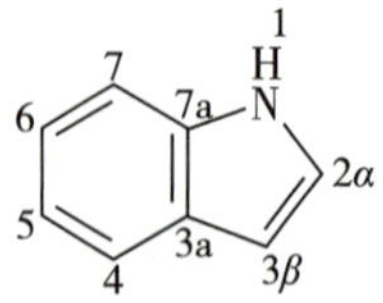

吲哚

吲哚存在于煤焦油中,纯净的吲哚为无色片状结晶,不溶于水,可溶于热水、乙醇及乙醚中,吲哚溶液在浓度极稀时有花的香味,可作香料,但不纯的吲哚具有粪便气味。蛋白质腐败时能产生吲哚和 3- 甲基吲哚(粪臭素)。

吲哚具有芳香性,性质与吡咯相似。例如,吲哚也有弱酸性,遇强酸发生聚合,能发生亲电取代反应,取代基主要进入 β- 位,遇浸过盐酸的松木片显红色。

知识链接

常见的解热镇痛、非甾体抗炎药——吲哚美辛

吲哚美辛(消炎痛)是吲哚乙酸的衍生物,具有消炎镇痛的作用,临床上用于治疗风湿性及类风湿关节炎和痛风等。

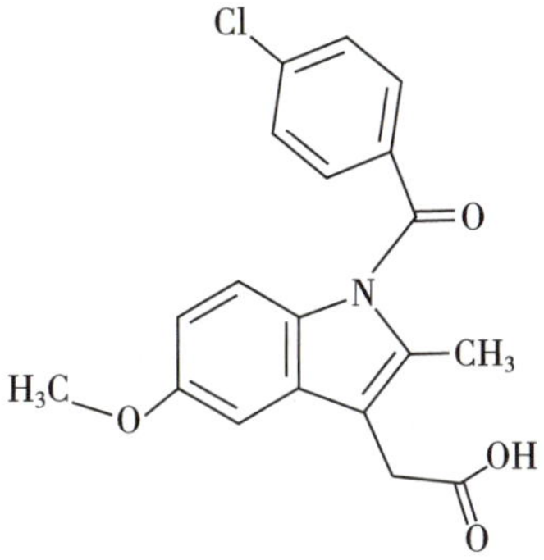

吲哚美辛

(二)喹啉和异喹啉

喹啉和异喹啉都是由 1 个苯环和 1 个吡啶环稠合而成的化合物。

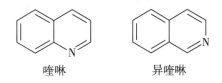

喹啉　　　　异喹啉

喹啉为无色油状液体,有特殊气味,沸点为 238℃。异喹啉也是无色油状液体,沸点为 243℃,难溶于水,易溶于有机溶剂。喹啉分子中有吡啶结构,其化学性质与之相似。如喹啉也有碱性(pK_b=9.1),但其碱性不及吡啶强,也能发生亲电取代反应,反应比吡啶容易,主要在 C-5 和 C-8 位发生。异喹啉是喹啉的同分异构体,化学性质与喹啉相似。许多重要的生物碱如吗啡、小檗碱等的分子中都有异喹啉或氢化异喹啉的结构。

知识链接

常见的生物碱类药物——小檗碱

生物碱是存在于生物体内的一类具有明显生理活性且大多具有碱性的含氮有机化合物。目前,已知结构的生物碱就已达 2 000 多种,已有近百种生物碱用作临床药物,如黄连中的小檗碱用

于消炎等。

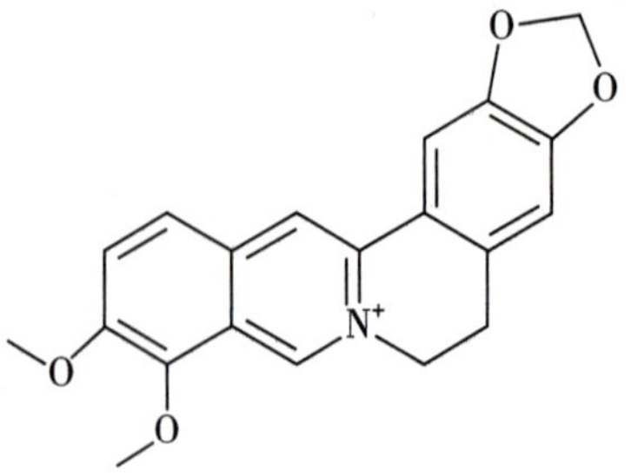

小檗碱

二、杂环稠杂环化合物

杂环稠杂环化合物是由 2 个或 2 个以上的杂环稠合而成的化合物。杂环稠杂环化合物中最常见的是嘌呤。

嘌呤是由嘧啶环和咪唑环稠合而成的。嘌呤分子中存在以下互变异构体：

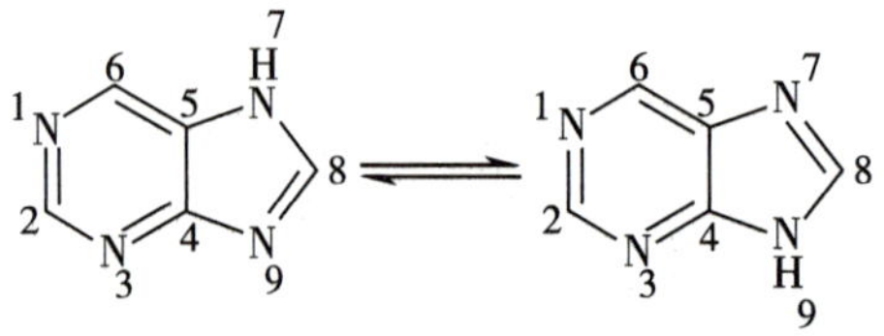

7H-嘌呤　　　　9H-嘌呤

嘌呤为无色晶体，熔点为 217℃。由于分子中有 3 个氮原子的未共用电子对未参与共轭，所以易溶于水，难溶于有机溶剂。嘌呤既有弱酸性，又具有弱碱性，其酸性（pK_a=8.9）比咪唑强，其碱性（pK_b=11.7）比嘧啶强。

嘌呤本身在自然界中是不存在的，但嘌呤的衍生物却广泛存在于动植物体内，并参与生命活动过程。表 11-2 列出了几种常见的嘌呤衍生物。

表 11-2　常见的嘌呤衍生物

名称	烯醇式结构	酮式结构	存在或来源
腺嘌呤 （6- 氨基嘌呤）	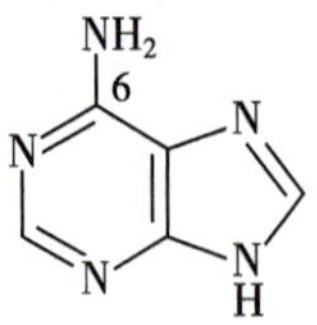	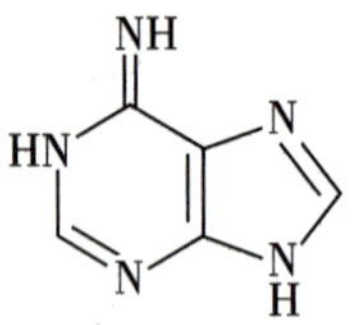	核酸的组成部分
鸟嘌呤 （2- 氨基 -6- 羟基嘌呤）	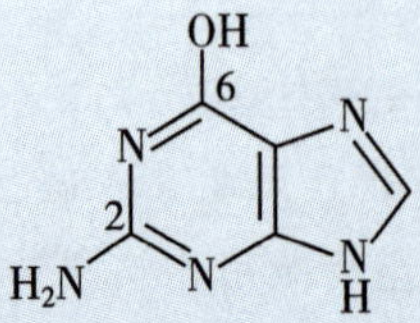	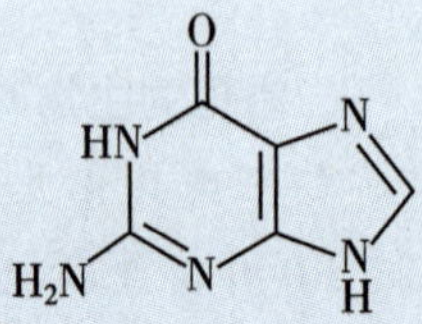	核酸的组成部分

名称	烯醇式结构	酮式结构	存在或来源
黄嘌呤 (2,6-二羟基嘌呤)			其甲基衍生物,如咖啡因、茶碱和可可碱存在于茶叶或可可豆中
尿酸 (2,6,8-三羟基嘌呤)			是核蛋白的代谢产物,存在于哺乳动物的尿液和血液中

点滴积累

苯稠杂环是由苯环与杂环稠合而成的,杂环稠杂环是由 2 个或 2 个以上的杂环稠合而成的。

复习导图

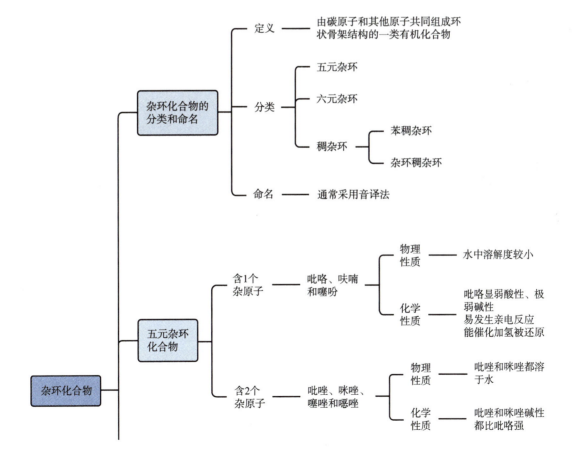

六元杂环化合物
含1个杂原子
吡啶和吡喃
物理性质
吡啶能与水混溶
化学性质
碱性
亲电取代反应
氧化还原反应
含2个氮原子
哒嗪、嘧啶和吡嗪
稠杂环化合物
苯稠杂环
吲哚、喹啉和异喹啉
杂环稠杂环
嘌呤

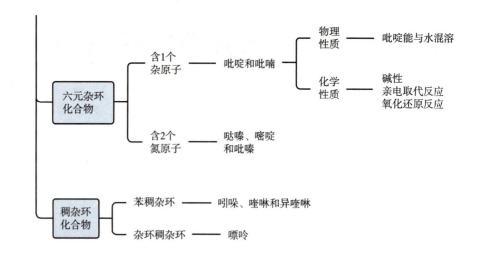

目标检测

一、命名或写出下列化合物的结构式

1.
Br
N
H
COOH

2.
S
SO_3H

3.
H_3C
O
NH_2

4.
H_2N
N
Br

5.
CH_2CH_3
N
N
H

6.
NH_2
N
N
CH_2CH_3

7. γ- 吡啶甲酸甲酯
8. 3- 吲哚乙酸
9. β- 吡咯甲酰胺
10. 2- 甲氧基噻吩
11. 5- 氨基 -2,4,6- 三羟基嘧啶
12. 2- 呋喃甲醛

二、写出下列各反应的主要产物

1.
COOH
N
H
NaOH

2.
O
CHO
$[Ag(NH_3)_2]^+$
△

3.
S
浓H_2SO_4

4.
CH_2CH_3
N
$KMnO_4$
△

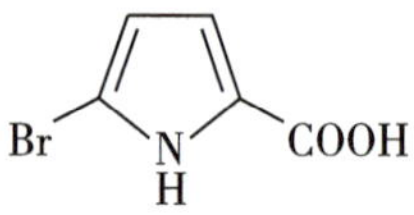

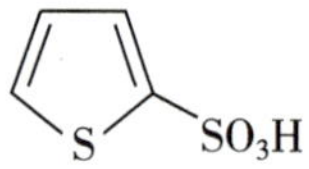

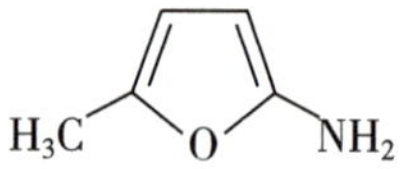

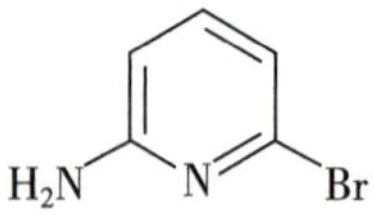

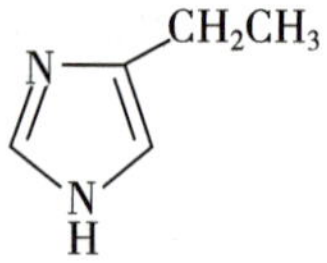

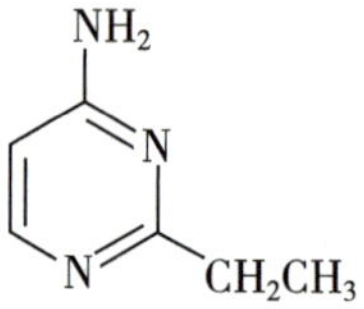

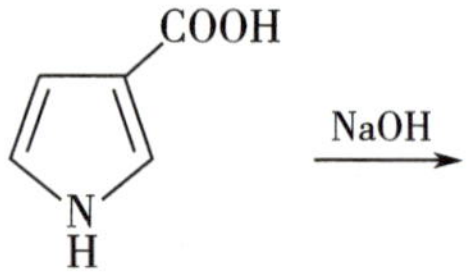

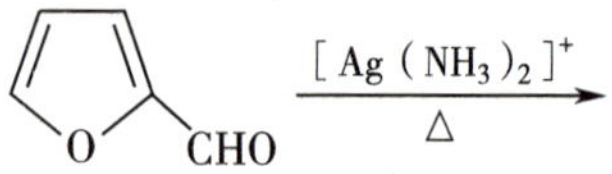

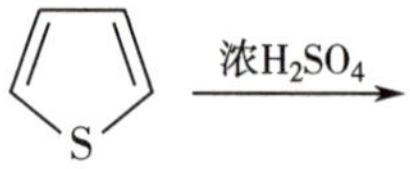

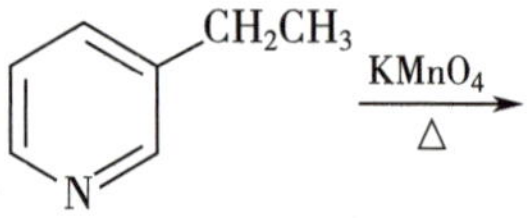

三、用化学方法鉴别下列各组化合物

1. 呋喃和糠醛

2. 吡啶和 β- 甲基吡啶

3. 苯和噻吩

4. 吡咯和呋喃

四、简答题

将下列杂环化合物按碱性由强到弱的顺序排列：①吡啶；②吡咯；③ 3- 甲基吡啶；④四氢吡咯；⑤ 2- 硝基吡啶。

五、推测结构

某杂环化合物 A 的分子式为 C_6H_6OS，A 能生成肟，但不与托伦试剂作用，A 与 I_2/NaOH 作用后生成 2- 噻吩甲酸钠，试推测化合物 A 的结构式并写出相关的反应式。

习题

(梁大伟)

实训十四　从茶叶中提取咖啡因

一、实训目的

1. 掌握回流、抽滤、升华等基本操作。
2. 理解从茶叶中提取咖啡因的原理、提取及分离的方法。

二、实训仪器和试剂

1. **仪器**　酒精灯、圆底烧瓶、索氏提取器、球形冷凝管、电加热套、抽滤装置、蒸馏瓶、直形冷凝管、蒸发皿、玻璃漏斗、熔点测定管。

2. **试剂**　茶叶、95% 乙醇溶液、生石灰。

三、实训原理

咖啡因属于嘌呤衍生物，在茶叶中占 1%~5%。咖啡因易溶于三氯甲烷、乙醇等，因此利用适当的溶剂（如三氯甲烷、乙醇、苯等）可以将咖啡因从茶叶中提取出来，然后再经过蒸馏、升华等操作进行精制。

四、实训内容

1. **粗提**　按图 11-4 安装好提取装置。称取 10g 干茶叶，研细，用滤纸包好，装入索氏提取器，同时向索氏提取器中加入 150ml 95% 乙醇溶液、2~3 粒沸石，打开冷凝水，加热回流连续提取 1.5 小时至索氏提取器中提取液颜色较浅后停止加热,冷却,将液体全部放到烧瓶中。

2. 浓缩　将上述装置改装成蒸馏装置,蒸馏回收大部分乙醇。然后将残留液(8~10ml)倾入蒸发皿中,烧瓶用少量乙醇洗涤,洗涤液也倒入蒸发皿中,蒸发至剩 3~4ml 溶剂,加入 4g 生石灰粉,搅拌均匀,用电热套稍加热(100~120V),翻炒直到固体成粉末状,稍冷却后,擦去沾在边上的粉末,以免升华时污染产物。

3. 纯化　将一张刺有许多小孔的圆形滤纸盖在蒸发皿上,取一只大小合适的长颈漏斗罩于其上,漏斗颈部疏松地塞一团棉花,如图 11-5 所示。用酒精灯小心加热蒸发皿,慢慢升高温度至 150~170℃,若有水汽应用滤纸擦干,咖啡因通过滤纸孔遇到漏斗内壁凝为固体,附着于漏斗内壁和滤纸上,当富集较多时,可暂停加热,稍冷后,收集咖啡因晶体。蒸发皿中残渣经搅拌后继续加热升温至 200~220℃再次升华,合并收集产物,称重并测熔点,计算提取率。

图 11-4　提取装置

图 11-5　升华装置

五、实训提示

1. 茶叶高度不得高过虹吸管,滤纸包茶叶时要严密,防止漏出茶叶堵塞虹吸管。

2. 提取具体时间视提取液的颜色而定,若提取液的颜色很淡,即可停止提取。

3. 蒸馏时不宜蒸得太干,否则残液很黏而不易转移。

4. 升华过程中,始终需用小火间接加热,如果温度过高,则会使产品发黄(分解),影响产品质量。

六、实训思考

1. 为什么本实训要将茶叶研细,而不用完整的茶叶?

2. 本实训中生石灰的作用是什么?

(梁大伟)

第十二章　对映异构

学习目标

1. **掌握**　手性分子、手性碳原子、对映异构体的概念。
2. **熟悉**　对映异构体构型的表示方法和命名方法；旋光度、比旋光度的概念。
3. **了解**　外消旋体和内消旋体的概念；外消旋体的拆分方法。

导学情景

情景描述：

　　手性是对映异构体的特征，手性与生命的关系非常密切，是生命的本质属性。与人体功能密切关联的糖类、α-氨基酸、蛋白质、核苷酸、甾体激素、生物碱等几乎全都有手性。目前市场上使用的药物中，有超过 **50%** 的药物在其结构中至少含有一个手性中心，这些药物也被称为手性药物。

学前导语：

　　手性药物的对映异构体虽然具有相似的物理化学性质，但在药动学、药效学和毒性方面可能会不同。本章我们将学习对映异构体产生的因素、表示方法和命名、性质以及它们在医药领域中的应用。

　　立体异构是指分子中的原子或原子团相互连接的次序和方式相同，但它们在三维空间的排列方式不同而引起的异构现象。立体异构又分为构型异构和构象异构 2 种，而构型异构又可进一步分为顺反异构和对映异构。本章主要讨论有关对映异构的基本知识。

　　对映异构又称光学异构，是一种与物质的光学性质有关的立体异构现象。

> **课 堂 活 动**
>
> 请你根据前面所学的知识对同分异构现象的类型进行系统的归纳，并举出具体实例加以说明。

第一节　偏振光与旋光性

一、偏振光与物质的旋光性

　　光是一种电磁波，而且是横波，其振动方向垂直于光波前进的方向。普通光是由各种波长的光线所组成的光束，它可在与其前进方向垂直的各个平面内向任意方向振动。如图 12-1 所示。

当普通光通过一个尼科尔(Nicol)棱镜时,只有振动方向与棱镜晶轴方向相一致的光线才能透过,这样,透过棱镜的光就只在某一个平面方向上振动,这种光称为平面偏振光,简称偏振光,偏振光振动的平面称为偏振面。

自然界中有许多物质可使偏振光的偏振面发生改变,这种现象称为<u>旋光现象</u>,而物质的这种性质称为<u>旋光性</u>或<u>光学活性</u>。例如,在两个晶轴相互平行的尼科尔棱镜之间放入乙醇、丙酮等物质时,通过第 2 个尼科尔棱镜观察,视场光强不变,说明它们不具有旋光性;但在两个尼科尔棱镜之间放入葡萄糖、果糖或乳酸等物质的溶液时,通过第 2 个尼科尔棱镜观察,视场光强减弱,只有将第 2 个尼科尔棱镜向左或向右旋转一定角度后视场才恢复原来的光强,即葡萄糖、果糖或乳酸将偏振光的偏振面旋转了一定的角度,说明它们具有旋光性。

自然光

图 12-1　光波振动平面示意图

> **课 堂 活 动**
>
> 你看过立体电影吗?你知道它的原理吗?为什么在观看立体电影时要戴上一副特制的眼镜?你知道镜片的材料是什么吗?

二、旋光仪

偏振光的偏振面被旋光性物质所旋转的角度称为旋光度,用 α 表示。测定物质旋光度的仪器称为旋光仪。图 12-2 是旋光仪的结构示意图。

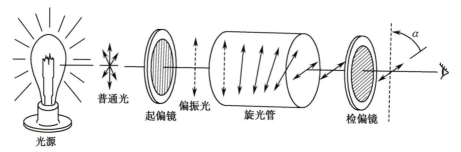

光源　　普通光　起偏镜　偏振光　旋光管　检偏镜

α 表示旋光度;虚线表示旋转前偏振光的振动方向;实线表示旋转后偏振光的振动方向。

图 12-2　旋光仪的结构示意图

旋光仪主要由 1 个单色光源、2 个尼科尔棱镜、1 个盛放样品的盛液管和 1 个能旋转的刻度盘组成。其中第 1 个棱镜是固定的,称起偏镜;第 2 个棱镜可以旋转,称检偏镜。测定旋光度时可将被测物质装在盛液管中测定。

若被测物质无旋光性,则偏振光通过盛液管后偏振面不被旋转,可以直接通过检偏镜,视场光亮度不会改变;如果被测物质具有旋光性,则偏振光通过盛液管后,偏振面会被旋转一定的角度(图 12-2 所示的 α 角),此时偏振光就不能直接通过检偏镜,视场会变暗;只有检偏镜也旋转相同的角度,才能让旋转了的偏振光完全通过,视场恢复原来的亮度。此时检偏镜上的刻度盘所旋转的角度,即为该旋光性物质的旋光度。如果从面对光线射入方向观察,能使偏振光的偏振面按顺时针方向旋转的旋光性物质称为右旋体,用符号"+"或"d"表示;反之,则称为左旋体,用符号"–"或"l"表示。

三、旋光度、比旋光度

对某一物质来说,用旋光仪所测得的旋光度并不是固定不变的,因为物质的旋光度除与它的分子结构有关外,还与测定时溶液的浓度、盛液管的长度、光的波长、测定时的温度以及所用的溶剂等因素有关。所以旋光度不是物质固有的物理常数,而比旋光度 $[\alpha]_\lambda^t$ 却是物质固有的物理常数,可以作为鉴定旋光性物质的重要依据。比旋光度是指在一定温度下,光的波长一定时,待测物质的浓度为 1g/ml,盛液管的长度为 1dm 的条件下测得的旋光度。旋光度与比旋光度之间的关系可用下式表示:

$$[\alpha]_\lambda^t = \frac{\alpha}{c \times l}$$

式中,λ 为光源波长,常用钠光(D),波长为 589nm;t 为测定时的温度(℃);α 为实验所测得的旋光度(°);c 为待测溶液的浓度(g/ml),液体化合物可用密度;l 是盛液管的长度(dm)。

通过对旋光度的测定,可以计算出物质的比旋光度,从而鉴定未知的旋光性物质;对于已知的旋光性物质,根据比旋光度,也可计算被测溶液的浓度或纯度。

ER 12-2

旋光仪的
原理

> **点滴积累**
>
> 1. 只在某一个特定平面方向上振动的光称为偏振光。
> 2. 当偏振光通过某些物质的溶液时,偏振光的偏振面会发生旋转,这种现象称为旋光现象。
> 3. 旋光性物质使偏振光的偏振面所旋转的角度称为旋光度,用 α 表示;比旋光度是物质固有的物理常数,用 $[\alpha]_\lambda^t$ 表示。测定物质旋光度的仪器称为旋光仪。

第二节 对映异构现象与分子结构的关系

人的左手和右手看起来非常相似,但彼此不能重合,所以左手的手套不能戴到右手上。左手和右手互为实物和镜像的关系,手的这种特性也广泛存在于自然界中。

一、手性分子和旋光性

1. 手性分子 将一种物质不能与其镜像重合的特征称为手性,具有这种特性的分子称为手性分子。例如,乳酸分子就是一种手性分子,乳酸分子有两种,它们如同人的左右手一样,相似而又不能重合。图 12-3 是两种乳酸分子的模型。

物质是否具有旋光性与化合物的分子结构有关,大量研究结果表明旋光性物质的分子都是手性分子。

判断手性分子的关键为看该分子中是否存在对称因素,如是否存在对称面或对称中心等,如图 12-4 所示。如果在一个分子中找不到任何对称因素,那么该分子就是一个手性分子,这样的物质就具有旋光性。

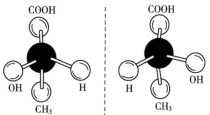
图 12-3 两种乳酸分子的模型示意图

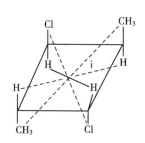
图 12-4 对称面和对称中心

2. 手性碳原子 手性分子中都存在手性碳原子,手性碳原子是连接 4 个不同的原子或原子团的碳原子,也称为不对称碳原子,以 C* 表示。例如:乳酸、丙氨酸、甘油醛和苹果酸等。

手性碳原子
与旋光性

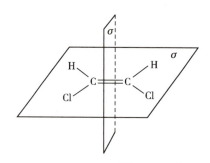

乳酸　　　　　丙氨酸　　　　　甘油醛　　　　　苹果酸

3. 对映体 将彼此呈实物和镜像关系,不能重合的一对立体异构体称为对映异构体,简称对映体。例如乳酸分子,从图 12-3 乳酸分子的模型中可以看出,与手性碳原子相连的 4 个不同的原子或原子团有 2 种不同的空间排列方式(构型)。将 2 种模型分子中的手性碳原子相互重合,再将连在该碳原子上的任何 2 个原子团如甲基和羧基重合,而氢原子和羟基则不能重合。因此,两个乳酸分子互为实物和镜像,即它们具有对映关系,与人的左右手关系一样,相似但又不能重合。由于每个对映异构体都有旋光性,所以又称旋光异构体或光学异构体。两个乳酸分子为一对对映异构体,其中一种是右旋体,即(+)- 乳酸;另一种是左旋体,即(−)- 乳酸。

4. 外消旋体 由实验得知,不同来源的乳酸旋光度不同,从肌肉组织中分离出的乳酸是右旋体,因此命名为右旋乳酸;由左旋乳酸杆菌使葡萄糖发酵而产生的乳酸为左旋乳酸;从酸奶中分离出的乳酸不具有旋光性,比旋光度为 0。

为什么从酸奶中分离出的乳酸的比旋光度为 0 呢？这是由于从牛奶发酵得到的乳酸是左旋乳酸和右旋乳酸的等量混合物,它们的旋光度大小相等、方向相反,互相抵消,使旋光性消失。一对对映异构体在等量混合后,得到的没有旋光性的混合物称为**外消旋体**,用"(±)"或"*dl*"表示。例如,外消旋乳酸,可表示为(±)-乳酸或 *dl*- 乳酸。

二、含 1 个手性碳原子的化合物

(一)对映异构体构型的表示方法

课 堂 活 动
请你根据图 12-3 所示的分子模型,写出乳酸一对对映异构体的费歇尔投影式。

对映异构体在结构上的区别仅在于组成分子的原子或原子团在空间的排列方式不同,常用费歇尔(Fischer)投影式表示。投影方法是:①将立体模型所代表的主链竖起来,编号小的链端在上,指向后方,其余 2 个与手性碳原子连接的横键指向前方;②手性碳原子置于纸面中心,以十字交叉线的交叉点表示,然后进行投影,即可写出投影式。

(二)对映异构体构型的命名方法

1. D、L 构型命名法 20 世纪初,人们还无法确定对映异构体分子的真实空间构型,为了解决这个问题,费歇尔选择了以甘油醛作为标准,对对映异构体的构型进行人为的规定。指定(+)- 甘油醛的构型用羟基位于右侧的投影式来表示,并将这种构型命名为 D- 构型;相应地(−)- 甘油醛的构型用羟基位于左侧的投影式来表示,并将这种构型命名为 L- 构型。例如:

$$
\begin{array}{cc}
\text{CHO} & \text{CHO} \\
\text{H}\!-\!\!-\!\!-\!\text{OH} & \text{HO}\!-\!\!-\!\!-\!\text{H} \\
\text{CH}_2\text{OH} & \text{CH}_2\text{OH} \\
\text{D-(+)-甘油醛} & \text{L-(−)-甘油醛}
\end{array}
$$

D- 和 L- 表示构型,而(+)和(−)则表示旋光方向,两者没有必然联系。

其他物质的构型以甘油醛为标准对照进行命名,如将右旋甘油醛的醛基氧化为羧基,将羟甲基还原为甲基,就得到乳酸。在上述氧化及还原步骤中,与手性碳原子相连的任何 1 个化学键都没有断裂,所以与手性碳原子相连的原子团在空间的排列顺序不会改变,因此这种乳酸应该也属 D- 型。实验测定,左旋乳酸是 D- 型,而右旋乳酸为 L- 型。例如:

$$
\begin{array}{cc}
\text{COOH} & \text{COOH} \\
\text{H}\!-\!\!-\!\!-\!\text{OH} & \text{HO}\!-\!\!-\!\!-\!\text{H} \\
\text{CH}_3 & \text{CH}_3 \\
\text{D-(−)-乳酸} & \text{L-(+)-乳酸}
\end{array}
$$

由于这种确定构型的方法是人为规定的,并不是实际测出的,所以称为相对构型。

1951 年魏欧德(J. M. Bijvoet)用 X 射线衍射法,成功地测定了某些对映异构体的真实构型(绝对构型),发现人为规定的甘油醛的相对构型恰好与真实情况完全相符,所以相对构型就成为它的绝对构型。

D、L 构型命名法一直沿用至今,如糖和氨基酸的构型命名仍采用此法。自然界存在的氨基酸

除甘氨酸外都具有旋光性,大多是 L- 构型。例如:

$$H_2N - \overset{\displaystyle COOH}{\underset{\displaystyle CH_3}{|}} - H$$

L-丙氨酸

$$H_2N - \overset{\displaystyle COOH}{\underset{\displaystyle CH_2OH}{|}} - H$$

L-丝氨酸

D、L 构型命名法有一定的局限性,有些化合物很难与标准化合物进行化学联系,如环状化合物。此外,分子中含有多个手性碳原子的化合物进行构型命名时,会得出互相矛盾的结果。所以,IUPAC 建议采用另外一种构型命名法——R、S 构型命名法。

2. R、S 构型命名法 这种构型命名法是由 IUPAC 推荐,目前被广泛采用的一种构型命名法。其命名步骤是:①先按次序规则确定与手性碳原子相连的 4 个基团的大小(优先)顺序,假设为 a>b>c>d。②将最小的基团 d 摆在离观察者最远的位置,视线与手性碳原子和基团 d 保持在一条直线上。③最后按 a→b→c 画圆,如果为顺时针方向,则该化合物的构型为 R- 构型;如果为逆时针方向,则该化合物的构型为 S- 构型。如图 12-5 所示。

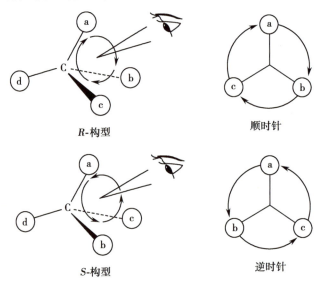

R、S 构型
命名法

图 12-5 R、S 构型命名法

知识链接

R、S 构型命名法与 D、L 构型命名法

用 R、S 构型命名法分别命名 D-(+)- 甘油醛和 L-(−)- 甘油醛的构型。

在 D-(+)-甘油醛分子中,与手性碳原子相连的 4 个基团的大小顺序为—OH>—CHO>—CH$_2$OH>—H,则以氢原子为四面体的顶端,底部的 3 个角是—OH、—CHO、—CH$_2$OH,它们是按顺时针方向依次排列的,因此是 R- 构型。

$$H - \overset{\displaystyle CHO}{\underset{\displaystyle CH_2OH}{|}} - OH \equiv H - \overset{\displaystyle CHO}{\underset{\displaystyle CH_2OH}{\diagdown}} OH$$

D-(＋)-甘油醛   R-甘油醛   ←视线方向

在 L-(−)- 甘油醛分子中,底部的 3 个角—OH、—CHO、—CH$_2$OH 按逆时针方向依次排列,因此是

S-构型。

S-甘油醛　　L-($-$)-甘油醛

ER 12-5

对映异构体
左旋、右旋
与 R、S 构型
的关系

直接根据投影式确定构型时,应注意投影式中竖直方向的基团是伸向纸面后方的,而水平方向的基团是伸向纸面前方的。此外,D、L 构型和 R、S 构型是两种不同的构型命名方法,它们之间不存在固定的对应关系;化合物的构型与旋光方向之间也不存在固定的对应关系。

课 堂 活 动

确定化合物的构型还有许多经验方法,其中一种是可以用手作为模型来确定。即用手臂代表最小基团的方向,当最小基团处于投影式左侧时用左臂,处于右侧时用右臂;拇指、示指和中指分别代表其余 a、b 和 c 3 个基团,这样就能很直观地确定化合物的构型了。你能用这种方法确定乳酸的两种构型吗?

三、含 2 个手性碳原子的化合物

我们已经知道含有 1 个手性碳原子的化合物存在 1 对对映异构体。含有 2 个或 2 个以上手性碳原子的化合物存在 2 个以上的旋光异构体,其最大数目为 2^n(n 代表手性碳原子数),最多可有 2^{n-1} 对对映异构体。例如,含有 6 个手性碳原子的葡萄糖分子,存在 8 对对映异构体。

1. 含 2 个不同手性碳原子的化合物　以 2,3,4- 三羟基丁醛 $HOH_2C-\overset{*}{C}H-\overset{*}{C}H-CHO$ 为例,分子中含有两个不同的手性碳原子,存在两对对映异构体。
$\underset{OH}{}\ \underset{OH}{}$

D-($-$)-赤藓糖
(2R,3R)-($-$)-三羟基丁醛
(a)

L-($+$)-赤藓糖
(2S,3S)-($+$)-三羟基丁醛
(b)

D-($-$)-苏阿糖
(2S,3R)-($-$)-三羟基丁醛
(c)

L-($+$)-苏阿糖
(2R,3S)-($+$)-三羟基丁醛
(d)

其中(a)和(b)为互不重合的镜像,是一对对映异构体;同样(c)和(d)组成另一对对映异构体。因此,2,3,4-三羟基丁醛有两对对映异构体。但是(a)和(c)是彼此不呈实物和镜像关系的光学异构体,称为非对映异构体;同样(a)和(d)、(b)和(c)、(b)和(d)之间也是非对映异构体的关系。非对映异构体具有不同的物理性质,例如熔点、沸点、溶解度等都不相同。

2. 含2个相同手性碳原子的化合物　含有2个相同手性碳原子的化合物其旋光异构体的数目往往少于按照 2^n 规则所预测的数目。例如酒石酸 $HOOC-\overset{*}{C}H-\overset{*}{C}H-COOH$ 的分子结构中含有2个相同的手性碳原子,却只有3个光学异构体。
$\qquad\qquad\qquad\qquad\qquad\qquad\qquad\qquad\qquad OH\quad OH$

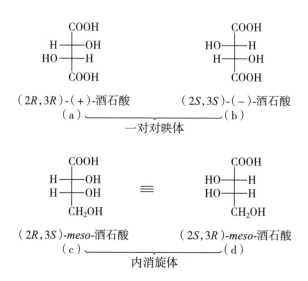

其中(a)和(b)是一对对映异构体,(c)和(d)看起来似乎也是对映异构体,它们彼此互呈镜像,但如将(d)在纸平面上旋转180°,即可与(c)重合,因此(c)和(d)不是对映异构体而是同一分子。(a)和(c)、(b)和(c)之间是非对映异构体的关系。在(c)中,2个手性碳原子所连接的原子团相同,但构型不同,1个是 R- 型,另1个是 S- 型,它们的旋光度相等,但方向相反,旋光性从分子内部相互抵消,因而无旋光性,称为内消旋体,用"*meso*"表示。与外消旋体不同,内消旋体是1个化合物,不能分离成具有旋光性的化合物。

外消旋体与
内消旋体的
异同

四、旋光异构体的性质差异

旋光异构体之间的化学性质几乎没有差异,其不同点主要表现在物理性质及生物活性、毒性等方面。一对对映异构体之间的主要物理性质如熔点、沸点、溶解度等都相同,旋光度也相同,只是旋光方向相反,但非对映异构体之间主要的物理性质则不同。外消旋体虽然是混合物,但它不同于任意两种物质的混合物,它有固定的熔点,而且熔点范围很窄。酒石酸的一些物理常数见表 12-1。

表 12-1　酒石酸的一些物理常数

酒石酸	熔点 /℃	$[\alpha]_D^{25}/°$（水中)	溶解度(水中)/ $(g \cdot 100g^{-1})$	pK_{a1}	pK_{a2}
右旋体	170	+12	139	2.93	4.23
左旋体	170	−12	139	2.93	4.23
外消旋体	206	0	20.6	2.96	4.24
内消旋体	140	0	125	3.11	4.80

　　对映异构体之间的生物活性是不同的,这是它们之间的重要区别。因为生物体内的环境是手性的,所以一对对映异构体在这种生理环境下往往表现出不同的生理活性。例如,在人体细胞中,对映异构体中的一种构型能被人体细胞所识别而发生作用,是有生理活性的,但另一种构型却不能被人体细胞所识别,没有生理活性,甚至是有害的。手性药物的两种构型其中一种具有活性,另一种没有活性的现象是非常普遍的。

　　例如,药物多巴分子中含有 1 个手性碳原子,存在 2 种构型,其中左旋体被广泛用于治疗中枢神经系统的一种慢性疾病——帕金森病,而右旋体则无疗效。

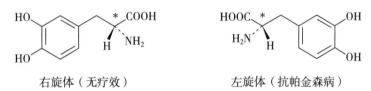

右旋体（无疗效）　　　　　　　　左旋体（抗帕金森病）

点滴积累

1. 手性碳原子是连接 4 个不同的原子或原子团的碳原子。手性分子是不能与其镜像重合的分子。对映异构体是彼此呈实物和镜像关系但又不能重合的一对立体异构体,简称对映体。
2. 含 1 个手性碳原子的化合物有 2 种旋光异构体,组成 1 对对映异构体。对映异构体的构型常用费歇尔投影式表示,构型的命名法有 D、L 型命名法和 *R*、*S* 构型命名法。
3. 含 2 个不同手性碳原子的化合物有 4 种旋光异构体,组成 2 对对映异构体;含 2 个相同手性碳原子的化合物只有 3 种旋光异构体,1 种为左旋体,1 种为右旋体,它们组成 1 对对映异构体,另1 种是没有旋光性的内消旋体。

第三节　外消旋体的拆分

　　从自然界中的生物体内分离而获得的大多数光学活性物质是单一的左旋体或右旋体。例如,右旋酒石酸是从葡萄酒酿制过程中产生的沉淀物中发现的;右旋葡萄糖是从各种不同的糖类物质中得到的,诸如甜菜、甘蔗和蜂蜜等物质中都含有右旋葡萄糖。而以非手性化合物为原料经人工合成的手性化合物一般都是外消旋体,如以邻苯二酚为原料合成肾上腺素时,得到的是不显旋光性的外消旋体。

因为一对对映异构体往往表现出不同的生理活性,所以很多情况下我们需要采用适当的方法将外消旋体中的左旋体和右旋体分离,以得到单一的左旋体或右旋体,这就是外消旋体的拆分。由于对映异构体之间的理化性质基本是相同的,因此用一般的物理方法(如蒸馏、重结晶等)不能达到拆分目的,而必须采用特殊的方法。

知识链接

手性药物的药理作用

手性药物是指药物的分子结构中存在手性因素,由具有药理活性的手性化合物组成的药物,只含有效对映异构体或者以有效对映异构体为主。

药物的药理作用是通过与体内的大分子之间严格的手性识别和匹配而实现的。在许多情况下,化合物的一对对映异构体在生物体内的药理活性、代谢过程、代谢速率及毒性等存在显著的差异。另外在吸收、分布和排泄等方面也存在差异,还有对映异构体的互相转化等一系列复杂的问题。

一、化学拆分法

化学拆分法是先使外消旋体与某种具有旋光性的物质反应,转化为非对映异构体,由于非对映异构体之间具有不同的理化性质,所以可以用重结晶、蒸馏等一般方法将非对映异构体分离,最后再将分离开的非对映异构体分别复原成单纯的左旋体或右旋体,从而达到拆分的目的。用来拆分对映异构体的旋光性物质称为拆分剂。例如要拆分外消旋体酸,可以用碱性拆分剂进行拆分。

二、诱导结晶拆分法

这种方法是先将需要拆分的外消旋体制成过饱和溶液,再加入一定量的纯左旋体或右旋体的晶种,与晶种构型相同的异构体便会立即析出结晶而实现拆分。

目前生产(−)-氯霉素的中间体(−)-氨基醇就是采用此法进行拆分的。此法的优点是成本较低,效果较好;缺点是应用范围有限,它要求外消旋体的溶解度要比纯对映异构体大。

点滴积累

1. 将外消旋体中的左旋体和右旋体分开,以得到单一的左旋体或右旋体,称为外消旋体的拆分。
2. 拆分外消旋体的常用方法有化学拆分法、诱导结晶拆分法等。

复习导图

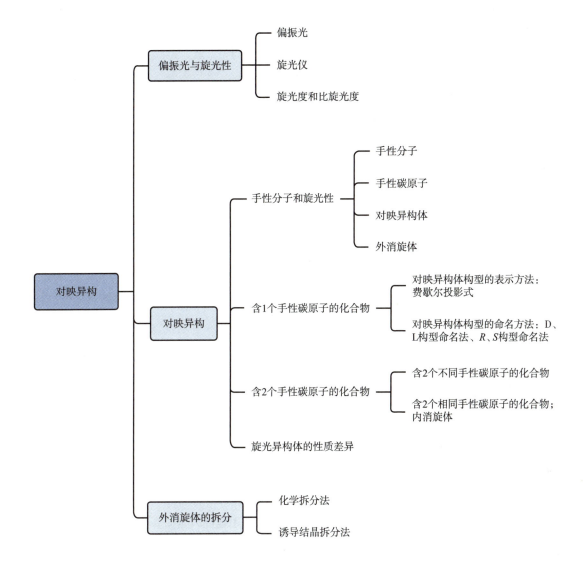

目标检测

一、简答题

1. 下列哪些分子具有手性碳原子？若有请用"*"标出。

（1）$CH_3CH_2CH_2CH_2Cl$ （2）$CH_3CH_2CHClCH_3$ （3）$H_3C-\underset{\underset{O}{\|}}{C}-CH_2-\underset{\underset{CH_3}{|}}{CH}-CH_2-CH_3$

（4）$H_3C-\underset{\underset{O}{\|}}{C}-\underset{\overset{OH}{|}}{CH}-\underset{\underset{CH_3}{|}}{CH}-CH_2-CH_3$ （5）六元环—OH （6）六元环—OH、Br

2. 下列哪些化合物中存在内消旋体？为什么？

(1)1,2-二氯丁烷 (2)1,3-二氯丁烷 (3)2,3-二氯丁烷

3. 用实例解释下列名词

(1)手性分子 (2)手性碳原子 (3)对映异构体 (4)外消旋体 (5)内消旋体

4. 20℃时,将500mg氢化可的松溶解在100ml乙醇中,用20cm的测定管测定其旋光度,测得的旋光度是+1.65°,试计算20℃时氢化可的松的比旋光度。

二、推测结构

具有旋光性的化合物A的分子式为C_6H_{10},能与$[Ag(NH_3)_2]^+$溶液作用生成白色沉淀B。将A催化加氢,生成分子式为C_6H_{14}的化合物C,C没有旋光性。请写出化合物A的费歇尔投影式以及B和C的构型式。

ER 12-7
习题

（彭 颖）

实训十五　葡萄糖溶液旋光度的测定

一、实训目的

1. 掌握使用旋光仪测定物质旋光度的方法。
2. 熟悉比旋光度的计算。
3. 了解旋光仪的构造。

二、实训仪器和试剂

1. **仪器**　旋光仪、分析天平、100ml烧杯、100℃温度计、100ml容量瓶。
2. **试剂**　葡萄糖晶体、纯化水。

三、实训原理

某些有机物是手性分子,能使偏振光的振动平面发生旋转,这类物质称为旋光性物质或光学活性物质,如乳酸、葡萄糖等,而旋光度是指旋光性物质使偏振光的偏振面旋转的角度。

物质的旋光度与溶液的浓度、溶剂、温度、测定管的长度以及所用光源的波长等都有关系,因此常用比旋光度$[\alpha]_\lambda^t$来表示物质的旋光性。比旋光度和旋光度之间的关系可用下式表示:

$$[\alpha]_\lambda^t = \frac{\alpha}{c \times l}$$

式中,$[\alpha]_\lambda^t$为旋光性物质在t℃,光源的波长为λ时的旋光度;t为测定时的温度(℃);λ为光源的波长,一般用钠光D线,波长为589nm;α为实验所测得的旋光度(°);c为待测溶液的浓度(液体化

合物可用密度),单位为 g/ml;l 为测定管的长度,单位为 dm。

在一定条件下,比旋光度是旋光性物质的一个重要物理常数,通过测定旋光度可以计算旋光性物质的含量或进行纯度鉴定。

四、实训内容

1. 接通电源,开启旋光仪电源开关,预热 5 分钟左右,使光源发光稳定。

2. **旋光仪零点的校正** 在测定样品前,必须先对旋光仪的零点进行校正。用纯化水将旋光仪的测定管清洗干净,装上纯化水,使液面凸出管口,将玻璃盖沿管口边缘轻轻平推盖好,管内不能有气泡,拧上螺丝帽盖,使之不漏水,但不能拧得过紧,否则影响测定结果。然后将测定管外壁擦干,放入旋光仪内,罩上盖子。将刻度盘调到零点附近,轻轻左右转动检偏镜,在视场中找出如图 12-6(a) 和(c) 所示的两种状态,在这两种状态之间调节到整个视场亮度均匀一致,即为零点视场,如图 12-6(b) 所示。观察刻度盘是否在零点,如不在零点,应记下读数。重复操作 3~4 次,取平均值。若零点相差太大时,应对仪器重新进行校正。

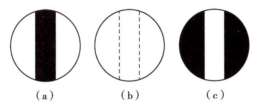

(a)   (b)   (c)

图 12-6 旋光仪目镜视场的调节

注:(a)大于(或小于)零点视场;(b)零点视场;(c)小于(或大于)零点视场。

3. **测定已知浓度葡萄糖溶液的旋光度** 用分析天平准确称取 10.000g(±0.003g)葡萄糖晶体于一只洁净的小烧杯中,加入适量纯化水,搅拌使之溶解,定量转移到100ml 容量瓶中,稀释至标线,摇匀备用。用少量上述溶液润洗测定管 2 次,然后将葡萄糖溶液装入测定管中,依据零点校正同样的方法测定溶液的旋光度。每隔 2 分钟测定 1 次,观察葡萄糖溶液的变旋现象,读取其稳定的读数。重复操作 5 次,取 5 次稳定读数的平均值,此时所得的读数与零点读数之间的差值即为葡萄糖溶液的旋光度。记录测定管的长度和溶液的温度,根据公式计算葡萄糖的比旋光度。

4. **测定未知浓度葡萄糖溶液的旋光度** 将测定管用纯化水洗净后,再用少量待测溶液润洗 2 次,按上述同样方法测定该溶液的旋光度。

将所测旋光度的读数和上述实验(步骤 3)所计算出的比旋光度代入公式,即可确定该溶液的浓度。

五、实训提示

1. 所有镜片不得用手擦拭,应用柔软的绒布或擦镜纸擦拭。

2. 仪器连续使用的时间不宜超过 4 小时,如使用时间过长,中间应熄灯 10~15 分钟,待灯冷却后再继续使用,否则影响灯的使用寿命。

3. 测定管用后要及时将溶液倒出,并用纯化水洗净并擦干。

六、实训思考

1. 测定旋光性物质的旋光度有何意义?

2. 旋光度和比旋光度有何区别?

3. 将待测溶液装入测定管前为什么要用少量待测溶液润洗测定管 2 次?

(彭 颖)

第十三章　糖类

学习目标

1. **掌握** 糖类化合物的结构特征、单糖的结构和理化性质及双糖的主要化学性质。
2. **熟悉** 还原性双糖和非还原性双糖的结构差异。
3. **了解** 多糖的结构和性质。

导学情景

情景描述：

　　糖类是自然界中广泛分布的一类重要的有机化合物，日常食用的蔗糖、粮食中的淀粉、植物体中的纤维素、人体血液中的葡萄糖等均属于糖类。糖类在生命活动过程中起着重要作用，是一切生命体维持生命活动所需能量的主要来源。中国是最早掌握制糖技术的国家之一，也是制糖大国之一，年糖产量居于世界前列。

学前导语：

　　葡萄糖注射液是常见的一种药物，可为机体提供所需的能量，在医药领域被广泛应用。葡萄糖注射液的主要成分是葡萄糖，为一种单糖。本章主要介绍单糖、典型双糖和多糖的结构特点及理化性质，重要的糖在医药领域中的应用。

　　从分子结构上看，糖类是多羟基醛或多羟基酮及其脱水缩合产物。根据能否水解及水解后生成的产物，糖类化合物一般分为 3 类：单糖、低聚糖和多糖。

　　单糖是最简单的糖，它不能被水解为更小的糖分子。结构上为多羟基醛或多羟基酮。如葡萄糖为多羟基醛，果糖为多羟基酮。

　　低聚糖又称为寡糖，在酸性条件下能够水解，水解产物为 2~10 个单糖分子。即低聚糖是由 2~10 个单糖分子缩聚而成的物质。根据水解后得到的单糖的数目，低聚糖可分为双糖、三糖等。其中最重要的是双糖，如蔗糖、麦芽糖、乳糖。

　　多糖在酸性条件下能够水解，水解产物为 10 个以上单糖分子。即多糖是由 10 个以上单糖分子缩聚而成的物质。多糖大多为天然高分子化合物，如淀粉、糖原、纤维素等。

知识链接

糖类与碳水化合物

　　糖类是绿色植物进行光合作用的产物，广泛存在于自然界。糖类化合物由碳、氢、氧 3 种元素组成，最初分析得知它们分子中氢原子和氧原子的比例为 2∶1,具有通式 $C_m(H_2O)_n$,因此最早将这类物质称为"碳水化合物"。但随着科学的发展,发现有些化合物虽然分子组成上不符合 $C_m(H_2O)_n$ 的通式,但其结构和性质具有糖的特点,应属于糖类,如鼠李糖($C_6H_{12}O_5$)及脱氧核糖($C_5H_{10}O_4$);而另外一些化合物如甲醛(CH_2O)、乙酸($C_2H_4O_2$)、乳酸($C_3H_6O_3$),虽然分子组成上符合 $C_m(H_2O)_n$ 的通式,但其结构和性质与糖完全不同,不属于糖类;还有某些糖类化合物中含有氮原子,如甲壳质就是氨基葡萄糖的缩聚物。因此,"碳水化合物"的名称不够确切,但由于习惯,现在有时仍将糖叫作"碳水化合物"。

第一节　单糖

　　单糖按分子中所含的碳原子的数目,可分为三碳(丙)糖、四碳(丁)糖、五碳(戊)糖和六碳(己)糖;按其结构可分为醛糖和酮糖。自然界中,最简单的单糖是丙糖如甘油醛和 1,3-二羟基丙酮;最常见的是戊糖和己糖,其中最重要的戊糖是核糖和脱氧核糖,最重要的己糖是葡萄糖和果糖。

一、单糖的结构

(一) 葡萄糖的结构

　　1. 开链结构　葡萄糖的分子式为 $C_6H_{12}O_6$,为己醛糖,是一个直链五羟基己醛,结构式为:

$$\underset{\overset{|}{OH}\quad\overset{|}{OH}}{\overset{\overset{OH}{|}\quad\overset{OH}{|}}{HOCH_2\overset{*}{C}H\overset{*}{C}H\overset{*}{C}H\overset{*}{C}HCHO}}$$

　　己醛糖分子中含有 4 个不相同的手性碳原子,具有 $2^4=16$ 个旋光异构体。按照习惯,糖分子的构型采用 D、L 标记法,将糖分子中编号最大的手性碳原子(如己醛糖的第 5 号碳原子)与 D-甘油醛构型相同者(羟基在右)称为 D-型,与 L-甘油醛构型相同者(羟基在左)称为 L-型。所以,己醛糖的 16 个光学异构体中 8 个为 D-型,8 个为 L-型,构成 8 对对映异构体。8 种 D-型己醛糖的费歇尔投影式如下:

D-(+)-阿洛糖　　D-(+)-阿卓糖　　D-(+)-葡萄糖　　D-(+)-甘露糖

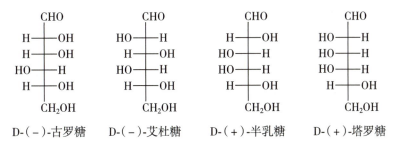

D-(−)-古罗糖   D-(−)-艾杜糖   D-(+)-半乳糖   D-(+)-塔罗糖

糖类化合物的开链结构一般都用费歇尔投影式表示。为书写方便,在写糖的费歇尔投影式时,常用一根短线表示羟基,氢原子可省略不写。也可用"△"代表醛基(—CHO),"○"代表羟甲基(—CH₂OH)来书写。则 D-(+)-葡萄糖的开链结构可以用以下形式表示:

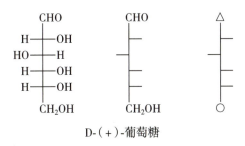

D-(+)-葡萄糖

2. 环状结构及其表示方法　D-葡萄糖在不同条件下结晶,可以得到两种物理性质不同的晶体。一种是在常温下从乙醇溶液中析出的晶体,熔点为 146 ℃,比旋光度为 +112°;另一种是在 98 ℃以上从吡啶溶液中析出的晶体,熔点为 150 ℃,比旋光度为 +18.7°。将这两种晶体溶于水后,它们的比旋光度都会逐渐变化,最终都变为恒定的 +52.7°。像葡萄糖这样新配制的糖溶液,比旋光度随着时间变化逐渐减小或增大,最后达到恒定值的现象称为变旋现象。

> **课 堂 活 动**
> 请同学们指出葡萄糖的开链结构中的官能团,并初步分析葡萄糖可能具有哪些性质。

案例分析

案例: 药物的含量测定结果是衡量药物质量的重要指标,是药物质量检测的关键环节。某制药企业生产的葡萄糖注射液,根据《中国药典》(2025 年版)用旋光法测定葡萄糖注射液的含量时,发现样品溶液的旋光度随着时间推移不断变小,10 分钟内就发生比较大的变化,无法进行测定。换一台旋光仪,问题同样存在。

分析: 因为葡萄糖具有变旋现象。刚配制的样品溶液中异构体在相互转变,旋光度也相应随之改变,所以此时测定旋光度值变化较大,需要放置 6 小时以上或加入氨试液并放置 10 分钟,异构体之间达到动态平衡,旋光度稳定后再测。

从葡萄糖的开链结构上分析,葡萄糖分子中含有醛基,应与品红亚硫酸试剂(即席夫试剂)发生显色反应;在无水的酸性条件下,应与 2 分子甲醇反应生成缩醛。但事实上葡萄糖遇席夫试剂不显色、只与 1 分子甲醇反应,这些现象都无法用开链结构得以解释。

从醛、酮的性质得知,醛和 1 分子醇加成生成半缩醛。那么,γ-、δ-羟基醛可发生分子内醇羟基与醛基的加成反应,生成环状半缩醛。葡萄糖分子中同时存在醛基和多个羟基,主要是 C-5 上的羟基与醛基加成,生成含氧六元环状半缩醛(X 射线衍射分析已经证实晶体单糖是环状结构);C-4 上的羟基也可与醛基加成,生成含氧五元环状半缩醛,但量很少。当其以六元环的形式存在时,与六元杂环吡喃相似,称为吡喃糖;以五元环的形式存在时,与五元杂环呋喃相似,称为呋喃糖。

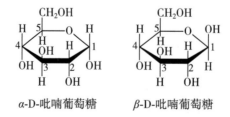

α-D-(+)-吡喃葡萄糖　　　　D-葡萄糖　　　　β-D-(+)-吡喃葡萄糖
$[\alpha]_D=+112°$ 　　　　$[\alpha]_D=+52.7°$ 　　　$[\alpha]_D=+18.7°$
约36.4%　　　　　　　<0.01%　　　　　　　约63.6%

D- 葡萄糖环状半缩醛结构的形成,使原来没有手性的醛基碳原子变为手性碳原子,因此葡萄糖的环状半缩醛结构有 α- 和 β- 两种光学异构体。

在这两种环状半缩醛结构中,C-1 上新生成的羟基称为半缩醛羟基或苷羟基。它与 C-5 上的羟基同侧的称为 α- 型,异侧的称为 β- 型。当将 α-D-(+)- 吡喃葡萄糖和 β-D-(+)- 吡喃葡萄糖晶体分别溶于水中时,它们均可通过开链结构相互转变,因而比旋光度也随之改变,当 3 种结构最终达到动态平衡时,比旋光度为 +52.7°,不再改变。凡是分子中具有环状半缩醛或半缩酮结构的糖都会产生变旋现象。

在 D- 葡萄糖的平衡体系中,环状半缩醛的比例>90%,所以只与 1 分子甲醇脱水生成缩醛。链状葡萄糖的含量极少,所以葡萄糖与亲核能力较弱的席夫试剂不易反应。

葡萄糖的环状半缩醛结构用费歇尔投影式表示,过长的碳氧键不能合理体现环的稳定性。为了更真实地表示单糖分子的环状结构,单糖分子的环状结构一般用哈沃斯(Haworth)透视式来表示。哈沃斯透视式的写法是先画 1 个含 1 个氧原子的六元环,将环平面横切纸平面,离我们视线近的(即纸平面的前方)用粗线和楔形线,远的(即纸平面的后方)用细线。习惯上将氧原子写在六元环纸平面的后右上方,氧原子右下侧的碳原子为决定环状构型的碳原子(如葡萄糖为 C-1),从这个碳原子开始顺时针依次对环中的碳原子编号,然后将糖费歇尔投影式中位于碳链左侧的基团写在环平面上方,位于碳链右侧的基团写在环平面下方。D- 型糖 C-5 上的羟甲基写在环平面上方,L- 型糖 C-5 上的羟甲基写在环平面下方。半缩醛羟基与羟甲基写在环的异侧的为 α- 型,写在环的同侧的为 β- 型。若无参照的羟甲基则以决定链状构型 D 或 L 的羟基为参照,半缩醛羟基与它同侧的为 α- 型,异侧的为 β- 型。例如:

α-D-吡喃葡萄糖　　　　β-D-吡喃葡萄糖

（二）果糖的结构

1. 开链结构 果糖的分子式是 $C_6H_{12}O_6$，与葡萄糖互为同分异构体，所不同的是果糖属于己酮糖。其开链结构为：

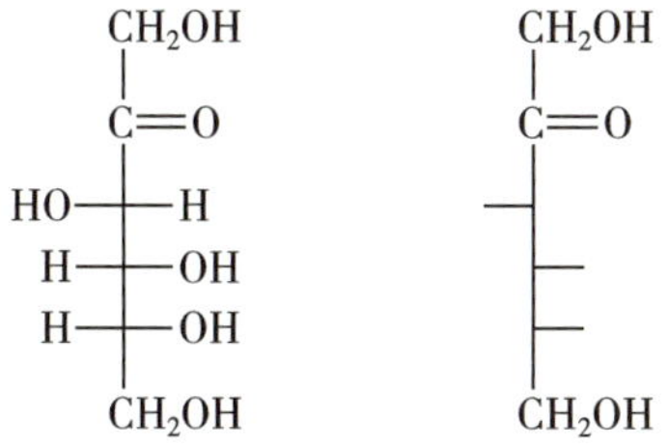

D-（－）-果糖

课堂活动

请同学们对比果糖和葡萄糖的结构，并进行分析，说出两者有何不同。果糖有环状结构吗？若有，酮基可与第几位碳原子上的羟基加成形成环状结构？

---

2. 环状结构 与葡萄糖相似，果糖也主要以环状结构存在。果糖开链结构中的 C-5 或 C-6 上的羟基可以与酮基结合生成半缩酮，形成五元环呋喃型或六元环吡喃型两种环状结构的果糖，这两种环状结构都有各自的 α- 型异构体和 β- 型异构体。游离的果糖主要以吡喃型存在，结合态的果糖主要以呋喃型存在，如蔗糖中的果糖就是呋喃果糖。D- 果糖的开链式以及吡喃果糖、呋喃果糖的哈沃斯式互变平衡体系如下所示：

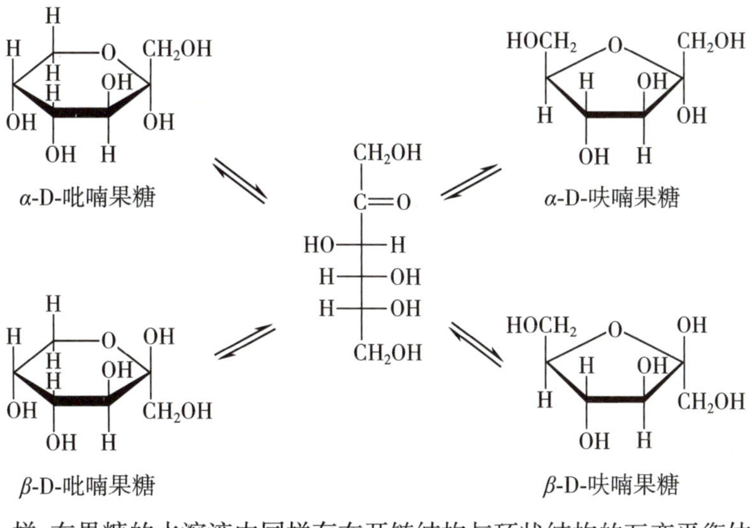

α-D-吡喃果糖

α-D-呋喃果糖

β-D-吡喃果糖

β-D-呋喃果糖

与葡萄糖一样，在果糖的水溶液中同样存在开链结构与环状结构的互变平衡体系，果糖也具有变旋现象，达到平衡时的比旋光度为 –92°。

知识链接

葡萄糖、果糖的药用价值

人体血液中的葡萄糖称为血糖，正常人的血糖浓度为 3.9~6.1mmol/L，低于最低值，会患低血糖；高于最高值或尿中出现葡萄糖时,可能患有糖尿病。因此,保持血糖浓度的恒定具有重要的生理意义。葡萄糖是人体内新陈代谢不可缺少的重要营养物质,为人和动物的生命活动提供能量。称为"生命的燃料"。在医药领域中,葡萄糖作为营养剂,50g/L 葡萄糖溶液是临床上输液常用的等渗溶液,并有强心、利尿和解毒的作用。在制药工业中,葡萄糖是重要原料,如葡萄糖是制备葡萄糖酸钙和维生素 C 的原料。

人体内的果糖和葡萄糖都能与磷酸作用形成磷酸酯,作为体内糖代谢的重要中间产物。果糖 -1,6- 二磷酸酯是高能量的营养性药物,有增强细胞活力和保护细胞的功能,可作为心肌梗死及各类休克的辅助药物。

二、单糖的性质

ER 13-2

含糖制剂的
糖含量测定

单糖都是结晶性固体,有甜味,具有吸湿性,易溶于水,难溶于乙醇等有机溶剂。单糖(除丙酮糖外)都具有旋光性,溶于水时出现变旋现象。

单糖是多羟基醛或多羟基酮,为多官能团化合物,易发生化学反应。单糖主要以环状结构的形式存在,在水溶液中可互变为开链结构,虽然开链结构的量很少,但可通过平衡移动而不断产生。所以当发生化学反应时,根据加入试剂的不同和反应部位的不同,有的反应是以开链结构进行的,如与托伦试剂、费林试剂、氨的衍生物的反应;有的反应以环状半缩醛(酮)结构进行的,如半缩醛进一步生成缩醛的反应即成苷反应。

(一) 互变异构

在碱性条件下,D- 葡萄糖、D- 甘露糖和 D- 果糖这 3 种糖可通过烯二醇中间体相互转化,生成 3 种糖的互变平衡混合物。

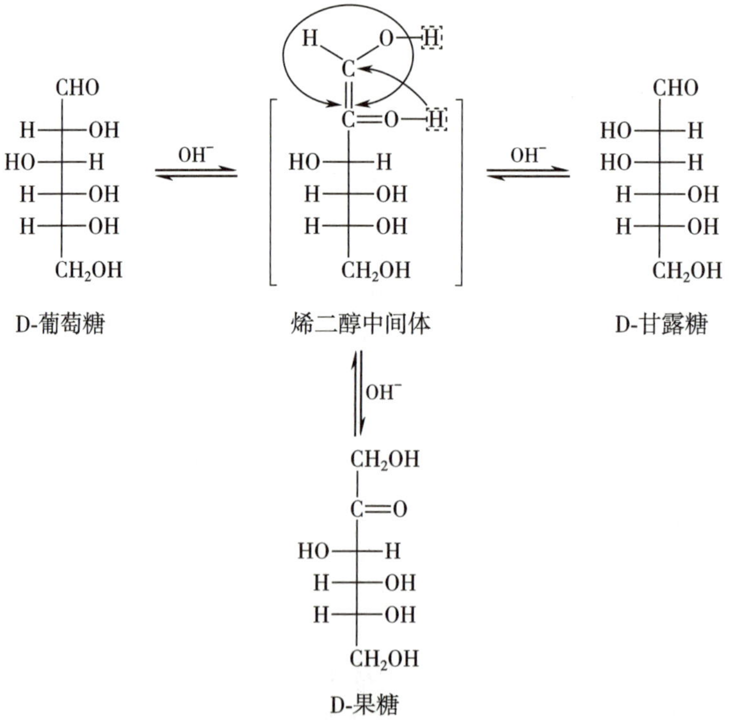

D-葡萄糖   烯二醇中间体   D-甘露糖

D-果糖

在含有多个手性碳原子的非对映异构体之间,只有 1 个手性碳原子的构型不同时,互称为差向异构体。D- 葡萄糖和 D- 甘露糖只是 C-2 构型不同,互称为 C-2 差向异构体,则它们之间的转化又称为差向异构化。D- 葡萄糖或 D- 甘露糖与 D- 果糖之间的转化则是醛糖和酮糖之间的转化,即在碱性条件下,醛糖和酮糖之间可相互转化。这种转化在体内酶的催化下也可以实现,如在体内的糖代谢过程中,在酶催化下,6- 磷酸葡萄糖可以异构化为 6- 磷酸果糖。

(二) 氧化反应

1. 与托伦试剂、费林试剂的反应 单糖中醛糖或 α- 羟基酮糖都可与碱性弱氧化剂托伦试剂和费林试剂发生氧化反应,分别生成银镜和砖红色的氧化亚铜沉淀。本尼迪克特试剂(Benedict reagent,曾称班氏试剂)是由硫酸铜、碳酸钠和柠檬酸钠配制成的蓝色溶液,同费林试剂一样含有 Cu^{2+} 配离子,与糖反应的原理相同,但它比费林试剂稳定,不需现用现配制,使用方便。临床上常用它来检验糖尿病患者尿液中是否含有葡萄糖,并根据产生 Cu_2O 沉淀的颜色深浅以及量的多少来判断葡萄糖的含量;也用于制作尿糖试纸。

凡能被托伦试剂、费林试剂氧化的糖称为还原糖,否则称为非还原糖。还原糖分子结构的特征是含有醛基、α- 羟基酮或含有能产生这些基团的半缩醛或半缩酮结构,一般单糖都具有还原性,利用单糖的还原性可进行单糖的定性与定量检查。由于在碱性条件下醛糖和 α- 羟基酮糖发生异构化,因此氧化产物糖酸为混合物。该反应可用于区分还原糖和非还原糖。

知识链接

《中国药典》中葡萄糖的鉴别

《中国药典》(2025 年版)鉴别葡萄糖的标准为取本品约 0.2g,加水 5ml 溶解后,缓缓滴入微温的碱性酒石酸铜试液中,即生成氧化亚铜的红色沉淀。因为葡萄糖的分子结构中含有醛基,具有还原性,遇费林试剂即碱性酒石酸铜加热能产生氧化亚铜的砖红色沉淀。

2. 与溴水的反应 溴水能将醛糖中的醛基氧化为羧基,生成相应的醛糖酸。但因为溴水是酸性氧化剂,在酸性条件下酮糖不能异构化为醛糖,所以溴水不能氧化酮糖。因此可利用溴水是否褪色来区分醛糖和酮糖。

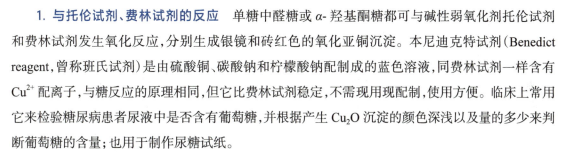

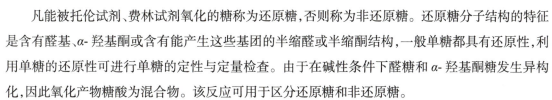

3. 与稀硝酸的反应 稀硝酸的氧化性比溴水强,它能将醛糖中的醛基和末位羟甲基都氧化为羧基而生成醛糖二酸。

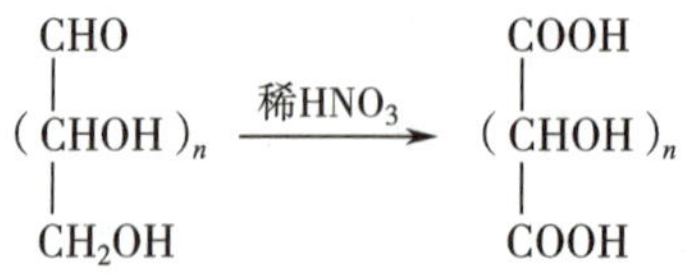

$$
\begin{array}{c}
\mathrm{CHO} \\
| \\
(\mathrm{CHOH})_n \\
| \\
\mathrm{CH_2OH}
\end{array}
\xrightarrow{\text{稀HNO}_3}
\begin{array}{c}
\mathrm{COOH} \\
| \\
(\mathrm{CHOH})_n \\
| \\
\mathrm{COOH}
\end{array}
$$

醛糖　　　　　　　醛糖二酸

酮糖也可被稀硝酸氧化,经碳链断裂而生成较小分子的二元酸。

知识链接

葡萄糖的衍生物——葡萄糖醛酸

葡萄糖在肝脏中酶的作用下能被氧化为葡萄糖醛酸,即末端的羟甲基被氧化为羧基。葡萄糖醛酸在肝脏中能与一些有毒的物质如醇、酚等结合成无毒的化合物,随尿液排出体外,从而起到解毒和保护肝脏的作用。葡萄糖醛酸可治疗肝炎、肝硬化及药物中毒。葡萄糖醛酸也可通过下列转换进行人工合成:

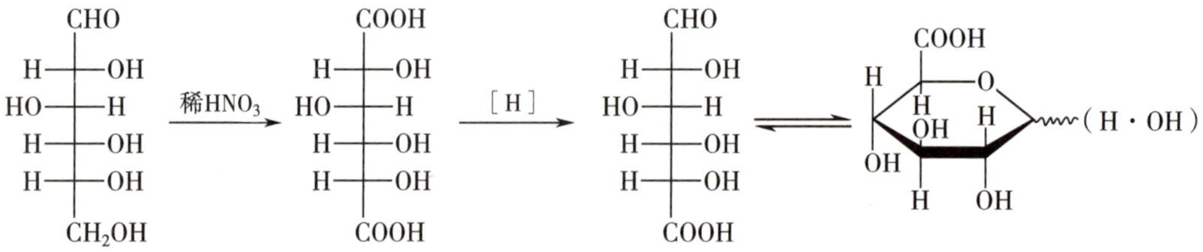

D-葡萄糖　　　　　D-葡萄糖二酸　　　　　D-葡萄糖醛酸

(三)成脎反应

单糖与等摩尔苯肼反应生成糖苯腙,当苯肼过量(3mol)时,可将 α-羟基氧化成羰基,然后继续与苯肼反应生成糖脎。例如:

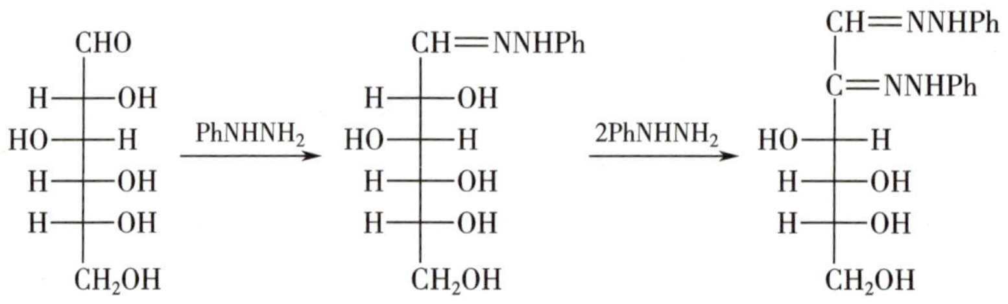

D-葡萄糖　　　　　　D-葡萄糖苯腙　　　　　　D-葡萄糖脎

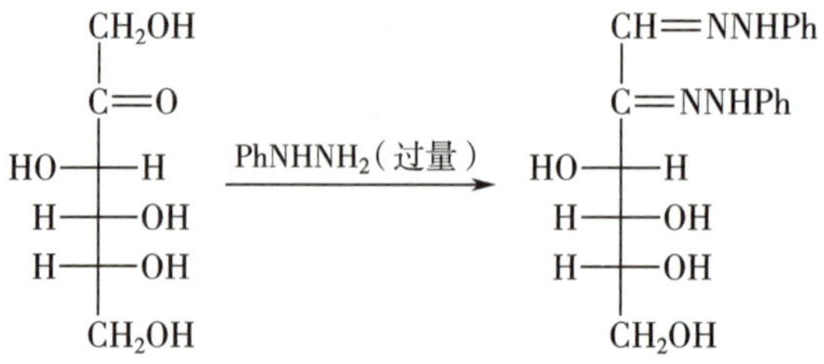

D-果糖　　　　　　　　　D-果糖脎

糖脎是不溶于水的美丽黄色晶体,很稀的糖溶液加入过量苯肼加热即有糖脎析出。不同的糖脎晶形不同(图13-1),成脎所需的时间也不同,并各有一定的熔点,因此成脎反应常用于糖类的定性鉴别。

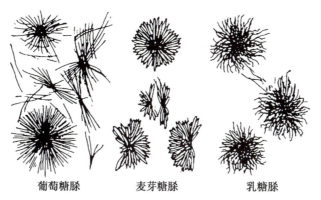

葡萄糖脎　　　　麦芽糖脎　　　　乳糖脎

图13-1　糖脎的晶体结构图

　　无论是醛糖还是酮糖,成脎反应仅发生在 C-1 和 C-2 上,并不涉及其他碳原子,因此对于含碳原子个数相同的单糖,如果除 C-1 和 C-2 外其他碳原子的构型都相同时,则会生成相同的糖脎。例如,D- 葡萄糖、D- 甘露糖和 D- 果糖分别与过量苯肼反应可生成相同的糖脎(但成脎时间不同)。反过来,能形成相同脎的单糖,除 C-1 或 C-2 外,其他碳原子的构型必然相同,因此成脎反应又可对糖的构型进行确定。

(四) 成苷反应

　　与半缩醛(酮)一样,单糖半缩醛(酮)环状结构中的半缩醛(酮)羟基即苷羟基较活泼,容易与另外 1 分子醇或酚等含羟基的化合物反应失水生成缩醛(酮)。在糖化学中,将这种缩醛(酮)称为糖苷。例如,D- 葡萄糖在干燥氯化氢的条件下可与甲醇作用,生成 α- 和 β- 葡萄糖甲苷的混合物。

D-吡喃葡萄糖　　　　　　　　　　α-D-吡喃葡萄糖甲苷　　β-D-吡喃葡萄糖甲苷

　　在糖苷中,糖的部分称为糖苷基,另一部分称为配糖基或苷元。糖苷基和配糖基通过氧原子相连的键称为氧苷键,简称苷键。根据成苷的半缩醛羟基是 α- 型或 β- 型,将苷键相应地分为 α- 苷键和 β- 苷键两类。如 α-D- 吡喃葡萄糖甲苷中,α- 吡喃葡萄糖是糖苷基,来自甲醇的甲基是配糖基,形成的苷键为 α- 苷键。具有半缩酮羟基的糖同样可以生成糖苷。

> **知识链接**
>
> **具有生物活性的糖苷**
>
> 　　糖苷类化合物在自然界中分布很广,大多数具有生物活性,是许多中草药的有效成分之一。例如,水杨苷有止痛功效;苦杏仁苷有止咳作用;葛根黄素可改善心脑血管功能,同时也具有抗肿瘤、降血糖等作用。此外,单糖与含氮杂环生成的糖苷是生命活动的重要物质核酸的组成部分。

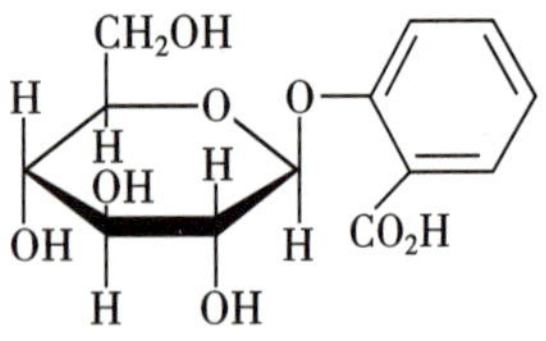

水杨苷

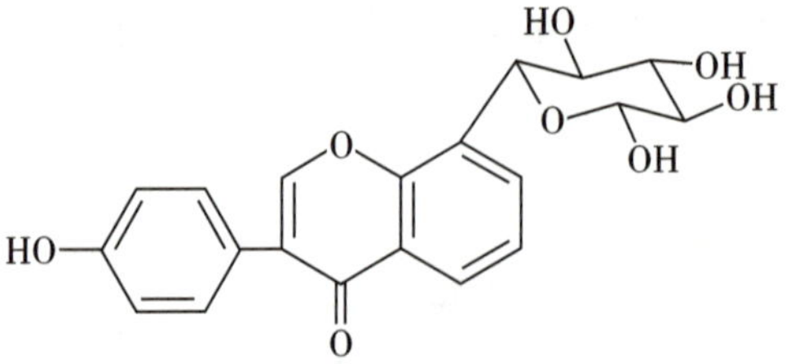

葛根黄素

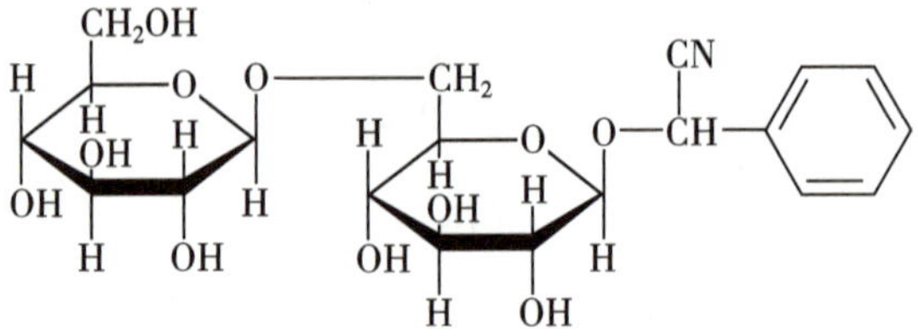

苦杏仁苷

糖苷与其他缩醛(酮)一样是比较稳定的化合物。由于糖苷分子中没有苷羟基,不能转变成开链结构而产生醛(酮)基,α-型和β-型两种环状结构也不可能通过开链式相互转变,所以糖苷没有还原性(不能与托伦试剂、费林试剂、本尼迪克特试剂发生反应);不能与过量的苯肼成脎;也没有变旋现象。但在稀酸或酶的作用下,糖苷可水解生成原来的糖和配糖基部分。

(五) 成酯反应

单糖分子中的多个羟基都可以被酯化。单糖的磷酸酯是体内许多代谢过程的中间产物,在生命过程中具有很重要的意义。例如,人体内的葡萄糖在体内酶的作用下可与磷酸作用生成葡萄糖-1-磷酸酯(1-磷酸葡萄糖)、葡萄糖-6-磷酸酯(6-磷酸葡萄糖)或葡萄糖-1,6-二磷酸酯。

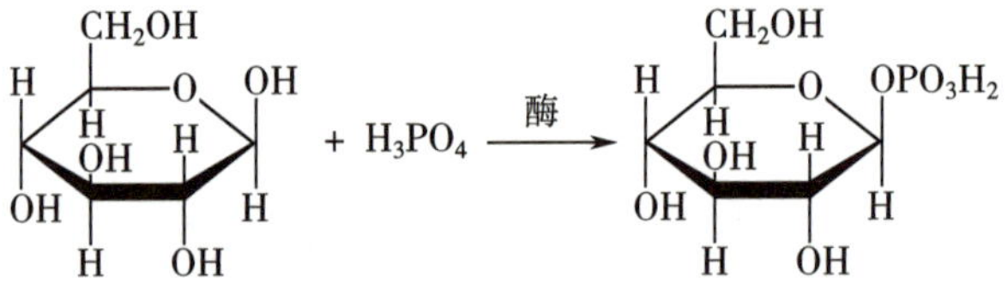

β-1-磷酸葡萄糖

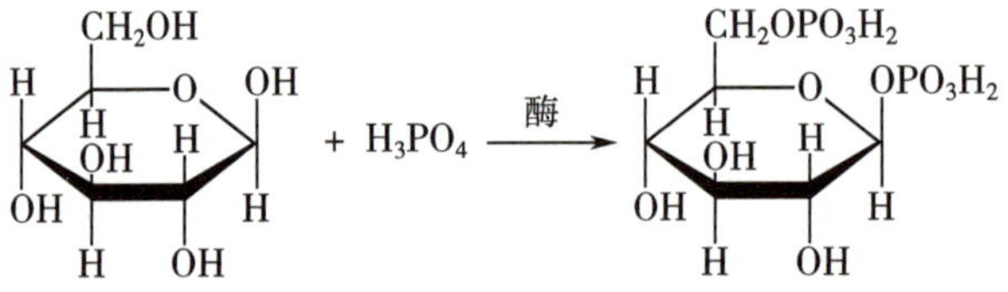

β-1,6-二磷酸葡萄糖

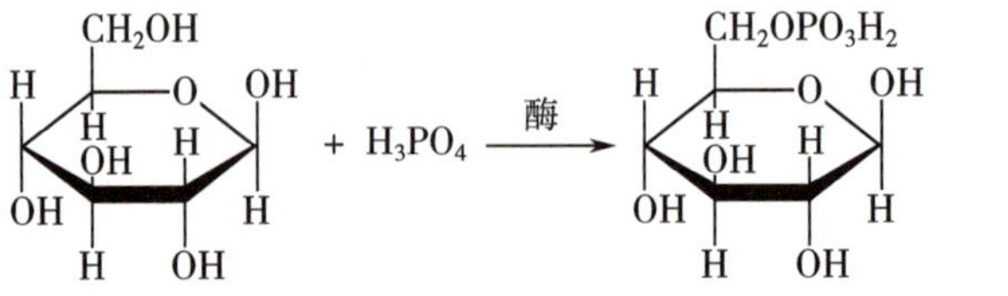

β-6-磷酸葡萄糖

糖在体内代谢的过程中,首先要经过磷酸酯化,然后才能进行一系列的化学反应。例如1-磷酸葡萄糖是合成糖原的原料,而糖原在体内分解的最初产物是从它开始的。因此,糖的磷酸酯化是体内糖原储存和分解的基本步骤之一。

(六) 颜色反应

1. 莫利希(Molisch)反应　在糖的水溶液中加入莫利希试剂(α-萘酚的乙醇溶液),然后沿试管壁慢慢加入浓硫酸,不要振摇,使密度较大的浓硫酸沉到试管底部,则在浓硫酸和糖溶液的交界面会很快出现紫色环,该颜色反应称为莫利希反应。所有糖包括单糖、低聚糖和多糖都有这种颜色反应,而且反应很灵敏,常用于糖类物质的鉴别。

2. 塞利凡诺夫(Seliwanoff)反应　塞利凡诺夫试剂是间苯二酚的盐酸溶液。在酮糖(游离的酮糖或含有酮糖的双糖,如果糖或蔗糖)溶液中加入塞利凡诺夫试剂,加热,很快出现红色,而此时醛糖没有任何变化。所以,用此实验可以区分酮糖和醛糖。

ER 13-4

含糖、糖苷类药物的鉴别方法

知识链接

重要的单糖——D-核糖和D-2-脱氧核糖

D-核糖和D-2-脱氧核糖具有左旋性,在自然界中均不以游离态存在,常与磷酸和一些有机含氮杂环结合而存在于核蛋白中,是组成核糖核酸(RNA)和脱氧核糖核酸(DNA)的重要组分之一,在细胞中起遗传作用,与生命现象有密切的关系。在核酸中核糖和脱氧核糖都是以β-型呋喃糖形式存在的,称为β-D-呋喃核糖和β-D-呋喃脱氧核糖。

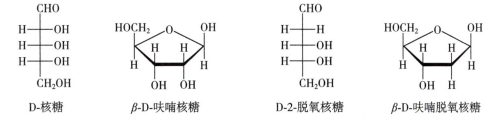

| D-核糖 | β-D-呋喃核糖 | D-2-脱氧核糖 | β-D-呋喃脱氧核糖 |

点滴积累

1. 单糖是多羟基醛或多羟基酮,多以五元或六元环状半缩醛结构存在,具有变旋性。
2. 单糖开链结构的构型用 D、L 表示;环状结构的构型用 α-、β- 表示。
3. 能被托伦试剂或费林试剂氧化的糖为还原糖,否则为非还原糖。单糖一般都具有还原性。
4. 溴水、塞利凡诺夫试剂可以区分醛糖和酮糖;莫利希试剂可检验糖类化合物。

第二节 双糖

双糖是最简单的低聚糖。双糖是 1 分子单糖的半缩醛羟基与另 1 分子单糖的羟基脱水后的缩合产物,所以双糖其实是糖苷,只是配糖基是另 1 分子的糖。根据形成双糖的两分子单糖脱水方式的不同,双糖分为还原性双糖和非还原性双糖。双糖广泛存在于自然界中,它的物理性质类似于单糖,能形成结晶,易溶于水,有甜味,有旋光性等。常见的较重要的双糖有麦芽糖、乳糖和蔗糖,它们的分子式都是 $C_{12}H_{22}O_{11}$。

一、麦芽糖

麦芽糖主要存在于发芽的谷粒,特别是麦芽中。谷物种子发芽时,种子内的淀粉酶可将淀粉水解成麦芽糖。麦芽糖为白色晶体,易溶于水,甜度约为蔗糖的 70%,是市售饴糖的主要成分。具有较高的营养价值,有健脾胃、润肺止咳之功效,可用于治疗气虚倦怠、虚寒腹痛、肺虚、久咳久喘等症。也可用作细菌的培养基。

人体在消化食物的过程中,淀粉先经淀粉酶作用水解成麦芽糖,然后再经过麦芽糖酶作用水解成 D- 葡萄糖,所以麦芽糖是淀粉水解过程中的中间产物。麦芽糖是由 1 分子 α-D- 吡喃葡萄糖 C-1 上的苷羟基与另 1 分子 D- 吡喃葡萄糖 C-4 上的醇羟基脱水,通过 α-1,4- 苷键结合而成的。其结构为:

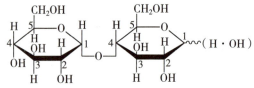

麦芽糖［4-O-(α-D-吡喃葡萄糖基)-D-吡喃葡萄糖］

麦芽糖分子中还保留有 1 个苷羟基,在水溶液中可通过互变形成 α- 型和 β- 型两种环状结构和开链结构的动态平衡,达平衡时的比旋光度为 +136°。因此,麦芽糖能与托伦试剂、费林试剂、本尼迪克特试剂等弱氧化剂反应,能成脎、成苷,麦芽糖是还原性双糖。在酸或酶的作用下,麦芽糖可水解生成两分子葡萄糖。

二、乳糖

乳糖存在于哺乳动物的乳汁中,人乳中含 6%~8%,牛乳中含 4%~6%。在工业中,可从乳酪的副产品乳清中得到。乳糖是白色晶体,微甜,水溶性较小,没有吸湿性。乳糖在食品工业中用作婴儿食品及炼乳品种,是婴儿发育必需的营养物质;在医药中常用作散剂、片剂的填充剂。

乳糖是由 1 分子 β-D- 吡喃半乳糖 C-1 上的苷羟基与另 1 分子 D- 吡喃葡萄糖 C-4 的醇羟基脱

水,通过 β-1,4- 苷键结合而成的。其结构为:

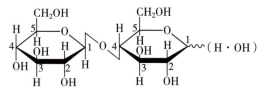

乳糖〔4-O-(β-D-吡喃半乳糖基)-D-吡喃葡萄糖〕

乳糖分子中葡萄糖部分仍保留有苷羟基,所以乳糖是还原性双糖,有变旋现象,达到平衡时的比旋光度为 +53.5°。在稀酸或酶的作用下,乳糖水解生成半乳糖和葡萄糖。

三、蔗糖

> **课堂活动**
> 请你想一想新鲜牛奶放置时间长了为什么会变酸,这是发生了什么化学反应?

蔗糖就是普通的食用糖,广泛分布在各种植物中,在甘蔗和甜菜中的含量较高,故也有甜菜糖之称。它是白色晶体,熔点为 186℃,甜度仅次于果糖,易溶于水而难溶于乙醇,具有右旋性,在水溶液中的比旋光度为 +66.7°。在医药领域,蔗糖主要用作矫味剂和配制糖浆,高浓度的蔗糖能抑制细菌生长,因此又可用作防腐剂和抗氧剂。将蔗糖加热到 200℃ 以上可得到褐色焦糖,常用作饮料和食品的着色剂。

蔗糖是由 1 分子 α-D- 吡喃葡萄糖 C-1 上的苷羟基与 1 分子 β-D- 呋喃果糖 C-2 上的苷羟基通过 1,2- 苷键结合而成的双糖。其结构为:

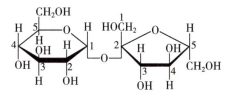

α-D-吡喃葡萄糖部分　　　β-D-呋喃果糖部分

蔗糖分子中无苷羟基,在水溶液中不能转变成开链结构,因而没有变旋现象,也没有还原性,是非还原性双糖,即与托伦试剂、费林试剂、本尼迪克特试剂均不反应,也不能形成糖脎。蔗糖在酸或转化酶的作用下,水解生成等量的葡萄糖和果糖的混合物。蔗糖具有右旋性,而水解后的混合物是左旋的,因此常将蔗糖的水解过程称为蔗糖的转化,水解的产物称为转化糖。蜂蜜中大部分是转化糖,蜜蜂体内含有能催化水解蔗糖的酶,这些酶称为转化酶。

点滴积累

1. 能水解为 2 个单糖分子的糖为双糖,重要的双糖有麦芽糖、乳糖和蔗糖。
2. 分子中存在苷羟基的双糖具有还原性,为还原性双糖;分子中不存在苷羟基的双糖没有还原性,为非还原性双糖。
3. 麦芽糖、乳糖是还原性双糖;蔗糖为非还原性双糖。

第三节　多糖

　　多糖是天然高分子化合物,由成千上万个单糖分子通过苷键脱水缩合而成。由于多糖分子中的苷羟基几乎都被结合为苷键,因此多糖的性质与单糖、双糖有较大的区别。多糖无还原性,不能生成糖脎,也没有变旋现象,没有甜味,大多数不溶于水,少数能溶于水而成胶体溶液。在酸或酶的作用下,多糖可以逐步水解,水解的最终产物为单糖。

　　多糖在自然界中分布极广,如淀粉、糖原作为养分储存在生物体内;纤维素、甲壳质是动植物体的骨架;黏多糖、血型物质具有复杂的生理功能,在生物体内有重要的作用。多糖是与生命活动密切相关的一类化合物,其中淀粉、纤维素和糖原尤为重要。

知识链接

糖链的功能

　　糖是自然界中存在的一大类有机化合物,糖链是自然界中最大的生物信息库,糖链的结构改变和很多疾病的发生相伴随,如科学上发现糖蛋白和糖脂组成的碳链可以对抗肿瘤。因此,糖链的功能不再局限于为人体提供能量。还有科学家认为,在核酸和蛋白质基础上的生命现象只有在生物糖的作用下才能进行更多的生命活动,如受精、免疫、发育、衰老、癌变等,对糖类的深入研究已经成为生命科学研究的新热点。

一、淀粉

　　淀粉是绿色植物光合作用的产物,广泛存在于植物的茎、块根和种子中,是植物储存的养分。稻米、小麦、玉米及薯类中的淀粉含量较丰富,是人类最主要的食物。淀粉是无臭无味的白色粉末状物质,是由 α-D- 葡萄糖脱水缩合而成的多糖。

　　淀粉用热水处理后,可溶解部分为直链淀粉或可溶性淀粉;不溶而膨胀的部分为支链淀粉或胶淀粉。一般淀粉中含直链淀粉 10%~30%、支链淀粉 70%~90%。

(一) 直链淀粉

　　直链淀粉存在于淀粉的内层,是由 1 000~4 000 个 α-D- 吡喃葡萄糖通过 α-1,4- 苷键结合而成的线状聚合物,相对分子质量为 15 万 ~60 万。直链淀粉的结构如下:

α-1,4-苷键

直链淀粉溶液遇碘显深蓝色,加热颜色消失,冷却后又出现,是因为直链淀粉并不是以伸展的线性分子存在的,由于分子内氢键的作用,有规律地卷曲成螺旋状,每一个螺旋圈约含 6 个葡萄糖单位,而直链螺旋状结构中间的空穴恰好能容纳碘分子进入,通过范德华力,使碘与淀粉溶液作用生成蓝色配合物(图 13-2)。这个反应非常灵敏,常用于淀粉的鉴别。

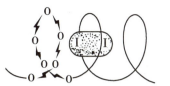

图 13-2　淀粉 - 碘蓝色物质的结构示意图

课 堂 活 动

乳品和乳制品中加入淀粉是一种掺假行为。掺入淀粉主要起增稠和稳定作用,同时提高乳品和乳制品的干物质含量,其实质是为了掩盖因大量掺水和盐类而造成的稀薄感,从而大大降低了乳粉的成本,然而却严重损害了消费者的经济利益和身体健康。请你思考如何检测乳品和乳制品中是否掺有淀粉。

(二) 支链淀粉

支链淀粉存在于淀粉的外层,组成淀粉的皮质。它由 20~30 个 α-D- 吡喃葡萄糖单位通过 α-1,4- 苷键结合成短链,几百条短链之间又以 α-1,6- 苷键连接而形成高度分支化的多支链结构,结构比直链淀粉复杂得多,相对分子质量比直链淀粉大,有的可达 600 万左右。支链淀粉的结构如下:

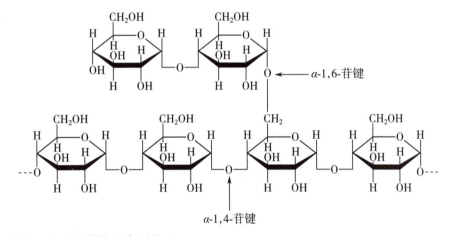

支链淀粉的分支状结构示意图见图 13-3。

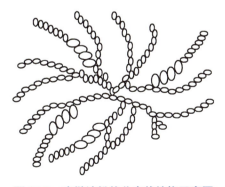

图 13-3　支链淀粉的分支状结构示意图

淀粉在酸或酶的作用下可逐步水解,最后得到葡萄糖。

糊精是淀粉部分水解的产物,为白色或淡黄色粉末,分子比淀粉小,但仍是多糖,溶于冷水,有黏性,用作黏合剂。

淀粉是发酵工业、制药工业中的重要原料,在药物制剂中用作赋形剂。在分析化学中,淀粉用作指示剂。

环糊精的结构及应用

淀粉经环糊精葡萄糖基转移酶酶解,可以得到由 6 个以上的葡萄糖通过 α-1,4- 苷键结合而成的环状低聚糖,总称为环糊精,主要由 6、7 和 8 个葡萄糖分子环合而成。其中最常见的是 α- 环糊精、β- 环糊精和 γ- 环糊精。经 X 射线衍射和核磁共振研究证明环糊精的立体结构是中空环形圆筒状(如无底的桶),圆桶外围是亲水的,圆筒内部为疏水的,圆筒直径随其种类而异,分别约为 0.6nm、0.8nm 和 1.0nm。由于这种特殊的结构,使它可容纳形状和大小适合的其他非极性分子或某些分子的非极性基团,形成包结物的特性。环糊精在包结物中作为"主分子",在其圆筒内将其他物质的分子作为"客分子"包结起来,通过微弱的范德华力将填充进空洞的"客分子"组合成单分子包结物,所以人们形象地称之为"分子囊"或"超微囊"。当各种物质与环糊精形成包结物后,其稳定性、挥发性、溶解性、气味、颜色等各种理化性质会发生显著的变化,因此被广泛用于医药、农药、食品、化学分析等方面。如环糊精包结物在药剂中可用于增加药物的溶解度,增加药物的稳定性,提高药物的生物利用度,降低药物的刺激性、毒性、副作用及掩盖苦味等。

二、糖原

糖原是在人和动物体内储存的一种多糖,又称动物淀粉或肝糖。食物中的淀粉转化为经消化吸收的葡萄糖可以糖原的形式储存于肝脏和肌肉中,因此糖原有肝糖原和肌糖原之分。

糖原的结构与支链淀粉相似,也是由 α-D- 葡萄糖通过 α-1,4- 苷键和 α-1,6- 苷键结合而成的,但其分支程度更密、更短,每隔 8~10 个葡萄糖单位就出现 1 个 α-1,6- 苷键,其相对分子质量为 100 万 ~400 万,含 6 000~20 000 个 D- 葡萄糖单位。

糖原是白色无定形粉末,可溶于热水形成透明的胶体溶液,遇碘显红色。糖原在体内的储存对维持人体的血糖浓度有着重要的调节作用。当血糖浓度增高时,多余的葡萄糖就聚合成糖原储存于肝内;当血糖浓度降低时,肝糖原就分解成葡萄糖进入血液,以保持血糖浓度正常,为各组织提供能量。肌糖原是肌肉收缩所需的主要能源。

三、纤维素

纤维素是自然界中分布最广、存在量最多的多糖,它是植物细胞壁的主要成分。木材中纤维素含量为 50%~70%，棉花是含纤维素最多的物质，含量达 90% 以上。纯的纤维素常用棉纤维获得，脱脂棉、滤纸几乎是纯的纤维素制品。

纤维素是由成百上万个 β-D- 葡萄糖分子通过 β-1,4- 苷键结合而成的长链分子，一般无分支链，与链状的直链淀粉结构相似，但纤维素分子链相互间通过氢键作用形成绳索状（图 13-4）。纤维素的结构如下：

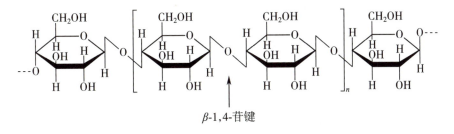

β-1,4-苷键

图 13-4　纤维素的绳索状链结构示意图

纤维素是白色物质，不溶于水，韧性很强，在高温、高压下经酸水解的最终产物是 β-D- 葡萄糖。人体内的淀粉酶只能水解 α-1,4- 苷键，不能水解 β-1,4- 苷键，因此纤维素不能直接作为人的营养物质。纤维素虽然不能被人体消化吸收，但有刺激胃肠蠕动、防止便秘、排出有害物质、减少胆酸和中性胆固醇的肝肠循环、降低血清胆固醇、影响肠道菌群、抗肠癌等作用，所以食物中保持一定量的纤维素对人体健康是十分有益的。牛、马、羊等食草动物的胃中能分泌纤维素水解酶，能将纤维素水解成葡萄糖，所以纤维素可作为食草动物的饲料。纤维素的用途很广，可用于制纸，还可用于制造人造丝、火棉胶、电影胶片、硝基漆等。在药物制剂中，纤维素经处理后可用作片剂的黏合剂、填充剂、崩解剂、润滑剂和良好的赋形剂。

知识链接

甲壳质在医药领域中的应用

甲壳质俗称甲壳素，是一种多糖类生物高分子，属于氨基多糖，是由 2- 乙酰氨基 -2- 脱氧 -D- 葡萄糖通过 β-1,4- 苷键结合而成的。在自然界中广泛存在于低等生物菌类、藻类的细胞中，节肢动物虾、蟹、昆虫的外壳中，软体动物（如鱿鱼、乌贼）的内壳和软骨中，高等植物的细胞壁中等。因为甲壳质的化学结构与植物中广泛存在的纤维素的结构非常相似，故又称为动物纤维素，是自然界中唯一带正电荷的可食性动物纤维素。医学科学界誉其为继蛋白质、脂肪、糖类、维生素和无机盐之后的第六生命要素。甲壳质在医药领域中有着广阔的应用前景，目前研究已证实甲壳质具有抗菌、抗感染、降血压、降血脂、降血糖和防止动脉硬化、抗病毒等作用，小分子的甲壳质还具有抗肿瘤作用。甲壳质还可用于制作隐形眼镜、人工皮肤、缝合线、人工透析膜和人工血管等。

四、多糖类天然药用高分子衍生物

(一) 淀粉及其衍生物

淀粉是人类的主要食物,也是制药工业中合成葡萄糖等药物的重要原料。淀粉常用作药物制剂的赋形剂。此外,淀粉还用于制备羧甲基淀粉钠(CMS-Na)。羧甲基淀粉钠为白色粉末,无臭,具有较强的吸湿性,吸水后最多可使其体积溶胀 300 倍,但不溶于水,只吸水形成凝胶,不会使沉淀的黏度明显增加,可作为药片及胶囊的崩解剂。

(二) 纤维素衍生物

1. 微晶纤维素　纤维素分子由排列规则的微小结晶区域(约占分子组成的 85%)和排列不规则的无定形区域(约占分子组成的 15%)组成。用强酸除去纤维素中的无定形区域得到白色的微晶纤维素,它的黏合力很强,可用作片剂的黏合剂、填充剂、崩解剂或润滑剂,片剂中的水溶性成分也可用微晶纤维素吸收。用脱脂棉制得的微晶纤维素是良好的赋形剂,其优点是可直接与药物混合后压片而不必制成颗粒。

2. 乙基纤维素　乙基纤维素是纤维素的乙基醚类,是用氯乙烷在碱性条件下与纤维素反应制得的。乙基纤维素为白色颗粒,可溶于乙醇、丙酮、乙酸乙酯和二氯乙烷等有机溶剂,它不易吸湿,浸于水中吸水量极少,且极易蒸发。乙基纤维素广泛用作缓释制剂、固体分散体载体,适用于对水敏感的药物。将其溶于有机溶剂中可用作黏合剂、薄膜包衣材料,亦用作骨架材料制备多种类型的骨架缓释片;用作混合膜材料制备包衣缓释制剂;用作包囊辅助材料制备缓释微胶囊。

3. 羟丙基纤维素　羟丙基纤维素是纤维素的羟丙基醚类,是用纤维素与环氧丙烷在碱催化下反应制得的。目前应用最广的是低取代羟丙基纤维素,它不溶于水,也不溶于有机溶剂,但可在水中溶胀,用作崩解剂。在制剂中广泛用作黏合剂、薄膜包衣材料等。

点滴积累

1. 多糖没有还原性,没有变旋现象,但一般都能水解,水解产物有还原性,有变旋现象。
2. 淀粉遇碘变蓝色,糖原遇碘变红色。
3. 淀粉、纤维素以及它们的衍生物羧甲基淀粉钠、乙基纤维素等多糖类天然药用高分子材料,因其功能特殊、性能优良,常用作药物制剂的黏合剂、崩解剂、赋形剂及缓释材料。

复习导图

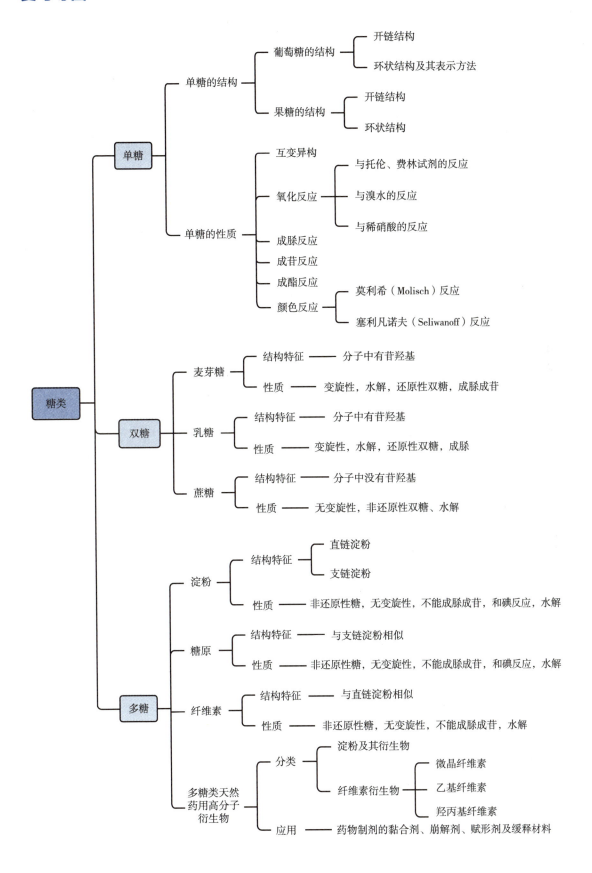

目标检测

一、写出下列各反应的主要产物

1. 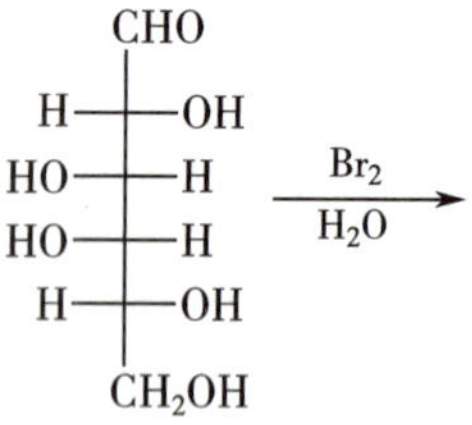
```
        CHO
   H ——— OH
  HO ——— H        Br₂
  HO ——— H      ————→
   H ——— OH       H₂O
       CH₂OH
```
$\xrightarrow[\text{H}_2\text{O}]{\text{Br}_2}$

2.
```
      CH₂OH
      C=O
   H ——— OH     PhNHNH₂(过量)
   H ——— OH    ——————————→
   H ——— OH
      CH₂OH
```

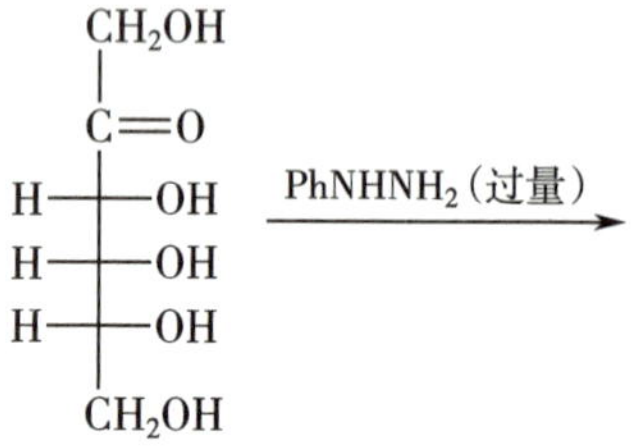

3. 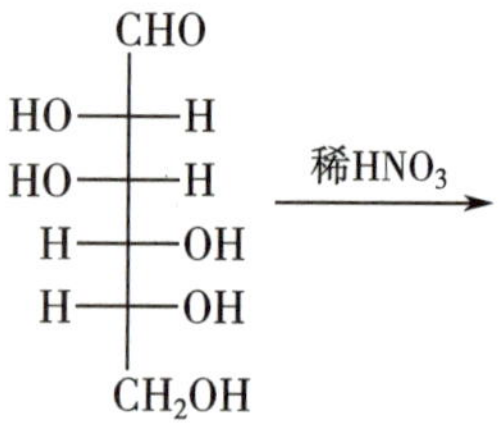
```
        CHO
  HO ——— H
  HO ——— H       稀HNO₃
   H ——— OH    ————————→
   H ——— OH
       CH₂OH
```

4. 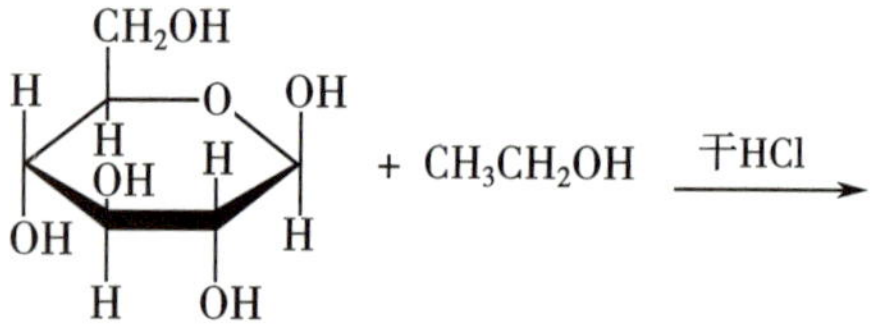
```
   CH₂OH
  H    O   OH
   OH  OH        + CH₃CH₂OH   干HCl
  OH       H    ——————————————→
   H   OH
```

二、用化学方法鉴别下列各组化合物

1. 葡萄糖、果糖、蔗糖

2. 葡萄糖、蔗糖、淀粉

3. 麦芽糖、蔗糖、果糖

4. 己醛、葡萄糖、果糖

三、推测结构

有 3 种单糖与过量苯肼反应后，得到了相同的糖脎。其中一种单糖的链状费歇尔投影式为：

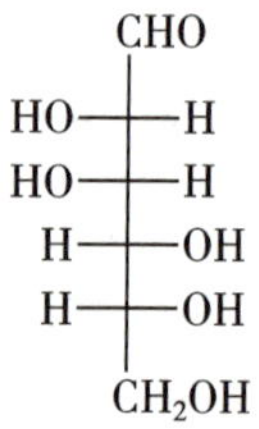

```
        CHO
  HO ——— H
  HO ——— H
   H ——— OH
   H ——— OH
       CH₂OH
```

1. 写出另外两种糖的链状费歇尔投影式并命名。

2. 写出这 3 种糖中醛糖的吡喃环状哈沃斯式、酮糖的呋喃环状哈沃斯式，并分别写出全称。

四、简答题

葡萄糖脑苷脂是一类糖脂,它可以在不同的组织中积累,可导致严重的神经性疾病甚至是威胁生命的戈谢病(即 Gaucher 症,又称葡萄糖脑苷脂沉积病,是一种家族性糖脂代谢疾病)。葡萄糖脑苷脂的结构如下:

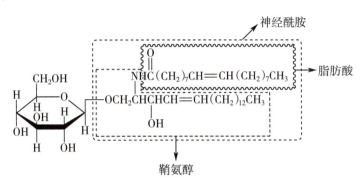

1. 请分析葡萄糖脑苷脂中的苷键是 α- 型还是 β- 型。
2. 请说出葡萄糖脑苷脂中的官能团。
3. 葡萄糖脑苷脂在酸性溶液中可以水解为葡萄糖和神经酰胺,神经酰胺又可水解为鞘氨醇和脂肪酸,请写出总水解反应式。

（王 静）

习题

实训十六 含氮化合物和糖的性质

一、实训目的

1. 观察糖、胺、尿素的主要化学反应的现象。
2. 学会鉴别糖、伯胺、仲胺和叔胺。

二、实训仪器和试剂

1. 仪器 试管、试管夹、水浴锅、酒精灯、白瓷点滴板、滴管、玻璃棒、红色石蕊试纸、碘化钾淀粉试纸、pH 试纸。

2. 试剂 5% 葡萄糖溶液、5% 果糖溶液、5% 蔗糖溶液、5% 麦芽糖溶液、2% 淀粉溶液、碘试剂、浓盐酸、浓硫酸、稀硫酸、浓硝酸、5% Na_2CO_3 溶液、10% NaOH 溶液、20% 尿素溶液、2% $CuSO_4$ 溶液、5% $AgNO_3$、2% $NH_3 \cdot H_2O$、亚硝酸钠溶液、本尼迪克特试剂、莫利希试剂、塞利凡诺夫试剂、饱和溴水、饱和重铬酸钾溶液、甲胺、苯胺、尿素、碱性 β- 萘酚试液、N- 甲基苯胺、N,N- 二甲基苯胺。

三、实训原理

糖类是多羟基醛或多羟基酮及其脱水缩合产物。根据能否水解将糖类分为 3 类:单糖、低聚糖和多糖。根据能否被托伦试剂、费林试剂氧化分为还原糖和非还原糖。单糖又可以分为醛糖和酮糖。

单糖一般都具有还原性,能与托伦试剂反应产生银镜;与费林试剂、本尼迪克特试剂产生砖红色的氧化亚铜沉淀;与过量苯肼生成黄色糖脎晶体。醛糖能被溴水氧化而使溴水颜色褪去,而酮糖不能。酮糖或含有酮糖的双糖与塞利凡诺夫试剂加热很快出现红色,而醛糖与塞利凡诺夫试剂加热出现红色迟缓。

双糖分子中有苷羟基则具有还原性,否则无还原性。麦芽糖、乳糖为还原性双糖,蔗糖为非还原性双糖。但蔗糖在酸或酶的作用下可水解为葡萄糖和果糖,水解液具有还原性。

多糖没有还原性。在酸或酶作用下发生水解,水解最终产物为单糖,水解液具有还原性。

所有的糖类化合物在浓硫酸作用下与莫利希试剂生成紫色化合物。淀粉遇碘变蓝色。

胺类化合物具有碱性。C_6 以下的胺易溶于水,其水溶液可使 pH 试纸呈碱性反应。胺与无机强酸生成能溶于水的强酸弱碱盐,从而使不溶于水的胺溶于强酸溶液中,再在其盐溶液中加入无机强碱,胺又游离出来,此性质可用于胺的分离提纯。

伯胺、仲胺的氮原子上有氢原子,可以发生酰化、磺酰化反应;而叔胺的氮原子上无氢原子,不能发生酰化、磺酰化反应。

胺可与亚硝酸发生反应,不同结构的胺反应结果各不同。脂肪族伯胺:生成相应的醇同时放出氮气;芳香族伯胺:控制温度在 0~5℃ 与亚硝酸生成重氮盐,重氮盐与碱性 β- 萘酚试液生成橙红色物质;仲胺:生成黄色的亚硝基化合物(油状物或固体);脂肪族叔胺:与亚硝酸发生酸碱中和反应,生成可溶性的盐;芳香族叔胺:生成芳环上的亚硝基化合物,在碱性溶液中为绿色,在酸性溶液中为橘红色。

苯胺是重要的芳香族伯胺,微溶于水,呈弱碱性,能与无机强酸作用生成可溶性苯胺盐。由于氨基对苯环的影响,具有一些特殊的性质,如容易与溴水反应而产生 2,4,6- 三溴苯胺白色沉淀。苯胺非常容易被氧化为有色物质。

尿素是碳酸的二酰胺,具有弱碱性,能与浓硝酸作用生成难溶于水的盐。尿素在碱性溶液中加热,发生水解而放出氮气。将尿素加热到熔点(150~160℃)以上,发生缩合反应生成缩二脲。在碱性溶液中,缩二脲与硫酸铜生成紫色配合物,称为缩二脲反应。

四、实训内容

(一)糖的性质

1. 糖的还原性

(1)与托伦试剂的反应:取 1 支洁净的大试管配制托伦试剂约 8ml,分装于 4 支洁净的小试管中,编号。再分别加入 5% 葡萄糖溶液、5% 果糖溶液、5% 麦芽糖溶液和 5% 蔗糖溶液各 5 滴,摇匀,将试管放在 60℃的热水浴中加热数分钟,观察和记录现象并解释。

(2)与费林试剂的反应:取费林试剂 A 和 B 各 4ml 混合均匀后,分装于 4 支试管中,编号。再分别加入 5% 葡萄糖溶液、5% 果糖溶液、5% 麦芽糖溶液和 5% 蔗糖溶液各 5 滴,摇匀,放在沸水浴中加热 2~3 分钟,观察和记录现象并解释。

(3)与本尼迪克特试剂的反应:取 5 支试管,编号。各加入本尼迪克特试剂 1ml,再分别加入 5% 葡萄糖溶液、5% 果糖溶液、5% 麦芽糖溶液、5% 蔗糖溶液和 2% 淀粉溶液各 5 滴,摇匀,放在沸水浴中加热 2~3 分钟,观察和记录现象并解释。

2. 糖的颜色反应

(1)莫利希反应:取 5 支试管,编号。分别加入 5% 葡萄糖溶液、5% 果糖溶液、5% 麦芽糖溶液、5% 蔗糖溶液和 2% 淀粉溶液各 1ml,再各加 2 滴莫利希试剂,摇匀。将试管倾斜使呈 45° 角,沿管壁慢慢加入浓硫酸 1.5ml,使酸液进入试管底部,慢慢将试管转直,观察两层界面的颜色变化,观察和记录现象并解释。

(2)塞利凡诺夫反应:取 5 支试管,编号。各加塞利凡诺夫试剂 1ml,再分别加入 5% 葡萄糖溶液、5% 果糖溶液、5% 麦芽糖溶液、5% 蔗糖溶液和 2% 淀粉溶液各 5 滴,摇匀,浸在沸水浴中 2 分钟,观察和记录现象并解释。

(3)淀粉与碘的反应:取 1 支试管,加入 1 滴 2% 淀粉溶液、4ml 水和 1 滴碘试剂,观察颜色变化。将此溶液稀释至浅蓝色,加热,再冷却,观察颜色变化,记录并解释发生的现象。

3. 蔗糖和淀粉的水解

(1)蔗糖的水解:取两支试管,各加入 5% 蔗糖溶液 1ml,然后在第 1 支试管中加入 3 滴浓盐酸,第 2 支试管中加入 3 滴蒸馏水,摇匀后,将两支试管同时放入沸水浴中加热 5~10 分钟。取出冷却后,第 1 支试管中加入 5% Na_2CO_3 溶液中和至弱碱性(无气泡放出为止,或用 pH 试纸检查),然后向两支试管中各加入本尼迪克特试剂 10 滴,摇匀,再放入沸水浴中加热 2~3 分钟,观察和记录现象并解释。

(2)淀粉的水解:在试管中各加入 2% 淀粉溶液 2ml 和 3 滴浓盐酸,摇匀后放入沸水浴中加热。加热到 10~15 分钟,取出 3 滴于点滴板上,用碘试剂检验不变色即可。用 5% Na_2CO_3 溶液中和水解后的溶液至弱碱性(无气泡放出为止,或用 pH 试纸检查),然后加入本尼迪克特试剂 1ml,摇匀,放入沸水中加热 2~3 分钟,观察和记录现象并解释。

(二) 胺的性质

1. 胺的碱性

(1)碱性检验:用干净的玻璃棒分别蘸取甲胺和苯胺于湿润的 pH 试纸上,细心观察,比较它们的碱性强弱,记录并解释。

(2)与酸反应:在试管中加入 3 滴苯胺和 1ml 水,振摇,观察溶解情况。边摇边向试管中滴加浓盐酸溶液,观察和记录现象并写出反应式。再逐滴加入 10% NaOH 溶液,观察和记录现象并解释。

2. 与亚硝酸的反应　取 3 支大试管,编号。分别加入苯胺、N- 甲基苯胺和 N,N- 二甲基苯胺各

5 滴,然后各加入 1ml 浓盐酸和 2ml 水。另取 3 支试管,各加入 0.3g 亚硝酸钠晶体和 2ml 水,振摇使其溶解,并将所有试管放在冰水浴中冷却至 0~5℃。

1# 试管:往其中慢慢边摇边滴加亚硝酸钠溶液,直到取出反应液 1 滴滴在碘化钾淀粉试纸上出现蓝色,停止加亚硝酸钠溶液。加入数滴碱性 β- 萘酚试液,析出橙红色沉淀。

2# 试管:往其中慢慢滴加亚硝酸钠溶液,直到有黄色固体(或油状物)析出,加碱到碱性,而不变色。

3# 试管:往其中慢慢滴加亚硝酸钠溶液,直到有黄色固体生成,加碱到碱性,固体变绿色。

观察和记录上述一系列现象并解释,并得出相应的结论。

3. 酰化反应 取 1 支干燥的试管,加入苯胺 10 滴,边摇边滴加乙酸酐 10 滴,并将试管放入冷水中冷却。然后加入 5ml 水,振摇。观察和记录发生的现象并解释。

4. 苯胺的特性

(1)与溴水反应:在试管中加入 1 滴苯胺和 4ml 水,振摇后逐滴加入饱和溴水 2~3 滴,观察和记录发生的现象,并写出反应方程式。

(2)氧化反应:在试管中加入 1 滴苯胺和 2ml 水,再加入 3 滴饱和重铬酸钾溶液和 10 滴稀硫酸,振摇,观察和记录现象并解释。

(三)尿素的性质

1. 尿素的弱碱性 取 1 支试管,加入 20% 尿素溶液 5 滴,再加入 5 滴浓硝酸,振摇,观察和记录发生的现象,并写出反应方程式。

2. 尿素的水解 在试管中加入 10% NaOH 溶液 10 滴和 20% 尿素溶液 5 滴,试管口放 1 片润湿的红色石蕊试纸,加热试管,扇闻产生的气体的气味,观察试纸颜色的变化,记录现象,并写出反应方程式。

3. 缩二脲的生成和缩二脲反应 在干燥的试管中加入约 0.2g 固体尿素,用酒精灯先小火加热,观察现象。继续加热扇闻产生的气体的气味并用润湿的红色石蕊试纸在管口检验,记录现象并解释。随着加热的进行,试管内的熔融物逐渐变稠,最后凝固,此生成物即是缩二脲。将试管放冷后,加入 2ml 水和 10% NaOH 溶液 3~5 滴,用玻璃棒搅拌并加热,尽量使固体溶解。然后将一部分上层清液转入另 1 支试管中,逐滴加入 2% $CuSO_4$ 溶液 2~4 滴,观察颜色变化,记录并解释发生的现象。

五、实训提示

1. 莫利希反应很灵敏。糖类物质都有此反应,但甲酸、草酸、乳酸、丙酮、葡萄糖醛酸及糠醛衍生物等也能与莫利希试剂反应产生颜色。因此阳性反应只表明可能含有糖类,而阴性反应则表明肯定不含糖类。

2. 塞利凡诺夫试剂与酮糖的反应比醛糖快 15~20 倍,在短时间内,酮糖已呈红色而醛糖此时没有变化,但不能加热时间过长,否则醛糖也会出现红色。

3. 淀粉遇碘变蓝色是因为形成了一种包合物,加热时包合物的结构受到破坏,所以颜色消失,冷却后重新形成包合物,颜色也随之恢复。

4. 苯胺有毒,可透过皮肤吸收而引起人体中毒,注意不可直接与皮肤接触。

5. 在酸性溶液中,亚硝酸与碘化钾作用析出碘遇淀粉变蓝色,因此混合物中含有游离的亚硝酸可用淀粉 - 碘化钾试纸来检验。

6. 苯胺与溴水反应时,反应液有时呈粉红色,这是因为溴水将部分苯胺氧化为有色物质。

7. 乙酸酐有毒,使用时应避免直接与皮肤接触或吸入其蒸气。

8. 芳伯胺与亚硝酸生成重氮盐的反应与 β- 萘酚的偶合反应均需在低温(0~5℃)下进行,实验过程中试管始终不能离开冰水浴。

9. 小心使用浓硫酸、浓硝酸和溴水,切勿滴到皮肤上。

10. β- 萘酚有毒,切忌入口。若触及皮肤,应立即用肥皂清洗。

六、实训思考

1. 区分还原糖和非还原糖的方法有几种?

2. 试比较苯胺和苯酚性质的异同。

3. 如何区分脂肪族伯胺和芳香族伯胺?

4. 在糖的还原性实验中,蔗糖与本尼迪克特试剂长时间加热,有时可以得到阳性结果,为什么?

（王 静）

第十四章　萜类和甾体化合物

第十四章
萜类和甾体
化合物
（课件）

学习目标

1. **掌握**　萜类化合物的定义、结构特点及分类；甾体化合物的基本结构和分类。
2. **熟悉**　萜类化合物的化学性质；甾体化合物的命名。
3. **了解**　重要的萜类和甾体化合物及其在医药领域中的应用。

导学情景

情景描述：

　　风油精因具有清凉、止痛、止痒的作用，用于蚊虫叮咬及伤风感冒引起的头痛、头晕，晕车不适等，是居家及外出旅行的常备药。血脂检查是生化检查中的一个重要项目，在一定程度上可反映人体的基础代谢状况，还可以预示部分疾病的发生。

学前导语：

　　风油精中的薄荷脑、樟脑、桉油都属于萜类化合物。血脂中的胆固醇属于甾体化合物。本章我们将学习萜类和甾体化合物的结构、分类、命名等。

　　萜类和甾体化合物在自然界中广泛存在，在生物体内有着重要的生理作用。它们可以从生物体内提取，也可以人工合成。萜类和甾体化合物是两类不同的物质，都与人类的生产生活有着密切的联系。在医药领域中它们有的可以直接作为药物，有的用作药物合成的原料。同时，这些化合物在化妆品、食品、制造业等领域也有着广泛的应用。

第一节　萜类化合物

　　萜类化合物广泛存在于植物、昆虫及微生物中，其骨架庞杂、种类繁多、数量巨大、生物活性广泛。从植物体中采用水蒸气蒸馏或溶剂提取的方法，得到的不溶于水的油状液体称挥发油（或香精油），如薄荷油、樟脑油、松节油等。挥发油的主要成分是萜类化合物，它们是重要的天然香料，有的也作为药物使用，具有祛痰、止咳、祛风、发汗、驱虫、镇痛的生理活性。除挥发油外，中草药中的许多色素、树脂、苦味素等大多也属于萜类化合物。

一、萜类化合物的结构

从化学结构上看,萜类化合物可以看作是由两个或多个异戊二烯碳架首尾相连或相互聚合而成的烃类化合物及其衍生物。我们将这一结构特征称为"异戊二烯规则"。例如,玫瑰油中的香叶醇可以看作是两个异戊二烯单元头尾连接而成的含氧衍生物,柠檬油中的柠檬烯可以看作是两个异戊二烯单元聚合而成的环状化合物。

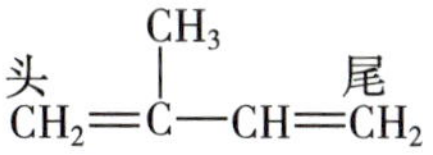

异戊二烯 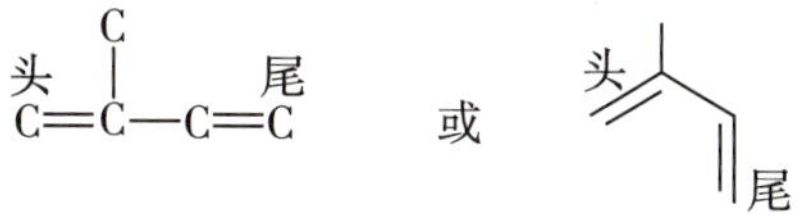　　　　　　异戊二烯碳架

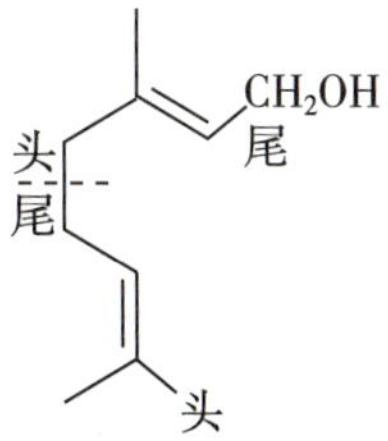

香叶醇 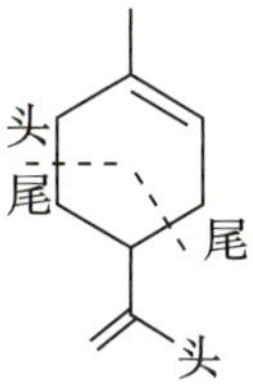　　　　　　柠檬烯

需要指出的是,异戊二烯规则是通过对大量萜类分子结构分析归纳出来的规律,它能反过来指导分析未知萜类的结构。但经同位素标记的生物合成实验证明,生物体内萜类化合物的真正合成前体是甲戊二羟酸。因此,也可以说凡是由甲戊二羟酸衍生而成,且分子式符合$(C_5H_8)_n$通式的烃及衍生物均称为萜类化合物。

二、萜类化合物的分类和命名

萜类化合物常根据分子中所含的异戊二烯单元数进行分类,见表 14-1。

表 14-1　萜类化合物的分类

类别	异戊二烯单元数	碳原子数	实例
单萜	2	10	薄荷醇、柠檬醛、樟脑
倍半萜	3	15	金合欢醇、青蒿素、姜烯
二萜	4	20	维生素 A、紫杉醇
三萜	6	30	甘草次酸、角鲨烯
四萜	8	40	胡萝卜素、番茄红素
多萜	>8	>40	橡胶、杜仲胶

此外,还可根据碳架的不同,将萜类分为无环、单环、二环、三环、多环等,该分类常与异戊二烯单元数结合使用,称无环单萜、单环单萜、二环单萜、二环二萜、四环二萜等。萜类化合物也可根据其官能团,分为烯、醇、醛、酮、羧酸、酯、苷等萜类。

萜类化合物由于其结构复杂,所以常采用音译或来源的俗名或俗名再加上"烷""烯""醇""醛""酮"等命名,如樟脑、薄荷醇、柠檬醛等。

(一) 单萜

单萜由 2 个异戊二烯单元构成,按环系又可分为无环单萜、单环单萜和二环单萜等。单萜类化合物大多是挥发油的主要成分。

1. 无环单萜 无环单萜类化合物的基本碳架如下图所示,代表结构柠檬醛。

无环单萜基本碳架 柠檬醛

柠檬醛广泛存在于各种挥发油(柠檬油、橘子油等)中,具有柑橘类水果的清香,可用作香料,也是合成维生素 A 的原料。

2. 单环单萜 单环单萜类化合物中都含有一个六元碳环,基本碳架如下所示,代表结构薄荷醇。

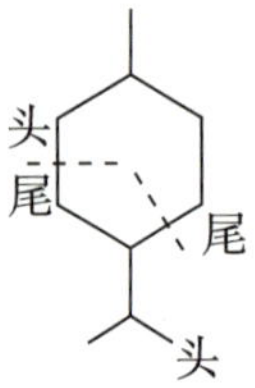

单环单萜基本碳架 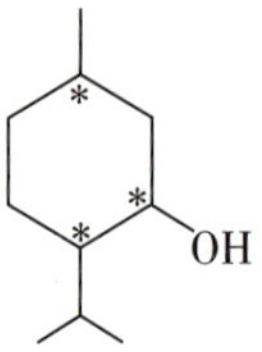 薄荷醇

薄荷醇(又称薄荷脑),是薄荷油的主要成分,主要存在于草本植物薄荷的茎、叶中。薄荷醇分子中有 3 个手性碳,理论上存在 8 个旋光异构体,天然存在的为左旋体。薄荷醇具有芳香清凉气味,是牙膏、糖果中常用的添加剂。在医药领域中,薄荷醇具有杀菌、防腐、止痛止痒等功效,常用作清凉剂、祛风剂,是清凉油、咽喉含片、人丹等药品的主要成分。

ER 14-2

二环单萜的
母体结构

3. 二环单萜 二环单萜从结构上看是一个六元环分别与三元环或四元环、五元环共用 2 个碳原子所构成的桥环化合物。其母体结构主要有蒎烷、莰烷(樟烷)、蒈烷和苧烷。其中最常见的是蒎烷和莰烷的衍生物,例如,蒎烷衍生物 α- 蒎烯、莰烷衍生物 2- 莰酮(樟脑)。

α-蒎烯 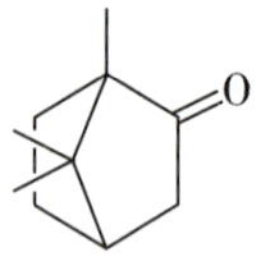 樟脑

α- 蒎烯是松节油的主要成分(占 70%~80%)。松节油具有祛风除湿、通络止痛的作用,也是合成冰片、樟脑的原料。樟脑主要存在于樟树中,天然樟脑为右旋体,有强烈的樟木气味和辛辣味道,可驱虫、防蛀。樟脑能兴奋呼吸和循环系统,医药领域中用于制备强心药、清凉油、十滴水等。

(二) 倍半萜

倍半萜是由 3 个异戊二烯单元组成的化合物,结构上主要有无环、单环、二环等,多以醇、酮、内酯或苷等形式存在于挥发油中。例如金合欢醇、姜烯等。

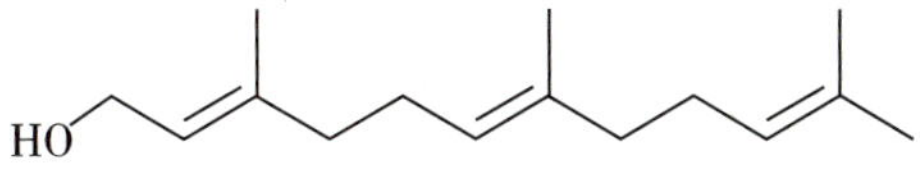

金合欢醇 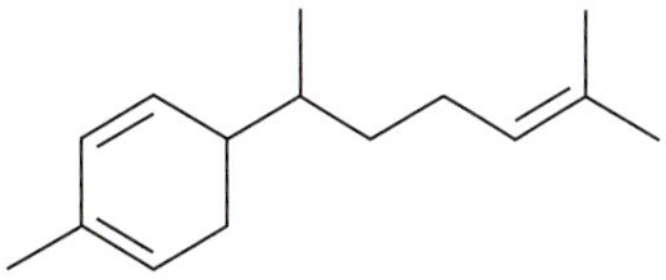　　　　　　　　　　　姜烯

知识链接

青蒿素

1972 年,我国科学家屠呦呦受古代医药典籍启发,采用低温萃取技术,从黄花蒿中分离提取得到了一种分子式为 $C_{15}H_{22}O_5$ 的无色针状晶体,并将其命名为青蒿素。后来经过全国多个研究小组协作,确证青蒿素是一种含有独特过氧桥结构的倍半萜衍生物。药理学研究证明,青蒿素是非常有效的抗疟药,临床上主要用于治疗间日疟、耐氯喹的重症恶性疟和脑型疟。2015 年,屠呦呦因发现青蒿素挽救了数百万人的生命而获得诺贝尔生理学或医学奖。

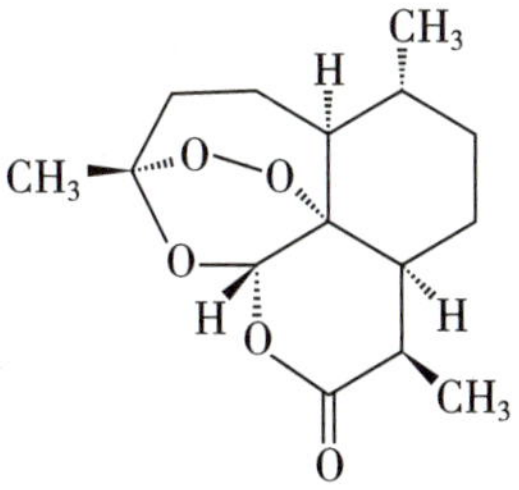

青蒿素

(三) 二萜

二萜是由 4 个异戊二烯单元组成的化合物,有无环、单环、二环、三环等多种结构。二萜广泛存在于植物界中,如组成叶绿素的植物醇为无环二萜、维生素 A 为单环二萜。很多二萜具有较强的生物活性,有的是重要药物,如穿心莲内酯、丹参酮、银杏内酯等。

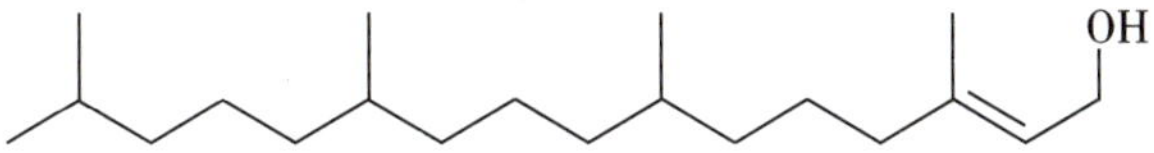

植物醇

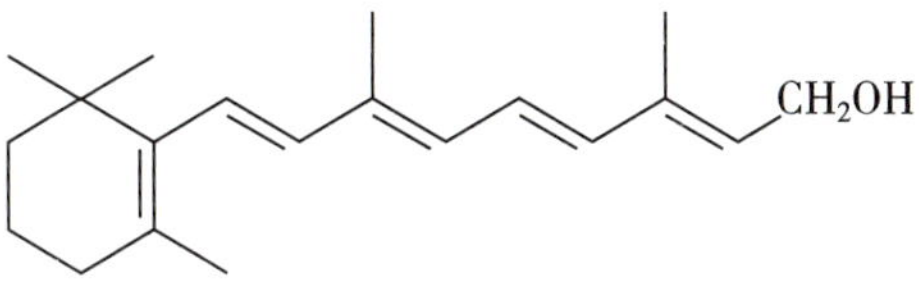

维生素A 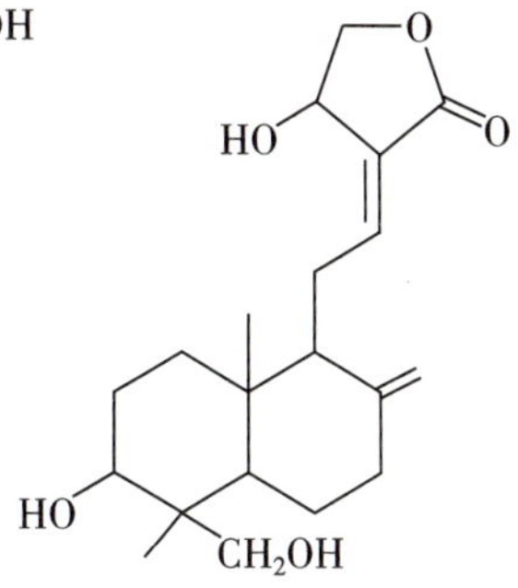　　　　　　　　　　　穿心莲内酯

(四) 三萜和四萜

三萜含有 6 个异戊二烯单元,广泛存在于动植物中,如角鲨烯、甘草次酸等。

四萜含有 8 个异戊二烯单元,这类化合物分子都含有一个较长的碳碳双键共轭体系,一般都有黄至红的颜色,因此也称多烯色素,如 β- 胡萝卜素、番茄红素、虾青素等。

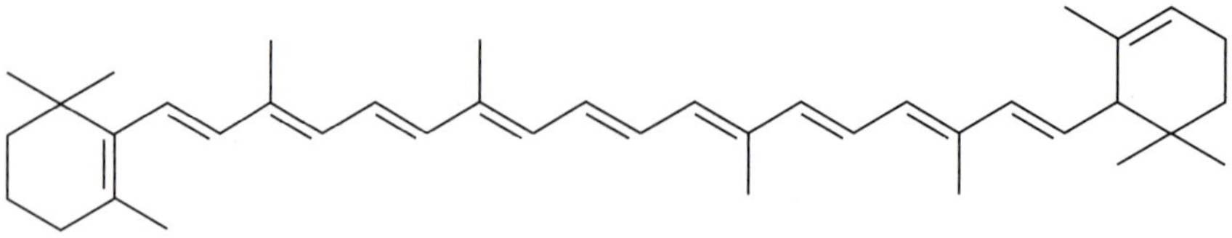

β-胡萝卜素

三、萜类化合物的性质

课 堂 活 动
请根据异戊二烯规则划分植物醇和 β- 胡萝卜素的碳架。

(一) 物理性质

1. **性状** 单萜、倍半萜常温下多为液体,具有挥发性,能随水蒸气蒸馏,有特殊香味;二萜及以上多为固体,不具有挥发性。萜类多具有苦味,有的味极苦,也称苦味素;极少数味甜,如二萜多糖苷甜菊苷的甜味是蔗糖的 300 倍。

2. **旋光性** 萜类多有手性碳原子,具有光学活性。

3. **溶解性** 萜类一般难溶或不溶于水,可溶于甲醇、乙醇及亲脂性有机溶剂,如乙醚、三氯甲烷、石油醚等。随着含氧官能团的增加或成苷的萜类,水溶性增大。

(二) 化学性质

萜类化合物的化学性质由其所含的官能团决定。例如,碳碳双键、羟基、羧基、羰基等可发生加成反应、氧化反应、脱氢反应等。

1. **加成反应** 含有双键或羰基的萜类化合物,可发生加成反应,其产物往往具有结晶性。如含双键的柠檬烯与氯化氢加成,含羰基的香叶醛与亚硫酸氢钠加成,均可得到完好晶型的产物,可用于该类化合物的分离与纯化。

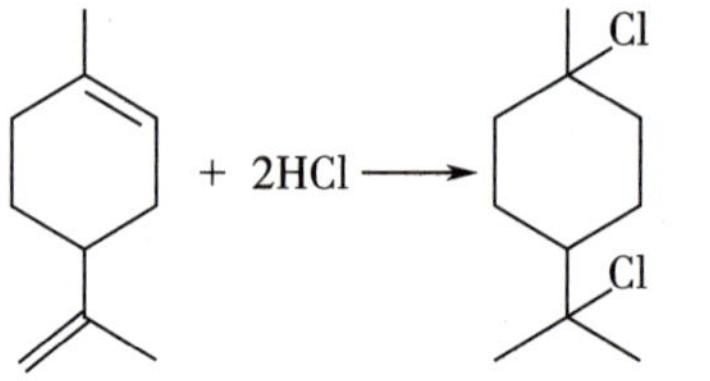

2. **氧化反应** 不同的氧化剂在不同的条件下可将萜类成分中某些基团氧化,生成各种不同的氧化产物。常用的氧化剂有臭氧、三氧化铬等。

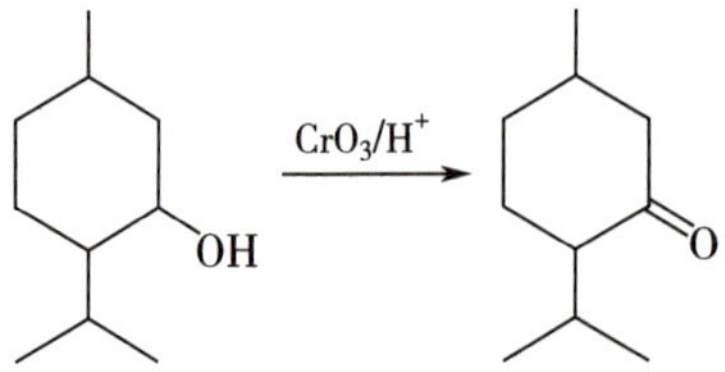

薄荷醇　　　　　薄荷酮

课 堂 活 动
请根据结构特点分析樟脑、松节油的物理性质和化学性质,并采用化学方法进行鉴别。

3. 脱氢反应　在惰性气体的保护下,用铂黑或钯作催化剂,萜类与硫或硒共热(200~300℃)实现脱氢。

> **点滴积累**
>
> 1. 萜类化合物可看作由两个或多个异戊二烯单元聚合而成的烃类化合物及其衍生物(异戊二烯规则)。
> 2. 萜类化合物可分为单萜、倍半萜、二萜、三萜、四萜、多萜等。
> 3. 萜类化合物的化学性质由其所含的官能团决定。

第二节　甾体化合物

甾体化合物(又称甾族化合物或类固醇类化合物)广泛存在于动植物体内,很多具有重要的生理活性,对动植物体的生命活动起着重要作用。甾体化合物在动植物体内含量较少,常需人工合成,它们有的直接作为药物,有的是药物合成中间体,与医药领域联系密切。

一、甾体化合物的结构

甾体化合物母体氢化物的基本骨架是环戊烷并多氢菲的甾烷。四个环一般用 A/B/C/D 表示,环上碳原子按顺序编号。多数甾体化合物甾烷母体上常连有侧链,一般在 C-10 和 C-13 上各连有一个甲基,称为角甲基,在 C-17 上则连有不同碳原子数的碳链或含氧基团。"甾"字很形象地表示了这种结构特征,在含有四个稠合环"田"字上连有三个侧链"巛"。其骨架如下所示:

ER 14-3

甾体化合物
基本结构记
忆法

甾烷

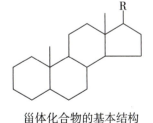

甾体化合物的基本结构

> **知识链接**
>
> **甾体化合物的构型与构象**
>
> 　天然甾体化合物分子中 B/C 环和 C/D 环均为反式稠合(ee 稠合),只有 A/B 环稠合方式不同。因此,根据 A/B 环稠合方式的不同,将甾体化合物分为 2 种类型:正系(5β- 型)和别系(5α- 型)。
>
> **1. 正系**　在正系甾体化合物中,A/B 环为顺式稠合(ea 稠合)。

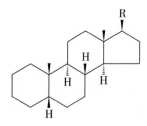

| 正系甾体化合物的构型式 | 正系甾体化合物的构象式 |

从构型式看,C-5 上的氢原子和 C-10 上的角甲基取向相同,指向环平面的前方,用实线表示,称为 β- 构型,所以正系又称为 5β- 型。

2. **别系**　在别系甾体化合物中,A/B 环为反式稠合(ee 稠合)。

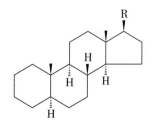

| 别系甾体化合物的构型式 | 别系甾体化合物的构象式 |

从构型式看,C-5 上的氢原子与 C-10 上的角甲基取向不同,指向环平面的后方,用虚线表示,称为 α- 构型,所以别系又称为 5α- 型。

甾环碳架上所连的原子或基团在空间有不同取向时,也采用 α/β 表示。即与角甲基在环平面同侧的取代基称 β- 构型,用实线表示;与角甲基在环平面异侧的取代基称 α- 构型,用虚线表示。

二、甾体化合物的命名

甾体化合物常根据其来源或生理作用衍生出的俗名命名,如胆固醇、皮质酮等。

采用系统命名法命名甾体化合物,需首先确定甾体母体的名称,然后在母体名称前后标明取代基或官能团的位置、构型、数目及名称。

(一) 甾体母体的命名

根据 C-10、C-13 上角甲基的有无,以及 C-17 位所连侧链的不同,常见的甾体母体有 6 种。即甾烷、雌甾烷、雄甾烷、孕甾烷、胆(酸)烷、胆甾烷,详见表 14-2。

表 14-2　6 种常见的甾体母体及其结构特点

母体名称	母体结构	结构特点
甾烷		C-10、C-13 上无角甲基 C-17 上无侧链

母体名称	母体结构	结构特点
雌甾烷	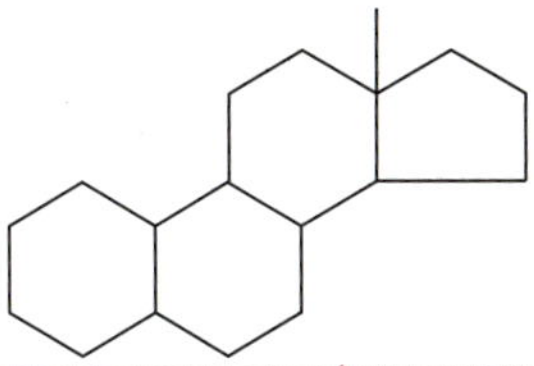	C-13 上有角甲基 C-17 上无侧链
雄甾烷	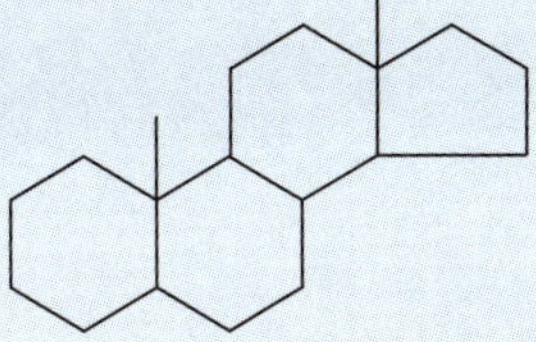	C-10、C-13 上有角甲基 C-17 上无侧链
孕甾烷	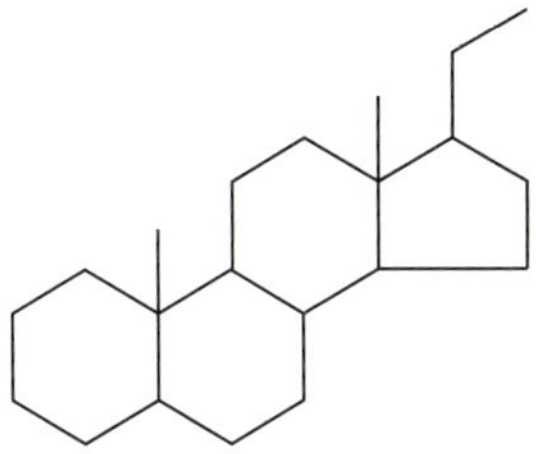	C-10、C-13 上有角甲基 C-17 上有乙基
胆烷	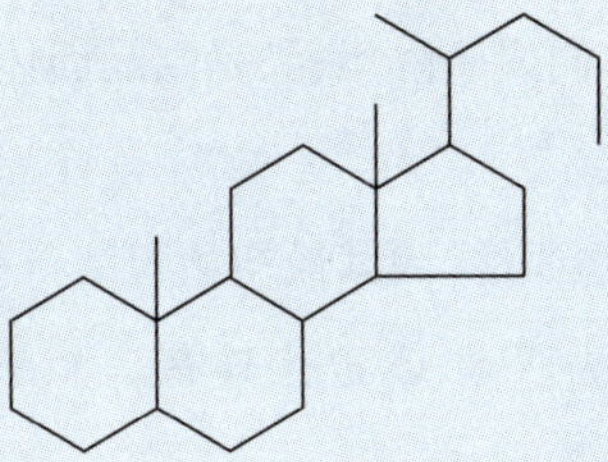	C-10、C-13 上有角甲基 C-17 上有 5 个碳的侧链
胆甾烷	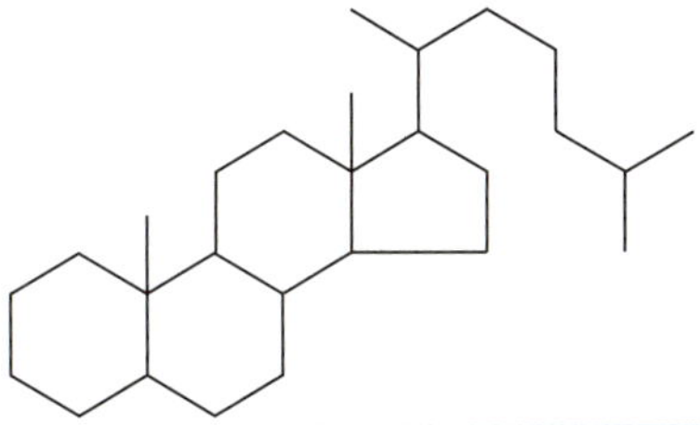	C-10、C-13 上有角甲基 C-17 上有 8 个碳的侧链

（二）甾体化合物的命名

确定母体名称后，再根据以下规则对甾体化合物进行命名。

甾体母体中含有碳碳双键时，将"烷"改成"烯"，并标明双键的位次。有时也用"Δ"表示双键，"Δ"右上角的数字是双键的位次。取代基的位次和名称写在母体之前，α/β 标明取代基的构型；不作为取代基的官能团，其位次和名称放在母体之后。例如：

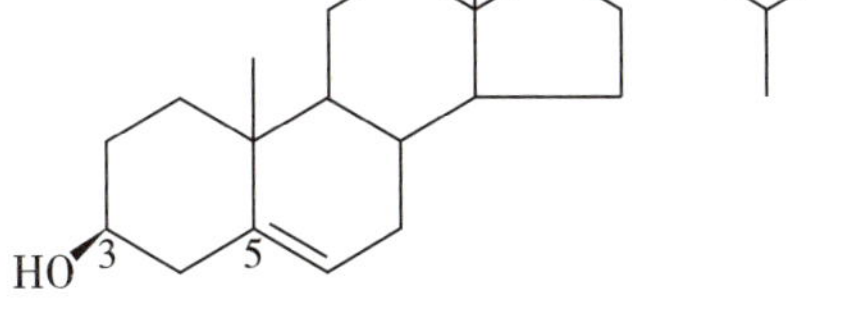

3β-羟基胆甾-5-烯
（或 Δ^5-3β-羟基胆甾烯）

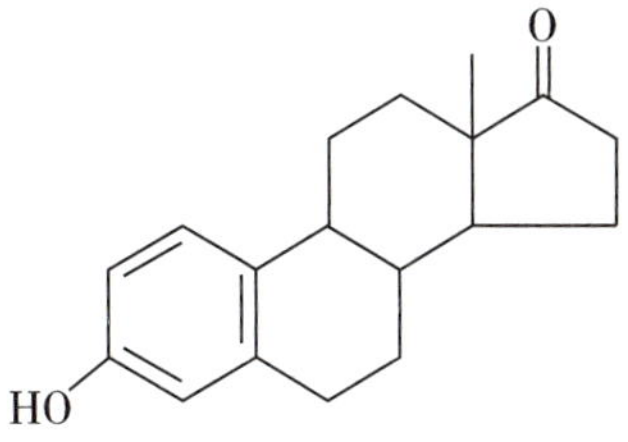

3-羟基雌甾-1,3,5（10）-三烯-17-酮
（或 $\Delta^{1,3,5(10)}$-3-羟基三甾烯-17-酮）

请采用系统命名法对下列化合物进行命名。

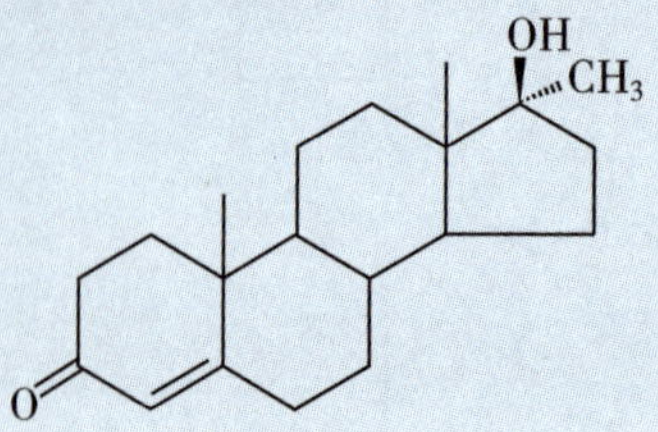

三、甾体化合物的分类

一般根据甾体化合物的结构、来源和生理功能进行分类。甾体化合物广泛存在于动植物体内，种类繁多，不能一一列举，下面介绍几类具有代表性的甾体化合物。

(一) 甾醇类

甾醇是最早发现的甾体有机化合物，它们属于醇类，又是结晶固体，所以又称固醇。甾醇常以游离或酯、苷的形式广泛存在于动植物体内。

1. 胆固醇(胆甾醇) 胆固醇是一种动物固醇，因其最初从胆结石中获得而得名。其结构特点是 C-3 上连有 β 构型的羟基，C-5 与 C-6 间为双键，C-17 上连有一个 8 个碳原子的烷基侧链，属于胆甾烷衍生物，其结构式如下：

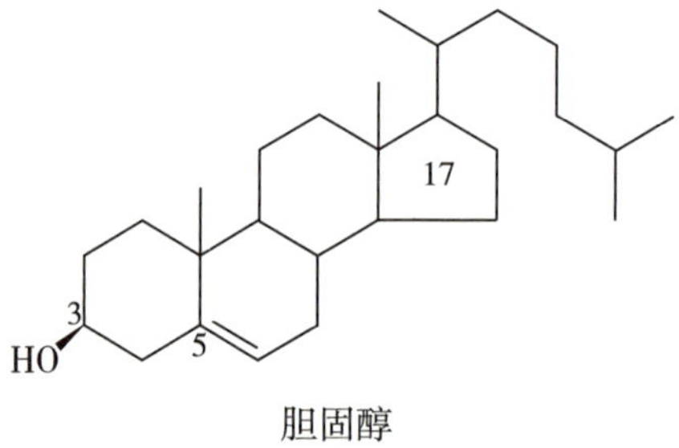

胆固醇

胆固醇主要存在于人和动物的脂肪、血液、脑和脊髓中，也是细胞膜的重要组成成分，生物膜的流动性与其有密切的关系。同时，胆固醇还是生物合成胆甾酸和甾体激素的前体，在人体内有重要作用。因此，机体需要足够的胆固醇来维持其正常生理功能，但人体内胆固醇含量过高，也可引起胆结石、高血压、动脉粥样硬化等病症。

2. 7- 脱氢胆固醇和麦角固醇 7- 脱氢胆固醇是动物固醇，其化学结构与胆固醇相似，仅在 C-7 和 C-8 之间多了一个碳碳双键。麦角固醇属于植物固醇，主要存在于某些植物如麦角中，酵母中也有存在。麦角固醇比 7- 脱氢胆固醇在 C-24 上多一个甲基，在 C-22 和 C-23 之间多一个碳碳双键。在紫外线照射下，7- 脱氢胆固醇和麦角固醇 B 环开环分别生成维生素 D_3 和维生素 D_2。

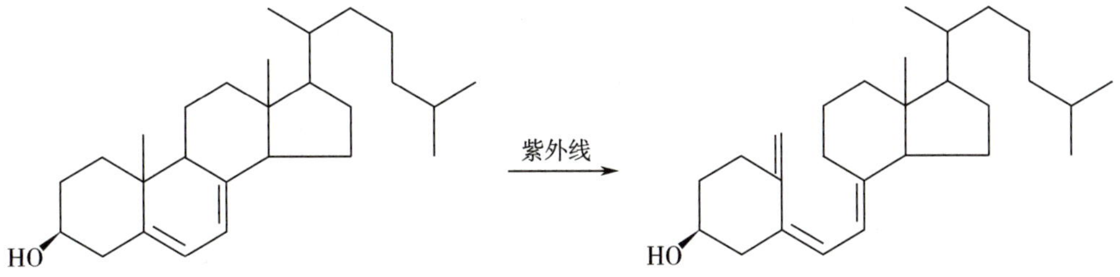

7-脱氢胆固醇　紫外线→　维生素D₃

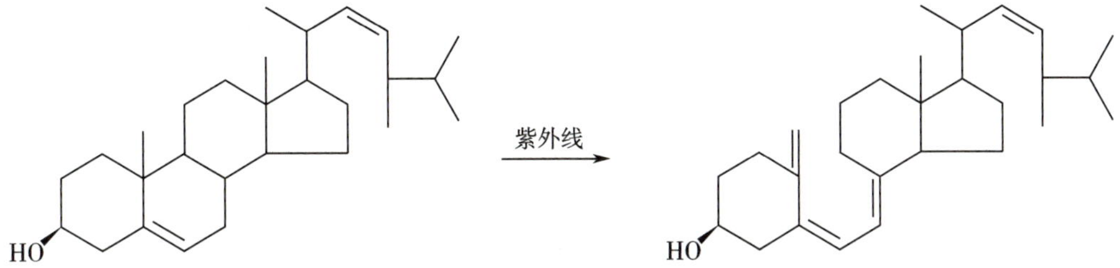

麦角固醇　紫外线→　维生素D₂

（二）胆甾酸类

胆甾酸是人和动物胆组织分泌的一类甾体化合物。其结构特点是 C-5 上的氢为 β 构型,分子内无双键,羟基多为 α 构型,C-17 侧链上含有 5 个碳原子,链端有一羧基,所以称为胆甾酸。人体中的胆固醇可以直接生物合成胆甾酸,目前已经发现的胆甾酸有 100 多种,其中最重要的是胆酸和脱氧胆酸。

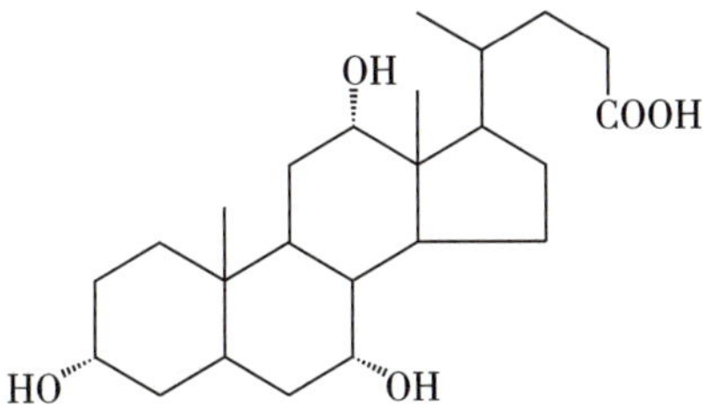

胆酸 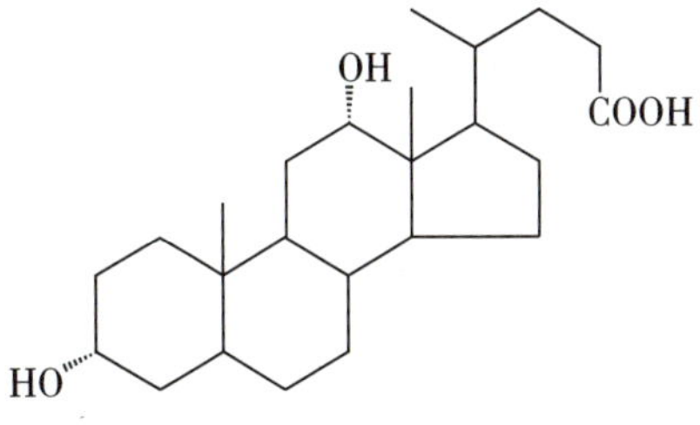　　　　　　　　7-脱氧胆酸

> **知识链接**
>
> ### 胆汁酸的乳化作用
>
> 在人体胆汁中游离状态的天然胆甾酸含量较低,多数与甘氨酸(H_2NCH_2COOH)、牛磺酸($H_2NCH_2CH_2SO_3H$)中的氨基通过酰胺键结合形成结合胆甾酸,这些结合胆甾酸统称为胆汁酸。在小肠的碱性条件下,大部分胆汁酸以钠盐或钾盐的形式存在,称为胆汁酸盐。胆汁酸盐分子内既有亲水性的羟基和羧基(或磺酸基),又有具有疏水性的甾环。这种分子具有乳化作用,能够使脂肪及胆固醇酯等疏水的脂质乳化成细小微粒状态,增加消化酶对脂质的接触面积,使脂类易于消化吸收。临床上,甘氨胆酸钠和牛磺胆酸钠的混合物可用于治疗胆汁分泌不足引起的疾病。

（三）甾体激素

甾体激素按其来源又分为肾上腺皮质激素和性激素。

1. 肾上腺皮质激素　肾上腺皮质激素是由肾上腺皮质所分泌的一类激素。其结构特征是母体为孕甾烷，C-3 为酮基，C-4 和 C-5 间为双键，C-17 上连有 1 个 2- 羟基乙酰基。例如：

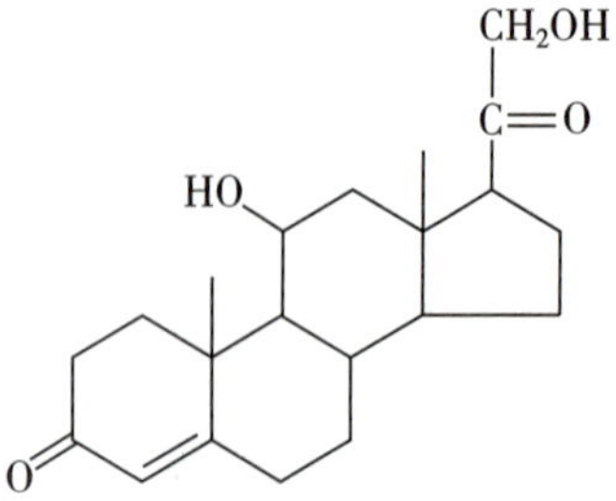

皮质酮 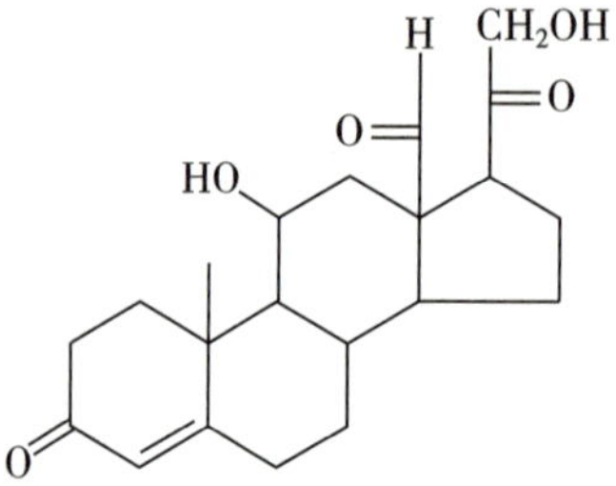　　　　　　　　醛固酮 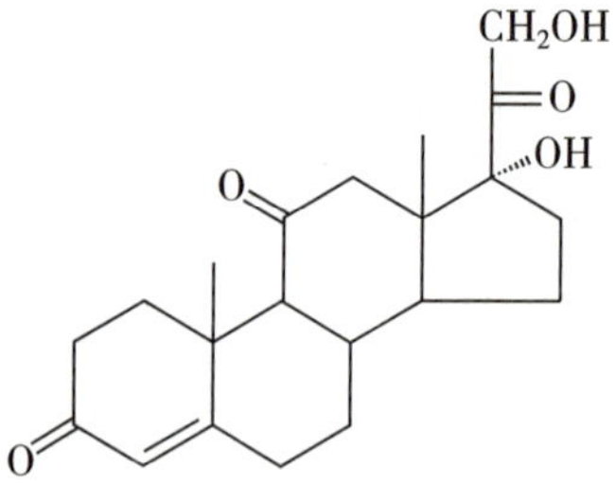　　　　　　　　可的松

肾上腺皮质激素的生理药理作用

肾上腺皮质激素是肾上腺皮质分泌的激素，根据生理功能不同可分为两类。一类是主要影响组织中的电解质转运和水分布的盐皮质激素，例如醛固酮；另一类是主要影响糖、蛋白质和脂肪代谢的糖皮质激素，例如可的松。

盐皮质激素主要有保钠、保水和排钾的作用，在维持人体的正常水盐代谢、体液容量和渗透平衡方面有重要作用。糖皮质激素对糖、蛋白质和脂肪代谢都有影响，主要作用是促进蛋白质分解和糖异生。肾上腺皮质激素缺乏会导致人体虚弱无力，出现头痛、恶心、低血压、低血糖等症状。临床上，糖皮质激素类药物应用较广泛，该类药物有抗炎、抗内毒素、抗休克、免疫抑制与抗过敏等作用。但其也有不可忽视的副作用，例如引发皮肤萎缩变薄、肥胖、骨质疏松、高血压、糖尿病等病症。因此，使用糖皮质激素类药物必须在医师或药师的指导下进行，以确保用药的有效性和安全性。

2. 性激素　性激素是性腺（睾丸、卵巢、黄体）所分泌的甾体激素，具有促进动物发育、生长及维持性特征的生理功能，分为雄激素和雌激素两类。

（1）雄激素：天然雄激素母体是雄甾烷，C-17 上无碳链而连有羟基或酮基。雄激素中活性最大的是睾酮。

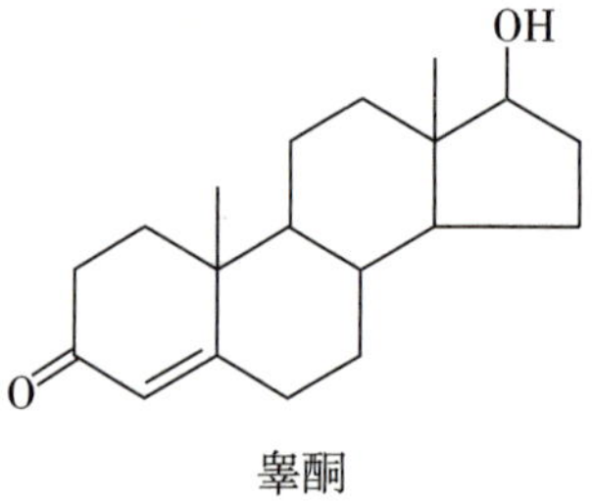

睾酮

雄激素具有促进蛋白质合成、抑制蛋白质代谢的同化作用，能够使肌肉发达、骨骼粗壮。

案例: 2017 年，在国际田联巡回赛上，1 名田径运动员因尿样检出甲睾酮而被取消成绩。在竞技运动中使用兴奋剂不仅会损害运动员的身体健康，也破坏了比赛的公平性。因此，兴奋剂检测一直是运动竞技赛中的必要环节之一。合成类固醇类是使用频率较高的一类兴奋剂,代表药物为甲睾酮等。

分析:甲睾酮为人工合成的雄激素,从结构上看是天然雄激素睾酮的 C-17 甲基衍生物,临床上作为性激素替代疗法的药物使用。运动员违规使用甲睾酮,能够促进肌肉的生长发育,增强使用者的体力和机体强度。但是这种兴奋剂潜在的副作用很大,长期使用会引起肌肉损伤、女性男性化、肝功能损害、心力衰竭等症状,严重危害身心健康。该类药物是体育竞技中的违禁药物。

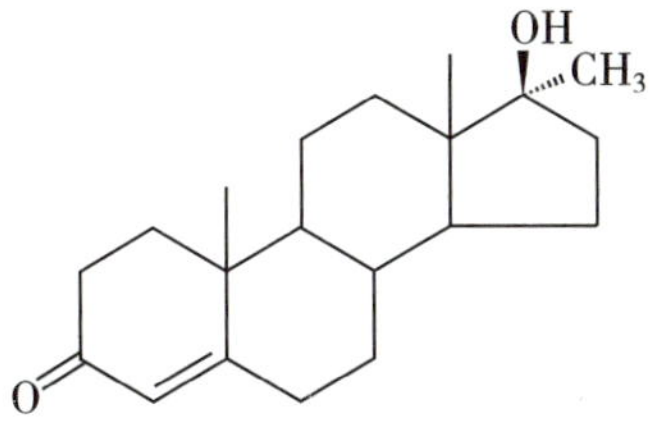

甲睾酮

(2) 雌激素:天然雌激素的母体为雌甾烷,A 环为苯环,C-3 上有 1 个酚羟基,C-10 上无角甲基,C-17 上连有羟基或酮基。雌激素在临床上主要用于治疗绝经期综合征、卵巢功能不全、闭经等女性疾病。雌二醇是自然界活性最强的雌激素。

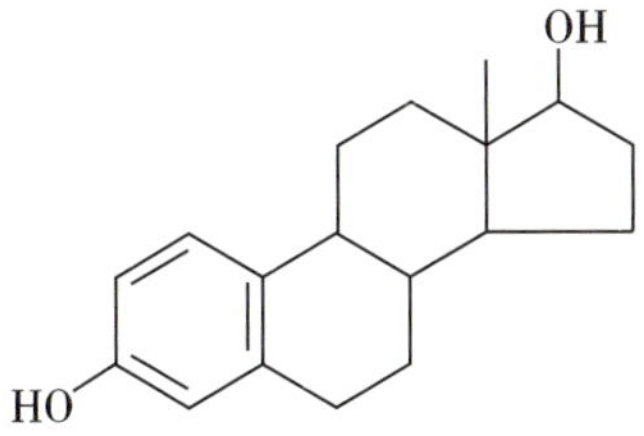

雌二醇

由黄体分泌的激素称为孕激素,也属于雌激素,如黄体酮。黄体酮临床上用于月经失调、习惯性流产、功能失调性子宫出血等疾病的治疗。

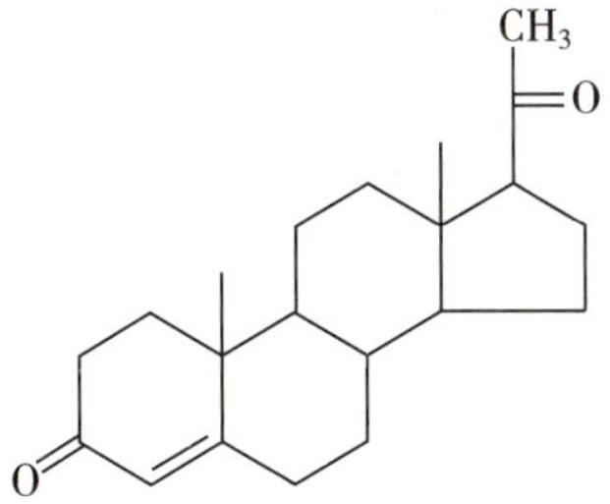

黄体酮

(四) 强心苷类

强心苷是存在于动植物体内具有强心作用的甾体苷类化合物。在医药领域中用作强心剂,用于治疗心力衰竭和心律失常等,大剂量可引起中毒。强心苷的苷元是甾体化合物,其结构中 C-17 多含有五元不饱和内酯或六元不饱和内酯。

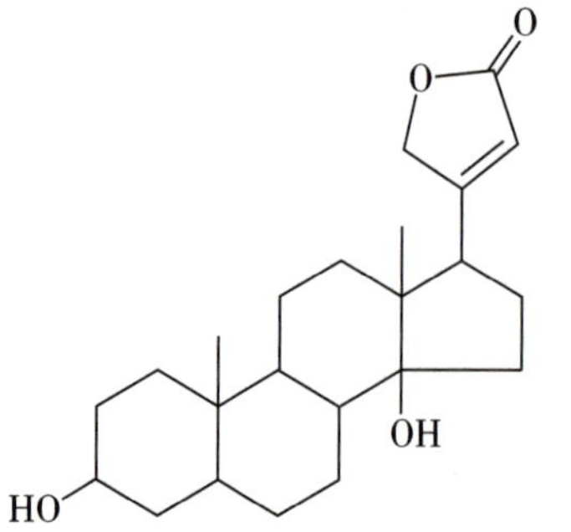

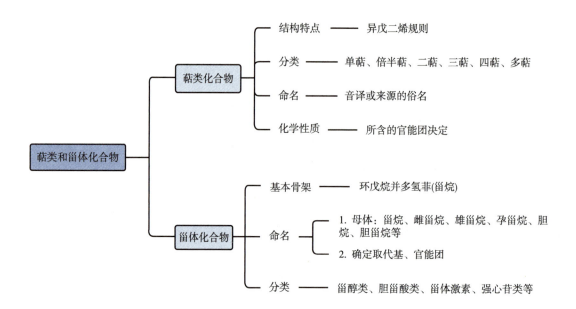

洋地黄毒苷元 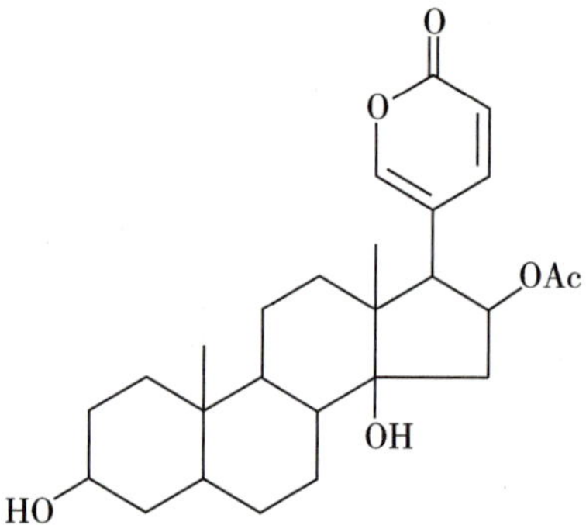   蟾蜍他灵

点滴积累

1. 甾体化合物的基本骨架是环戊烷并多氢菲（甾烷）。
2. 甾体化合物的系统命名根据相应甾体母体的衍生物命名。
3. 甾体化合物可分为甾醇类、胆甾酸类、甾体激素及强心苷类等。

复习导图

```
                          结构特点 —— 异戊二烯规则
                          分类 —— 单萜、倍半萜、二萜、三萜、四萜、多萜
              萜类化合物
                          命名 —— 音译或来源的俗名
                          化学性质 —— 所含的官能团决定
萜类和甾体化合物
                          基本骨架 —— 环戊烷并多氢菲(甾烷)
                                      1. 母体：甾烷、雌甾烷、雄甾烷、孕甾烷、胆
              甾体化合物    命名           烷、胆甾烷等
                                      2. 确定取代基、官能团
                          分类 —— 甾醇类、胆甾酸类、甾体激素、强心苷类等
```

目标检测

一、用化学方法鉴别下列各组化合物

1. 柠檬醛、樟脑、薄荷醇

2. 胆酸、胆固醇

二、简答题

1. 请划分出下列化合物的异戊二烯单元,并指出其分别属于哪类萜类化合物。

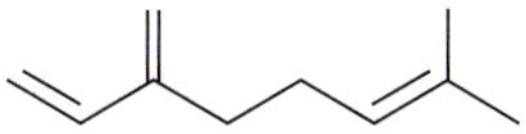

月桂烯   γ-红没药烯

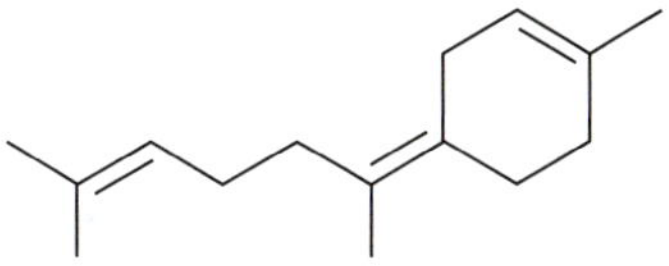

2. 醋酸地塞米松是一种肾上腺皮质激素类药物,临床上用于风湿性关节炎、红斑狼疮、支气管哮喘、皮炎和某些感染性疾病的综合治疗。其结构如下,请说出其母体名称,指出其所含有的官能团并试着分析其典型的化学性质。

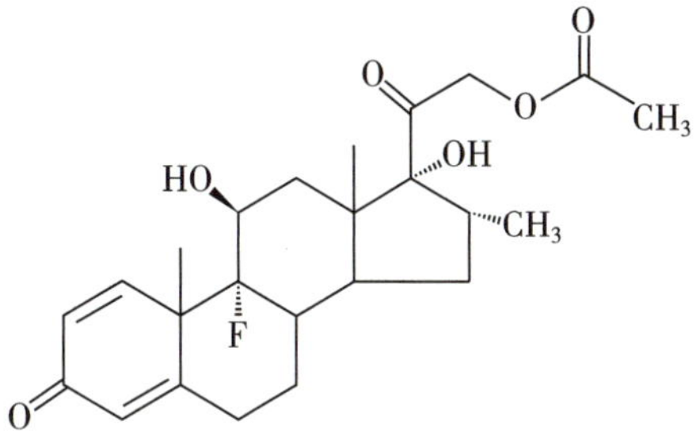

醋酸地塞米松

三、推测结构

香茅醛是一种萜类化合物,常用作香料,它的分子式为 $C_{10}H_{18}O$,香茅醛与托伦试剂反应生成香茅酸,香茅酸的分子式为 $C_{10}H_{18}O_2$。用高锰酸钾氧化香茅醛得到丙酮与 3- 甲基己二酸。请试写出香茅醛和香茅酸的结构式。

ER 14-4

习题

(周水清)

第十五章　有机合成简介

第十五章
有机合成简
介(课件)

> **学习目标**
>
> 1. **掌握**　有机化合物碳架的构建途径和官能团的引入。
> 2. **熟悉**　有机化合物的分离提纯方法。
> 3. **了解**　有机合成路线的设计,有机合成的选择性控制,有机化合物元素的定性与定量分析、相对
>   分子质量的测定和结构式的确定,绿色化学。

> **导学情景**
>
> **情景描述:**
>
> 　　有机合成是化学领域的核心,是开发新的化学物质或对已有化学物质进行改进的主要手段,是
> 化学家改造世界创造未来最有力的工具。原料药是药物制剂中的有效成分,在医药产业链中处于核
> 心环节,堪称医药工业的"芯片",在医药行业中占据重要地位,经过几十年的发展,我国目前已成为
> 全球主要的原料药生产和出口大国,而原料药主要是通过有机合成进行制备的。
>
> **学前导语:**
>
> 　　解热镇痛药阿司匹林最初是从柳树皮中提取分离的,天然来源有限,而有机合成可大量制备。
> 本章我们将学习有机合成反应,有机化合物的提纯和鉴定,绿色化学。

　　有机合成是有机化学的一个重要分支,以 1828 年维勒(F. Wöhler)成功地从氰酸铵合成尿素为
标志,有机合成经历了近 2 个世纪的发展历史,现已成为当代化学研究的主流之一。有机合成是有
机化学的核心,是化学和医药工业的基础。有机合成是一个富有创造性的领域,它不仅要合成自然
界中含量稀少、使用广泛的有机物,也要合成在自然界中未发现的、适宜高新技术发展、满足人类生
活需要的新有机物,是开发新的有机合成药物的手段。

第一节　有机合成反应

　　有机合成一般是指利用简单而易得的原料,通过有机化学反应制取较复杂的新化合物的过程。
掌握有机化合物的基本合成方法是学习有机化学的一项主要内容。有机化合物的合成涉及几乎所
有重要的基本有机化学反应及官能团之间的相互转化,其中很多重要的合成方法都有其内在的规

律性。有机合成中最突出、最核心的问题就是有机化合物合成路线的设计,即最佳合成路线的选择问题。

一、有机合成路线的设计

有机合成是一门实验科学。在实现合成之前,必须先选择一条合理的有机合成路线,即路线设计是合成工作的第一步,是有机合成的灵魂。设计、筛选出一个比较合理的合成路线,需要设计者熟练掌握和运用有机化学反应,因为许多合成路线的设计是采用逆向合成分析法,即从拟合成的有机化合物(目标化合物)开始,通过"切断"和逆向推导,最终确定该有机化合物的合成路线及所需的原料。这种合成设计通常为三步:①对特定目标化合物的结构特征和理化性质进行收集、分析和预测,为有机合成的顺利进行提供尽可能多的信息,避免走不必要的弯路;②在对特定目标化合物结构特征和理化性质分析的基础上,一步一步逆向推导目标化合物的各种可能的合成路线和起始原料;③从合成的方向对合成路线进行考察,通过对该合成过程的可行性、原料的易得性、产率、分离提纯及经济性等问题的综合考虑,最后筛选出原料经济、途径简捷、副反应少、产率高、条件简单、操作简便、切实可行的合成设计方案。例如:

拟合成的目标化合物为:

$$(CH_3)_2CHCH_2\overset{\displaystyle O}{\overset{\|}{C}}CH_2CH_2CH(CH_3)_2$$

合成逆向分析:

$$(CH_3)_2CHCH_2\overset{\displaystyle O}{\overset{\|}{C}}CH_2CH_2CH(CH_3)_2$$

$$\Downarrow$$

$$(CH_3)_2CHCH_2C\equiv CCH_2CH(CH_3)_2$$

$$\Downarrow$$

$$(CH_3)_2CHCH_2Br + HC\equiv CH$$

比较适合选择的原料为 $(CH_3)_2CHCH_2Br$ 和 $HC\equiv CH$。

较好地利用逆向分析法、有效地设计合理的有机合成路线的关键,是对所涉及的有机化学反应的特点有比较全面的了解,所以掌握有机化学中重要的基本反应是至关重要的。

二、有机化合物碳架的构建

目标化合物碳架的构建主要有 4 种途径:增长碳链、在芳环上引入烃基、成环及开环,有时也要考虑碳链的断裂。

(一) 增长碳链的方法

1. 炔化钠与卤代烃的反应 在炔化钠的碳架上增加碳原子数,增加的碳原子数由卤代烃中的—R 提供。

$$-C\equiv CNa + RX \longrightarrow -C\equiv C-R + NaX$$

2. 羰基化合物与格氏试剂的反应 在羰基化合物的碳架上增加碳原子数,增加的碳原子数由格氏试剂中的—R 提供。

$$\diagdown C=O + RMgX \xrightarrow{\text{无水乙醚}} R-\overset{|}{\underset{|}{C}}-OMgX$$

3. 卤代烃与 NaCN 醇溶液的反应 在卤代烃的碳架上增加 1 个碳原子。

$$RX + NaCN \xrightarrow{\text{醇}} RCN$$

4. 羰基化合物与 HCN 的反应 在羰基化合物的碳架上增加 1 个碳原子。

$$\diagdown C=O + HCN \longrightarrow \overset{OH}{\underset{CN}{\diagdown C \diagup}}$$

5. 醇醛缩合反应 在羰基化合物的碳架上增加若干个碳原子,增加的碳原子数目来源于作为亲核试剂的醛。

$$\diagdown C=O + H-\overset{|}{\underset{|}{C}}-CHO \xrightarrow{\text{稀碱}} -\overset{OH}{\underset{|}{C}}-\overset{|}{\underset{|}{C}}-CHO$$

亲核试剂

6. 酯缩合反应 增加的碳原子数目由作为亲核试剂的酯决定。

$$-\overset{O}{\overset{\|}{C}}-\overset{O}{\overset{\|}{C}}-OR + H-\overset{|}{\underset{|}{C}}-\overset{O}{\overset{\|}{C}}-OR \xrightarrow[\text{②}H^+]{\text{①}C_2H_5ONa} -\overset{|}{\underset{|}{C}}-\overset{O}{\overset{\|}{C}}-\overset{|}{\underset{|}{C}}-\overset{O}{\overset{\|}{C}}-OR$$

亲核试剂

(二) 在芳环上引入侧链

在芳环上引入侧链的反应主要有 2 类。

1. 傅 - 克反应 利用傅 - 克反应在芳烃上引入侧链,侧链的碳架取决于卤代烃中的烃基碳架或酰卤中的碳架。

ER 15-2
苯环上烷基的引入

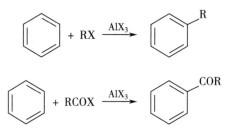

由于傅 - 克烷基化反应在反应过程中易发生碳架的异构化,所以一般仅适用于芳烃的甲基化或乙基化,而傅 - 克酰基化则无异构化现象,是引入芳烃侧链比较有效的方法。

2. 重氮盐的取代反应 利用重氮盐与氰化钾的反应,在芳烃上引入含 1 个碳原子的取代基。

(三) 碳环的形成

成环反应是一类重要的有机化学反应,通过成环反应可以将链状化合物转化成环状化合物。

1. 第尔斯 - 阿尔德反应　利用共轭二烯烃与带有活性基团的烯合成六元环状化合物。

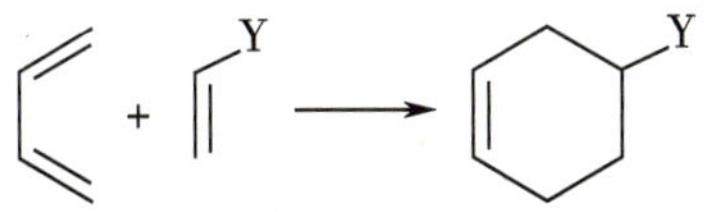

其中,Y 为—CHO、—CN、—NO$_2$、—COOH 等活性基团。

2. 狄克曼反应　二元酸酯中的 2 个酯基被 3 个以上的碳原子隔开时,可以发生分子内的酯缩合反应,形成环状的 β- 羰基酯。

3. 醇酮反应　在醇钠的作用下,二元酸酯除发生成环的酯缩合反应外,还可以发生另外一种成环反应——醇酮反应,得到的是 α- 羟基环酮。

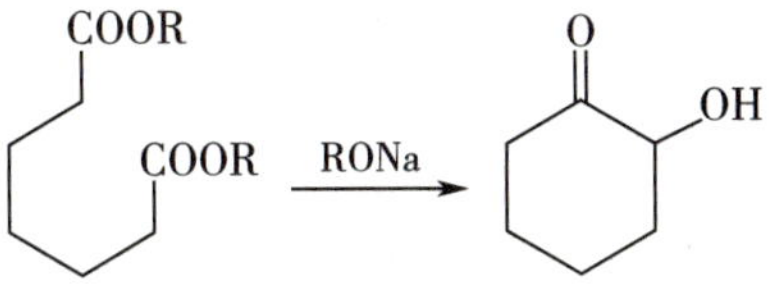

4. 索普反应　选择适当的二腈,在醇钠的作用下,一个 α-H 加到—C≡N 上,经过水解反应,得到 β- 环酮酸,β- 环酮酸受热脱羧转化为环酮。

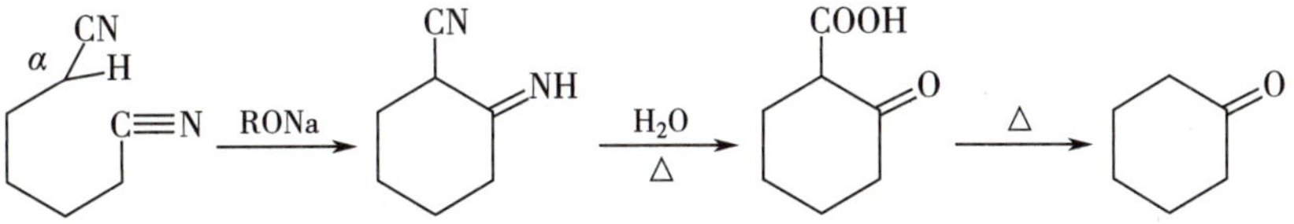

(四) 碳环的断裂

碳环的断裂通常是通过氧化反应实现的。例如环烯、萘的开环氧化。

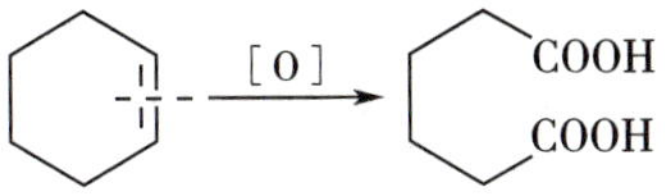

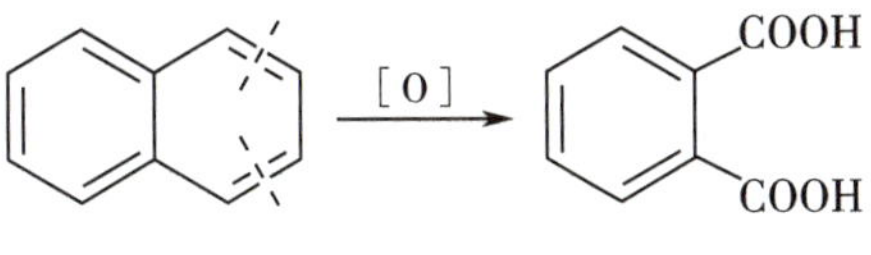

(五) 缩短碳链的方法

在目标化合物的结构骨架基本建立以后,有时需要消除某个不必要的官能团,而在消除官能团的同时往往碳架的原子数目略有缩减。

1. 不饱和链烃的氧化　不饱和链烃的氧化反应中减少的碳原子数目由烯烃和炔烃的结构决定。

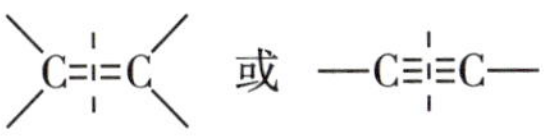

2. 甲基酮的碘仿反应　通过碘仿反应可以减少 1 个碳原子。

$$R-\overset{\displaystyle O}{\overset{\displaystyle \|}{C}}-CH_3 \xrightarrow{\text{NaIO}} RCOONa + CHI_3\downarrow$$

3. 羧酸的脱羧反应　通过脱羧反应可以减少 1 个碳原子。

$$R\text{-}\underset{\vdots}{COO}\,Na \qquad HOOC\text{-}\underset{\vdots}{COO}\,H \qquad HOOC-(CH_2)_n\text{-}\underset{\vdots}{COO}\,H\ (n\text{=}4\text{或}5)$$

4. 酰胺的霍夫曼降解反应　通过霍夫曼降解反应可以减少 1 个碳原子。

$$R-\overset{\displaystyle O}{\overset{\displaystyle \|}{C}}-NH_2 + NaBrO \longrightarrow R-NH_2 + NaBr + CO_2\uparrow$$

三、有机合成中官能团的引入

不同形式的碳架与各种官能团的组合,构成了数目繁多的有机化合物。通过学习化合物碳架的构建,可以看到在利用一些原料构建化合物的碳架时会随即带入一些官能团。例如,利用傅 - 克酰基化反应,在芳环上引入侧链的同时,可随即带入羰基;利用氧化反应,断裂不饱和键的同时,可随即带入醛基、酮基或羧基。由于随即带入的官能团不一定符合目标化合物的要求,所以碳架构建基本完成后的工作,就是要引入目标化合物需要的官能团,主要方法是将在构建碳架时带入的官能团转化为目标化合物中所需要的官能团。

(一) 官能团的转化

在化合物的碳架构建基本完成后,就要根据碳架的结构,选择适当的化学反应引入目标化合物中需要的官能团,主要方法就是充分利用化合物结构中已有的官能团进行转化。例如:

1. 利用不饱和键的加成反应引入官能团　利用不饱和键的加成反应引入的官能团主要有卤素、羟基等。引入的卤素、羟基不一定是目标化合物直接需要的,但它们均可以转化成为其他官能团的活泼基团。

2. 利用卤素的转化　通过卤代烃的取代反应,可将—X 转化成—OH、—OR、—NH₂、—CN 等。其中, —CN 经过水解还可进一步转化为—COOH。

3. 利用羟基的转化　利用醇的脱水反应,可以将羟基转化为碳碳双键或醚键;利用羟基的氧化反应,可以将羟基转化为羰基或羧基;利用羟基卤代反应,可以将羟基转化为卤素。

4. 利用羰基的转化　羰基不仅在化合物的碳架形成中具有重要作用,在官能团的转化中也仍然是个主角。利用羰基的加成反应,可以得到含有—OH、—CN、—C=N—等官能团的化合物;利用羰基的还原反应,可以使羰基转化为—OH 或—CH₂—。

5. 利用含氮基团的转化　当芳环中引入硝基或氨基后,通过重氮化反应,可得到重氮盐。利用重氮盐的取代反应,可以引入—X、—CN、—OH 等官能团;利用重氮盐的偶联反应,可得到偶氮化合物的官能团—N=N—;利用重氮盐的还原反应,还可得到含有—NH—NH₂ 的肼类化合物。

(二) 官能团的保护

进行有机合成时,不仅要设计官能团引入、转化的方法,还应考虑对某些官能团进行保护的措施——引入保护基,避免这些官能团受到反应试剂或反应条件的影响而产生副反应。理想的保护基应具备的条件:①在其他官能团反应的条件下是稳定的;②保护基的引入与消除的反应容易进行;③保护基的引入与消除的反应收率非常高。

案例分析

案例:某化学合成工艺中需要将对甲基苯酚转化为对羟基苯甲酸。如果直接将对甲基苯酚中的甲基氧化为羧基,由于酚羟基很容易被氧化,不可能得到预期的产物。此时,就要考虑酚羟基的保护问题,让酚羟基转化为稳定的基团。

分析:要想由对甲基苯酚得到对羟基苯甲酸可以使对甲基苯酚与碘甲烷反应,将酚羟基转化为酚醚,酚醚比较稳定,在甲基氧化条件下稳定,待甲基氧化后再水解还原为酚羟基,从而顺利得到预期的化合物。

下面介绍几种官能团的常用保护方法。

1. 双键的保护 双键易被氧化,通常采取使之饱和的方法进行保护。例如,可以用卤素保护双键,通过卤素与双键的加成反应,使烯烃转化为邻二卤烷。完成保护作用后,加锌便可除去卤素而重新得到双键。

2. 羟基的保护 羟基易被氧化,可以利用酯化反应或生成缩醛的反应,以酯基(—OCOR)或烷氧基(—OR)的形式对—OH进行保护。酯和缩醛不易被氧化,而且容易通过水解反应将—OH再释放出来。

3. 羰基的保护 醛基易被氧化,可以利用生成缩醛的反应进行保护。缩醛不易被氧化,在碱性条件下稳定。在酸性条件下,缩醛易发生水解反应,可使醛基重新游离出来,重现原来的醛。酮基也是一个活性基团,可以参与许多反应,为了降低其反应活性,可以用醇类进行保护,将酮转化为缩酮,经酸性水解再得到酮。

4. 羧基的保护 当遇到高温或碱性试剂时,通常要将羧基保护起来,使之生成中性的酯。酯经过水解反应可以再得到羧基。

5. 氨基的保护 氨基易被氧化,尤其是芳香胺。当连有氨基的芳环与具有氧化性的试剂反应时,必须先将氨基保护起来。常用的反应是酰化反应,酰胺是一类比较稳定的化合物,而且不影响氨基在芳环上的定位效应。合成反应完成后,可以利用酰胺的水解释放出氨基。

> **课堂活动**
> 请你利用学过的有机化学反应,试着以苯为原料,合成对硝基苯胺。

四、有机合成的选择性控制

如果待合成的目标化合物分子中官能团不多且没有立体结构的问题，那么这个合成比较容易进行，成功的概率也比较大。但是在合成工作中，经常会遇到在同一反应条件下，分子中可以有几个同时发生反应的官能团，这不仅需要考虑对官能团进行保护，还需要具有专一选择性的试剂。对于一些复杂的、具有分子立体结构要求的目标化合物，还需要选择符合空间几何结构要求的立体专一性的化学反应。以上涉及的问题就是有机合成设计中的选择性控制。选择性很好的反应以可生产唯一的目标化合物为最佳结果，这样可以避免化合物分离的困扰。

(一) 化学选择性

不同的官能团有不同的化学活性。如果反应中使用的某种试剂与一个多官能团化合物发生化学反应时，只对其中的一个官能团作用，这种特定的选择性称为化学选择性。例如对 γ- 戊酮酸乙酯进行还原，使用 $NaBH_4$ 只对分子结构中的羰基进行选择性还原。

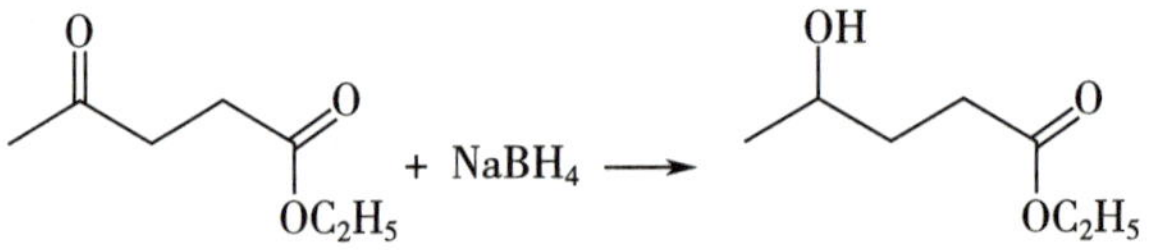

(二) 区域选择性

相同的官能团在同一分子的不同位置时，发生化学反应的速率会有差异，产物的稳定性也会不同。如果某一试剂只与分子的某一特定位置上的官能团反应，而不与其他位置的官能团发生反应，这种特定的选择性称为位置选择性。例如：

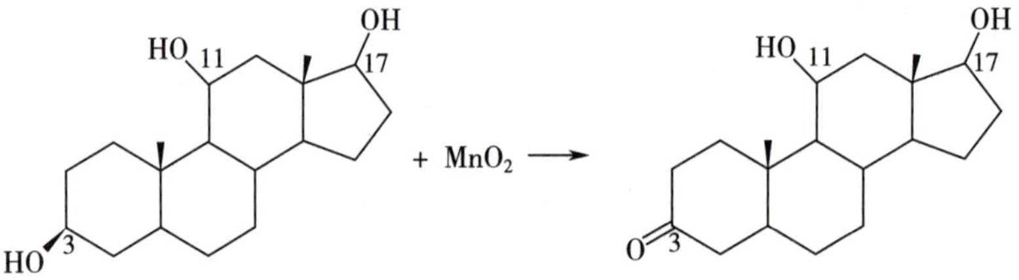

(三) 立体选择性

当一个化合物在反应中可以生产两种空间结构不同的立体异构体时，如果该反应无立体选择性，产物中的两种异构体应该是等量的；而如果反应具有立体选择性，产物中的两种异构体则不等量，反应的立体选择性越好，两种异构体的量差别越大。如果某个反应只生成一种立体异构体，该反应则被称为立体专一性反应。例如：

ER 15-4
苯环取代反应的导向基

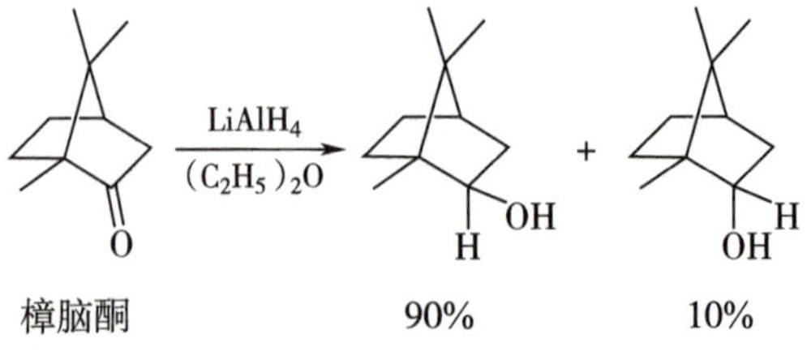

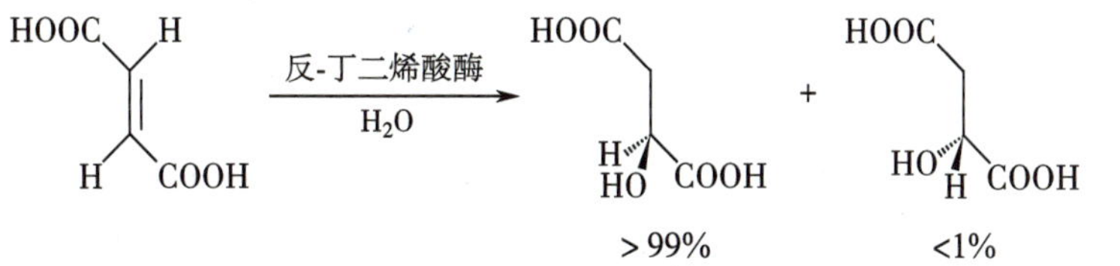

$$> 99\% \qquad\qquad < 1\%$$

100%

五、典型试剂在有机合成中的应用

基本有机化学反应的应用是实现有机合成的基础,而典型试剂的应用则是有机合成中原料选择的基础。这些典型试剂有些是易得的有机化学试剂,有些则是以廉价化学试剂为基础合成的有机化合物。本教材已经介绍过的典型试剂包括在链状化合物的合成中应用广泛的格氏试剂、乙酰乙酸乙酯、丙二酸二乙酯,以及在芳香化合物的合成中应用广泛的重氮盐。

(一) 格氏试剂

在无水乙醚中由卤代烃与金属镁反应生成的格氏试剂,作为一个很强的亲核试剂,可与许多化合物反应。借助格氏试剂不但能够增长碳链,同时可以引入羟基、羰基等活泼的官能团。

1. 与羰基化合物反应 格氏试剂非常容易与羰基化合物进行加成反应,得到的加成产物经过水解可生成醇。选择不同的格氏试剂、不同的羰基化合物,可以得到不同的碳链、不同种类的醇。例如:

甲醛 + 格氏试剂 → 伯醇

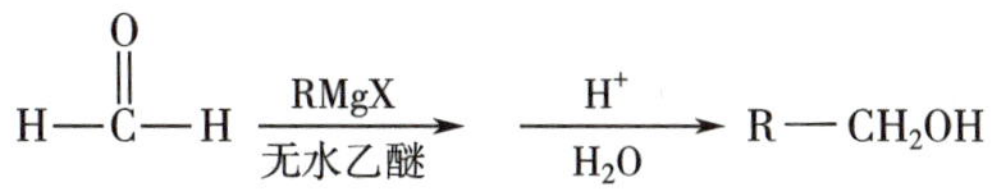

其他醛 + 格氏试剂 → 仲醇

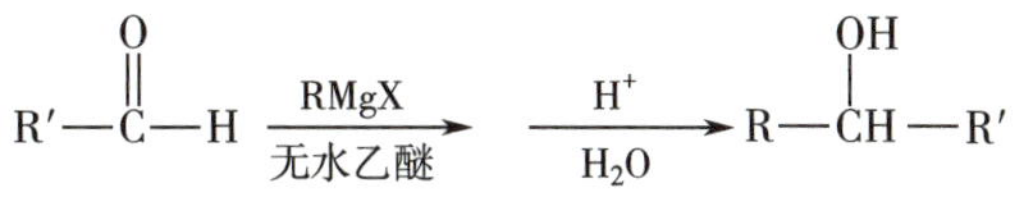

酮 + 格氏试剂 → 叔醇

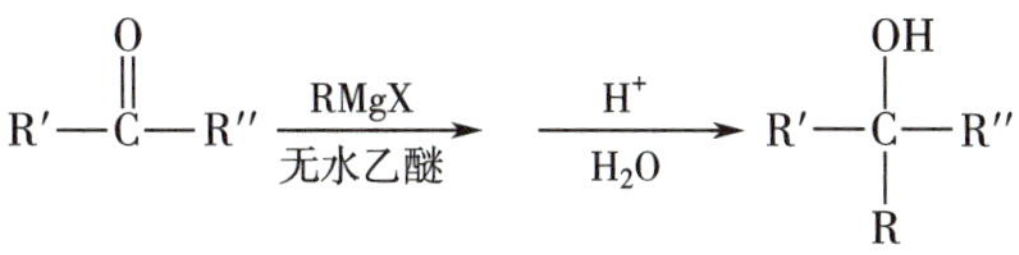

利用羰基化合物与格氏试剂反应合成醇时,可以通过逆向合成分析法进行原料的选择,逆向切断的位置在连有—OH 的 α- 碳和与其相邻的 β- 碳之间,切断后含有—OH 的碳链部分来源于羰基化合物,剩余的烃基部分则由格氏

课 堂 活 动
请你利用学过的反应,选择不同的羰基化合物和格氏试剂合成丁 -2- 醇。

试剂提供。

2. 与环氧乙烷反应　格氏试剂与环氧乙烷反应，产物经水解生成伯醇。

$$\underset{H_2C \overset{O}{\diagdown} CH_2}{} \xrightarrow[\text{无水乙醚}]{RMgX} \xrightarrow[H_2O]{H^+} R-CH_2CH_2OH$$

3. 与卤代烃反应　格氏试剂与卤代烃反应，产物经水解生成烃。

$$ArCH_2X \xrightarrow[\text{无水乙醚}]{RMgX} \xrightarrow[H_2O]{H^+} ArCH_2R$$

$$RX \xrightarrow[\text{无水乙醚}]{ArCH_2MgX} \xrightarrow[H_2O]{H^+} ArCH_2R$$

$$H_2C{=}CHCH_2X \xrightarrow[\text{无水乙醚}]{RMgX} \xrightarrow[H_2O]{H^+} H_2C{=}CHCH_2R$$

（二）乙酰乙酸乙酯

乙酰乙酸乙酯在有机合成中的应用主要涉及以下 3 个重要反应。

1. 亚甲基上活泼氢的反应　乙酰乙酸乙酯中亚甲基上的 α-H 受相邻 2 个羰基的影响，比较活泼，在醇钠作用下质子化，得到的乙酰乙酸乙酯钠盐与卤代烃发生取代反应，生成烷基取代的乙酰乙酸乙酯。

$$CH_3COCH_2COOC_2H_5 \xrightarrow{C_2H_5ONa} (CH_3COCHCOOC_2H_5)^-Na^+ \xrightarrow{RX} \underset{\underset{R}{|}}{CH_3COCHCOOC_2H_5}$$

生成的烷基乙酰乙酸乙酯中还有 1 个活泼氢原子，还可以进行上述反应，得到二烷基取代的乙酰乙酸乙酯。

$$\underset{\underset{R}{|}}{CH_3COCHCOOC_2H_5} \xrightarrow[\textcircled{2}R'X]{\textcircled{1}C_2H_5ONa} \underset{\underset{R}{|}}{\overset{\overset{R'}{|}}{CH_3COCCOOC_2H_5}} (R > R')$$

2. 酮式分解　乙酰乙酸乙酯与稀碱（如 5% NaOH）或稀酸作用，酯基水解，生成的乙酰乙酸极不稳定，受热后立即脱羧变成酮，该过程称为酮式分解。

$$CH_3COCH_2COOC_2H_5 \xrightarrow{5\% NaOH} CH_3COCH_2COONa \xrightarrow[\textcircled{2}-CO_2/\triangle]{\textcircled{1}H^+} CH_3COCH_3$$

烷基取代的乙酰乙酸乙酯也可以发生酮式分解，生成取代丙酮——甲基酮。

$$\underset{H_3C-\overset{\overset{O}{\|}}{C}-CH_2R}{} \qquad \underset{H_3C-\overset{\overset{O}{\|}}{C}-\overset{\overset{R'}{|}}{CHR}}{}$$

3. 酸式分解　乙酰乙酸乙酯与浓碱（如 40% NaOH）共热时，α-碳和 β-碳之间发生断裂，生成醋酸钠，该反应称为酸式分解。

$$H_3C-\overset{\overset{O}{\|}}{C}\!-\!\!|-CH_2COOC_2H_5 \xrightarrow{40\% NaOH} 2CH_3COONa + C_2H_5OH$$

烷基取代的乙酰乙酸乙酯也可以发生酸式分解，生成取代乙酸。

$$R-CH_2-COOH \qquad R-CH-COOH$$
$$\qquad\qquad\qquad\qquad\qquad | \atop R'$$

从以上性质可以看出,乙酰乙酸乙酯可以用于制备甲基酮和一元酸。

课 堂 活 动

请你试着写出利用乙酰乙酸乙酯合成下列化合物的反应式。

1. 丁酮和丁酸
2. 甲基丁酮和 2-甲基丁酸

如果对乙酰乙酸乙酯的钠盐进行亚甲基的酰基化,再通过酮式分解或酸式分解,还可以制备二酮和酮酸。例如:

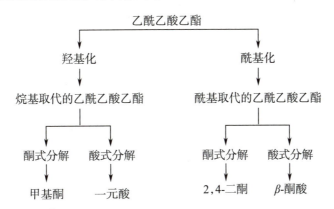

利用乙酰乙酸乙酯进行的反应可归纳如下:

```
                        乙酰乙酸乙酯
              ┌──────────────┴──────────────┐
            羟基化                          酰基化
              │                              │
      烷基取代的乙酰乙酸乙酯           酰基取代的乙酰乙酸乙酯
        ┌───────┴───────┐             ┌───────┴───────┐
     酮式分解         酸式分解       酮式分解        酸式分解
        │               │             │              │
      甲基酮          一元酸        2,4-二酮       β-酮酸
```

(三) 丙二酸二乙酯

与乙酰乙酸乙酯相似,丙二酸二乙酯结构中的亚甲基受相邻 2 个羰基的影响而非常活泼。亚甲基上的 α-H 具有一定酸性,与强碱(如醇钠)作用,生成丙二酸二乙酯钠。

$$H_2C\begin{matrix}COOC_2H_5\\\\COOC_2H_5\end{matrix} \xrightarrow{C_2H_5ONa} {}^+Na^-CH\begin{matrix}COOC_2H_5\\\\COOC_2H_5\end{matrix}$$

丙二酸二乙酯钠还可与卤代烷继续发生反应,形成烷基取代的丙二酸二乙酯。

$$ {}^+Na^-CH\begin{matrix}COOC_2H_5\\\\COOC_2H_5\end{matrix} \xrightarrow{RX} R-CH\begin{matrix}COOC_2H_5\\\\COOC_2H_5\end{matrix}$$

烷基丙二酸二乙酯经水解反应生成烷基丙二酸,再加热脱羧,最后得到烷基取代乙酸。

$$R-\underset{\underset{COOC_2H_5}{|}}{\overset{\overset{COOC_2H_5}{|}}{CH}} \xrightarrow[\text{②}H^+]{\text{①NaOH}} R-\underset{\underset{COOH}{|}}{\overset{\overset{COOH}{|}}{CH}} \xrightarrow[-CO_2]{\triangle} R-CH_2COOH$$

如果将得到的烷基丙二酸二乙酯重复进行烷基化反应,可以引入第 2 个烷基,得到二烷基取代乙酸。

$$R-\underset{\underset{COOC_2H_5}{|}}{\overset{\overset{COOC_2H_5}{|}}{CH}} \xrightarrow[\text{②}R'X]{\text{①}C_2H_5ONa} \underset{R'}{\overset{R}{\underset{|}{\overset{|}{C}}}}\underset{COOH}{\overset{COOH}{}} \xrightarrow[\text{②}H^+/\triangle]{\text{①NaOH}} R-\underset{\underset{R'}{|}}{CHCOOH}$$

> **课 堂 活 动**
> 请你试着写出利用丙二酸二乙酯合成丁酸和 2- 甲基丁酸的反应式。

利用类似的反应,丙二酸二乙酯还可以用于合成较高级的二元羧酸。

$$\underset{\underset{CH_2Br}{|}}{CH_2Br} + 2Na^+[CH(COOC_2H_5)_2]^- \longrightarrow \underset{\underset{CH_2CH(COOC_2H_5)_2}{|}}{CH_2CH(COOC_2H_5)_2} \xrightarrow[\text{②}H^+/\triangle]{\text{①NaOH}} \underset{\underset{CH_2CH_2COOH}{|}}{CH_2CH_2COOH}$$

丙二酸二乙酯在合成中的主要作用为合成含有支链的取代乙酸、较高级的二元羧酸和环烷酸。

(四) 重氮化合物

在官能团的转化中,我们已经知道重氮盐中的重氮基可以被许多基团取代,生成多种不同类型的芳香化合物。由于重氮盐的取代反应弥补了芳香烃亲电取代反应种类较少、定位效应对取代位置的限制,以及电子效应对芳香烃亲电取代反应活性的影响,所以重氮盐的取代反应常用于合成一些难以通过芳环亲电取代反应直接合成的化合物。因此,重氮盐在芳香化合物的合成中应用比较广泛,是芳香化合物合成的一条重要途径。

1. 重氮盐的水解 该反应是由芳胺合成酚的重要方法,其特点是反应条件比较温和。

$$\underset{NH_2}{\bigcirc} \xrightarrow[0\sim5℃]{NaNO_2+HCl} \underset{N\equiv N^+Cl^-}{\bigcirc} \xrightarrow[\triangle]{H_2O} \underset{OH}{\bigcirc}$$

2. 桑德迈尔反应 这是一个应用广泛、产率较高的在芳环上引入—Cl、—Br、—CN 的方法。

$$\underset{N\equiv N^+Cl^-}{\bigcirc} \xrightarrow[Cu_2X_2]{HX} \underset{X}{\bigcirc} + N_2\uparrow \quad (X=Cl,Br)$$

$$\underset{N\equiv N^+Cl^-}{\bigcirc} \xrightarrow[Cu_2(CN)_2]{KCN} \underset{CN}{\bigcirc} + N_2\uparrow$$

3. 重氮基被氢原子取代 该反应可以除去芳环上的含氮基团(—NO_2、—NH_2 等)。利用这一反应,可以实现2个邻、对位定位基互为间位的二元取代苯的制备。

课 堂 活 动

请你利用重氮盐的性质,以甲苯及其他化学试剂为原料制备间溴甲苯。

---

4. 芳基化反应　重氮盐上的芳基可以取代另一个芳环上的氢原子,形成不同类型的多环芳烃。例如:

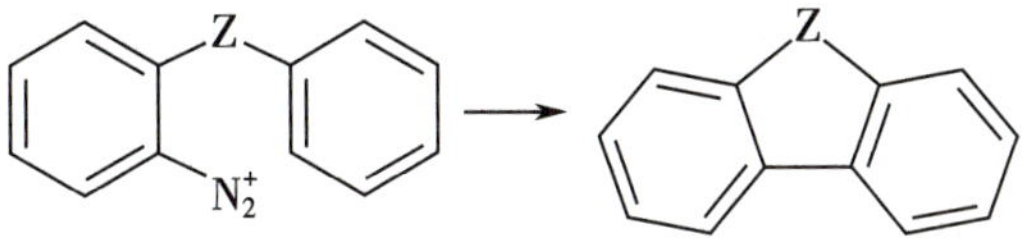

结构中的 Z 可以是—CH＝CH—、—CH₂CH₂—、—CH₂—、—CO—、—NH₂ 等。

重氮盐也可以进行分子内的芳基化反应。例如:

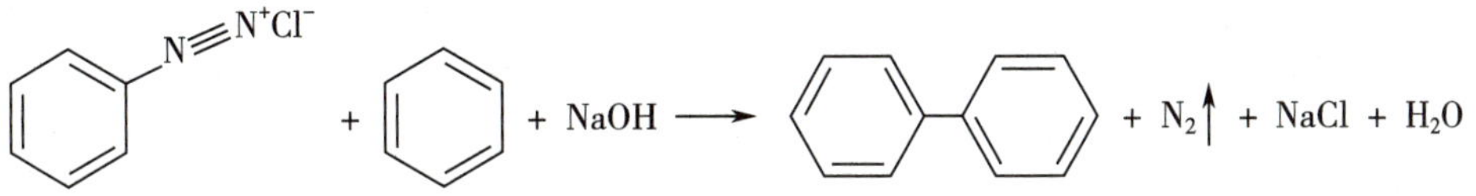

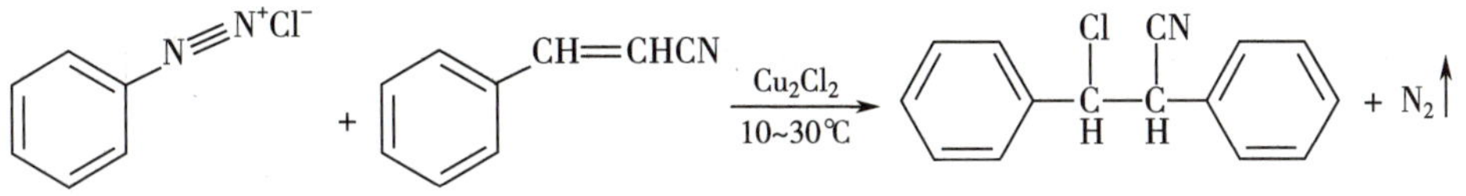

点滴积累

1. 有机合成是有机化学反应的综合应用。通过对目标化合物进行逆向分析,综合利用有机化学反应的特性,推导出原料化合物,从而设计出经济、简便、环保的合成路线。
2. 有机合成可以利用碳链的增长与缩短、碳链的成环与开环以及苯环侧链的引入构建目标化合物的骨架结构。
3. 在构建目标化合物的骨架结构的同时,还要考虑官能团的引入及转化,使其达到目标化合物的结构要求。
4. 在有机合成中还要考虑对敏感官能团的保护、化学反应的立体选择性以及环保和安全问题。

第二节　有机化合物的提纯和鉴定

由于有机化学反应中的副反应多,所以合成产物通常是含有多种杂质的混合物。要想得到纯净的产品,就须进行必要的分离纯化,然后再进行纯度检查和结构确定。

一、分离提纯

有机化合物的分离提纯方法通常有重结晶法、蒸馏法、升华法和色谱法。

1. 重结晶法 对于固体有机物,可以利用产品与杂质在某些溶剂中的溶解度不同,选择适当的溶剂进行提纯。

2. 蒸馏法 蒸馏是将一种液体物质从液体混合物中分离出来的有效方法。蒸馏法包括常压蒸馏、减压蒸馏、水蒸气蒸馏和分馏,根据分离对象及所含杂质的不同,可以采取不同的蒸馏方式。当几种液体有机物的沸点接近时,使用常压蒸馏很难实现理想的分离效果,可以使用分馏法进行分离。

3. 升华法 某些具有挥发性的固体有机物可以采用升华法提纯,但升华通常在减压下进行。

4. 色谱法 色谱法包括薄层色谱法、纸色谱法、柱色谱法、气相色谱法和高效液相色谱法。高效液相色谱法分离效率高、分离速度快。

经过分离提纯的有机化合物,还需要通过测定化合物的物理常数与标准数据进行对照,验证纯度。经常测定的物理常数有熔点(m.p.)、沸点(b.p.)、密度(d_4^t)、折光率(n_D^t)和比旋光度($[\alpha]_D^t$)。熔点测定通常用于固态有机化合物的纯度检查;液态有机化合物可通过测定沸点或折光率确定纯度;具有旋光性的物质还可利用测定旋光度确定光学纯度,未知化合物一般用色谱法等加以验证。

二、元素的定性与定量分析

对纯净的化合物进行分子组成的确定,最重要的步骤如下:一是对化合物进行元素分析,二是准确判定分子中各元素的含量,即元素的定性与定量分析。根据元素定性与定量分析的结果,即可推测该化合物的实验式。实验式的计算方法是将分子中各元素的百分含量除以相应元素的相对原子质量,求出该化合物分子中各元素原子的最小个数比,得出实验式。例如,某有机化合物的元素分析结果为 C 占 40.00%、O 占 53.34%、H 占 6.66%,推测该有机化合物实验式的计算如下:

$$\frac{40.00}{12.01} : \frac{6.66}{1.008} : \frac{53.34}{16.00} = 3.33 : 6.61 : 3.33 = 1 : 2 : 1$$

根据计算结果,可以确定该有机化合物分子的实验式为 CH_2O。实验式是最简单的化学式,也称为最简式,只表示组成化合物分子的元素种类及各元素原子间的最小个数比例,一般不能代表分子中真正的原子数目。只有测定了化合物的相对分子质量后,才能确定化合物的分子式。如果测得实验式为 CH_2O 的有机化合物的相对分子质量为 60,该有机化合物的分子式即可确定为 $C_2H_4O_2$。

三、相对分子质量的测定

测定有机化合物的相对分子质量,过去通常采用沸点升高法和冰点降低法等经典的物理化学方法,而目前通常使用质谱法。质谱法只需要很好的样品就可以得到相对分子质量和分子式,同时可以为确定分子结构提供线索。对于一个纯净的化合物,在相同的条件下所测得的质谱图相同,可以通过专门的手册查阅确定。

有机化合物在高真空中,经过高能电子流冲击,分子失去电子产生各种阳离子。在电场和磁场的综合作用下,不同的阳离子按照质荷比(离子的质量与电荷的比值:m/e)的大小分开,形成一系列尖峰,记录下来就是质谱图。质谱图是有机化合物分子的"指纹"。为了简化质谱图,经常使用计算机处理后的棒图。

质谱图具有 2 个坐标:横坐标为不同阳离子的质荷比(m/e),纵坐标则表示阳离子的相对丰度(阳离子的相对量)。丰度最高的峰为 100%,称为基峰,其他的峰为碎片峰,与基峰比较确定其相对丰度。

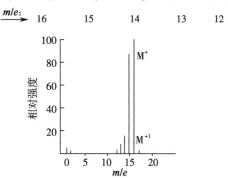

分子失去 1 个电子生成的自由基阳离子称为分子离子,一般用 M^+ 表示。由于电子的质量很小,所以 M^+ 的质荷比在数值上与分子的质量相同,因此在质谱中找到分子离子峰就可以确定相对分子质量。例如,当甲烷的样品经过电子流冲击,甲烷分子首先形成分子离子,继而进一步分裂成其他碎片,如图 15-1 所示。

图 15-1　甲烷的质谱图

根据质谱的分子离子峰可以准确测出有机化合物的相对分子质量,结合元素分析的结果即可确定分子式。同时,根据质谱中碎片峰的相对丰度,可以初步推测分子的结构。

请比较正己烷和异己烷的质谱图(图 15-2 和图 15-3)。

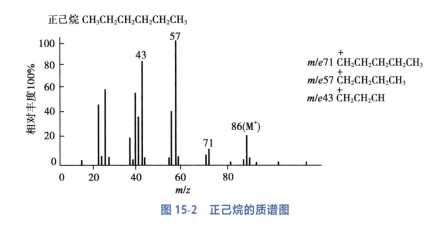

图 15-2　正己烷的质谱图

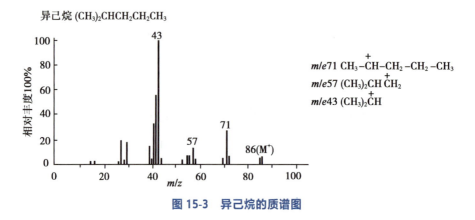

图 15-3　异己烷的质谱图

四、结构式的确定

确定有机化合物的结构是一件比较复杂的工作,由于科学技术的发展,目前大部分新的有机化合物结构的测定是利用光谱的方法。通过有机化合物与光的物理作用形成不同类型的光谱窗口,每一个小窗均可以看到分子结构中不同部位的特点,借助于这些不通过的光谱,我们就可以推测有机化合物真实分子结构的模型。

在确定有机化合物结构中常使用的光谱有已介绍的质谱(MS),还有紫外光谱(UV)、红外光谱(IR)及核磁共振(NMR)等。这些现代物理方法的特点是样品使用量少、分析数据可靠。其中,紫外光谱可以根据有机物的紫外吸收光谱的波长、位置大致估计所含的官能团,判断结构中有无共轭体系,推测分子结构。但是有机物分子对紫外光的吸收只是分子中的生色基和助色基的特性,而不是整个分子的特性,所以单凭紫外光谱测定分子结构是不够的。红外光谱主要用于推测分子结构中的各种官能团,核磁共振谱可以确定分子结构中碳氢骨架情况。

红外光是电磁波的一种。如果用红外光照射有机化合物分子,该物质分子就要吸收一定频率的光能,并转变为分子的振动能量和转动能量,产生分子的振动和转动。对被物质所吸收的红外射线进行分光,可得到红外吸收光谱。红外光谱是以光的波长或波数(频率的倒数)为横坐标,以强度或其他随波长变化的性质为纵坐标所得到的可反映红外射线与物质相互作用的谱图。每种分子都有由其组成与结构所决定的独有的红外吸收光谱,是一种分子光谱。分子的红外吸收光谱属于带状光谱,如果纵坐标以透光率($T\%$)表示,吸收谱带在图中为"谷"。

对于红外吸收光谱,我们主要关注 2 个区域:功能区(高频区)及指纹区(低频区)。功能区特点是吸收峰稀少,较简单,易辨认,是化学键、官能团的特征吸收峰区,所以常用这一区域的吸收峰来判断化合物所含的特征基团。指纹区的特点是吸收峰较密集,较复杂,分子结构的细微变化可引起吸收峰的位置和强度的明显变化,就像个人的指纹一样有特征,可反映化合物的精细结构。各类化合物的特征吸收频率范围见表 15-1。

表 15-1　各类有机化合物的特征吸收频率范围

键型	化合物类型	吸收峰位置 /cm^{-1}	吸收强度
$-\overset{H}{\underset{H}{\overset{\textstyle|}{C}}}-H$	烷烃	2 960~2 850	强
$=\overset{H}{\underset{H}{C}}$	烯烃及芳烃	3 100~3 010	中等
$\equiv C-H$	炔烃	3 300	强
$\overset{}{\underset{}{C}}=O$	醛	1 740~1 720	强
	酮	1 725~1 705	强
	酸、酯	1 770~1 710	强
	酰胺	1 690~1 650	强
$-O-H$	醇和酚	3 650~3 610	不定,尖锐
	氢键结合的醇和酚	3 400~3 200	强,宽
$-NH_2$	胺	3 500~3 300	中等,双峰
$\overset{}{\underset{}{C}}-X$	氯化物	750~700	中等
	溴化物	700~500	中等

在红外光谱中,识别羰基在 1 750~1 650cm^{-1} 的强吸收十分重要。因为有机化合物中含有羰基的化合物占 50%,识别出羰基有利于对未知化合物的推测。如果在 1 750~1 650cm^{-1} 范围内没有吸收峰,则可以初步确定该化合物不含羰基;如果在 1 750~1 650cm^{-1} 范围内有强吸收峰,则该化合物含羰基。

请比较对甲苯酚和苯甲酸的红外光谱图(图 15-4 和图 15-5)。

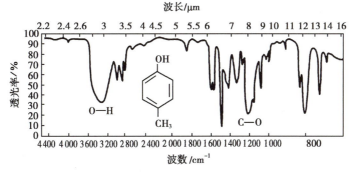

图 15-4　对甲苯酚的红外光谱图

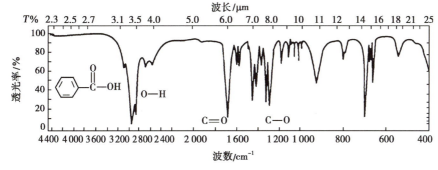

图 15-5　苯甲酸的红外光谱图

核磁共振测定有机化合物结构

核磁共振（nuclear magnetic resonance，NMR）是无线电波与处于磁场中的分子内自旋核相互作用，引起核自旋能级的跃迁而产生的。实验证明，只有原子序数为奇数的原子核自旋才具有磁矩，例如 ^1H、^{13}C、^{15}N、^{17}O 等。在外磁场的作用下，质子的自旋有 2 种取向，一种与外磁场磁矩平行，另一种则相反。不同取向的自旋具有不同的能量，与外磁场磁矩平行的自旋能量较低，两者的能量差随外磁场强度的提高而增大。与外磁场磁矩平行的自旋吸收能量后可以跃迁到较高能级，变为与外磁场磁矩相反的自旋。当电磁辐射提供的辐射能恰好等于 2 种自旋的能量差时，就会发生这种自旋取向的变化，即核磁共振。以磁场强度或电磁辐射的频率为横坐标，以电磁辐射的吸收程度为纵坐标作出的图就是核磁共振谱图。有机化合物的核磁共振研究对象主要是 ^1H：^1H-NMR，也称为质子核磁共振（PMR）。有机化合物的核磁共振一般将样品溶解在 $CDCl_3$、DMSO-d_6 等溶剂中进行测定。发生核磁共振时，分子结构中不同类型（即环境不同）的质子核磁共振峰（信号峰）出现在不同的位置，每个峰的面积与氢的数目成正比。根据有机物的核磁共振谱图，可以推测分子中有几个不同位置的氢及数目比，还可以推测它们的相对位置。

例 CH_3CH_2OH 中有 3 种不同类型的氢，所以核磁共振峰出现在 3 个磁场强度不同的位置，3 个峰的面积比为 3:2:1。乙醇的核磁共振谱图见图 15-6。

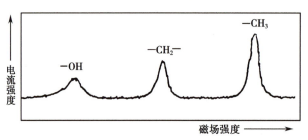

图 15-6 乙醇的核磁共振谱图

^1H-NMR 是测定有机化合物结构的重要工具之一。从 ^1H-NMR 谱图可以得到以下信息：①谱图中有几组吸收峰就有几种不同环境的氢；②根据不同环境的氢在谱图中的位置可以推测氢所处的基本结构；③各组峰的面积比提示各组氢的比例；④每组氢的裂分数提示相邻氢的数目（相邻碳上有 n 个氢，吸收峰就裂分成 $n+1$ 个峰）等。图 15-7 是乙醚（$CH_3CH_2OCH_2CH_3$）的 ^1H-NMR 谱图。2 个甲基的氢化学环境相同，受到相邻亚甲基的影响，峰的裂分数为 3；2 个亚甲基的氢化学环境相同，受到相邻甲基的影响，峰的裂分数为 4。谱图中 2 个阶梯的高度比为 3:2，即甲基与亚甲基两组峰的高度比等于两组氢的数目比。

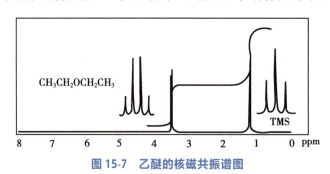

图 15-7 乙醚的核磁共振谱图

点滴积累

1. 有机化合物的分离提纯方法通常有重结晶法、蒸馏法、升华法和色谱法,纯度的检验可以通过熔点、沸点、密度、折光率和比旋光度的测定来进行。
2. 可以通过有机化合物中碳、氢、氧、氮等元素的元素分析数据确定其实验式;通过质谱分析确定化合物的相对分子质量,从而确定化合物的分子式。
3. 可以利用质谱、紫外光谱、红外光谱及核磁共振得到化合物的各种结构信息,从而推断出有机化合物的结构。

第三节　绿色化学

绿色化学(green chemistry)是当今国际化学科学研究的前沿,是具有明确科学目标和社会需求的新兴交叉学科。

一、绿色化学的基本概念

绿色化学萌芽于 1991 年美国著名的有机化学家 Trost 提出的"原子利用率(原子经济性)"的概念,并以 1996 年美国首届"总统绿色化学挑战奖"及 1999 年英国创办的世界第一本《绿色化学》杂志为标志,正式宣告诞生。绿色化学又称环境无害化学、环境友好化学、清洁化学,即减少或消除危险物质的使用和产生的化学品和反应过程的设计。

知识链接

产率、原子利用率

描写传统的合成方法的有效性和效率的概念是产率,定义为:

$$产率 = \frac{实际产量}{理论产量} \times 100\%$$

产率的描述忽略了合成反应中生成的任何不希望得到的产物,而这些产物却是合成过程中很难避免的一部分。有时有的有机合成可以得到 100% 的产率,但是其产生的废物则远远超过了所希望得到的产品。

绿色化学的合成方法要求将反应过程中的所有物质尽可能多地转化为最终产物,而减少废物产生的关键就是提高目标产物的选择性和原子利用率。原子利用率定义为:

$$原子利用率 = \frac{目标产物的量}{按化学计量式所得到的所有产物的量之和} \times 100\%$$

$$= \frac{目标产物的量}{各反应物的量之和} \times 100\%$$

例如,以银为催化剂,用氧气直接氧化乙烯合成环氧乙烷的反应,原子利用率达到了 100%。

$$C_2H_4 + 1/2O_2 \longrightarrow C_2H_4O$$

摩尔质量（g/mol）　　　28　　16　　　44

目标产物的质量（g）　　　　　　　　　44

$$原子利用率 = \frac{44}{28+16} \times 100\% = 100\%$$

绿色化学是对环境无害的化学合成。绿色化学从节约能源与防止污染的角度重新审视和改革传统化学，对环境的保护以"预防优于治理"为根本目的；从充分利用资源、不产生污染、实现零排放的角度转变传统的注重产物产率的设计理念，合成设计以"注重原子利用率"为特点；从化学物质的毒理学性质、化学反应安全性的角度思考问题，获取新物质的化学设计以"最大限度地降低或消除危害"为原则。

绿色化学遵循的 12 条原则如下：

1. 防止废物产生，而不是生成后再处理或清理。
2. 合成方法的设计应着眼于最大限度地提高原子经济性。
3. 尽可能使用、生成对人类健康与环境无毒无害或毒性很低的物质。
4. 化学产品应被有效地设计成功效显著而又无毒无害的物质。
5. 尽可能避免使用辅助物质，如需使用也应是无毒无害的辅助物质。
6. 应认识到能源消耗对环境与经济的影响，尽量减少能源的消耗。
7. 只要是技术和经济上可行的，原料和反应底物应该是可再生的而不是将耗竭的。
8. 尽可能避免不必要的衍生反应。
9. 尽可能使用性能优异的催化剂。
10. 化学品应被设计成功能终结后不在环境中久留并可降解为无毒的物质。
11. 进一步发展能够在有害物质生成前即时跟踪和控制的分析方法。
12. 尽可能选用安全的化学物质，最大限度地减少化学事故的发生。

绿色化学的基本思想可以应用于制药工业的各个领域，既可对一个总过程进行前面的绿色化学设计，也可以对一系列过程的某些单元操作进行绿色化学设计，对化学合成药品进行绿色化学设计。

二、绿色化学的任务

绿色化学的任务就是利用化学原理和方法来减少或消除对人类的健康、社区安全、生态环境有害的反应原料、催化剂、溶剂、试剂、产物和副产物。

（一）设计安全有效的目标分子

设计安全有效的目标分子是绿色化学的关键任务之一，最理想的情况是安全有效的目标分子具有最佳的使用功能而没有毒性。利用分子结构与性能的关系和分子控制方法可以获得所需功能最佳、毒性最低的分子。目前，由于计算机和计算机技术的发展，对分子结构与分子性能关系的研究不断深入，分子设计和分子模拟研究已经引起人们的广泛关注，实验台＋通风橱＋计算机三位一体的新化学实验室已经普及，安全有效的目标分子的设计将会得到更大更快的发展。

（二）寻找安全有效的反应原料

在目前利用的化学反应和药品生产中，常常使用一些危及人类生命或严重污染环境的原料，所以绿色化学就要研究如何利用无毒无害的原料代替这些有毒有害的原料生产需要的产品。找到和利用对环境、对人类更加安全的反应原料，就可以减少有害物质的使用，从而减少对人类和环境的危害。

例如，用二氧化碳代替有毒有害的光气生产聚氨酯；通过改变工艺，消除有毒有害的氢氰酸的使用；利用可再生的生物资源葡萄糖代替致癌物苯，拓展了己二酸原料的合成路线等。

（三）寻找安全有效的合成路线

目标分子和原料确定之后，合成路线对生产工程绿色化学与否具有重要影响。在寻找安全有效的合成路线时，特别需要考虑的问题之一是合成路线的原子经济性。

在设计新的安全有效的合成路线时，既要尽量保障产品性能优良、价格低廉，又要使生产的废物和副产物最少，对环境无害，其难度是可想而知的。如果利用计算机辅助设计，可以提高寻找安全有效的合成路线的效率，即赋予计算机某种"智能"，使其按照我们制订的方法自动比较可能的合成路线，随时排除不合适的路线，最终找出经济、不浪费资源、不污染环境的最佳合成路线。

（四）寻找新的转化方法

在化学合成过程中要减少有毒有害物质的使用，可采用一些特别的非传统化学方法。例如，采用催化等离子方法实现合成染料油的一步化，克服了传统的高耗能缺点；采用天然的维生素 B_{12} 作为催化剂进行电化学还原环化，避免了传统方法中三丁基锡烷的污染问题；用光辐射方法替代重金属作催化剂进行硫杂环己烷的开环反应，避免了溶剂的使用及重金属造成环境污染。

（五）寻找安全有效的反应条件

在合成过程中，采用的反应条件对整个合成过程、对环境的影响大小起着决定性的作用。在反应条件中，催化剂和溶剂是 2 个重要的因素。

知识链接

常见的绿色有机合成反应

有机合成中常见的反应类型有取代反应、加成反应、消除反应及重排反应等。由于加成反应（包括环加成）是将反应物的各部分完全加成到另一个物质中，重排反应是构成同一分子的原子的重新组合，所以加成反应和重排反应均为 100% 的原子经济化反应，符合绿色化学的要求。如第尔斯-阿尔德反应和克莱森反应就是其中的典型反应。

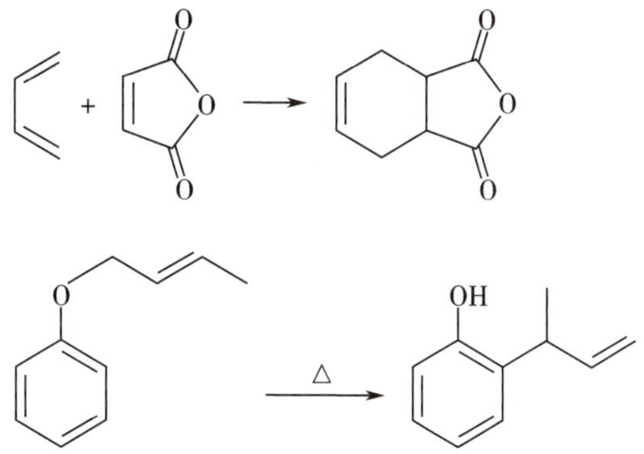

进行取代反应时,进攻基团取代离去基团,该离去基团必然会成为该反应的副产物,从而降低了反应的原子经济性。如傅 - 克酰基化反应。

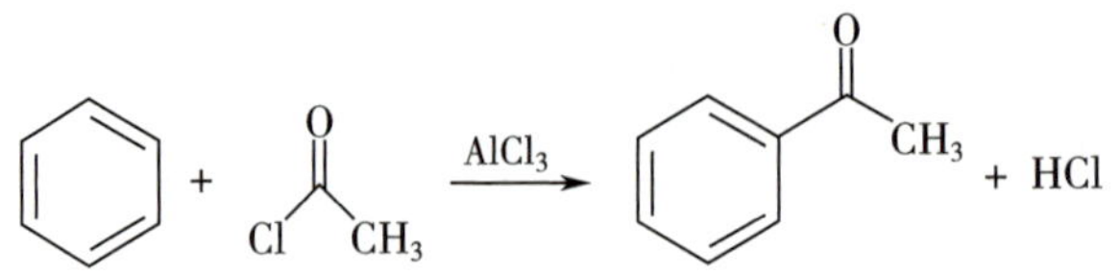

副产物 HCl 具有刺激性气味,溶于水即为盐酸,催化剂 $AlCl_3$ 在反应过程中也容易因吸潮、水解产生 HCl,所以该反应后处理时会产生大量酸性废水,因此该具有重要应用价值的反应存在绿色化学意义上的不足。

由于消除反应以减少原子数目为特征使反应物转化为最终产物,所以反应中使用的试剂(如果没有成为产物的一部分)及被消除的原子就都成了废物。因此,消除反应是所有有机合成基本反应中最不符合原子经济性的一类反应。

三、绿色化学的应用

近年来,经过科技界和工业界的共同努力,绿色化学的研究与应用取得了令人瞩目的成就。例如,新的绿色化学反应过程的开发,传统化工业生产过程的绿色化学改造,利用可再生资源替代不可再生资源的绿色生化过程,无污染的绿色溶剂与试剂的开发等。绿色化学合成的设计,使得一些生产过程已达到原子经济性,实现或接近零排放,避免了剧毒有害原料的使用,达到了充分利用资源、可持续发展的绿色要求。

案例分析

案例:邻苯二酚是重要的化工原料,传统合成方法中以苯为起始原料经过取代和两步氧化反应得到邻苯二酚。

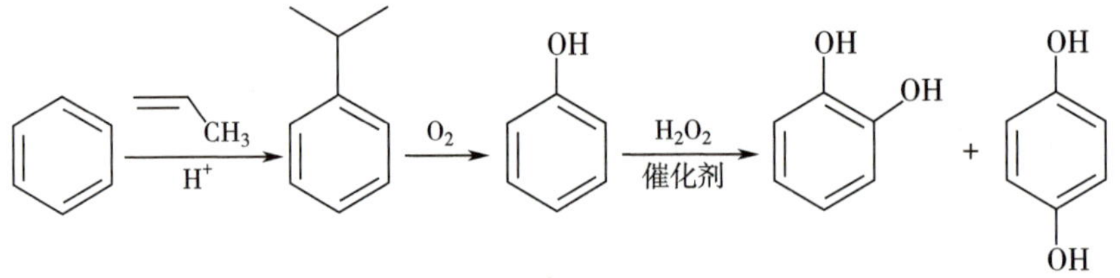

而根据绿色化学理念开发的新技术是以来自生物资源的葡萄糖为原料,用遗传工程获得的微生物为催化剂,在技术和经济上都完全可行。

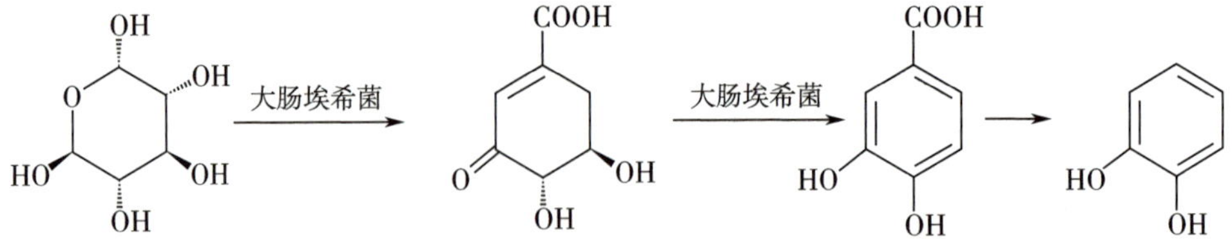

分析:苯是石油产品,是不可再生的资源,而且苯是一种易挥发的有机物,长期吸入大气中的苯可导致白血病。因此,以苯为原料合成邻苯二酚会引发环境和健康问题。新的合成技术利用绿色化的原料和生物合成技术避免了有毒的苯对环境与健康的影响,是绿色化学的一个范例。

点滴积累

1. 绿色化学又称为环境无害化学、环境友好化学、清洁化学,它提倡在有机合成中充分利用资源、不产生污染、实现零排放。
2. 绿色化学遵循 12 条基本原则,其根本是最大限度地降低或消除由化学反应带来的危害。
3. 绿色化学的基本任务是设计安全有效的目标分子、寻找安全有效的反应原料、寻找安全有效的合成路线、寻找新的转化方法、寻找安全有效的反应条件。

复习导图

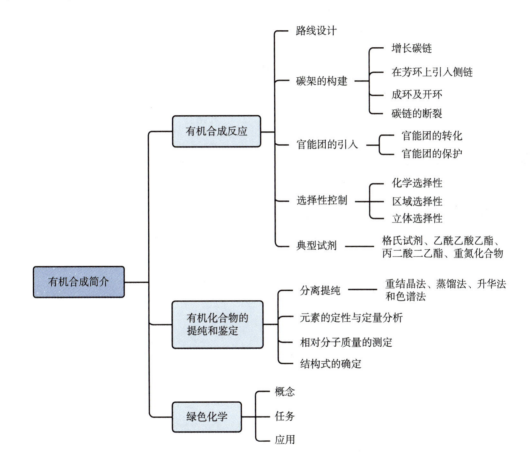

目标检测

一、简答题

1. 用逆合成分析法推测合成下列化合物的原料。

(1) 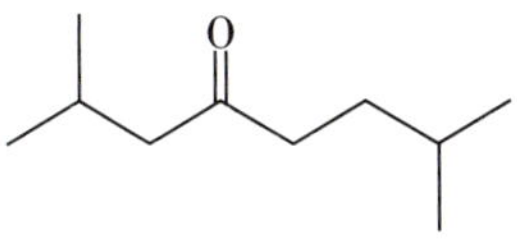   (2) 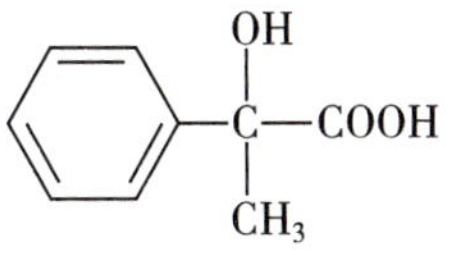   (3)

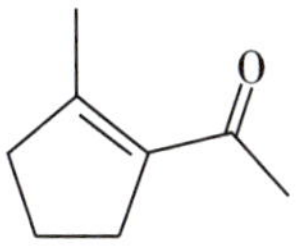

2. 通过分析下列醇的结构,选择合成中可能使用的各种原料。

　　(1)丁 -1- 醇　(2)丁 -2- 醇　(3)3- 甲基 - 己 -3- 醇

二、合成题

1. 用乙酰乙酸乙酯及其他试剂合成下列化合物。

　　(1)戊 -2- 酮　(2)戊酸　(3)戊 -2,4- 二酮

2. 用丙二酸二乙酯及其他试剂合成下列化合物。

　　(1)戊酸　(2)2- 甲基丁酸

3. 利用重氮盐的性质合成下列化合物。

　　(1)由苯合成 1,3,5- 三溴苯　(2)由甲苯合成间羟基苯甲酸

4. 请选择适当的方法合成下列化合物。

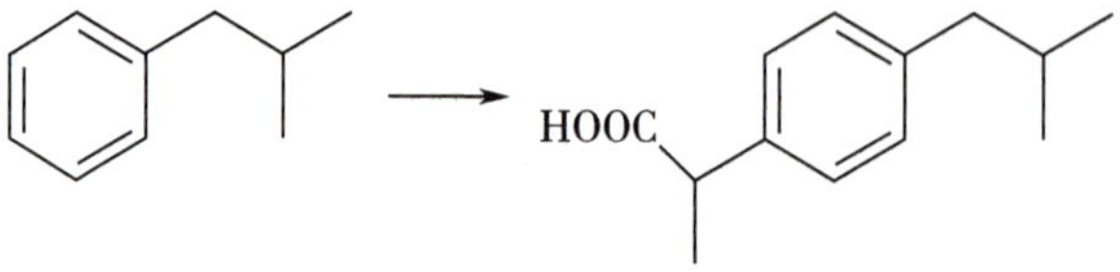

布洛芬

三、推测结构

1. 2.45mg 某化合物燃烧后,得到 5.80mg CO_2 和 2.37mg H_2O,经过分析该化合物只含 C、H、O 三种元素。请通过计算推测它的实验式。

2. 某化合物经过元素定量分析和相对分子质量测定,得到的结果为 65.35% C、5.60% H,相对分子质量为 110,经过分析该化合物只含 C、H、O 三种元素。请通过计算推测它的分子式。

（梁大伟）

ER 15-5
习题

实训十七　乙酰水杨酸的制备

一、实训目的

　　1. 掌握乙酰水杨酸的合成原理及主要性质。

　　2. 巩固重结晶、抽滤等有机合成中常用的基本操作。

　　3. 了解乙酰水杨酸中杂质的来源及定性检测方法。

二、实训仪器和试剂

　　1. 仪器　100ml 三口烧瓶、100ml 单口烧瓶、250ml 烧杯、试管、冷凝管、集热式磁力搅拌器、抽滤装置、烘箱、显微熔点仪。

　　2. 试剂　邻羟基苯甲酸、乙酸酐、浓硫酸、乙醇、活性炭、0.1mol/L 三氯化铁。

三、实训原理

乙酰水杨酸的通用名为阿司匹林,化学名称为 2-乙酰氧基苯甲酸,结构式为:

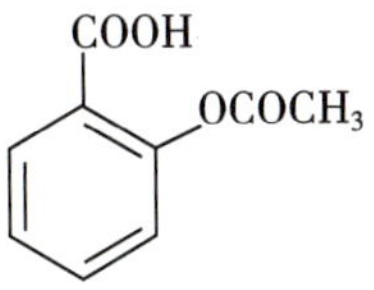

乙酰水杨酸为白色针状或板状结晶,熔点为 135~140℃,微溶于水,易溶于乙醇。乙酰水杨酸可以通过水杨酸的酰化反应得到,常用的酰化试剂为乙酸酐。合成原理为:

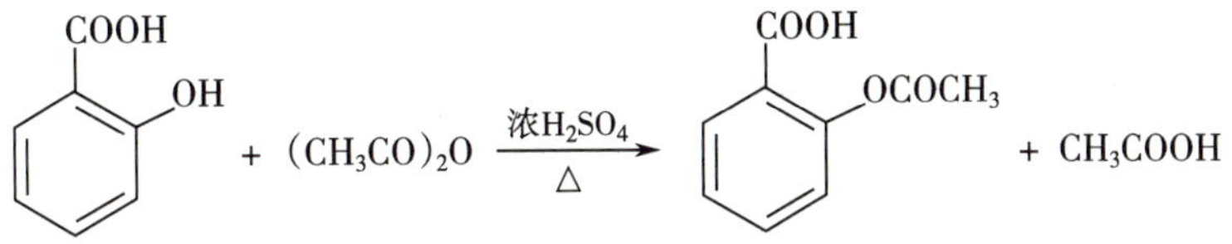

由于水杨酸分子中的羧基与酚羟基易形成分子内氢键,影响水杨酸的酰化,所以常加入浓硫酸破坏氢键,以保证水杨酸的酰化反应顺利进行。

反应中,可能会出现水杨酸自身的缩合反应,形成难溶于碱的缩合物。

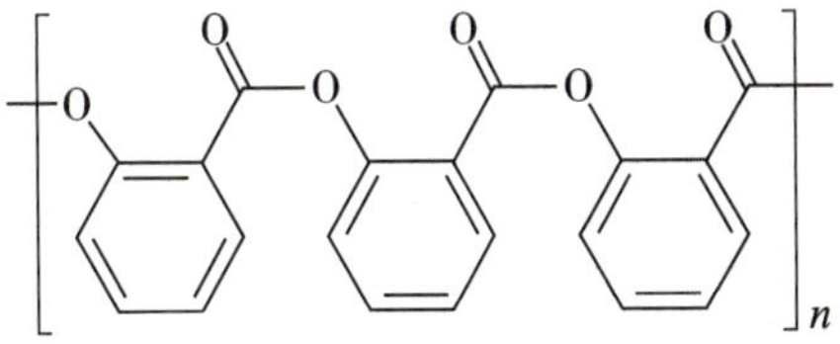

经过纯化的乙酰水杨酸可利用酚与三氯化铁试液的显色反应进行纯度检测,判断是否有水杨酸的残留。

四、实训内容

1. **合成反应** 在装有回流装置的 100ml 三口烧瓶中依次加入邻羟基苯甲酸 5.0g,乙酸酐 7ml,浓硫酸 3 滴。加毕,搅拌升温至 70℃,并于此温度反应 30 分钟。反应完毕,停止搅拌,自然冷却至室温,将三口瓶中反应液倒入之前准备好装有 150ml 冷水的烧杯中,置于搅拌器上搅拌 10 分钟,然后抽滤,用少量 5% 乙醇-水溶液洗涤,压干,得粗品,称重。

2. **重结晶纯化** 在装有回流装置的 100ml 的单口烧瓶中加入上述阿司匹林粗品,加入 15ml 乙醇,搅拌升温至粗品全部溶解,稍冷,加入适量活性炭回流脱色 10 分钟,趁热抽滤,将滤液倒入之前准备好的 35ml 热水中,自然冷却析晶,待析晶完毕后,抽滤,用少量 5% 乙醇-水溶液洗涤,压干,将所得固体置于 60℃恒温烘箱中干燥数小时,测熔点,计算最终收率。

3. **纯度检测** 取少量纯化后的乙酰水杨酸晶体于试管中,加入 95% 乙醇 2ml 溶解后,滴入 0.1mol/L 三氯化铁 1 滴,观察是否发生显色反应。

五、实训提示

1. 合成反应中搅拌须均匀,避免水杨酸黏附于反应瓶壁上部,不易被酰化,影响合成收率。

2. 乙酸酐的质量是水杨酸酰化合成乙酰水杨酸的关键点之一,由于乙酸酐易水解,所以在酰化过程中要保证乙酸酐不发生水解反应。

六、实训思考

1. 为什么合成乙酰水杨酸时要用干燥的烧瓶?

2. 用少量 5% 乙醇-水溶液洗涤的目的主要是什么?

(梁大伟)

实训十八　综合实训

一、实训目的

1. 检测并巩固有机化学实训基本操作技能。

2. 运用所学知识和技能,独立完成简单的实验设计及相关实验的操作。

3. 进一步熟悉重要有机化合物的主要性质,提高综合分析问题和解决问题的能力。

二、实训仪器和试剂

1. 仪器　常压蒸馏装置、分馏装置、水蒸气蒸馏装置、减压蒸馏装置、熔点测定装置、旋光仪及其配套使用的器材、抽滤装置、分液漏斗、烧杯、试管、试管夹、加热器具。

2. 试剂　液体石蜡、尿素、桂皮酸、石油醚、松节油、甲苯、乙醇、苯甲醇、甘油、0.2mol/L 苯酚溶液、甲醛、乙醛、苯甲醛、丙酮、甲酸、乙酸、乳酸、水杨醛、水杨酸、乙酰乙酸乙酯、0.1mol/L 葡萄糖溶液、0.1mol/L 果糖溶液、0.1mol/L 蔗糖溶液、20g/L 淀粉溶液、0.1mol/L 甘氨酸溶液、3mol/L 硫酸溶液、1mol/L 氨水溶液、2mol/L 氢氧化钠溶液、0.03mol/L 高锰酸钾溶液、0.15mol/L 重铬酸钾溶液、0.05mol/L 硝酸银溶液、0.3mol/L 硫酸铜溶液、0.06mol/L 氯化铁溶液、饱和碳酸钠溶液、饱和溴水溶液、碘液、2,4-二硝基苯肼试剂、席夫试剂、本尼迪克特试剂、茚三酮试剂。

三、实训内容

(一) 基本操作

从下列基本操作项目中选择一项进行操作。

1. 常用实验装置的组装　按照要求完成仪器的组装:①常压蒸馏装置;②分馏装置;③水蒸气蒸馏装置;④减压蒸馏装置;⑤熔点测定装置。

2. 旋光度的测定

(1)通过测定质量浓度为 10% 的未知糖溶液的旋光度,计算比旋光度,确定糖的名称。

(2)通过测定未知浓度葡萄糖或果糖溶液的旋光度,计算糖溶液的浓度。

3. 分离、提纯的基本操作

(1)萃取、分液操作。

(2)重结晶、抽滤操作。

(二) 实训设计

选择下列项目中的一项,设计检测方案,并通过实验操作实现该方案中的检测内容。

1. 证明水杨醛结构中有醛基和酚羟基。

2. 证明水杨酸结构中有羧基和酚羟基。

3. 证明乳酸是 α- 羟基丙酸。

4. 证明乙酰乙酸乙酯中的互变异构现象。

5. 证明葡萄糖含有多个相邻的羟基、游离的醛基含量极少。

(三) 有机化合物的鉴别

选择下列项目中的一项内容,设计鉴别方案,并通过实验操作实现该方案中有机化合物的鉴别。

1. 石油醚、松节油和甲苯

2. 乙醇、甘油和丙三醇

3. 苯甲醇、苯酚和苯甲醛

4. 乙醇、乙醛和丙酮

5. 乙醇、乙醛和乙酸

6. 甲醛、乙醛和苯甲醛

7. 苯酚、苯甲酸和水杨酸

8. 甲酸、乙酸和乳酸

9. 乙醇、乙醛和葡萄糖

10. 葡萄糖、果糖和蔗糖

11. 葡萄糖、蔗糖和淀粉

12. 乙酸、甘氨酸和乳酸

(梁大伟)

参考文献

［1］刘斌, 卫月琴. 有机化学 [M]. 3 版. 北京: 人民卫生出版社, 2018.

［2］石云, 王立中, 谢卫洪. 有机化学 [M]. 3 版. 南京: 江苏凤凰科学技术出版社, 2024.

［3］高职高专化学教材编写组. 有机化学 [M]. 5 版. 北京: 高等教育出版社, 2019.

［4］邢其毅, 裴伟伟, 徐瑞秋, 等. 基础有机化学 [M]. 4 版. 北京: 北京大学出版社, 2016.

［5］中国化学会有机化合物命名审定委员会. 有机化合物命名原则 [M]. 北京: 科学出版社, 2018.

［6］国家药典委员会. 中华人民共和国药典: 2025 年版 [M]. 北京: 中国医药科技出版社, 2025.

目标检测参考答案

第一章 绪 论

简答题(略)

第二章 饱 和 烃

一、命名或写出下列化合物的结构式

1. 5-异丙基-3-甲基辛烷　　2. 4-丙基-2,3,5-三甲基庚烷

3. 顺-1,3-二甲基环戊烷　　4. 反-1,4-二甲基环己烷

5.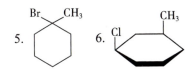

二、写出下列各反应的主要产物

1. CH_3Br　CH_2Br_2　$CHBr_3$　CBr_4　2. 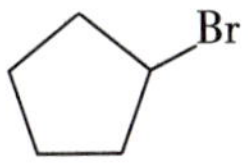 3. $CH_3CH_2CH_3$

三、用化学方法鉴别下列各组化合物

1.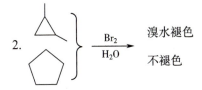

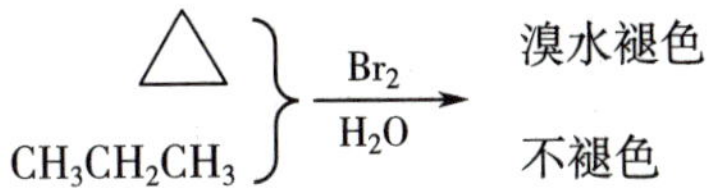

2.

四、推测结构

A.  B. 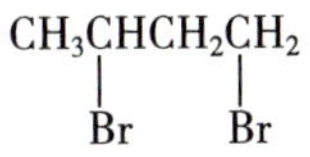 $CH_3CHCH_2CH_2$

1.
$$CH_3\text{—}\overset{\displaystyle CH_3}{\underset{\displaystyle CH_3}{\overset{\displaystyle |}{\underset{\displaystyle |}{C}}}}\text{—}CH_3 \qquad 2,2\text{-二甲基丙烷}$$

2. (1) (2) (3) (4)

第三章　不　饱　和　烃

一、命名或写出下列化合物的结构式

1. 3-乙基己-2-烯　　2. 2-甲基己-3-烯　　3. 3-甲基己-1-烯-5-炔

4. 4,5-二甲基己-2-炔　　5. (*E*)-4-乙基-3-甲基庚-3-烯　　6. 2,5-二甲基己-3-炔

7. 4-甲基戊-1,3-二烯

8.
$$\underset{\displaystyle H}{\overset{\displaystyle CH_3}{C}}=\underset{\displaystyle CH_2CH_3}{\overset{\displaystyle CH_2CH_2CH_3}{C}}$$

9.
$$\underset{\displaystyle H}{\overset{\displaystyle CH_3}{C}}=\underset{\displaystyle CH_2CH_3}{\overset{\displaystyle H}{C}}$$

10. $CH_3C\equiv C\overset{\displaystyle CH_3}{\underset{\displaystyle |}{CH}}CH_3$

11. $CH_3CH=C\overset{\displaystyle CH_3}{\underset{\displaystyle |}{C}}\equiv CCH_3$

12.
$$\underset{\displaystyle CH_3CH_2}{\overset{\displaystyle CH_3}{C}}=\underset{\displaystyle CH_3}{\overset{\displaystyle CH_2CH_2CH_3}{C}}$$

13. $CH_2=CH\overset{\displaystyle CH_3}{\underset{\displaystyle |}{CH}}\overset{\displaystyle CH_3}{\underset{\displaystyle |}{CH}}CH_2CH_3$

二、写出下列各反应的主要产物

1. $CH_3CH_2\overset{\displaystyle O}{\overset{\displaystyle \|}{C}}CH_3 + CH_3COOH$　　2. $CH_3\overset{\displaystyle Br}{\underset{\displaystyle |}{CH}}\text{—}\overset{\displaystyle |}{\underset{\displaystyle CH_3}{CH}}CH_3$　　3. $CO_2 + (CH_3)_2CHCOOH$

4. $CH_3\overset{\displaystyle }{\underset{\displaystyle O}{\overset{\displaystyle \|}{C}}}CH_2CH_3$　5. 　6. 　7. $CH_3\overset{\displaystyle }{\underset{\displaystyle O}{\overset{\displaystyle \|}{C}}}CH_2CH_2CH_2COOH$

8. $CH_3CH_2CH_2\text{—}\overset{\displaystyle }{\underset{\displaystyle Br}{CH_2}}$　9. 　10. $CH_3\overset{\displaystyle }{\underset{\displaystyle CH_3}{CH}}C\equiv CAg$

三、用化学方法鉴别下列各组化合物

1.
$$\left.\begin{array}{l}\text{丁-1-炔}\\[2ex]\text{丁-2-炔}\end{array}\right\}\xrightarrow{\text{银氨溶液}}\begin{array}{l}\text{白色沉淀}\\[2ex]\text{无变化}\end{array}$$

2. 乙烷┐ ── 无变化
   乙烯├ ──银氨溶液──→ 无变化 ──溴水──→ 无变化
   乙炔┘ ── 白色沉淀 ── 褪色

3. 丁-1,3-二烯┐ ──银氨溶液──→ 无变化
   丁-1-炔┘ ── 白色沉淀

四、推测结构

1. A. CH₃CH=CCH₂CH₃   B. CH₂=CHCHCH₂CH₃
           | |
           CH₃   CH₃

   C. CH₃CH₂CCH₂CH₃   D. CH₃CH₂CHCHCH₃
           ‖ | |
           CH₂   Br CH₃

2. CH≡CCH₃

3. A. CH≡CCH₂CH₃   B. CH₂=CHCH=CH₂

第四章 芳 香 烃

一、命名或写出下列化合物的结构式

1. H₃C—⟨苯环⟩—CH(CH₃)₂   2. H₃C—C=CH—CH₃ (苯环)   3. ⟨苯环⟩ CH₂Cl / Br

4. ⟨苯环⟩—Br   5. ⟨萘环⟩—SO₃H   6. ⟨苯环⟩ CH₂CH₃ / NO₂

7. 异丙苯   8. 2,6-二甲基萘   9. 2-苯基-1-丙烯   10. α-硝基萘

二、写出下列反应的主要产物

1. ⟨苯环⟩ CH₂CH₃/Cl + ⟨苯环⟩ CH₂CH₃ / Cl   ⟨苯环⟩ CHClCH₃/Cl + ⟨苯环⟩ CHClCH₃ / Cl

2.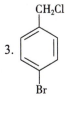

3. ⟨苯环⟩ CH₂CH₃/NO₂ + ⟨苯环⟩ CH₂CH₃ / NO₂

4. 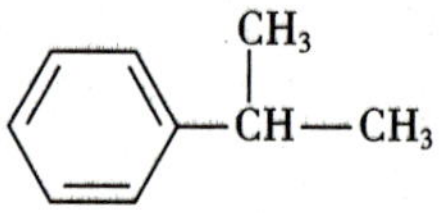 　　**5.**  HOOC—⟨benzene⟩—COOH

三、用化学方法鉴别下列化合物

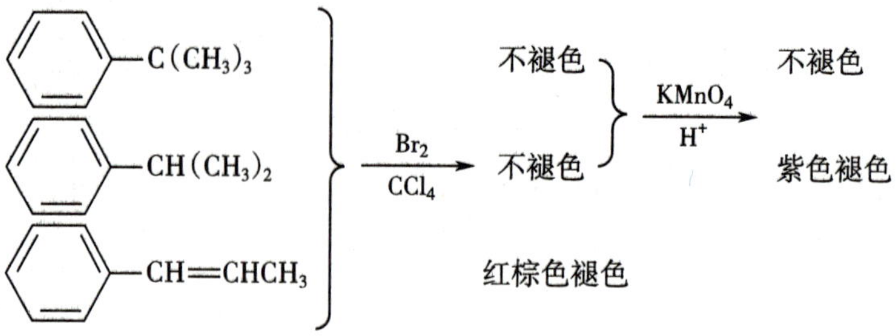

四、简答题

1. (1)

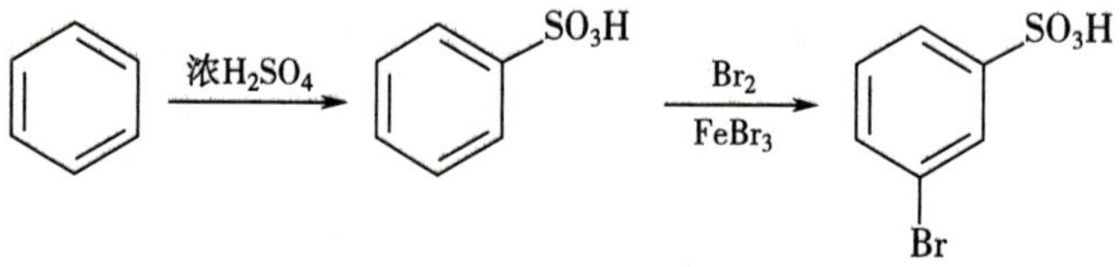

(2)

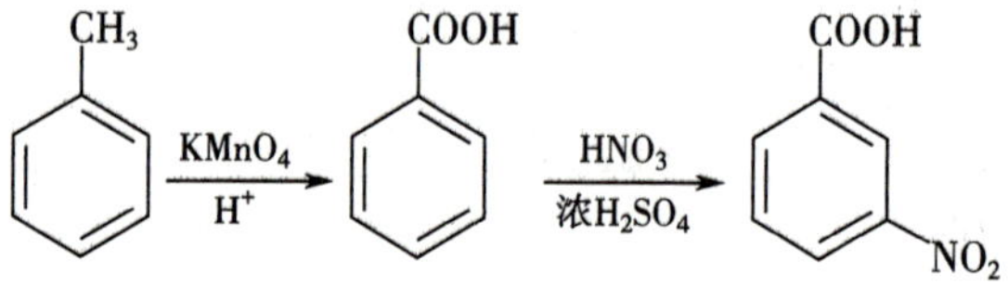

2. (1) 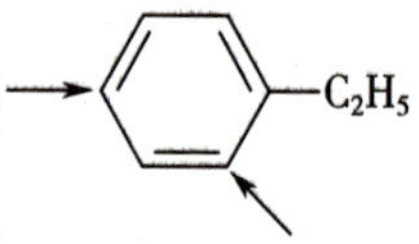 　(2)

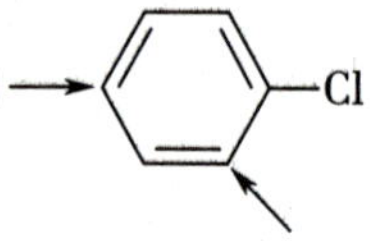

(3) 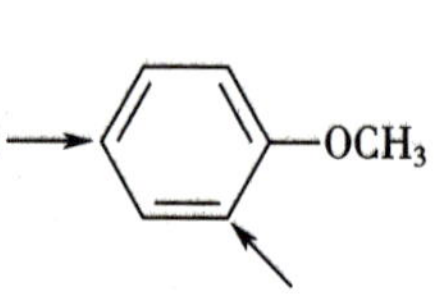 　(4)

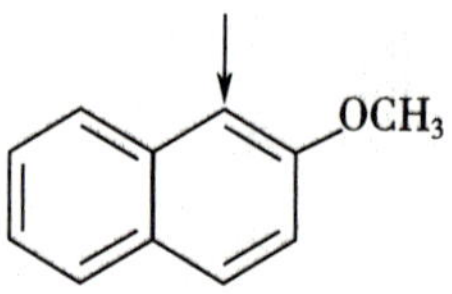

第五章　卤　代　烃

一、命名或写出下列化合物的结构式

1. 3-氯-2,5-二甲基己烷　　2. 4-溴戊-2-烯　　3. β-溴丙苯

4. 1-氯-2-甲基苯　　5. 3-溴-2-氯戊烷　　6. 4-氯环己烯

7. 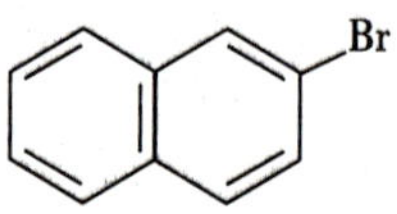 　　**8.** 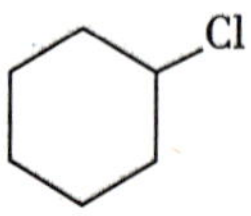 　　**9.**

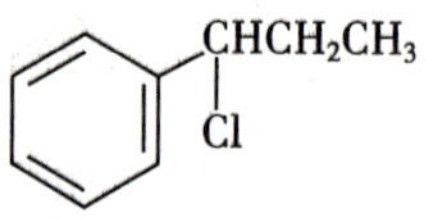

10. $CH_3\underset{\substack{|\\ Cl}}{C}H=\underset{\substack{|\\ CH_3}}{C}HCH_2CH_3$　11.

CH2Br

　12.

F
F

二、写出下列各反应的主要产物

1. $CH_3\underset{\substack{|\\ OH}}{C}H-\underset{\substack{|\\ CH_3}}{C}HCH_2CH_3$

2. $CH_3\underset{\substack{|\\ CH_3}}{C}=CHCH_2CH_2CH_3$

3. $CH_3OC_2H_5$

4.

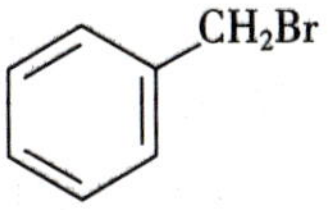

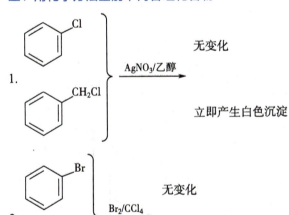

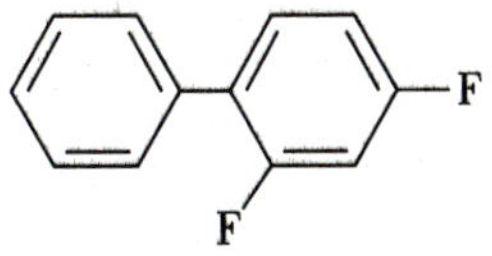

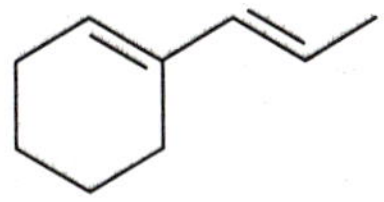

三、用化学方法鉴别下列各组化合物

1.

Cl
CH2Cl
AgNO3/乙醇
无变化
立即产生白色沉淀

2.

Br
CH=CH2
Br
Br2/CCl4
无变化
褪色

3.

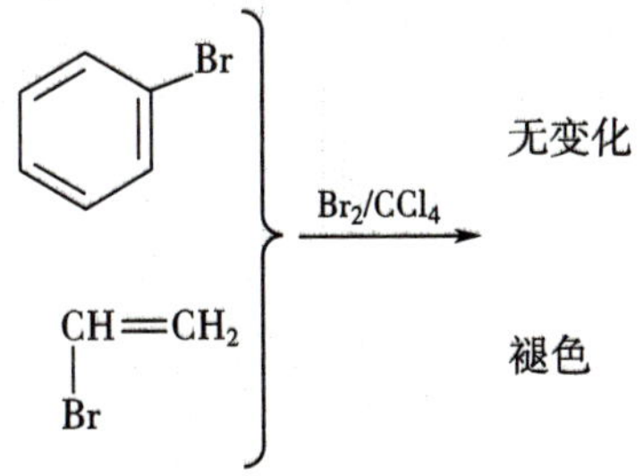

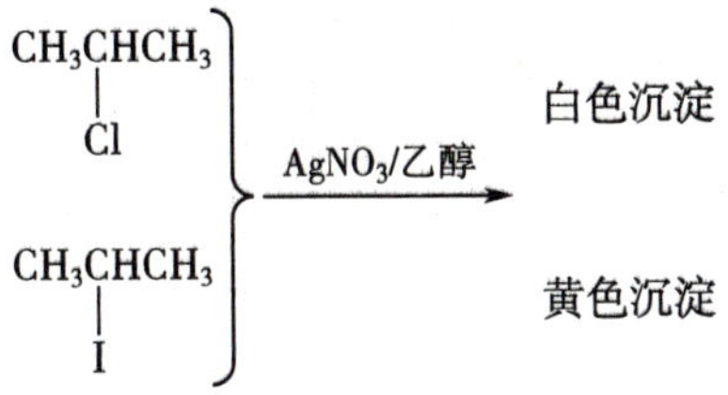

CH3CHCH3
Cl
CH3CHCH3
I
AgNO3/乙醇
白色沉淀
黄色沉淀

四、推测结构

1. A. $CH_3CH_2\underset{\substack{|\\ Cl}}{C}H_2$　B. $CH_3CH=CH_2$　C. $CH_3\underset{\substack{|\\ Cl}}{C}HCH_3$

2. A. 　B.

Br

　C.

五、简答题

1. $CHCl=CCl_2 + HBr \longrightarrow CH_2Cl-CCl_2Br$

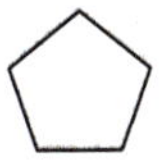

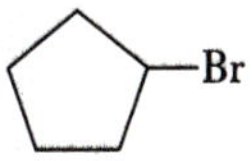

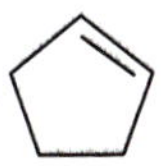

$$CHCl=CCl_2 + Br_2 \longrightarrow CHClBr-CCl_2Br$$

2. 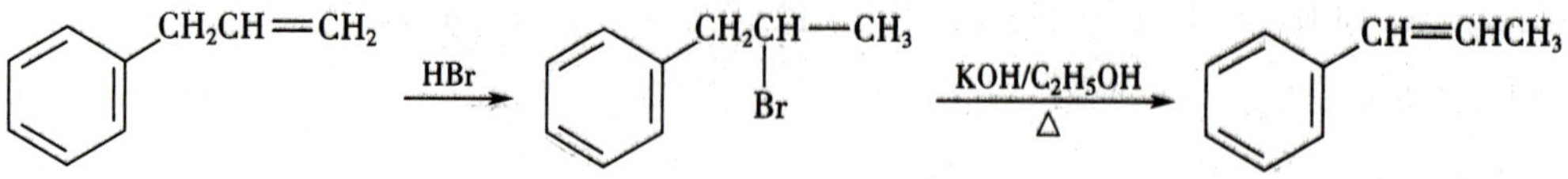 [structure: phenyl-$CH_2CH=CH_2$] $\xrightarrow{HBr}$ [structure: phenyl-CH_2CH-CH_3 with Br] $\xrightarrow[\triangle]{KOH/C_2H_5OH}$ [structure: phenyl-$CH=CHCH_3$]

第六章　醇、酚、醚

一、命名或写出下列化合物的结构式

1. 3-甲基丁-2-醇　　2. 4-甲基戊-1-烯-3-醇　　3. 3-甲基戊-2,3-二醇

4. 苯乙醇　　5. 4-甲基环己-1,2-二醇　　6. 反-环己-1,4-二醇

7. 1,8-二甲基萘-2-酚　　8. 3-羟基萘磺酸　　9. 乙苯醚

10. 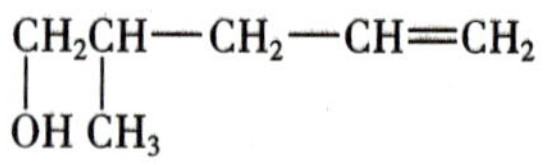 $CH_3CH-CH_2-CH=CH_2$ (OH, CH_3)　　11. 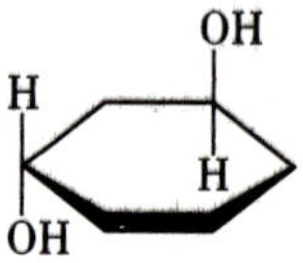 [cyclohexane structure with OH, H, H, OH]　　12. 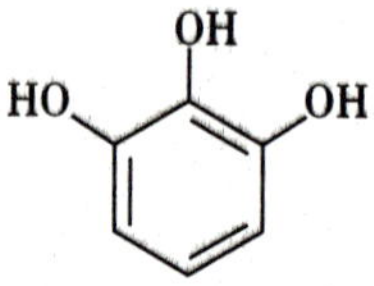 [benzene ring with HO, OH, OH]

13. 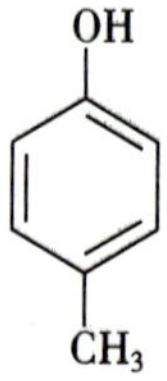 [phenol with CH_3 para]　　14. 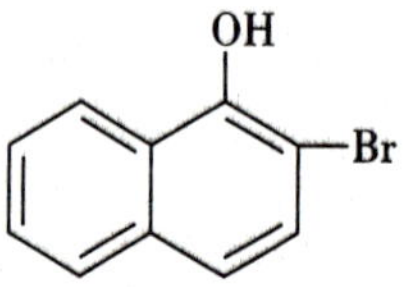 [naphthalene with OH, Br]　　15. 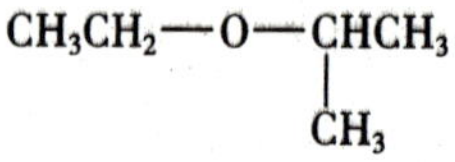 $CH_3CH_2-O-CHCH_3$ (CH_3)

二、写出下列各反应的主要产物

1. 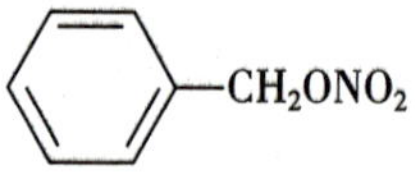 [benzene ring]-CH_2ONO_2

2. H_3C-CH_2-CHCl (CH_3)

3. $H_3C-C=CH-CH_2-$[phenyl] (CH_3)

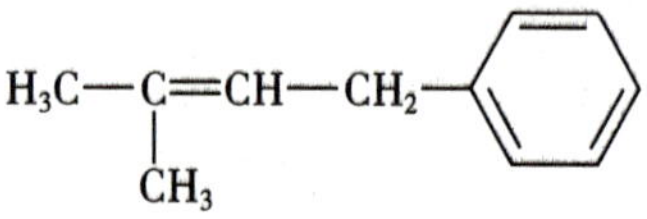

4. 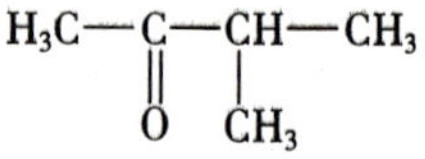 $H_3C-C-CH-CH_3$ (O, CH_3)

5. 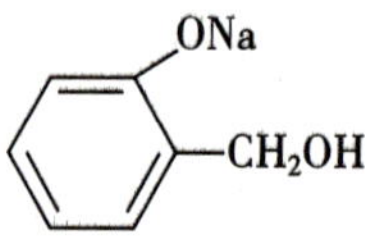 [benzene ring with ONa and CH_2OH]

6. 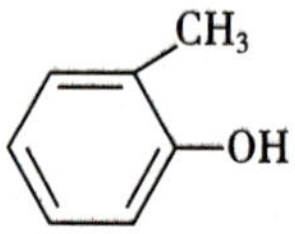 [benzene ring with CH_3 and OH]

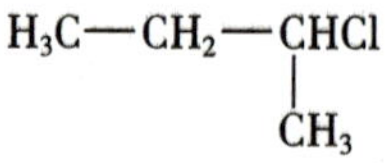

7.

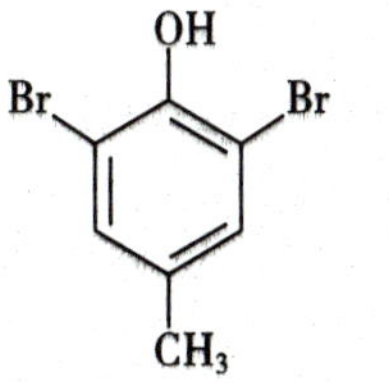

8.

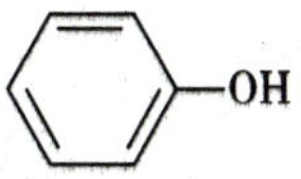

三、用化学方法鉴别下列各组化合物

1. 正丁醇 ⎫
   仲丁醇 ⎬ —卢卡斯试剂→ 室温下数小时无混浊
   叔丁醇 ⎭

   正丁醇 → 室温下数小时无混浊
   仲丁醇 → 放置片刻出现混浊
   叔丁醇 → 立即出现混浊

2. 苯甲醇 ⎫
   苯甲醚 ⎬ —三氯化铁试剂→
   苯酚 ⎭

   苯甲醇 → 无现象 —稀盐酸→ 分层
   苯甲醚 → 无现象 —稀盐酸→ 溶解
   苯酚 → 显紫红色

四、推测结构

1. A. 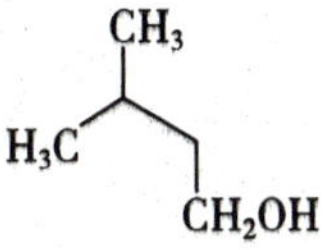 H_3C—CH(CH₃)—CH₂—CH₂OH
   B. 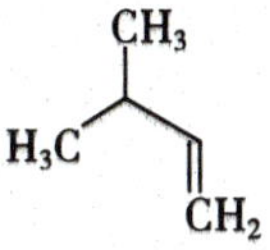 H_3C—CH(CH₃)—CH=CH₂
   C. 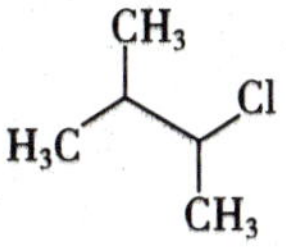 H_3C—CH(CH₃)—CHCl—CH₃
   D. 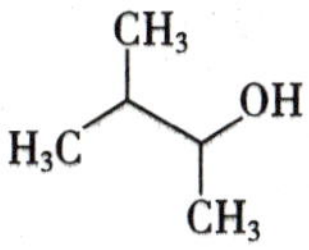 H_3C—CH(CH₃)—CH(OH)—CH₃

2. A. 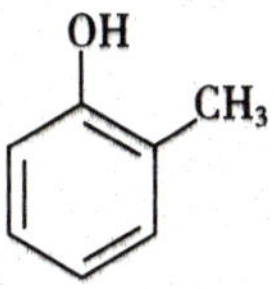 邻甲基苯酚 或 对甲基苯酚

对甲基苯酚 或 邻甲基苯酚 —Br_2, H_2O→ 2,6-二溴-4-甲基苯酚 或 2,4-二溴-6-甲基苯酚

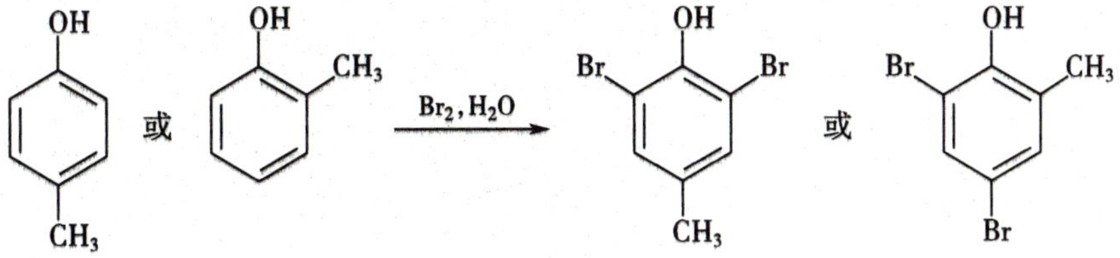

五、简答题

苯甲醇 ⎫
苯酚 ⎬ —稀盐酸→
苯甲醚 ⎭

苯甲醇 → 不溶 —氢氧化钠→ 不溶
苯酚 → 不溶 —氢氧化钠→ 溶解 —通CO₂→ 析出
苯甲醚 → 溶解 —氢氧化钠→ 析出

第七章　醛、酮、醌

一、命名或写出下列化合物的结构式

1. 2-甲基丁醛　　2. 1-苯基丙-2-酮　　3. 4-甲基戊-2-酮

4. 3-甲氧基苯甲醛　　5. 3-甲基戊-2,4-二酮　　6. 4-甲基环己酮

7.

（苯环）CH$_2$CH$_2$CHO

8. CH$_3$CH$_2$—C—CH—C—CH$_2$CH$_3$
         ‖ | ‖
         O CH$_3$ O

9. CH$_3$CH$_2$—C—CH—CH—CH$_2$CH$_3$
         ‖ | |
         O CH$_3$ CH$_3$

10. （苯环）OH / COCH$_3$

11. （萘醌结构 1,2-二酮）

12. （萘醌结构 2-甲基-1,4-二酮 CH$_3$）

二、写出下列各反应的主要产物

1. （环戊烷）OH / CN

2. （苯环）COO$^-$ + Ag↓

3. CH$_3$COO$^-$ + CHI$_3$↓

4. CH$_3$CH$_2$C=NHN（苯环，O$_2$N，NO$_2$）
      |
     CH$_3$

5. CH$_3$CH$_2$CHCH$_2$CH$_3$ CH$_3$CH$_2$CHCH$_2$CH$_3$
    | |
  OMgCl   OH

三、用化学方法鉴别下列各组化合物

1. 丙醛 ┐
      ├─托伦试剂──→ 有银镜反应
  丙酮 ┘   无变化

2. 苯甲醛 ┐
        ├─席夫试剂──→ 显紫红色
  苯甲醇 ┘   无色

3. 戊-2-酮 ┐
        ├─I$_2$ + NaOH──→ 有黄色沉淀生成
  戊-3-酮 ┘   无变化

四、推测结构

1. 该化合物结构式：（苯环）—C(=O)—CH$_3$

相关反应如下：

（苯环）—C(=O)—CH$_3$ + H$_2$N·HN（苯环，O$_2$N，NO$_2$）──→（苯环）—C(CH$_3$)=N—NH（苯环，O$_2$N，NO$_2$）

（苯环）—C(=O)—CH$_3$ + I$_2$ + NaOH──→（苯环）—COONa + CHI$_3$↓

2. A、B 和 C 的结构式如下：

A. 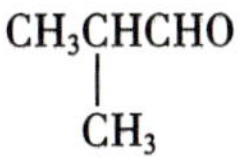 CH₃CHCHO   B. 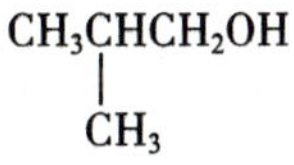 CH₃CHCH₂OH   C. 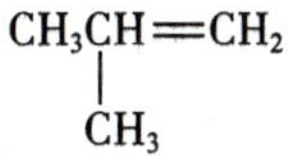 CH₃CH=CH₂
    |CH₃ |CH₃ |CH₃

相关的反应式如下：

$$CH_3\underset{\underset{CH_3}{|}}{C}HCHO + HCN \longrightarrow CH_3\underset{\underset{CH_3}{|}}{C}H\underset{\underset{CN}{|}}{C}HOH$$

$$CH_3\underset{\underset{CH_3}{|}}{C}HCHO + H_2 \xrightarrow{Pt} CH_3\underset{\underset{CH_3}{|}}{C}HCH_2OH$$

$$CH_3\underset{\underset{CH_3}{|}}{C}HCH_2OH \xrightarrow[\triangle]{浓H_2SO_4} CH_3\underset{\underset{CH_3}{|}}{C}=CH_2 + H_2O$$

$$CH_3\underset{\underset{CH_3}{|}}{C}=CH_2 + HBr \longrightarrow CH_3\underset{\underset{CH_3}{|}}{\overset{\overset{Br}{|}}{C}}CH_3$$

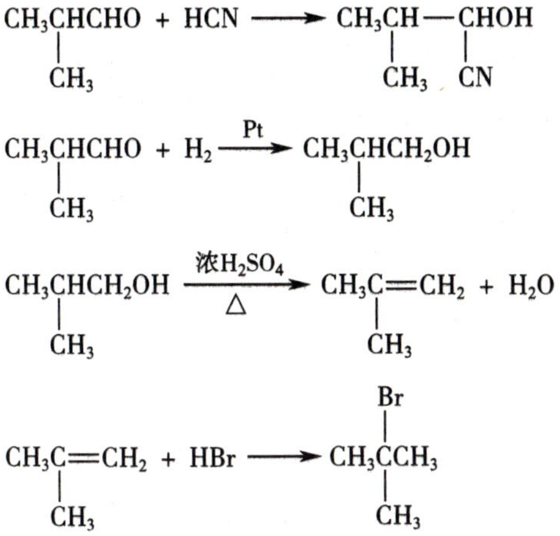

第八章　羧酸及取代羧酸

一、命名或写出下列化合物的结构式

1. 2,4-二甲基戊酸（α,γ-二甲基戊酸）   2. 2-甲基丁二酸

3. 3-甲基环己烷-1-甲酸   4. 2-甲基-4-苯基-3-戊烯酸

5. 4-溴-2-羟基戊酸   6. 2-甲基-4-氧亚基戊酸

7. 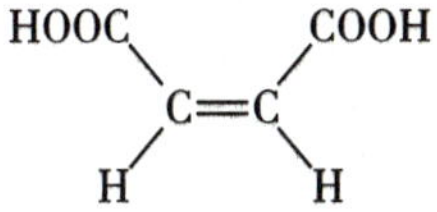 　　8. 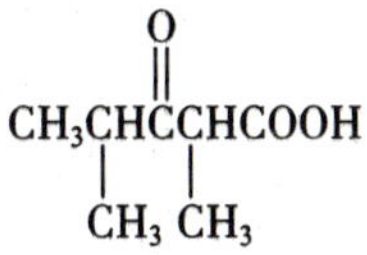 CH₃CHCCHCOOH（带O及CH₃ CH₃）

9. 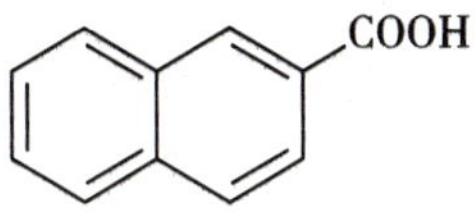 　　10. 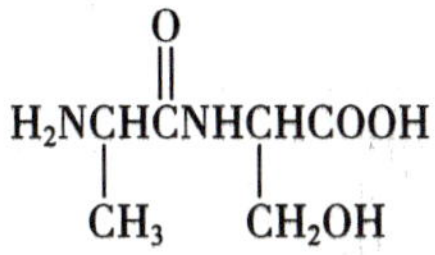 H₂NCHCNHCHCOOH（带O、CH₃、CH₂OH）

二、写出下列各反应的主要产物

1. 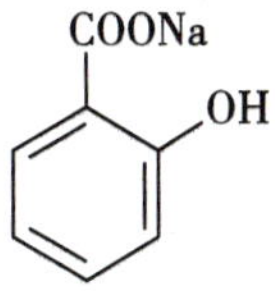   2. 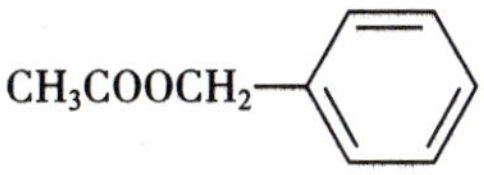 CH₃COOCH₂—C₆H₅   3.

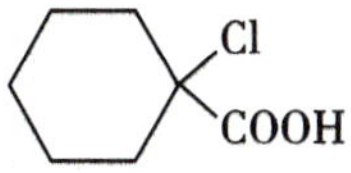

4. 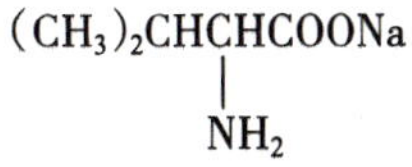 (CH₃)₂CHCHCOONa（带NH₂）   5. 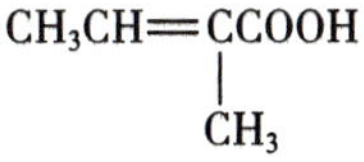 CH₃CH=CCOOH（带CH₃）   6.

三、用化学方法鉴别下列各组化合物

1.

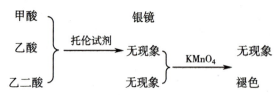

$$\left.\begin{array}{l}\text{甲酸}\\\text{乙酸}\\\text{乙二酸}\end{array}\right\}\xrightarrow{\text{托伦试剂}}\begin{array}{l}\text{银镜}\\\text{无现象}\\\text{无现象}\end{array}\left.\right\}\xrightarrow{KMnO_4}\begin{array}{l}\text{无现象}\\\text{褪色}\end{array}$$

2.

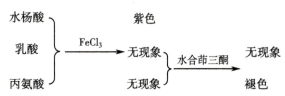

$$\left.\begin{array}{l}\text{水杨酸}\\\text{乳酸}\\\text{丙氨酸}\end{array}\right\}\xrightarrow{FeCl_3}\begin{array}{l}\text{紫色}\\\text{无现象}\\\text{无现象}\end{array}\left.\right\}\xrightarrow{\text{水合茚三酮}}\begin{array}{l}\text{无现象}\\\text{褪色}\end{array}$$

3.

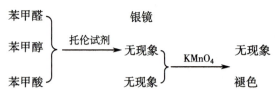

$$\left.\begin{array}{l}\text{苯甲醛}\\\text{苯甲醇}\\\text{苯甲酸}\end{array}\right\}\xrightarrow{\text{托伦试剂}}\begin{array}{l}\text{银镜}\\\text{无现象}\\\text{无现象}\end{array}\left.\right\}\xrightarrow{KMnO_4}\begin{array}{l}\text{无现象}\\\text{褪色}\end{array}$$

4.

$$\left.\begin{array}{l}\text{苯乙酮}\\\text{苯乙醚}\\\text{苯乙酸}\end{array}\right\}\xrightarrow{\text{次碘酸钠}}\begin{array}{l}\text{浅黄色沉淀}\\\text{无现象}\\\text{无现象}\end{array}\left.\right\}\xrightarrow{Na_2CO_3}\begin{array}{l}\text{无现象}\\\text{有气泡}\end{array}$$

四、推测结构

1. A. 环己酮-2-甲酸 COOH   B. 环己酮

2. A. $CH_3CH_2CHCOOH$ B. CH_3CHCH_2COOH C. CH_3CH_2CHO
         $\quad\quad\quad|$ $\quad\quad|$
         $\quad\quad OH$ $\quad\quad OH$

   D. $HCOOH$ E. $CH_3CH=CHCOOH$ F. $CH_3CH_2CH_2COOH$

五、简答题

1. 3-苯丙烯酸

2. 官能团:羧基,碳碳双键。鉴别方法:羧基与 Na_2CO_3 反应生成 CO_2,碳碳双键可使溴水或 $KMnO_4$ 溶液褪色。

3. ![phenyl]—$CH=CHCOOH \xrightarrow[Et_2O]{LiAlH_4} \xrightarrow{H^+}$![phenyl]—$CH=CHCH_2OH$

第九章　羧酸衍生物

一、命名或写出下列化合物的结构式

1. 丙酰氯　　2. 甲基异丙酯　　3. 乙二酸二乙酯

4. 乙丙酸酐　　5. *N,N*-二甲基乙酰胺　　6. γ-丁内酯

7. 苯磺酰基 (SO$_2$)　　8. H$_2$N—C(=NH)—NH—　　9. H$_2$N—C(=O)—NH$_2$

二、写出下列各反应的主要产物

1. (苯甲酸) + CH$_3$CH$_2$OH

2. H$_3$C—苯—COOCH$_3$ + HCl

3. (乙酰苯胺 NHCOCH$_3$) + CH$_3$COOH

4. (CH$_3$)$_2$CHNH$_2$

5. N$_2$ + CO$_2$

6. 甘油 (CH$_2$OH—CHOH—CH$_2$OH) + 3C$_{17}$H$_{35}$COONa

7. CH$_3$CH$_2$C(=O)—CH(CH$_3$)COOC$_2$H$_5$

三、用化学方法鉴别下列各组化合物

1.

缩二脲 ──FeCl$_3$──→ 无变化 ──NaOH,Cu(OH)$_2$──→ 紫红色

乙酰胺 ──FeCl$_3$──→ 无变化 ──NaOH,Cu(OH)$_2$──→ 无变化

乙酰乙酸乙酯 ──FeCl$_3$──→ 紫色 ──NaOH,Cu(OH)$_2$──→ 无变化

2.

乙酰氯 ──H$_2$O──→ 冒白烟 ──NH$_2$OH,FeCl$_3$──→ 紫红色

乙酸乙酯 ──H$_2$O──→ 无变化 ──NH$_2$OH,FeCl$_3$──→ 无变化

乙酸 ──H$_2$O──→ 无变化

四、推测结构

A. CH$_3$CH$_2$COOH　　B. HCOOC$_2$H$_5$　　C. CH$_3$COOCH$_3$

第十章　含氮化合物

一、命名或写出下列化合物的结构式

1. 乙异丙胺　　2. 对甲基-*N,N*-二乙基苯胺　　3. 二甲乙胺

4. 氢氧化三甲基(2-羟乙基)胺　5. 对甲基苄胺　6. 间异丙基氯化重氮苯

7. 偶氮苯　8. $H_2NCH_2CH_2NH_2$　9. $C_2H_5NHC_2H_5$　10.

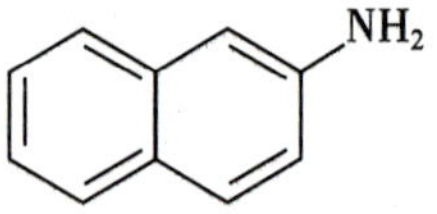

二、写出下列各反应的主要产物

1. $CH_3CH_2OH + N_2\uparrow$　2. 　3.

4.

5.

三、用化学方法鉴别下列各组化合物

1.

苯胺、苯酚、苯甲酸 $\xrightarrow{NaHCO_3}$ 苯胺：无变化；苯酚：无变化；苯甲酸：有气泡

无变化（苯胺、苯酚） $\xrightarrow{FeCl_3}$ 苯胺：无变化；苯酚：显紫色

2.

苄醇、苄胺、*N*-甲基苯胺 $\xrightarrow{NaNO_2, HCl}$ 苄醇：无变化；苄胺：有气体；*N*-甲基苯胺：黄色油状物质

四、推测结构

A. 　B.

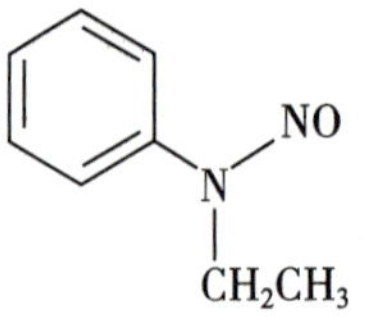

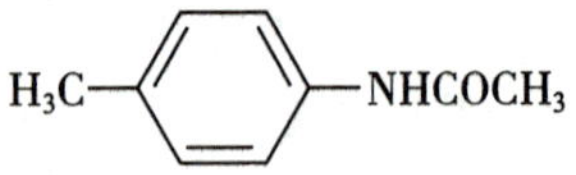

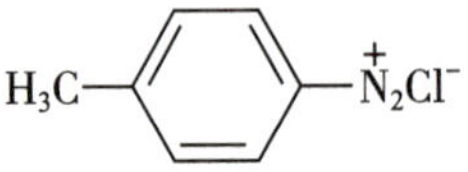

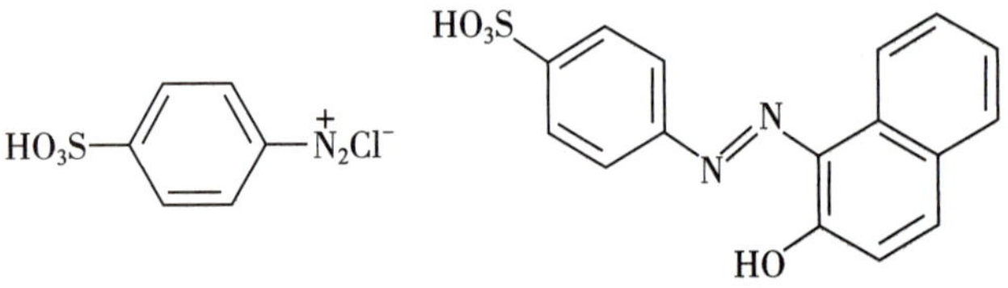

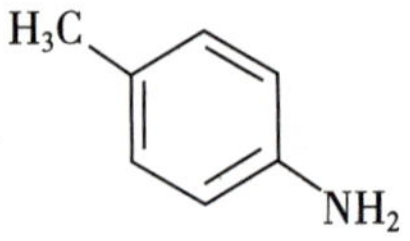

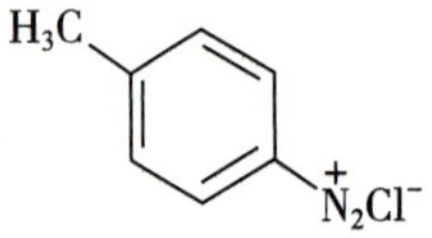

C.

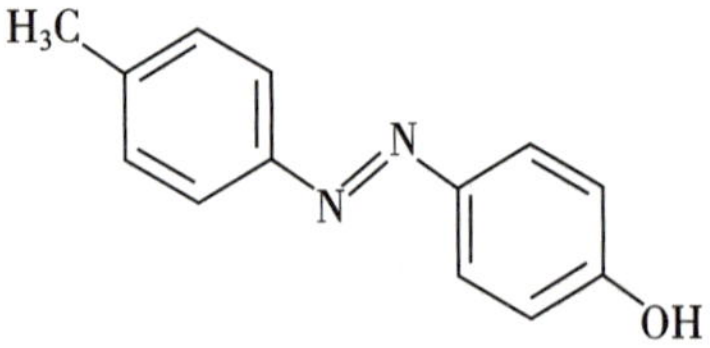

第十一章　杂环化合物

一、命名或写出下列化合物的结构式

1. 5-溴-2-吡咯甲酸　2. 2-噻吩磺酸　3. 2-甲基-5-氨基呋喃

4. 2-氨基-6-溴吡啶　5. 4-乙基咪唑　6. 2-乙基-4-氨基嘧啶

7.

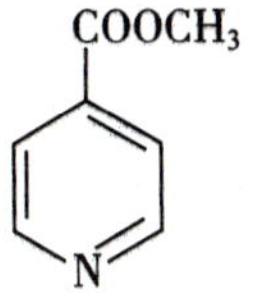

8.

9.

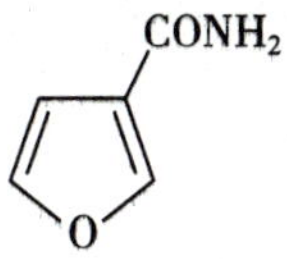

10.

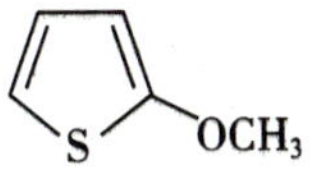

11.

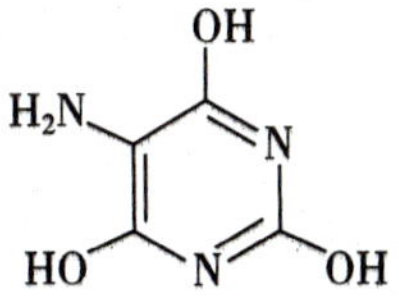

12.

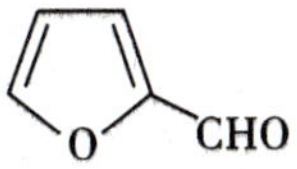

二、写出下列各反应的主要产物

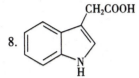

1.

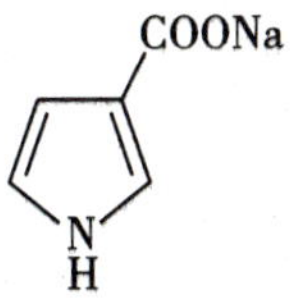

2.

＋ Ag ↓

3.

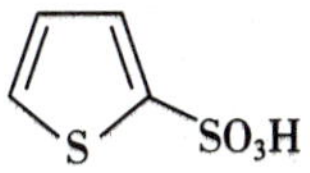

4.

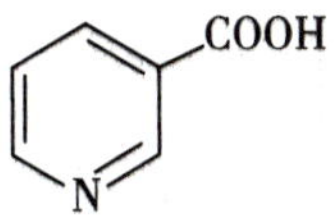

三、用化学方法鉴别下列各组化合物

1.

呋喃
糠醛
} $[Ag(NH_3)_2]^+$ → 无变化

有银镜产生

2.

吡啶
β-甲基吡啶
} $\xrightarrow[\triangle]{KMnO_4}$ 无变化

紫红色褪去

3.

苯
噻吩
} $\xrightarrow{浓H_2SO_4}$ 无变化

溶解，不分层

4.

吡咯
呋喃
} $\xrightarrow[\text{过的松木片}]{\text{浓盐酸浸润}}$ 显红色

显绿色

四、简答题

四氢吡咯 > 3- 甲基吡啶 > 吡啶 > 2- 硝基吡啶 > 吡咯

五、推测结构

A.

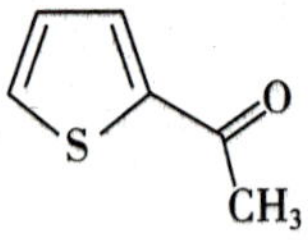

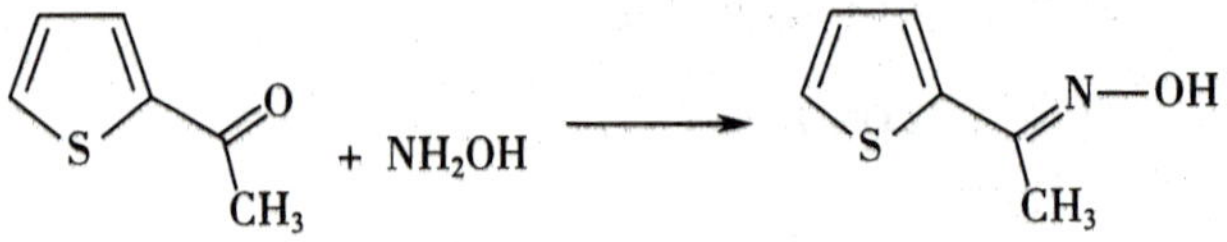

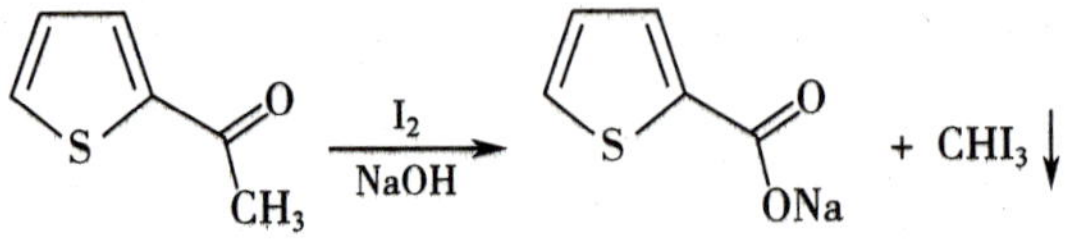

第十二章 对映异构

一、简答题

1. (1) $CH_3CH_2CH_2CH_2Cl$ (2) $CH_3CH_2\overset{*}{C}HClCH_3$

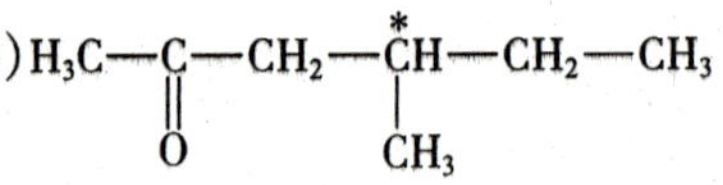

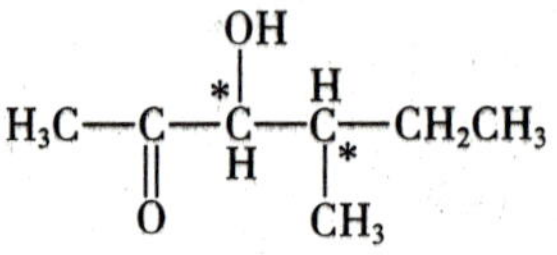

(5) 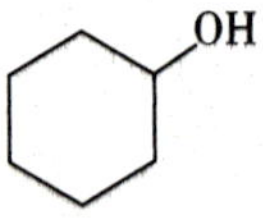   (6)

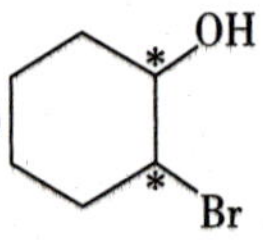

2. (1)(2) 分子中无内消旋体,只有一个手性碳原子,(3) 存在内消旋体。

3. (1) 手性分子,如:

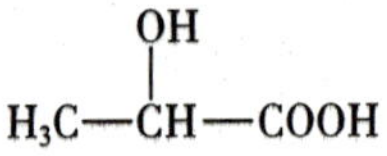

(2) 手性碳原子,如:

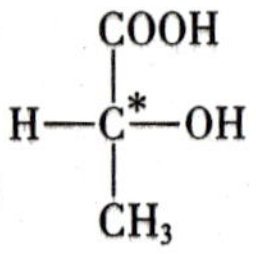

乳酸

(3) 对映异构体,如:

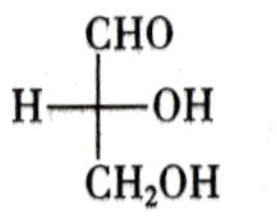

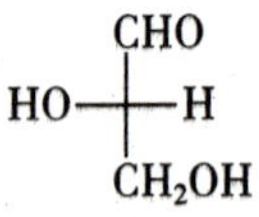

D-(+)-甘油醛   L-(−)-甘油醛

(4)外消旋体，如：

$$
\begin{array}{c}
\text{CHO} \\
\text{HO}\!-\!\!\!-\!\text{H} \\
\text{H}\!-\!\!\!-\!\text{OH} \\
\text{CH}_2\text{OH}
\end{array}
\qquad
\begin{array}{c}
\text{CHO} \\
\text{H}\!-\!\!\!-\!\text{OH} \\
\text{HO}\!-\!\!\!-\!\text{H} \\
\text{CH}_2\text{OH}
\end{array}
$$

，二者等量混合。

D-(-)-苏阿糖 　　　　　L-(+)-苏阿糖

（2S,3R）-(-)-三羟基丁醛 　　（2R,3S）-(+)-三羟基丁醛

(5)内消旋体，如：

$$
\begin{array}{c}
\text{COOH} \\
\text{H}\!-\!\!\!-\!\text{OH} \\
\text{H}\!-\!\!\!-\!\text{OH} \\
\text{CH}_2\text{OH}
\end{array}
\equiv
\begin{array}{c}
\text{COOH} \\
\text{HO}\!-\!\!\!-\!\text{H} \\
\text{HO}\!-\!\!\!-\!\text{H} \\
\text{CH}_2\text{OH}
\end{array}
$$

（2R,3S）-$meso$-酒石酸 　　（2S,3R）-$meso$-酒石酸

4. $[\alpha]_D^{20} = \dfrac{\alpha}{c \times l} = \dfrac{+1.65°}{\dfrac{0.500}{100} \times 2} = +165°$

二、推测结构

A.
$$
\begin{array}{c}
\text{C}\!\equiv\!\text{CH} \\
\text{H}\!-\!\!\!-\!\text{CH}_3 \\
\text{C}_2\text{H}_5
\end{array}
\text{ 或 }
\begin{array}{c}
\text{C}\!\equiv\!\text{CH} \\
\text{H}_3\text{C}\!-\!\!\!-\!\text{H} \\
\text{C}_2\text{H}_5
\end{array}
$$

B. $CH_3CH_2CH(CH_3)C\equiv CAg$

C. $CH_3CH_2CH(CH_3)CH_2CH_3$

第十三章　糖　　类

一、写出下列各反应的主要产物

1.
$$
\begin{array}{c}
\text{COOH} \\
\text{H}\!-\!\!\!-\!\text{OH} \\
\text{HO}\!-\!\!\!-\!\text{H} \\
\text{HO}\!-\!\!\!-\!\text{H} \\
\text{H}\!-\!\!\!-\!\text{OH} \\
\text{CH}_2\text{OH}
\end{array}
$$

2.
$$
\begin{array}{c}
\text{COOH} \\
\text{HO}\!-\!\!\!-\!\text{H} \\
\text{HO}\!-\!\!\!-\!\text{H} \\
\text{H}\!-\!\!\!-\!\text{OH} \\
\text{H}\!-\!\!\!-\!\text{OH} \\
\text{COOH}
\end{array}
$$

3.
$$
\begin{array}{c}
\text{HC}\!=\!\text{NNHPh} \\
\text{C}\!=\!\text{NNHPh} \\
\text{H}\!-\!\!\!-\!\text{OH} \\
\text{H}\!-\!\!\!-\!\text{OH} \\
\text{H}\!-\!\!\!-\!\text{OH} \\
\text{CH}_2\text{OH}
\end{array}
$$

4.
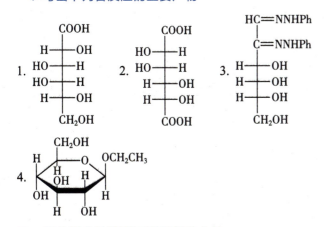

二、用化学方法鉴别下列各组化合物

1.

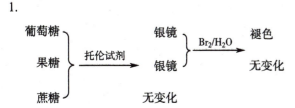

2.

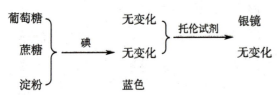

3.

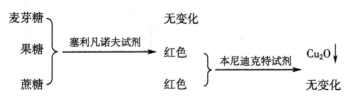

4.

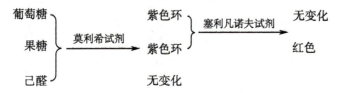

三、推测结构

提示:已知结构的糖为 D- 甘露糖,另外两种糖分别是 D- 葡萄糖和 D- 果糖,参看章节中的内容。

$$\begin{array}{ccc}
\text{CHO} & \text{CH}_2\text{OH} & \text{CHO} \\
\text{H——OH} & \text{====O} & \text{HO——H} \\
\text{HO——H} & \text{HO——H} & \text{HO——H} \\
\text{HO——H} & \text{HO——H} & \text{HO——H} \\
\text{H——OH} & \text{H——OH} & \text{H——OH} \\
\text{CH}_2\text{OH} & \text{CH}_2\text{OH} & \text{CH}_2\text{OH}
\end{array}$$

四、简答题(略)

第十四章 萜类和甾体化合物

一、用化学方法鉴别下列各组化合物

1.

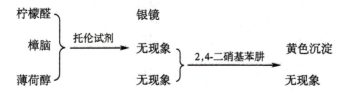

2.

胆酸 ⎫
　　⎬ ──溴水──→　胆酸:无现象
胆固醇 ⎭　　　　　　胆固醇:褪去

二、简答题

1. 月桂烯属于无环单萜化合物(),γ-红没药烯属于单环倍半萜化合物

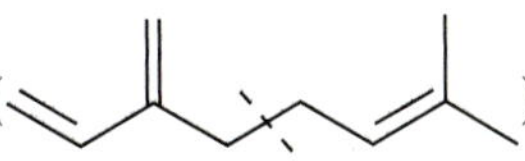

()。

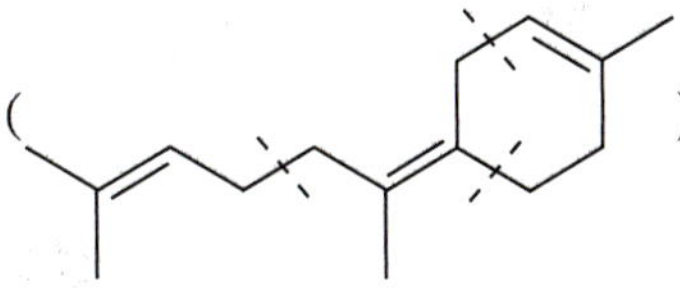

2. 母体:孕甾烷。官能团:碳碳双键、羰基、氟原子、羟基、酯键等。化学性质:使溴水、$KMnO_4$ 褪色;酯键水解;有机氟化物的鉴别反应等。

三、推测结构

香茅醛的结构式为 ,香茅酸的结构式为 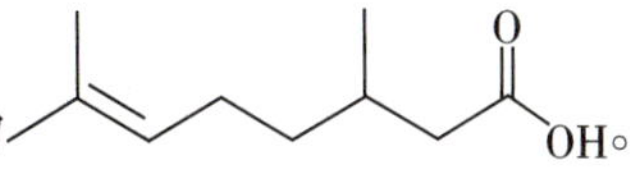 。

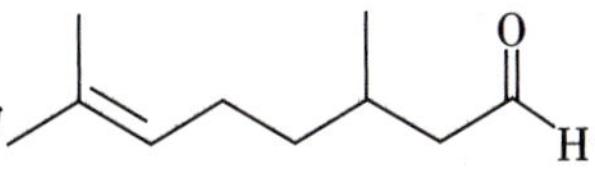

第十五章 有机合成简介

一、简答题

1. (1)提示:格氏试剂反应。(2)提示:亲核加成。(3)提示:分子内亲核取代。
2. (1)提示:氯代烃羟基化。(2)提示:①烯烃加成;②氯代烃羟基化。(3)提示:酮与格氏试剂反应。

二、合成题

1. (1)提示:①强碱拔亚甲基具有活泼的 α-H;②氯乙烷亲核取代;③水解、脱酸。

 (2)提示:①强碱拔亚甲基具有活泼的 α-H;②氯丙烷亲核取代;③水解、脱酸;④碘仿反应。

 (3)提示:①强碱拔亚甲基具有活泼的 α-H;②乙酰基亲核取代;③水解、脱羧。

2. (1)提示:①强碱拔亚甲基具有活泼的 α-H;②氯丙烷亲核取代;③水解、脱酸。

 (2)提示:①强碱拔亚甲基具有活泼的 α-H;②氯乙烷亲核取代;③水解、脱酸;④活泼 α-H 取代。

3. (1)提示:①硝化;②硝基还原;③溴代;④重氮化,与磷酸反应。

 (2)提示:①硝化;②硝基还原;③酰胺保护;④再次硝化;⑤硝基还原、重氮化、羟基化;⑥脱保护、重氮化,再和磷酸反应;⑦氧化甲基。

4. 提示:①酰化;②羰基转化为羟基;③羟基卤化;④ NaCN 取代卤素;⑤—CN 水解。

三、推测结构

1. $C_7H_{14}O_2$

2. $C_6H_6O_2$

课程标准